A ESPIRAL DA MORTE

A marca FSC® é a garantia de que a madeira utilizada na fabricação do papel deste livro provém de florestas que foram gerenciadas de maneira ambientalmente correta, socialmente justa e economicamente viável, além de outras fontes de origem controlada.

CLAUDIO ANGELO

A espiral da morte

*Como a humanidade alterou a
máquina do clima*

COMPANHIA DAS LETRAS

Copyright © 2016 by Claudio Angelo

Grafia atualizada segundo o Acordo Ortográfico da Língua Portuguesa de 1990, que entrou em vigor no Brasil em 2009.

Capa
Alceu Chiesorin Nunes

Foto de capa
Nick Cobbing

Mapas e infográficos
Eduardo Asta

Preparação
Silvia Massimini Felix

Índice remissivo
Luciano Marchiori

Revisão
Carmen T. S. Costa
Ana Maria Barbosa

Dados Internacionais de Catalogação na Publicação (CIP)
(Câmara Brasileira do Livro, SP, Brasil)

Angelo, Claudio
  A espiral da morte : como a humanidade alterou a máquina do clima / Claudio Angelo — 1ª ed. — São Paulo : Companhia das Letras, 2016.

  ISBN 978-85-359-2685-9

  1. Aquecimento global 2. Meio ambiente 3. Mudanças climáticas 4. Mudanças climáticas — Aspectos políticos I. Título.

16-00224   CDD-304.25

Índice para catálogo sistemático:
1. Mudanças climáticas : Efeitos sociais   304.25

[2016]
Todos os direitos desta edição reservados à
EDITORA SCHWARCZ S.A.
Rua Bandeira Paulista, 702, cj. 32
04532-002 — São Paulo — SP
Telefone: (11) 3707-3500
Fax: (11) 3707-3501
www.companhiadasletras.com.br
www.blogdacompanhia.com.br

Para Ana, João e Vítor

Sumário

Introdução 9

NORTE 21
1. Tremendo de calor 23
2. É tudo culpa sua 57
3. A espiral da morte 86
4. A crise é uma oportunidade 129
5. Os homens que encaravam ursos-polares ... 150
6. Faltou combinar com os russos 173

INTERLÚDIO 203
7. A geladeira do professor Inverno 205
8. Do Ártico, com carinho 239

SUL 271
9. Ao perdedor, as skuas 273
10. Matadores e cientistas 295
11. Não acorde o gigante 332

12. Tempestade perfeita	372
13. A faina e a fagulha	395
Epílogo — *Meio-dia em Paris*	432
Notas	441
Agradecimentos	453
Glossário de siglas e nomes esquisitos	455
Créditos das imagens	459
Índice remissivo	461

Introdução

Do alto de um morro à beira-mar perto da cidadezinha de Ilulissat, na Groenlândia, é possível ouvir o som do aquecimento global. Coincidência ou não, ele lembra um barulho de motor. O morro fica na margem de um fiorde que avança quase em linha reta para o interior da ilha. Seja qual for a época do ano, a água ali está permanentemente coalhada de icebergs — daí o lugar ser chamado de Fiorde de Gelo de Ilulissat. A paisagem ao redor é de uma beleza agreste e solitária. O ar, muito seco e límpido, permite ver com clareza as montanhas na outra margem, a quilômetros de distância, e tudo o que existe entre uma e outra são blocos colossais de gelo flutuante, esculpidos em formatos surreais: uns se parecem com navios encalhados, outros com pirâmides, ou com muralhas de um castelo com ameias, ou com catedrais góticas de uma torre só. Alguns têm pontes escavadas pelo mar; outros têm túneis; outros, ainda, ostentam suas próprias praias.

A quietude do local só é quebrada de vez em quando por um barco de pesca ao longe. E por um murmúrio constante que um desavisado poderia facilmente confundir com o ronco de um gerador a diesel, até lembrar que está no meio do nada, numa reserva natural a centenas de quilômetros ao norte do Círculo Polar Ártico. De tempos em tempos, o ronco se eleva num estrondo imenso, como se algo muito grande estivesse explodindo além de onde a vista alcança. E está. O som vem do gelo se mexendo. O som vem do gelo se esfacelando e tombando sobre a água. O som vem do gelo derretendo.

O fiorde de Ilulissat é o lugar do planeta em que as consequências do aquecimento da Terra deixaram de ser um murmúrio e se tornaram um estrondo. A cerca de cinquenta quilômetros de sua foz está a geleira de Jakobshavn, uma das maiores do hemisfério Norte. Na década de 1990, os cientistas começaram a notar que esse imenso rio de gelo, que percorre trezentos quilômetros do território groenlandês até desaguar no fiorde, estava escorrendo mais rápido, formando cada vez mais icebergs. A geleira havia entrado em colapso. Aquela era uma confirmação sombria de previsões, feitas anos antes, de que as regiões polares seriam as primeiras a sentir os efeitos da mudança climática causada pelas emissões descontroladas de gases de efeito estufa.

Hoje o Ártico inteiro dá sinais claros de instabilidade: geleiras aceleram na Groenlândia, no Alasca e no Canadá; o mar permanentemente congelado que recobre o polo Norte vai se abrindo ano a ano; vastas porções de subsolo que estavam congeladas desde a última era glacial derreteram ou estão derretendo; as neves da Sibéria, que fizeram o terror dos prisioneiros do gulag soviético, agora só assustam pela velocidade com que sua extensão máxima no inverno está se reduzindo. Em vastas porções da Antártida, o quadro é idêntico. Na longa península Antártica, que esquentou três vezes mais do que o resto do mundo no último século, plataformas de gelo do tamanho de cidades grandes se esfarinham na exata sequência prevista por cientistas quarenta anos atrás. Ecossistemas inteiros estão mudando, bem como o regime de ventos e a circulação oceânica.

O objetivo deste livro é explicar como chegamos a essa situação, quais são as consequências atuais e futuras dela — e como tudo isso afeta você, que mora tão longe dos polos.

O título toma emprestada uma expressão cunhada pelo glaciologista americano Mark Serreze para se referir à perda de gelo marinho no Ártico. Esta expressão, *death spiral*, ganhou popularidade na imprensa em 2012, ano em que o degelo do oceano glacial bateu o segundo recorde em cinco anos.

Serreze lidera um grupo de pesquisadores que monitora o polo Norte em tempo real, usando imagens de satélite. A "espiral da morte" foi uma imagem poderosa criada por ele para descrever um fenômeno que os cientistas conhecem pelo nome menos sexy de "retroalimentação positiva", ou "amplificação ártica": a perda de gelo no verão a cada ano torna mais difícil repor o gelo no inverno seguinte, porque a maior área de mar aberto absorve mais calor do Sol e esquenta a água um pouquinho mais, atrapalhando o recongelamento. Nesse ritmo, a maioria dos leitores deste livro viverá para ver os verões do polo Norte completamente sem gelo.

A metáfora do pesquisador americano pode ser extrapolada para explicar os efeitos das alterações causadas pelos seres humanos no clima da Terra. Essa é, na minha opinião, uma das maiores histórias deste século, que eu tentarei contar a partir do ponto de vista de dois personagens: o Ártico e a Antártida. As duas regiões polares foram as vítimas iniciais do aquecimento global. Da maneira como elas reagirão ao aumento das temperaturas nos próximos anos dependerá, em larga medida, o futuro da sociedade, em especial nos países em desenvolvimento.

A consequência mais conhecida e temida do degelo polar, claro, é a elevação do nível médio dos oceanos. Cerca de 80% da água doce do planeta está empilhada na forma de gelo sobre a

Antártida e a Groenlândia. Caso derretessem inteiros, esses dois mantos glaciais causariam uma elevação do nível do mar de dezenas de metros, que mudaria drasticamente o mapa-múndi. Dele seriam varridas algumas das maiores cidades do planeta, como Recife, Buenos Aires, Shanghai, Bangcoc e Nova York, além das nações insulares do Pacífico e do Caribe. O derretimento total neste século é uma improbabilidade. Mas, mesmo com uma elevação bem mais modesta dos oceanos, da ordem de dezenas de centímetros, dezenas de milhões de pessoas e centenas de bilhões de dólares em patrimônio estariam sob ameaça apenas no Brasil.

Há, no entanto, efeitos mais sutis e mais inesperados das mudanças nos polos. Pense, por exemplo, numa questão tipicamente brasileira: o PIB da soja. A exuberante agricultura das regiões Sul e Sudeste depende de um clima benigno, controlado diretamente por massas de ar frio formadas no oceano Austral, na região oeste da Antártida. Altere as condições da interação entre oceano e atmosfera nessa região e o agronegócio exportador poderá ter problemas. Há indícios de que isso já esteja acontecendo: secas históricas que castigaram o Rio Grande do Sul no início do século e quebraram a produção de soja têm revelado a impressão digital de alterações antárticas. Como escreveu o papa Francisco em sua encíclica ambiental de 2015, *tutto è connesso* — tudo está conectado.

Para traçar essas conexões, utilizei informações coletadas ao longo de dois anos de pesquisa, além de observações feitas em cinco viagens às regiões polares entre 2001 e 2014: três delas à Antártida, à Groenlândia e ao oceano Ártico como repórter do jornal *Folha de S.Paulo* e duas, novamente à Groenlândia e à Antártida, durante a apuração deste livro. Entrevistei quase uma centena de pessoas, entre elas esquimós que caçam e comem ursos polares, ambientalistas que alertam a sociedade sobre as consequências do aquecimento da Terra e cientistas que tentam desvendar, nos polos, os enigmas do clima global.

Com esses cientistas, estive a bordo de um voo de pesquisas da Nasa e no alto do manto de gelo da Groenlândia, num lugar onde nenhum outro brasileiro jamais esteve — exceto por uma baiana misteriosa chamada Naguimara. Visitei laboratórios de glaciologia em Paris, Copenhague e Porto Alegre, onde pesquisadores se debruçam sobre o gelo dos polos para tentar entender o passado e o futuro do clima da Terra. Também conversei com figuras legendárias dentro do gueto da ciência do clima, como os americanos Wally Broecker, que cunhou a expressão "aquecimento global" em 1975, e Chet Langway, que viveu durante meses numa cidade construída pelo Exército americano dentro do gelo da Groenlândia no auge da Guerra Fria.

Este é um livro sobre exploração, em dois sentidos. Busquei contar a história de uma ideia, de como os cientistas sabem o que eles sabem sobre os polos e o clima. Essa é uma aventura intelectual que começou no século XIX e ainda não terminou; uma exploração da fronteira do conhecimento, cheia de avanços decididos, recuos vergonhosos, chutes certeiros e desvios inesperados. Mas é, também, uma história de exploração das zonas mais inóspitas da superfície terrestre, até hoje largamente desconhecidas.

Cientistas que se dedicam a estudar os polos são exploradores, e suas vidas, num sentido bem real, preservam algo do romantismo e do espírito de aventura das grandes expedições dos séculos XIX e XX.

Todos os anos, esses homens e mulheres passam meses a fio fora de casa, confinados em navios ou estações de pesquisa minúsculas, ou acampados no gelo à mercê da notoriamente antipática meteorologia polar, enfrentando desconforto e temperaturas dezenas de graus abaixo de zero — e várias semanas sem banho.

Todos os anos eles se submetem alegremente a riscos mais ou

menos calculados: sofrer um acidente aéreo nos confins da Terra, cair numa fenda no meio de uma geleira ("acontece o tempo todo", contou-me entre risadas um veterano antártico americano) ou no mar gelado, ou sofrer um ataque de urso-polar. Essas pessoas talvez sejam as últimas nesse mundo globalizado capazes de dizer, honestamente, que estiveram onde nenhum ser humano jamais esteve. Tudo isso para contribuir, na melhor das hipóteses, com um tijolo para a imensa muralha do conhecimento sobre o clima da Terra.

O éthos dessa atividade foi perfeitamente capturado na década de 1890 num escrito do explorador norueguês Fridjtof Nansen, primeiro homem a cruzar a Groenlândia e a tentar alcançar o polo Norte num trenó: "Em nenhum outro lugar, verdade seja dita, foi o conhecimento perseguido à custa de tanta privação e tanto sofrimento".

É claro, a "privação" e o "sofrimento", hoje, têm um sentido bem diferente do que tinham na época de Nansen, quando os navios polares não possuíam nem mesmo eletricidade. Estações de pesquisa na Antártida são instalações modernas e bem aquecidas, com TV, comida farta, equipamentos de ginástica, internet e, no caso da brasileira Comandante Ferraz, até mesmo sinal de celular.

Muitos trabalhos de coleta de dados são feitos a bordo de grandes aviões, como os usados pela Operação IceBridge, da Nasa. A rotina dessas missões frequentemente consiste em embarcar de manhã, passar o dia sobrevoando o fim do mundo e examinando-o com uma série de instrumentos sofisticadíssimos e voltar à noite para um hotel, um banho quente e uma refeição.

As tecnologias atuais de sensoriamento remoto e de análises químicas também permitem que a exploração polar atual seja feita de uma maneira ainda mais confortável e sem riscos: dentro de um laboratório ou na frente de um monitor de computador. Imagens de satélite captadas e analisadas nos Estados Unidos deram os primeiros grandes alertas sobre a instabilidade da Groenlândia e da Antártida e sobre o declínio do gelo marinho no Ártico; estudos da composição química do gelo antártico feitos na França e na Suíça deram à humanidade um vislumbre detalhado de como o clima variou no planeta nos últimos 800 mil anos, e ajudaram a entender quão singular é a mudança climática pela qual passamos hoje. Essa investigação foi liderada por uma engenheira francesa, considerada uma das cientistas polares mais importantes do mundo — e que jamais pôs os pés na Antártida.

Também procurei fazer conexões entre a ciência e outro empreendimento demasiado humano: a política. Tão importantes quanto as mudanças climáticas são as decisões que o sistema político toma para mitigá-las ou para reagir a elas. No caso dos polos, infelizmente, esse último conjunto de decisões parece hoje pender para uma corrida aos recursos naturais que vêm ficando mais acessíveis com o degelo — inclusive o petróleo, agravador do aquecimento global. No Ártico, esse é um tema na ordem do dia. Na Antártida, uma consideração para um futuro distante, o que não impede vários países, inclusive o Brasil, de moverem peças do xadrez geopolítico no continente.

Busquei qualificar brevemente a política polar brasileira, sua importância e suas dificuldades, a partir do trágico incêndio de fevereiro de 2012 que destruiu a Estação Antártica Comandante Ferraz, matando duas pessoas. Ao reconstituir o episódio, assumo o risco de parecer estar fazendo uma crítica demasiado severa à Marinha do Brasil. Uma leitura objetiva, porém, desautoriza essa impressão. Nos quase quinze anos em que acompanhei o Programa Antártico Brasileiro (Proantar), apesar das visões distintas entre seus integrantes civis e militares sobre a maneira como o programa deve estar estruturado, construí a certeza de que a Marinha faz o que pode com os recursos que tem. Infelizmente esses recursos são escassos. Espero, ao final do livro, ter convencido a maior parte dos leitores sobre a necessidade estratégica de o país ter uma pesquisa polar compatível com o tamanho de sua economia.

Alguns leitores notarão o tempo verbal do subtítulo: "como a humanidade *alterou* a máquina do clima". O uso do pretérito, aqui, é deliberado. Não se está falando apenas de consequências futuras da ação humana ou de um porvir que pode ser evitado caso o nível certo de redução de emissões aconteça: este é um livro sobre consequências daquilo que já fizemos. Não foi pouca coisa.

Em menos de dois séculos, a humanidade conseguiu elevar a quantidade de gases de efeito estufa na atmosfera a níveis sem precedentes em 800 mil anos e, provavelmente, em 3,5 milhões de anos. Nesse período, menos do que um piscar de olhos na história do planeta, as temperaturas globais subiram 0,85 grau Celsius, tendo atingido em 2015 a marca assustadora de 1 grau Celsius devido a um El Niño forte. Um aquecimento apenas duas vezes maior do que isso aconteceu há 125 mil anos e elevou o nível do mar em vários metros. De alguma forma, nosso sistema político considera um aquecimento de até 2°C um limite "seguro" — foi só por muita insistência dos países insulares que o acordo do clima de Paris, adotado em 2015, concordou em "envidar esforços para limitar o incremento da temperatura a 1,5 grau Celsius acima dos níveis pré-industriais". Muitos cientistas argumentam que já não é possível evitar que esse limiar seja ultrapassado.

Mesmo que as emissões de carbono fossem zeradas hoje, várias mudanças já em curso são irreversíveis. A inércia do sistema climático fará os polos derreterem e o mar subir por milênios. Segundo um cálculo do climatologista americano David Archer, da Universidade de Chicago, uma parte do CO_2 que já lançamos na atmosfera estará mudando o clima da Terra daqui a 100 mil anos, graças ao tempo de vida longo desse gás na atmosfera e à enorme inércia dos oceanos ao absorver calor. Os combustíveis fósseis que já queimamos para atingir o grau de prosperidade atual da civilização criaram uma dívida climática que será cobrada irremediavelmente. A esperança para a humanidade é que essa conta venha em prestações suaves, deixando tempo para que as cidades e alguns ecossistemas se adaptem.

Mesmo assim, nós teremos condenado outras espécies ao declínio e teremos operado uma transformação maciça em regiões que inspiram e assombram a humanidade há séculos. O mundo provavelmente não vai acabar por causa da mudança climática. Só vai ficar um lugar muito mais difícil de viver. E, sem o gelo dos polos, muito mais sem graça também.

Disso não decorre, obviamente, que a falta de ação contra os combustíveis fósseis e o desmatamento seja aceitável: ao contrário, quanto mais demorarmos para eliminar as emissões de carbono da economia mundial — "descarbonizar", no jargão dos especialistas —, mais graves serão os impactos à espreita.

Existe, claro, a possibilidade de que tudo isso esteja errado, de que todos os sinais detectados pelos cientistas ao longo de décadas de pesquisa sejam uma ilusão coletiva ou de que os impactos previstos simplesmente não ocorram ou ocorram em menor escala. Muitas vezes ouvi de pesquisadores polares, mesmo os que estão na linha de frente dos acontecimentos, manifestações de ceticismo. Um parêntese aqui para explicar o que essa palavra significa.

Ceticismo é o que move a ciência. Na célebre definição do filósofo austríaco Karl Popper, para ser científica, uma hipótese precisa ser passível de verificação e falseamento. Cientistas estão duvidando o tempo todo dos próprios resultados e dos resultados dos outros. Por dever de ofício, são céticos. Verdades em ciência são relativas e quase sempre provisórias, o que frequentemente embaralha o senso comum: afinal, todos nós esperamos que os cientistas, a categoria profissional eleita pela sociedade para traduzir a linguagem da natureza, nos apresentem resultados definitivos e matematicamente infalíveis. Quase nunca é o caso.

Cientistas costumam ser muito cautelosos ao generalizar fenômenos que observaram em um lugar ou em um momento e fazer previsões muito abrangentes. A frase mais comum nas conclusões de artigos científicos, que virou piada interna entre os jornalistas de ciência, é: "mais estudos são necessários". Apenas quando um corpo de conhecimento já passou por numerosos testes de estresse é que ele pode ser elevado ao grau de consenso, que nada mais é do que uma verdade provisória, mais ou menos aceita pela maioria dos pares numa comunidade.

A tese de que o gás carbônico emitido por atividades humanas é o principal responsável pelas mudanças do clima pertence a essa categoria. Proposta pela primeira vez no século XIX, ela vem sendo testada sucessivas vezes e só ganha mais evidências em seu favor à medida que o conhecimento avança. Isso não elimina as dúvidas entre os cientistas. Muitas vezes, observações feitas em um local e em um período apontam na direção oposta de observações em outros locais e em outros períodos: o local onde fica a estação Comandante Ferraz, por exemplo, praticamente não esquentou nas últimas décadas, apesar de o sinal de aquecimento da região da península Antártica, onde fica a estação, ser inequívoco e de suas geleiras estarem derretendo. Daí a importância de olhar toda a floresta, não apenas as árvores, quando se lida com mudanças climáticas.

Em pelo menos um caso, vi um cientista cético em relação às próprias observações sobre o derretimento da Groenlândia ser persuadido por dados posteriores revelados por suas pesquisas. No outro extremo, ouvi um dos primeiros cientistas a apontar o risco de degelo catastrófico da Antártida, o americano Terry Hughes, dizer que a mudança climática será "uma grande bênção" para a humanidade, já que novas terras serão abertas à produção de alimentos e que milhões de empregos e oportunidades de negócios serão criados quando cidades inteiras no litoral precisarem ser mudadas de lugar.

Esse ceticismo não deve ser confundido com o negacionismo sobre as causas da crise climática e suas soluções, motivado por uma agenda política conservadora, frequentemente financiada pelo lobby dos combustíveis fósseis, e que encontra cada vez menos respaldo: para 97% dos cientistas da área, a influência humana no clima é consenso.

Embora a magnitude das mudanças e o tamanho dos impactos sejam objeto de um saudável debate entre os pesquisadores, espero que ao final do livro o leitor esteja persuadido de que as mudanças climáticas são reais e não pouparão ninguém, e de que precisam ser combatidas com mais vigor do que são hoje, apesar do enorme primeiro passo dado com o Acordo de Paris. O tempo da negação já está superado: enquanto a humanidade protelava a ação em nome de um suposto "ceticismo", os polos e todos nós fomos condenados a um futuro bem mais sombrio.

Brasília, dezembro de 2015

NORTE

1. Tremendo de calor

Upernavik é um lugar remoto, até mesmo para padrões groenlandeses. Seus habitantes chamam-na de cidade, mas ela não passa de um cocuruto de rocha perdido na ponta do Atlântico, a duas horas de voo do polo Norte e a uma hora e cinco minutos do restaurante mais próximo. Ali, 1200 almas se espremem em casinhas de madeira coloridas, num espaço tão pequeno que pode ser percorrido a pé em menos de uma hora. Tudo o que o caminhante pode ver à sua volta é um mar azul coalhado de icebergs, os picos nevados das ilhas vizinhas e com sorte, no outono, uma ou outra baleia jubarte fazendo piruetas na água.

Um típico morador de Upernavik que passe a vida inteira na região morrerá sem nunca ter visto uma árvore (uma nativa que emigrou criança para a Europa me confessou que até hoje, aos sessenta anos, não se sente bem quando passeia em bosques). Ali não há vegetação, exceto pela tundra teimosa que brota entre as pedras, pelo capim marrom que cresce em charcos infestados de moscas no verão e pelas hortas de tomate, pimentão e pepino que alguns diligentes cidadãos insistem em cultivar dentro de suas casas. Tampouco há água encanada ou esgoto. Os vasos sanitários são baldes forrados com sacos de plástico preto grosso; dar a descarga significa amarrar a boca do saco e depositá-lo sem muita cerimônia na rua, até que um trator o recolha para ser incinerado no lixão situado entre o museu e o cemitério.

Upernavik fica em Qaasuitsup, o maior município do mundo, que tem uma área maior do que a da Bahia, mas cuja população, somada, não enche meio estádio da Fonte Nova. A cidade não tem vizinhos, exceto um conjunto de aldeias esquimós de nomes impronunciáveis, como Kangersuatsiaq e Kullorsuaq, que só podem ser alcançadas de helicóptero ou depois de algumas horas ou dias de navegação. A única ligação regular da cidade com o resto do mundo é um bimotor Dash-8 de 37 lugares operado pela Air Greenland, que pousa ali às terças e quintas, em rota para a base aérea americana de Thule, ao norte — mas isso só quando a neblina constante e as nevascas imprevisíveis permitem. O verão dura três meses; o inverno, nove, com temperaturas que batem fácil os vinte graus negativos. De novembro a janeiro, o sol nunca nasce. Atos triviais da vida, como comer fora ou passar no caixa eletrônico, demandam ali pegar um avião. Ir ao cinema, então, é quase uma saga viking: é preciso empreender uma viagem de dois dias, duas escalas e alguns milhares de dólares até a capital, Nuuk, a grande metrópole da Groenlândia (com 15 mil habitantes e quatro semáforos).

Tudo o que se come em Upernavik precisa ser pescado, caçado ou trazido de navio da Europa. Há um único supermercado, ao qual os locais se referem simplesmente como "A Loja", abastecido periodicamente por navios quebra-gelo. Em anos muito frios, que têm acontecido com cada vez menos frequência, o mar congelado fica tão espesso que a Loja chega a passar seis meses sem receber um novo estoque. Num desses anos, a cidade calculou mal a carga de papel higiênico para o inverno. Em poucos dias, os filtros de café sumiram das prateleiras. Algumas semanas depois, as pessoas começaram a não devolver mais os livros emprestados da biblioteca.

Nada nessa rotina dura parece assustar Finn Pedersen, um dinamarquês que há trinta anos trocou o conforto de Copenhague pela desolação magnífica da Groenlândia para dar aulas de inglês aos esquimós. Finn se apaixonou pelos amplos espaços da maior ilha do mundo, um território que desde o século XVIII pertence formalmente à Dinamarca, mas que em 1979 conquistou autonomia política e se considera hoje um país à parte — Kalaallit Nunaat, ou "Terra dos Homens", na língua inuíte. Apaixonou-se também por uma nativa, constituiu família, fez uma casa no alto do rochedo e nunca mais foi embora. A quem tenta inquirir se a civilização não faz falta, o professor aposentado oferece um delicioso *kanelsnegl** preparado por ele mesmo e conduz à janela de sua sala. "Tenho a melhor vista do mundo aqui", sentencia. Vendo os grandes blocos de gelo dançarem no mar lá embaixo, fica difícil discordar.

O que anda perturbando Pedersen ultimamente não é o mau tempo constante do Ártico nem o isolamento, mas sim uma coisa com a qual até bem pouco tempo atrás os moradores de Upernavik nem sonhavam em coexistir: terremotos. Nos últimos anos, a cidade tem sido constantemente atingida por abalos, quase todos discretos. Um deles, porém, pôde ser ouvido e sentido pelos moradores em 2012. Na vila de Kangersuatsiaq, a cinquenta quilômetros ao sul da cidade, um tremor mais forte ainda produziu uma atração turística indesejada: "Eles ficaram com fontes de água quente em vários lugares no meio das casas", conta o professor. Em 2013, ele ajudou uma equipe de cientistas coreanos a instalar um

---

* Literalmente, "caracol de canela", uma viciante rosca doce dinamarquesa. (N. A.)

25

sismógrafo no ponto mais alto de Upernavik para monitorar os tremores, de tão frequentes que haviam se tornado.

O que está causando os terremotos é um fenômeno que, ironicamente, tem uma ligação direta com os deslumbrantes icebergs que Finn Pedersen aprecia de sua sala de jantar. Sua origem está no manto de gelo que recobre 80% dos 2,2 milhões de quilômetros quadrados do território da Groenlândia.

Os nativos têm um nome próprio para essa capa glacial: *inlandsis*, ou "gelo interior", em dinamarquês. É um vasto deserto branco, que se estende por 2,5 mil quilômetros de norte a sul e 750 quilômetros de leste a oeste em seu ponto mais largo. Seu volume total é estimado em 2,9 milhões de quilômetros cúbicos, cerca de 10% do gelo da Terra.[1] É a maior reserva de água doce do mundo fora da Antártida. Quem chega de avião à Groenlândia vindo de Copenhague e sobrevoa o *inlandsis* pode sentir pena dos vikings, que colonizaram a ilha no século X atraídos por aquilo que provavelmente foi o primeiro ato de propaganda enganosa no ramo imobiliário da história: em escandinavo, o nome do país dominado pelo branco significa "Terra Verde". Alguns historiadores[2] o atribuem a uma tentativa marota do descobridor do território, o islandês Erik, o Vermelho, de convencer seus patrícios a se mudarem para lá. Outros apontam que mudanças climáticas na época da expansão viking — o chamado Período Quente Medieval, no qual as temperaturas médias subiram a ponto de tornar o litoral da ilha verde de fato — podem ter sido a causa do topônimo e da colônia nórdica. Essa Groenlândia verdejante pode estar ensaiando um regresso.

O manto groenlandês é o último grande remanescente da capa glacial que há até 12 mil anos recobria vastas porções da América do Norte, da Europa e da Rússia, e que deu ao período

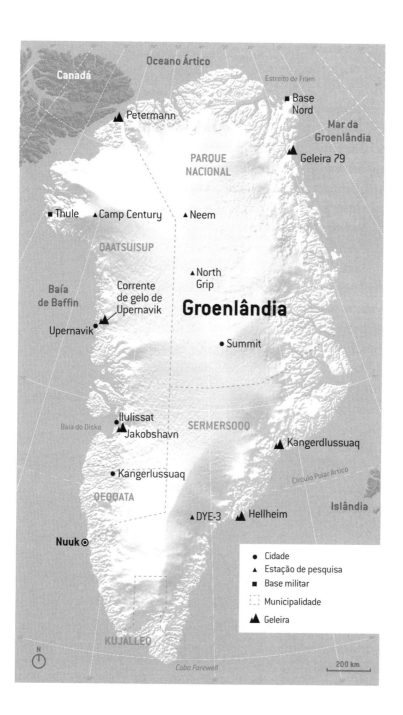

conhecido pelos geólogos como Pleistoceno seu nome mais popular: era do gelo. Naquela época, o lugar onde hoje está a cidade de Nova York era coberto por uma camada de gelo de dois quilômetros de espessura.

A posição favorável, com dois terços de seu território acima do Círculo Polar Ártico, a elevação média — que chega a 3250 metros em seu ponto culminante — e a umidade que vem do Atlântico garantiram à Groenlândia as temperaturas baixas e o suprimento de precipitação que permitiram a sobrevivência do deserto gelado quando o resto da América do Norte derreteu.

A neve que desaba aos borbotões sobre a ilha se deposita em camadas, que ao longo dos anos são compactadas pelo próprio peso e formam gelo. A gravidade faz esse gelo escorrer rumo ao oceano, mas isso não ocorre de maneira aleatória: assim como a água da chuva em qualquer bacia de drenagem, o gelo escoa lentamente para o mar por meio de rios e canais. Esses rios glaciais são conhecidos como geleiras. As da Groenlândia desembocam em fiordes, braços de mar escavados pelo próprio gelo ao longo de milênios, e lançam água doce no oceano na forma de icebergs.

Várias dessas geleiras são colossais: o glacier de Humboldt, no nordeste da ilha, tem oitenta quilômetros de largura em sua foz, quase a distância entre São Paulo e Campinas.[3] A Geleira 79, batizada assim por estar naquela latitude, também no nordeste, tem trinta quilômetros de largura na foz e avança seiscentos quilômetros manto adentro.

Uma das grandes geleiras da Groenlândia está na vizinhança de Upernavik e leva o nome da cidade. Ela drena uma área equivalente à de Sergipe e desemboca numa espécie de delta, projetando grandes línguas de gelo sobre a água do fiorde. Pelo menos era assim até 2005.

Geleira de descarga: um braço do glaciar de Upernavik encontra o oceano.

Naquele ano, imagens de satélite começaram a mostrar algo estranho acontecendo com o glaciar: ele escoava mais rápido rumo ao oceano, depois do rompimento de parte da língua de gelo em sua foz. A geleira estava encolhendo rapidamente, bem diante dos olhos dos cientistas. Apenas entre 2005 e 2010, 53 bilhões de toneladas de gelo foram perdidas para o mar,[4] o equivalente em peso a 280 vezes a safra de grãos anual do Brasil. Ali começavam os problemas sísmicos de Finn Pedersen e seus vizinhos.

A perda repentina do gelo está causando um fenômeno conhecido como repique isostático. O nome é barroco, mas qualquer pessoa que já tenha apalpado um desses travesseiros de viscoelástico (a tal "espuma da Nasa") experimentou algo muito parecido: assim como o travesseiro é deformado pelo peso da mão, a crosta terrestre é deformada pelo peso do gelo. Quando se retira o peso, o material tende a voltar à sua forma original. O problema é que, quando o material em questão são centenas de quilômetros quadrados de rocha, isso não acontece rápido ou sem traumas. Ao se erguer, a crosta acumula tensões em vários pontos, até que em algumas partes as rochas se rompem. Quando isso ocorre, a terra treme.

Upernavik é uma adição relativamente nova à lista das localidades da Groenlândia que, dos anos 1990 em diante, passaram a experimentar elevação da crosta — com consequentes abalos sísmicos, cujas magnitudes vão de três a cinco na escala Richter — em decorrência da perda de gelo. O fenômeno foi primeiro identificado na costa sudeste da ilha.[5] Naquela região, situada abaixo do Círculo Polar e relativamente tépida, as geleiras mais do que dobraram sua velocidade de escoamento a partir do ano 2000. Desde então, a perda de gelo tem sido notada cada vez mais ao norte, em lugares mais frios.

Em 2003, pesquisadores liderados pelo sueco Göran Ekström, da Universidade Harvard, nos Estados Unidos, descobriram um outro tipo de terremoto ligado ao derretimento da Groenlândia. Sismógrafos no mundo inteiro, inclusive no Brasil, vinham detectando abalos de origem misteriosa, que não pareciam estar relacionados a nenhum tipo de terremoto conhecido. Ekström e seus colegas identificaram nesses registros a "assinatura" de um tipo de tremor que acontece quando blocos bem grandes de gelo se desprendem muito depressa. Vasculhando a rede mundial de sismógrafos, eles contabilizaram 182 desses tremores somente na Groenlândia entre 1993 e 2005. O grupo descobriu que a frequência dos eventos havia duplicado a partir do ano 2000.[6]

Os abalos sísmicos na Groenlândia estão longe de ser apenas uma curiosidade acadêmica ou um incômodo menor na vida dos esquimós. Eles são um sintoma de mudanças profundas que vêm ocorrendo nas grandes massas de gelo das regiões polares e que podem ter um impacto dramático sobre toda a humanidade ao longo das próximas décadas e séculos.

Tais mudanças são uma resposta ao aumento acelerado na temperatura nos polos, em especial no Ártico. O termômetro ali, por sua vez, sobe devido a uma complexa combinação entre o aquecimento causado pelas emissões humanas de gases de efeito estufa, em especial o dióxido de carbono (CO_2), e a resposta do próprio ambiente polar a esse aquecimento.

No limite, uma mudança climática descontrolada poderia causar o derretimento completo da Groenlândia e de grande parte da Antártida. Seria um cenário de filme catástrofe: a Groenlândia tem gelo suficiente para elevar o nível do mar em cerca de cinco metros. Outros cinco metros de elevação poderiam ser produzidos pelo manto de gelo do Oeste Antártico, sua parte mais frágil.

Uma elevação repentina de dez metros no oceano mudaria para pior o curso da civilização, já que a maior parte dos 7 bilhões de terráqueos vive justamente nas zonas costeiras. O destino da humanidade está ligado ao das remotas massas de gelo dos polos.

Uma das mais importantes questões científicas deste século consiste em saber se um derretimento completo e súbito é uma hipótese plausível, como alguns pesquisadores propuseram ao longo dos últimos anos. E, caso não seja, quanto então nós podemos esperar de aumento do nível do mar até 2100 e além, dado o quadro atual de emissões e o que se conhece sobre o comportamento do gelo polar e dos oceanos.

Para responder a essa pergunta é preciso entender como e quanto as geleiras "engordam" — quando acumulam mais neve do que perdem por degelo e escoamento — ou "emagrecem" — quando o inverso acontece. Esse índice de dieta glacial é chamado de balanço de massa. E, para estimá-lo, nada melhor do que chamar os vigilantes do peso — cientistas que monitoram a dieta das geleiras polares usando imagens de satélite, lasers a bordo de aviões ou medindo-as de perto com aparelhos de GPS, radares e outras fitas métricas de alta tecnologia.

O geofísico paquistanês Shfaqat Abbas Khan é um desses cientistas. Professor da Universidade Técnica da Dinamarca, a DTU, Abbas tem, senão o melhor, provavelmente o mais emocionante emprego do mundo: todo verão ele se abala do subúrbio de Copenhague, onde mora com a mulher e dois filhos, até os confins da Groenlândia, para saltar de um helicóptero sobre glaciares em movimento — muitas vezes amarrado a uma corda e cercado por fendas de dezenas de metros de profundidade. No gelo, ele faz algumas medições com aparelhos de GPS, o Sistema de Posicionamento Global, e decola em poucos minutos, antes que um abismo se abra sobre seus pés. Para pessoas comuns, isso seria uma aventura inimaginável. Abbas dá de ombros e tenta soar casual: "Depois de um tempo, vira só mais um trabalho".

    O grupo de Abbas no Instituto Nacional de Pesquisas Espaciais, vinculado à DTU, mantém sessenta estações de GPS espalhadas por geleiras e montanhas da Groenlândia. Cada estação consiste de um computador acoplado a uma antena receptora de dados de satélite, um painel solar, uma bateria e uma caixa de metal contendo peças sobressalentes e, muitas vezes, comida desidratada ("nunca se sabe", diz o cientista). Dispostas ao longo de um glaciar, elas passam o ano inteiro registrando a própria posição. A leitura de seus discos rígidos permite saber se a geleira está escoando mais rápido ou não e se está ganhando ou perdendo altura. As estações sobre rocha, por sua vez, registram a elevação da crosta que se segue ao sumiço do gelo.

    A corrente de gelo de Upernavik é uma das geleiras monitoradas por Abbas. Seu braço principal dobrou a velocidade de escoamento nos últimos anos: de 2,5 para cinco quilômetros por ano, um degelo considerado surpreendente pelos pesquisadores, pelo fato de o glaciar estar tão ao norte e numa zona tão fria. Como eu viria a testemunhar num raro sábado de sol do verão groenlandês ao acompanhar Abbas numa visita às suas estações na geleira, o aquecimento global deixou ali marcas — num sentido nada figurado.

A véspera da viagem foi tensa: Abbas dispunha de uma única "janela" num helicóptero fretado da Air Greenland para vistoriar os equipamentos. Caso o tempo virasse — algo que no Ártico é regra, não exceção —, precisaríamos esperar mais uma semana em Upernavik, já que a aeronave teria de ser usada para levar mantimentos às aldeias do arquipélago. Para ele seria um incômodo; para mim, alguns milhares de reais jogados no lixo.

Para nossa grata surpresa, o tempo se manteve firme durante uma semana, com sol 24 horas por dia. Digo-o literalmente: ali, a 72 graus de latitude norte, não escurece nunca de junho a setembro. À meia-noite, o sol ameaça raspar o horizonte, somente para subir logo depois. O corpo demora algum tempo para se ajustar a essas condições de luz: simplesmente não dá vontade de dormir. Os esquimós costumam aproveitar essa reação fisiológica para aumentar o rendimento de suas caçadas nessa época do ano: quando saem de barco para apanhar focas e baleias, passam até três dias sem pregar o olho.

No dia do embarque, no aeroporto de Upernavik, outra surpresa: fui saudado em bom português por nosso piloto, o norueguês Morten Pedersen. O sujeito calha de ser casado com uma baiana, uma morena bonita chamada Naguimara, que carrega a honra dúbia de ter sido a primeira brasileira a pôr os pés no glaciar de Upernavik.

Alcançamos o *inlansdis* depois de menos de vinte minutos de voo. Nas bordas do manto, o degelo sazonal forma surreais lagos azul-turquesa, alguns deles ligados entre si por extensos canais. O restante da paisagem é plano e branco em todas as direções, uma monotonia que só é quebrada quando o helicóptero se aproxima da geleira. Ali o movimento do gelo é denunciado por enormes marcas sinuosas na superfície — fendas produzidas pela caminhada cada vez mais rápida do glaciar rumo ao oceano. Há um risco real de alguns desses abismos terem se formado perto das estações de GPS. Do alto é possível distingui-los claramente, mesmo cobertos pela neve do inverno passado. Mas no chão a perspectiva é outra: a história da exploração polar está repleta de casos de cientistas e aventureiros que só descobriram as fendas tarde demais, quando já estavam caindo nelas.

Abbas não está disposto a arriscar: ao chegarmos à primeira estação de GPS, no braço mais problemático da geleira, ele desce amarrado a uma corda. Morten mantém a aeronave parada no ar a alguns centímetros do gelo e só pousa depois de um sinal do cientista. Pelo sim, pelo não, ninguém mais sai da aeronave naquele ponto. Mais adiante, o Ártico resolve pregar uma peça no geofísico: uma das estações está desaparecida. Depois de vários minutos voando em círculos sobre o gelo, Abbas desiste da procura e pede ao comandante que pouse mesmo assim. Pula do helicóptero sem corda, com um receptor portátil na mão, e se põe a caminhar sobre o glaciar, para fazer uma medição de posicionamento ali e tentar descobrir o paradeiro da estação perdida. Encorajado, dessa vez desço logo atrás.

Faz muito frio, apesar do sol forte de fim de manhã e da temperatura de dois graus positivos. Ali o vento não dá trégua nunca: o ar gélido e denso que se forma no interior da ilha, a mais de 3 mil metros de altitude, despenca em direção ao mar sob efeito da gravidade. É o que os cientistas chamam de vento catabático — um conhecido estraga-prazeres polar, que faz você tremer de frio independentemente do que esteja dizendo o termômetro. A paisagem é extraterrestre; não há nada no horizonte que possa ajudar o caminhante a se orientar, nem se ouve som algum a não ser o do vento no capuz do casaco e o de botas amassando a neve. Abbas

Bicolor: as rochas mais claras, à direita, ficaram aparentes pelo rebaixamento de dezenas de metros da geleira de Upernavik depois de 2005. O recuo também expôs o monte de sedimentos que divide o gelo na imagem.

quebra o silêncio para dar um alerta: "Não se afaste muito do helicóptero. Pode haver fendas". Digo que está tudo bem, que estou seguindo seus passos de perto. Ele ri: "E por que você acha que eu sei onde estou pisando?".

É na penúltima estação, porém, que a dimensão do recuo da corrente de gelo de Upernavik fica explícita. O piloto empoleira o Bell-212 biturbina no alto de uma montanha que divide dois braços da geleira, em sua foz. É o que os inuítes chamam de *nunatak*, ou terra no meio do gelo. Ao descermos do helicóptero, Abbas avisa: "Repare a cor das rochas". O aquecimento global está mais ou menos literalmente estampado nelas.

No alto do *nunatak*, o gnaisse é coberto por uma pátina escura, resultado da exposição ao tempo. Na parte de baixo, que mede algumas dezenas de metros de altura até o gelo, a rocha é marrom-clara. Os dois tons são separados por uma linha, como uma marca-d'água. "É onde o gelo estava em 2005", diz Abbas. Naquele local, a geleira rebaixou cem metros de um ano para o outro, expondo as rochas que até então estavam cobertas. A porção de mar aberto que víamos alguns quilômetros diante de nós estava, em 2005, tomada pelo glaciar. Aquele braço da geleira acelerou muito mais do que os outros devido à perda repentina, naquele ano, da língua de gelo flutuante, que servia como uma espécie de freio ao escoamento do gelo a montante. Em quatro anos, a foz da geleira recuou cinco quilômetros. "Quando você tira o pedaço da frente, o sistema inteiro é afetado", diz o pesquisador. O efeito pode ser comparado ao de romper uma barragem: a represa imediatamente esvazia. Como se trata de gelo que estava até então sobre terra firme, esse esvaziamento contribui diretamente para a elevação do nível do mar. Com efeito, a corrente glacial de Upernavik hoje é um dos maiores vilões do nível do mar no mundo, jogando todos os anos de 10 bilhões a 15 bilhões de toneladas de água doce no Atlântico.

O primeiro lugar na Groenlândia (e o segundo no mundo) entre os maiores contribuintes individuais para a elevação do oceano está a pouco mais de uma hora de voo ao sul de Upernavik: é a geleira de Jakobshavn, perto da cidade de Ilulissat.

Até 1997, Ilulissat era apenas um pitoresco porto de pesca de camarão, encravado numa baía sempre lotada de icebergs (*ilulissat*, em inuíte). Terceira maior cidade da Groenlândia, com 4600 habitantes, já era também o principal destino turístico do país. Ali europeus endinheirados e corajosos podiam observar baleias de manhã e comer baleias no jantar, antes de navegar entre os grandes blocos de gelo em pleno sol da meia-noite no fiorde de Jakobshavn. O glaciar, por sua vez, é um dos maiores do Ártico. Ele avança trezentos quilômetros manto adentro e drena 7% de todo o gelo da Groenlândia. Até aquele ano, no entanto, só era lembrado eventualmente como o local de origem do iceberg que afundou o *Titanic*.

A partir de 1997, mesmo ano em que o mundo assinou o pífio Protocolo de Kyoto para combater as emissões de gases de efeito estufa, Jakobshavn Isbrae (seu nome em dinamarquês) começou a acelerar de forma anormal. Em quatro anos, sua extensa língua de gelo, que flutuava sobre um fiorde situado a meia hora de caminhada da cidade, recuou quinze quilômetros. Hoje ela desapareceu completamente. Jakobshavn se tornou uma espécie de "marco zero" do aquecimento global, e Ilulissat virou ponto de peregrinação de outro tipo de visitante: cientistas em busca de respostas para os enigmas do clima.

Um desses cientistas é o americano Mark Fahnestock, glaciologista da Universidade de New Hampshire. Desde 2005 ele mede a aceleração do Sermeq Kujalleq, como os nativos chamam a geleira, com um método para lá de artesanal: espalhando estacas metálicas com antenas de GPS na ponta ao longo da geleira e medindo a variação da distância entre elas. "A frente da geleira hoje se desloca de treze a catorze quilômetros por ano. Uma década atrás eram seis ou sete quilômetros", conta o pesquisador. Jakobshavn virou a geleira mais rápida do mundo. A perda de gelo na frente, por sua vez, causou um rebaixamento a montante, exatamente como ocorreu no glaciar de Upernavik. O resultado é que a quantidade de água despejada pela geleira no mar passou de 8 bilhões de toneladas por ano em 2000 para 34 bilhões em 2007, e desde então tem flutuado entre 25 bilhões e 33 bilhões de toneladas.[7] "Isso é claramente uma resposta ao aquecimento", diz Fahnestock. "Essa área hoje é dramaticamente mais quente do que era. O Ártico inteiro está mais quente."

Entender como uma ou outra geleira se comporta é fundamental. Mas, para responder ao que realmente interessa ao cidadão — qual será a contribuição real da Groenlândia para o nível do mar no futuro —, é preciso saber se todo o manto de gelo repete o mesmo padrão de anorexia. Como sua dieta evoluiu? E, o mais fundamental, ela continuará acelerando no futuro ou vai perder velocidade?

Nenhuma dessas perguntas tem uma resposta óbvia. Para ficar apenas em um caso, a corrente de gelo de Upernavik teve uma aceleração brutal num de seus braços, mas os outros quatro não sofreram degelo significativo, apesar de as temperaturas médias na região terem se elevado em mais de seis graus entre o começo da década de 1980 e fim da de 2000. E se outras geleiras também não estiverem acelerando? E se algumas estiverem ganhando massa em vez de perder? Para ter uma ideia do quadro completo, os cientistas precisam olhar a ilha do alto. De muito alto. E isso é um trabalho para a Nasa.

John Sonntag é um engenheiro quarentão com duas obsessões: correr e voar. Em pleno começo de primavera groenlandesa, com temperaturas em torno dos vinte graus abaixo de zero, o americano sai para um cooper religiosamente às sete da manhã em Kangerlussuaq, uma vila de seiscentos habitantes que abriga o maior aeroporto da ilha. O exercício matinal dura tempo suficiente para evitar que o rosto exposto comece a sofrer enregelamento, ou *frostbite*, uma necrose que acomete quem se aventura pelas regiões polares com pouca proteção.

No começo do século XX, era comum ver fotos de exploradores com o rosto em carne viva ou sem os dedos dos pés por causa dessa síndrome. Ela é causada pela reação natural do corpo exposto a frio extremo, de contrair os vasos sanguíneos para preservar a temperatura dos órgãos vitais, deixando as extremidades sem irrigação e passíveis, portanto, de congelamento. Até hoje alguns montanhistas veteranos e expedicionários polares exibem uma ou outra amputação como troféu. (Como pude sentir na pele graças a uma luva inadequada, o enregelamento começa com uma dormência seguida de dias de dor aguda, que culmina no apodrecimento do tecido caso a porção exposta não seja protegida. Não foi meu caso, mas fiquei com o dedo médio da mão direita com uma ponta esbranquiçada por alguns dias.)

Sem medo de congelar, Sonntag só abandona suas corridas matinais nos dias em que embarca num Lockheed P-3, um turboélice de quatro motores, para passar o dia sobrevoando algum canto remoto da ilha.

O engenheiro é um dos cientistas-chefes da Operação IceBridge, da Nasa, uma missão que vai todos os anos à Groenlândia e à Antártida para coletar dados sobre as duas maiores massas glaciais do planeta. Em vinte anos de trabalho, ele diz nunca ter perdido nenhuma extremidade do corpo por *frostbite*. Perdeu, isso sim, a conta exata de quantas viagens polares já fez. "Umas trinta ou quarenta, e algo entre mil e 2 mil voos científicos", estima.

O P-3 da agência espacial americana foi modificado para carregar, como a Nasa se orgulha em dizer, o "maior conjunto de instrumentos científicos jamais embarcados num avião nas regiões polares". Dois deles são altímetros a laser, conhecidos pela sigla ATM (Mapeador Topográfico Aerotransportado, em inglês). Cada ATM é um canhão de laser potente instalado na barriga do avião, que roda descrevendo espirais sobre o solo enquanto dispara pulsos ultrarrápidos de luz. Medindo o tempo que cada pulso leva para voltar ao sensor do aparelho, é possível construir um mapa preciso da elevação do terreno.

Altímetros a laser são um instrumento comum de satélites de observação da Terra e de outros planetas. Os mapas ultradetalhados da topografia de Marte feitos pela sonda Mars Global Surveyor, da Nasa, que permitiram em 2004 o pouso dos jipes-robôs Spirit e Curiosity, valeram-se desse tipo de instrumento. Um ATM também estava embarcado no *ICESat*, o primeiro satélite americano dedicado a medir a variação da espessura do gelo nos polos. Lançado em 2003, o aparelho permitiu medir ano a ano a variação da altitude das geleiras da Groenlândia, tornando possível calcular o balanço de massa de toda a ilha. O que o satélite mostrou foi que, sim, a Groenlândia inteira estava emagrecendo a olhos vistos; não era apenas uma crise de glaciares isolados.

Uma pane em 2009 tirou o *ICESat* de circulação e forçou a Nasa a turbinar um programa modesto de medições aéreas de gelo polar que um de seus departamentos, o Centro Goddard de Voo Espacial, vinha conduzindo desde 1993 — ano em que Sonntag, recém-saído da pós-graduação em engenharia aeroespacial, juntou-se à Nasa. Criou-se a IceBridge, ou "ponte de gelo" em inglês, com o objetivo de manter a série histórica de medidas da topografia polar até o lançamento da segunda versão do *ICESat*, prevista para 2016. A operação custa 15 milhões de dólares por ano (guarde essa cifra) e consiste em levar uma aeronave cheia de equipamentos de última geração e quarenta técnicos, engenheiros e cientistas até as regiões mais remotas do planeta, passar de dois a três meses em campo e garantir a harmonia das relações humanas, forçadas pelo isolamento, pelo mau tempo e pelo estresse do trabalho.

A segunda tarefa é relativamente simples. Na Groenlândia, os membros da operação se reúnem no Kiss (sigla em inglês para Centro de Apoio à Ciência de Kangerlussuaq), uma mistura de hotel e laboratório mantida pelo governo da Dinamarca e que serve de base para a maioria das missões científicas na ilha. Assim como o aeroporto da cidade, o Kiss é uma herança dos americanos, que ocuparam aquele pedaço do Ártico durante a Segunda Guerra Mundial e mantiveram a Groenlândia mais ou menos sob seu domínio militar durante toda a Guerra Fria. O prédio, como outros na cidade, é um alojamento militar erguido durante a guerra e depois desocupado. Gente do mundo inteiro se reúne ali durante quase todo o ano: de biólogos britânicos estudando os sedimentos dos lagos da vizinhança a glaciologistas dinamarqueses que vão perfurar o manto de gelo em busca de informações sobre o clima do passado. O chefe da estação, Rikka Moeller, é um groenlandês que abre um sorriso e arregaça a manga da blusa quando digo que sou brasileiro. Fanático por Paulo Coelho, tatuou no antebraço o símbolo de um dos livros do "mago".

Há certo clima de albergue da juventude no Kiss: as pessoas fazem refeições juntas, frequentemente num exótico restaurante tailandês que serve curry de boi-almiscarado; dormem juntas nos alojamentos da base; entediam-se juntas durante tempestades; e saem juntas à noite para jogar sinuca e tomar cerveja no Nordlys ("Aurora Boreal"), o único bar da cidade que fica aberto até tarde. "Até hoje, depois de vinte anos fazendo isso, esse clima de camaradagem é o que eu mais gosto no trabalho", diz Sonntag.

Já assegurar que tudo funcione nos conformes é um pouco mais complicado, até mesmo para a Nasa. As missões da IceBridge duram normalmente um dia, no qual o avião faz uma varredura completa de um determinado alvo. O primeiro problema é a meteorologia infernal do Ártico, que nem sempre permite voar nos dias e horários estabelecidos. Na Groenlândia, a regra é você dormir depois de um dia sem nuvens e acordar no meio de uma nevasca ou de um vendaval que torna arriscado até decolar com o avião. Na véspera de cada missão, o grupo se reúne para discutir a previsão do tempo e saber se haverá chance de voo no dia seguinte.

Além dos imprevistos previstos, por assim dizer, há sempre os imprevistos imprevistos. Na semana que passei acompanhando a operação em 2011, foram dois: primeiro, uma pane num equipamento na véspera de minha chegada a Kangerlussuaq demandou que o P-3 voltasse aos Estados Unidos para reparo. No dia do primeiro voo depois do conserto, havia feito tanto frio na madrugada que os técnicos responsáveis pelos ATMS tiveram de usar um secador de cabelo para fazer o laser "pegar". O mesmo frio, de 24 graus negativos, nos daria um susto na sequência: um dos motores parou assim que atingimos altitude de cruzeiro e a missão precisou ser abortada. Como viríamos a descobrir depois, uma borracha que vedava a saída de líquido refrigerante do motor congelou e se quebrou, causando um vazamento. Não é reconfortante olhar pela janelinha e ver uma hélice parada, mas não cheguei a ter medo: afinal, são quatro motores, pensei. E é a Nasa. As coisas da Nasa não caem assim, sem mais nem menos. Certo?

Depois do pouso, Sonntag lembrou uma história ocorrida com ele a bordo do mesmo avião na Antártida anos antes que me fez agradecer a bênção da ignorância: no meio do inverno, no escuro, a 8 mil metros de altitude, um dos motores do P-3 parou. Depois outro. A tripulação começou a vestir roupas especiais de frio, preparando-se para fazer um pouso forçado e abandonar a aeronave no lugar mais isolado da Terra. Foi quando os pilotos tiveram uma ideia: talvez o frio extremo naquela altitude estivesse causando a pane. "Eles estavam certos: descemos a 1,3 mil metros, e então os motores esquentaram o bastante e o problema se corrigiu sozinho. Foi minha experiência mais dramática em vinte anos."

No dia seguinte à pane, decolamos com um frio ainda mais intenso (28 graus negativos) rumo a Jakobshavn Isbrae. O alemão Michael Studinger, investigador principal da missão, explicou

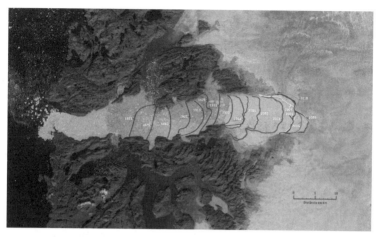

Imagem do satélite Landsat mostra a posição da foz da geleira de Jakobshavn entre 1851 e 2006.

que, no terceiro ano de monitoramento da geleira, a Nasa precisou aumentar a área de varredura do avião naquele local, já que o rebaixamento estava acontecendo fora da área inicialmente delimitada. Ao sobrevoarmos o mar na foz da geleira, Studinger apontou uma fotografia de satélite em seu laptop com uma linha verde representando a rota do sobrevoo. "Essa imagem é de dez anos atrás", diz. "E aqui é onde nós acabamos de passar." O que aparece como uma grande língua de gelo na foto é apenas mar congelado visto da janela. A frente do glaciar não está mais lá. "Ele recuou dez quilômetros em dez anos", calcula. "Agora me diga que não tem alguma coisa acontecendo."[8]

Studinger se fia no fato de ser um coletor de dados para evitar juízos que os americanos chamam de "políticos" sobre o que está provocando as mudanças que ele mesmo testemunha. Sonntag diz que esses recuos dos glaciares da Groenlândia são de longe a coisa mais impressionante que ele tem observado em duas décadas voando sobre os polos. "Uma vez tivemos um piloto que estava, por assim dizer, na extremidade conservadora do espectro político", lembra-se, rindo do eufemismo. "Ele era bastante cético sobre a mudança climática. Quando voamos sobre Jakobshavn, calhou de eu estar bem atrás dele, que disse: 'Não dá para acreditar como essa geleira encolheu do ano passado para cá!'. E, claro, nós vemos mudanças dramáticas em toda parte nos dados."

O primeiro mapa de altimetria compilado pela operação da Nasa dá uma dimensão desse drama: ele mostra que 64% das 25 geleiras monitoradas no sudeste e no noroeste da ilha estavam recuando. A mesma história é contada por dados de dois satélites que também monitoram a região: o europeu *Cryosat-2*, que também usa lasers, e o americano *Grace* (acrônimo em inglês para Experimento de Recuperação de Gravidade e Clima).

O *Grace* é uma engenhosa dupla de espaçonaves que voam perfeitamente alinhadas e que medem diferenças de massa sutis em terra e no mar. A maior ou menor massa no terreno que eles sobrevoam faz um dos satélites da dupla ser mais ou menos atraído gravitacionalmente pela Terra do que o outro. Isso causa um ligeiro desalinho entre os dois, que pode ser medido e convertido em toneladas de gelo.

Cruzando dados do *Grace* com os das estações de GPS, Abbas Khan e quatro colegas mostraram em 2010 que o degelo maciço do manto da Groenlândia havia mais do que duplicado a contribuição da ilha para o nível do mar na primeira década deste século.[9] Em 2010, o *inlandsis* já respondia sozinho por 0,8 milímetro por ano da elevação média do nível do mar registrada no mundo inteiro. É quase um terço dos três milímetros por ano que os mares sobem no planeta — o que, por sua vez, é uma taxa duas vezes maior do que a de antes dos anos 1990. Outro terço vem da expansão natural de volume decorrente do aquecimento da água do mar (pense numa chaleira, em que o nível da água sobe à medida que ela esquenta), e o restante, do derretimento de geleiras continentais nos Andes, nos Alpes, no Alasca e no Canadá, além das ilhas antárticas e das pequenas geleiras groenlandesas fora do manto. A partir de 1993, o degelo da Antártida começou a contribuir para essa conta.

O padrão de aceleração dos glaciares groenlandeses ao longo dos anos era bem distinto. Os problemas começaram no sudeste e subiram para o noroeste a partir de 2005 — justamente o ano em que o glaciar de Upernavik começou a desbundar.

Quando conheci Abbas, em 2011, num restaurante indiano em frente ao famoso Parque Tívoli, em Copenhague, ele me mostrou uma animação com seus dados entre 2003 e 2009. No filminho, a altura do gelo era indicada por um código de cores: o verde era a altura em 2003, o azul e o roxo sinalizavam redução. Quando o pesquisador pôs o filme para rodar em seu computador, a imagem foi tomada por uma imensa mancha roxa. Perguntei se isso era degelo sazonal do verão. Abbas sacudiu a cabeça. "Isso é gelo perdido." Há lugares, como Upernavik, onde a frente do glaciar rebaixara cem metros de um ano para o outro — o esperado para uma geleira em equilíbrio é zero. Em outros, como a geleira Hellheim, no sudeste, a queda chegava a quinhentos metros.

Mesmo assim, Abbas mantinha certo ceticismo sobre o que aquilo poderia significar no futuro. "Sou um cientista de observação. Sim, é verdade que eu vejo essas geleiras encolhendo ano após ano, mas preciso ter certeza de que isso vai continuar acontecendo. Até lá, não estou convencido." Perguntei o que seria capaz de persuadi-lo. Abbas apontou no mapa a gigantesca Geleira 79, na ponta nordeste da Groenlândia. "Quando esse cara começar a fazer alguma coisa, aí sim vou ficar convencido."

Quando a Groenlândia entrou em sua fase mais instável, o IPCC (sigla em inglês para Painel Intergovernamental sobre Mudanças Climáticas), o comitê de 2 mil cientistas criado pela ONU para reunir o conhecimento sobre a mudança climática, estava finalizando seu Quarto Relatório de Avaliação, o AR4. O documento, divulgado em fevereiro de 2007, em Paris, trazia o alerta mais poderoso já feito sobre o presente e o futuro do clima da Terra. Ele dizia que o aquecimento do sistema climático era "inequívoco" e que a maior parte dele era "muito provavelmente" devida a atividades humanas. No palavreado estatístico do painel do clima, "muito provavelmente" denota uma chance de mais de 90%.

As estimativas do AR4 para o aquecimento do planeta ao fim do século XXI eram sombrias: as temperaturas em 2100 poderiam ser de 1,8 grau a quatro graus mais altas do que a média de 1980 a 1999 (um aquecimento global de quatro a cinco graus foi o que impediu que Nova York hoje estivesse coberta por dois quilômetros de gelo). Os modelos de computador que simulavam o aumento do nível do mar, por outro lado, mostravam uma elevação máxima relativamente modesta — de 59 centímetros até o fim do século, no máximo.

Antes mesmo da divulgação do sumário executivo do relatório, porém, o painel foi criticado por fazer previsões excessivamente conservadoras. Uma delas veio na forma de um artigo científico do oceanógrafo alemão Stefan Rahmstorf, do Instituto de Pesquisa Climática de Potsdam. Publicado menos de duas semanas antes da reunião de Paris no periódico *Science*, uma das duas revistas científicas mais importantes do mundo, o estudo falava num aumento máximo de 1,4 metro até o fim do século.

Uma das razões para a modéstia do IPCC era a assumida incapacidade de incorporar aos modelos computacionais que simulavam o clima no futuro as recentes mudanças de comportamento das geleiras da Groenlândia e da Antártida. O sumário executivo do AR4 resume essa incapacidade com uma frase críptica: "Processos dinâmicos relacionados ao escoamento do gelo não incluídos em modelos atuais, mas sugeridos por observações recentes, poderiam aumentar a vulnerabilidade dos mantos de gelo ao aquecimento, aumentando o nível do mar futuro".[10] Para quem critica o IPCC pelo suposto excesso de alarmismo, essa frase traduz uma cautela extrema. Ela significa que, mesmo tendo dados disponíveis na época, o IPCC resolveu ser conservador em seus cenários sobre o aumento do nível do mar.

O glaciologista Ian Joughin, da Universidade de Washington, nos Estados Unidos, pioneiro no uso de imagens de satélite para detectar as variações de massa nos polos, traduz o que o IPCC quis dizer com "processos dinâmicos": "As geleiras começaram a acelerar e a fazer coisas que ninguém esperava". Algo fez com que a perda de peso forçada da Groenlândia sextuplicasse: de 34 bilhões de toneladas de água por ano entre 1992 e 2001 para 215 bilhões de toneladas entre 2002 e 2011,[11] e chegasse aos 574 bilhões em 2012.[12]

Uma das explicações para esse "algo" que causa a tal perda dinâmica de gelo foi dada pelo físico David Holland. Rosado e bonachão, com olhos muito azuis por trás de lentes muito grossas e a indefectível camisa xadrez por dentro da calça, Holland parece o perfeito americano do interior enquanto toma um caneco da honesta cerveja groenlandesa Dogsled ("Trenó de Cachorro") no bar do Hotel Hvide Falk, em Ilulissat. De interiorano, porém, ele só tem a cara: professor da Universidade de Nova York, a NYU, Holland atualmente divide seu tempo entre os Estados Unidos e Abu Dhabi, onde a NYU mantém um campus e onde sua mulher, Denise, coordena a logística de um departamento com um nome nada sutil: Mudanças no Nível do Mar. Na maioria das vezes, os Holland só estão juntos em lugares extremos: tostando nos Emirados Árabes ou congelando na Antártida ou na Groenlândia.

Em 2008, Holland matou a charada da aceleração anormal de Jakobshavn Isbrae. O americano imaginou, a partir de uma hipótese formulada por um colega dez anos antes, que um oceano mais quente pudesse ser o culpado, esquentando as geleiras por baixo. Essa água penetraria no ponto de contato entre o gelo e o leito rochoso, de forma a acelerar o deslize da massa de gelo (veja o infográfico a seguir) e sua desintegração. Os pescadores de camarão de Ilulissat ajudaram: foi graças aos registros minuciosos que eles fazem da temperatura da água que o pesquisador solucionou a questão. Esses registros vêm na forma de mapas, nos quais as temperaturas são diferenciadas com as cores vermelha e azul, significando quente e frio, respectivamente. "Em 1997, todas as águas mudaram de azul para vermelho", conta o americano. Hoje o fiorde de Jakobshavn, ao qual os Holland voltam todo ano para fazer medições, tem uma temperatura média de três graus no verão — cinco graus acima do ponto de congelamento da água salgada, dois graus negativos.

O mar mais quente é hoje a hipótese mais forte para explicar o afinamento dinâmico. Ele atuaria em sinergia com a elevação da temperatura do ar, uma medida que na Groenlândia, sozinha, não é capaz de explicar a magnitude do degelo.

Holland diz não saber o que está causando a mudança na temperatura da água, mas tem um palpite fundamentado: os trópicos podem estar envolvidos na história. "No mundo todo, o oceano esquentou meio grau", afirma. O oceano é pilotado, explica, por ventos e correntes. E esses elementos, por sua vez, são uma função direta da temperatura. À medida que o Atlântico tropical aquece demais, o excesso de calor é dissipado para os polos pelas correntes marinhas, causando o degelo. "Se há uma perturbação no Atlântico tropical, em duas semanas ela chega à Groenlândia e à Antártida",

Uma geleira em dois momentos

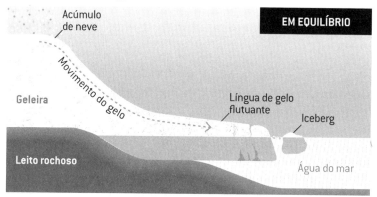

1 Uma geleira se forma pelo acúmulo de neve nas partes mais altas do continente. Ao longo do tempo, essa neve vira gelo, que é drenado para o mar.

2 Na Groenlândia, as geleiras desembocam em fiordes e formam línguas de gelo flutuantes. De tempos em tempos, porções se rompem, formando icebergs.

3 No verão, o calor causa o derretimento da superfície nas partes mais baixas. Ao longo do ano, porém, o que a geleira perde é compensado pela precipitação de neve.

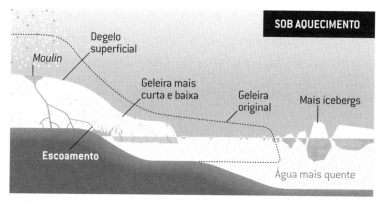

1 A água do mar mais quente penetra sob o gelo flutuante, derretendo-o. Isso deixa a geleira mais fina e faz com que sua base se descole do leito rochoso.

2 Mais frágil, o glaciar se romperá próximo da foz, se retraindo. Isso aumenta a velocidade de escoamento e faz a geleira perder mais gelo do que ganha por precipitação.

3 A maior temperatura também causa degelo superficial nas partes mais altas. A água escorre por rachaduras (*moulins*) no manto e escoa para o mar por baixo, agravando o problema.

diz o pesquisador. Esse aquecimento atlântico é em parte cíclico, ocorrendo de sessenta em sessenta anos. Trata-se da chamada Oscilação Multidecadal do Atlântico, ou AMO, na sigla em inglês.

O último pico de atividade da AMO ocorreu durante as décadas de 1930 e 1940, quando as geleiras da Groenlândia também sofreram um surto de degelo "dinâmico". Isso, em tese, poderia significar uma boa notícia: afinal, quando o planeta sair dessa oscilação, daqui a alguns anos, o degelo vai desacelerar e o mar vai deixar de subir com essa mesma velocidade.

Cientistas como Mark Fahnestock, porém, não acham que o degelo da década de 1930 seja um bom parâmetro de comparação. "O aquecimento hoje é muito mais disseminado", diz. "Há um derretimento sincrônico de todos os corpos de gelo da Terra. Vai levar muito tempo para repor todo esse gelo lá em cima. Não é coisa que um ou dois invernos frios resolvam." Holland tampouco acredita que se trata apenas de uma causa natural. Ele usa uma metáfora musical para explicar a conexão entre atividades humanas e os ciclos da AMO: "Nosso planeta tem modos diferentes, como uma guitarra. O que estamos fazendo é excitar o modo natural do planeta".

Mesmo com a Terra vibrando uma oitava acima, por assim dizer, a contribuição do degelo dinâmico para o aumento do nível do mar não deve prosseguir indefinidamente. Das três grandes geleiras da Groenlândia que começaram a acelerar na década de 1990, apenas Jakobshavn continua emagrecendo. Duas outras, Hellheim e Kangerdlugssuaq (não confundir com a cidade de Kangerlussuaq), estão engordando a olhos vistos hoje, depois de anos de emagrecimento forçado. É possível que isso aconteça com outras geleiras nos próximos anos. "A aceleração dinâmica vai parar", diz Abbas. Por um motivo simples: à medida que as geleiras retrocedem, elas vão perdendo contato com a água quente do mar. Hoje algumas geleiras estão formando icebergs sobre rocha, não mais sobre o oceano. Isso reduz a velocidade de escoamento e faz com que o ganho que ocorre por acúmulo de neve — com o ar mais quente, os oceanos evaporam mais, portanto há mais umidade sobre o manto da Groenlândia para formar neve e mais precipitação — seja maior do que a perda por escoamento.

Existe, porém, outro fator em ação, que não permite aos cientistas respirar aliviados. E ele tem a ver com os lindos lagos azuis que tiram o fôlego dos viajantes que sobrevoam a Groenlândia no verão. Esses lagos, na verdade, são sinal de que algo não está bem. Eles estão nos lugares errados e em número errado. E têm levado cada vez mais água do manto de gelo para o mar. Para entender por que isso acontece, é preciso entender a geografia do local.

O manto tem o formato de um prato fundo emborcado: é mais fino nas bordas e vai ganhando altitude na direção do centro. Seu ponto culminante, onde os americanos construíram a estação de pesquisas Summit, está a 3,25 mil metros acima do nível do mar.

Nas partes altas, acima de 2 mil metros, fica a chamada zona de acumulação, onde raramente esquenta no verão o bastante para derreter a neve do inverno. Nas partes baixas está a zona de ablação, onde ocorre derretimento superficial sazonal. Nessas áreas, é comum ver lagos se formando no meio do gelo no verão. O peso da água frequentemente provoca rachaduras no gelo, o que faz com que os lagos sejam drenados no final da estação. A água escorre para a base do manto por túneis verticais chamados *moulins* (pronuncia-se "mulãs"), que se abrem sob o lago ou em qualquer outro ponto do manto. Às vezes a água escoa por canais dos lagos até um *moulin* ou uma fenda no gelo. Seu destino é sempre o mesmo: a base da geleira, de onde desce para o mar.

Em 2002, um grupo de pesquisadores americanos liderados por Jay Zwally, colega de John Sonntag na Nasa, propôs que os *moulins* pudessem ter um papel importante na aceleração de Ja-

Lago formado pelo derretimento no meio do manto de gelo da Groenlândia, uma visão cada vez mais comum.

kobshavn — e, por tabela, de outras geleiras da Groenlândia. Eles descobriram uma correlação forte entre a velocidade da geleira e o número de dias do verão com temperatura positiva: quanto mais dias quentes, mais lagos e *moulins* se formavam e mais rápido a geleira corria.[13] Segundo os cientistas, a água do degelo superficial estaria agindo como um lubrificante entre a rocha e a base da geleira. Depois que essa água escoava toda para o mar, a velocidade reduzia. O problema, raciocinavam os pesquisadores, é que o número de dias com temperatura positiva estava crescendo na Groenlândia, e a zona sujeita ao degelo sazonal estava migrando para porções cada vez mais altas do manto. Com mais degelo, haveria mais *moulins*; com mais *moulins*, maior aceleração.

Em 2006, Ian Joughin, da Universidade de Washington, e sua colega Sarah Das observaram um evento extraordinário na bacia da geleira de Jakobshavn: um lago de 5,6 quilômetros quadrados havia esvaziado completamente em um dia, por um *moulin* de 980 metros de altura. Durante uma hora e meia, o fluxo de água pelo buraco ultrapassou o das cataratas do Niágara.[14] Porém, ao considerar o movimento das geleiras durante o ano todo, ele e seus colegas não conseguiram ver um impacto significativo na aceleração dos glaciares.

O problema, explica o pesquisador, é de timing. "A lubrificação só acontece se você mantiver a pressão da água. Só que, com o tempo, a água começa a formar canais sob o gelo e a fluir por eles, então a pressão cai", explica Joughin.

Mesmo que os *moulins* não acelerem tanto as geleiras quanto se imaginava, eles ainda são cruciais para entender o futuro da Groenlândia, já que o derretimento superficial continua acontecendo, e cada vez mais e mais rápido. A chamada linha de equilíbrio, divisa entre a zona de ablação e a de acumulação, vem sendo empurrada para o alto. Lagos de degelo hoje se multiplicam em lugares do manto acima de 2 mil metros de altitude, onde há duas décadas eles eram muito raros. O derretimento no verão se tornou tão disseminado que o governo da Dinamarca tem imposto restrições aos aventureiros que tentam atravessar a ilha pelo sul, na rota da travessia pioneira feita pelo norueguês Fridjtof Nansen em 1888. "O período no qual a travessia é permitida foi reduzido depois que pessoas ficaram presas por causa de grandes degelos", contou-me o meteorologista Carsten Danberg, do Instituto Dinamarquês de Meteorologia.

Danberg passou seis anos estacionado em Kangerlussuaq, fazendo previsões do tempo para o aeroporto e para os eventuais malucos, cientistas ou não, que se aventuravam no *inlandsis*. Em 2012, aconteceu algo que nem ele nem nenhum de seus colegas poderiam prever: uma onda de calor se abateu sobre a Groenlândia no verão, elevando em quatro a cinco graus as temperaturas médias em toda a ilha. Foi o maior pico de calor desde que as temperaturas começaram a ser medidas ali, pelos missionários dinamarqueses no século XVIII. Isso causou o degelo superficial de 97% da área do manto, algo que jamais havia sido testemunhado antes.[15] Em 1979, quando satélites começaram a sobrevoar os polos, a extensão máxima do degelo sazonal era de cerca de 30% do manto. Choveu pela primeira vez em estações científicas no interior da ilha onde nunca antes nenhum ser humano havia visto chuva.

A quantidade de água foi tanta que a modorrenta Kangerlussuaq teve seus quinze minutos de fama: o rio que cruza a cidade e que está permanentemente congelado na maior parte do ano ou se resume a um filete de água rasa no verão se ergueu numa enxurrada que destruiu uma ponte. O evento, filmado por cientistas do Kiss, foi parar nos jornais como mais uma pequena evidência do aquecimento global.

A glaciologista francesa Valérie Masson-Delmotte, uma das maiores especialistas do mundo em registros do clima antigo da Terra, disse que o evento foi extraordinário e, como qualquer evento extremo isolado, não poderia ser diretamente ligado ao aquecimento global. "Mas 30% do efeito pode ser atribuído ao aquecimento de fundo da Groenlândia", estimou a pesquisadora. Depois do episódio, o Centro Nacional de Dados sobre Gelo e Neve dos Estados Unidos inaugurou, naquele ano, uma página na internet destinada a monitorar em tempo real o degelo da Groenlândia no verão.[16]

Abbas Khan afirma que, nos últimos anos, a perda de gelo por derretimento da superfície tem sido duas vezes maior do que a perda por aceleração dinâmica das geleiras. Ele insiste que será preciso muito mais tempo de observação para um veredicto conclusivo sobre o que vai acontecer com a segunda maior massa de gelo da Terra. Mas não se furta a fazer uma aposta: "Meu palpite é que vai acelerar mais ainda", diz, sentado numa pedra no alto do rochedo de Upernavik. "Toda a Groenlândia vai acelerar. Não é preciso aumentar a temperatura em seis graus. Um grau basta." Abbas em seguida me conta de sua mais recente preocupação: a Geleira 79, o glaciar gigante do Nordeste. Esse monstro de trinta quilômetros de largura é parte de um sistema de geleiras que drena 16% de todo o manto da Groenlândia, duas vezes mais do que Jakobshavn. Se aquela região começasse a derreter, seria preciso rever para cima — mais uma vez — as previsões de elevação do nível do mar na Terra. Mas nenhum cientista contava realmente com isso: aquela geleira é tão próxima do polo Norte que está cercada permanentemente por um cinturão de gelo marinho, que represa seu escoamento mesmo no verão. Ou represava.

Abbas começou a olhar imagens de satélite e antigas fotos aéreas da geleira em busca de perda de gelo no passado. Era quase um exercício de rotina, para entender melhor o comportamento da Groenlândia. "O que eu encontrei foi perda de gelo no presente." De 1978 a 2003, a geleira estava perfeitamente estável. A partir de 2003, elevações da temperatura do ar derreteram a barreira de gelo marinho, causando a súbita aceleração de todo o sistema de geleiras do Nordeste groenlandês. Isso, por sua vez, também abriu caminho para que água mais quente do mar penetrasse por baixo das geleiras, acelerando seu colapso dinâmico. A perda de gelo total quintuplicou[17] em uma década. Mesmo com a retração posterior da água mais quente, o processo continua, devido a uma casualidade: a topografia do leito do mar sob a geleira, que fica mais fundo na direção do interior. Antes a base do glaciar tocava o solo marinho. Agora há água entre o gelo e o leito oceânico, o que faz a geleira romper sob o próprio peso. O processo dinâmico iniciado é irreversível até que a base da geleira encontre terra firme de novo ou que as temperaturas voltem a cair. Como as projeções dos modelos preveem que a água do mar na região esquente duas vezes mais do que a média neste século e que as temperaturas do ar sigam em ascensão, as perspectivas não parecem otimistas para o Nordeste da Groenlândia. As contas de nível do mar provavelmente terão de ser revistas.

Pergunto a Abbas se ele se lembrava de nosso diálogo no restaurante dois anos antes. Ele diz que não, mas que se prepara para plantar algumas estações de GPS no monstro de gelo. "Alguma coisa ali vai acontecer muito em breve, e eu quero medir antes que aconteça."

John Sonntag também diz que procura olhar seu objeto e estudos com a mente aberta, sem tentar tirar conclusões sobre para onde estamos indo a partir de suas observações. "Você evita pensar assim para não enviesar sua ciência", conta. "Eu também direi, porém, que, quando procuro um imóvel para comprar, sempre vejo quão perto ele está do nível do mar."

2. É tudo culpa sua

> *O clima global é uma tela em que a humanidade está pintando um de seus legados mais duradouros.*
>
> David Archer, *The Long Thaw*

A noção de que um agente tão insignificante quanto a humanidade seja capaz de um feito tão grandioso quanto alterar o funcionamento do clima da Terra ainda é difícil de assimilar para muita gente. Afinal, como lembrou o oceanógrafo americano David Archer, a própria ciência tem dado golpe após golpe no egocentrismo característico do *Homo sapiens*: Nicolau Copérnico mostrou que a Terra não é o centro do Universo, e sim um reles pedaço de rocha orbitando uma estrela qualquer; Charles Darwin sugeriu que nós não somos o ápice da Criação, mas sim chimpanzés pelados descendentes de bactérias, produtos de uma evolução biológica que não tem propósito oculto algum, em pé de igualdade com outros milhões de criaturas; os paleontólogos confirmaram que nossa espécie é, além do mais, recentíssima — surgiu na

África há meros 240 mil anos. Para emprestar a metáfora usada pelo escritor americano Mark Twain, se a Torre Eiffel representasse a história da Terra, o tempo de presença da humanidade no planeta equivaleria à casquinha de tinta do pináculo da torre.[1] O tempo que tivemos para operar tal mudança na máquina climática, derretendo geleiras e elevando o nível dos oceanos, foi mais curto ainda: a queima de combustíveis fósseis, apontada como o principal fator responsável pelo aquecimento global, começou por volta de 1750. Isso equivale a mais ou menos 0,1% do nosso tempo de vida no planeta. Ou, para seguir na analogia de Mark Twain, 0,1% da espessura da casquinha de tinta do pináculo da Torre Eiffel. À primeira vista, esses recém-chegados jamais poderiam ter algum impacto em algo tão antigo e imenso.

Não é difícil, diante disso, imaginar o ceticismo com o qual o engenheiro britânico Guy Stewart Callendar (1898-1964) foi recebido por seus pares em 1938, quando afirmou que os seres humanos já eram agentes climáticos perceptíveis. Segundo ele, as emissões de dióxido de carbono pela queima de combustíveis fósseis haviam crescido 10% em um século, já haviam elevado as temperaturas médias da Terra e poderiam elevá-las mais ainda, eventualmente em dois graus.[2] A afirmação de Callendar contrariava os livros-texto de meteorologia da época, segundo os quais a única influência humana possível no clima era temporária e local. Ademais, Callendar não era propriamente um cientista, mas sim um "técnico em máquinas a vapor", cuja incursão na climatologia se dera por diletantismo. A nata das ciências físicas britânicas tratou os achados do engenheiro da maneira como muitas vezes os cientistas tratam ideias novas e radicais que contrariam o conhecimento estabelecido: ignorou-os solenemente.

Os cálculos de Callendar eram novos, mas o conceito por trás deles não. A ideia de que gases presentes em quantidades ínfimas na atmosfera — composta por 78% de nitrogênio, 21% de oxigênio e 1% de todo o resto — pudessem impactar as temperaturas do planeta vinha, na verdade, evoluindo desde 1824. Naquele ano, o francês Jean-Baptiste Joseph Fourier (1768-1830), matemático do Exército de Napoleão, publicou nos anais da Academia Real de Ciências um estudo descrevendo o balanço de energia da Terra. Fourier descreveu as temperaturas como função da quantidade de energia que a Terra absorve do Sol. Esta chega ao planeta, escreveu, em forma de "calor luminoso", radiação muito energética e de ondas curtas, e é por ele irradiada como "calor obscuro", ou radiação infravermelha, pouco energética e de ondas longas — vulgarmente conhecida apenas como calor. Todos os corpos mais quentes do que o zero absoluto emitem luz nessa faixa do espectro. Por isso é possível enxergar no escuro com binóculos de infravermelho. Fourier calculou quanta radiação chega do Sol e quanta é reemitida pelo planeta. E levou um susto: se dependesse só desse mecanismo de entrada e saída de energia, o globo seria uma bola de gelo, com temperaturas médias de quinze graus negativos. Alguma coisa deveria aprisionar o tal calor obscuro irradiado pela Terra, retardando sua viagem de volta ao espaço.

Essa "alguma coisa", teorizou Fourier, era a atmosfera, que retinha o calor de maneira análoga à de uma estufa de plantas.

A comparação é imperfeita, já que o vidro que cobre a estufa age principalmente por impedir o ar aquecido pela superfície de sair, não pelo simples bloqueio do infravermelho. Mas as contas do francês mostravam que esse aprisionamento do calor por uma capa de gases na atmosfera — mais tarde batizado "efeito estufa" — era o que permitia a vida na Terra, onde a temperatura média atual é de cerca de quinze graus positivos.

Em 1859, o irlandês John Tyndall (1820-93) deu um passo além de Fourier e decidiu verificar o que exatamente, na atmos-

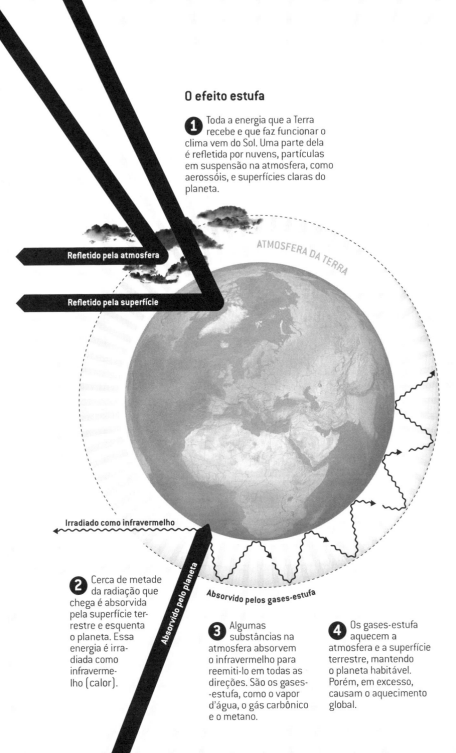

fera, retinha a radiação infravermelha. O oxigênio e o nitrogênio foram inocentados: ambos eram perfeitamente transparentes aos raios de calor. O problema estava justamente no 1% restante, em especial num gás: o vapor d'água. Os experimentos de Tyndall identificaram também outro forte bloqueador de infravermelho: o dióxido de carbono, ou CO_2, conhecido naquela época como ácido carbônico. Apesar de ser um gás-traço, cuja concentração não ultrapassa algumas centenas em cada milhão de moléculas de ar (ou partes por milhão, no jargão científico), o CO_2 se mostrou extremamente eficiente em absorver calor. "Assim como uma folha de papel bloqueia mais luz do que toda uma piscina de água clara, o traço de CO_2 alterava o balanço de radiação em toda a atmosfera", compara o físico americano Spencer Weart.[3]

O tamanho da importância do CO_2 para balanço de radiação seria dimensionado, algumas décadas mais tarde, por um cientista que frequenta ainda hoje os livros de química do ensino médio: o sueco Svante Arrhenius (1859-1927). Os estudantes do primeiro ano conhecem e possivelmente odeiam Arrhenius por sua teoria da dissociação iônica de ácidos e bases, que lhe daria o prêmio Nobel de química de 1903. O cientista, porém, tinha outros interesses, e um deles — que também movera Fourier e Tyndall — era a origem das glaciações. Os europeus havia décadas estavam intrigados com a possibilidade de que vastas porções do hemisfério Norte tivessem sido cobertas por gelo em algum momento do passado, e diversos cientistas mergulharam na busca de mecanismos físicos que pudessem causar tal resfriamento. Inspirado em Tyndall e outros cientistas, Arrhenius foi procurar as pistas da causa da glaciação nos gases de efeito estufa, o vapor d'água e o tal "ácido carbônico". A maneira como fez isso foi ao mesmo tempo genial e dolorosa: calculando manualmente variações sutis no brilho da Lua.

Assim como acontece com a Terra, o brilho da Lua é mais intenso quanto maior for sua temperatura. Ou seja, quanto mais luz visível, mais infravermelho. O sueco supôs, corretamente, que mudanças na umidade do ar e no ângulo da Lua no céu, que afetam a espessura da camada de atmosfera que os raios lunares precisam atravessar para chegar até nós (no zênite, o trajeto é mais curto do que perto do horizonte, quando eles viajam obliquamente), causassem também variações no infravermelho. O brilho da Lua nessa faixa do espectro luminoso varia em função da quantidade de água e de CO_2 no ar. Quanto mais atmosfera, menos "calor obscuro" da Lua chega até um observador na Terra. O vapor d'água não interessava tanto assim a Arrhenius, já que sua concentração é extremamente variável (pense na cidade de Brasília, onde a umidade relativa do ar varia de 10% no inverno a mais de 80% no verão). Além disso, há um limite para a presença de vapor na atmosfera — umidade relativa de 100% significa chuva. A chave estava no ácido carbônico, já que ele tem a propriedade de reter calor o suficiente para aumentar a evaporação na superfície, aumentando assim a quantidade média de vapor d'água. O CO_2 é o mestre de marionetes que controla o H_2O, o mais potente dos gases-estufa.

De posse dessa relação, Arrhenius a transpôs para a Terra: quanto maior a concentração de ácido carbônico, maior também será a temperatura por aqui. E o inverso deveria ser verdade: quanto menos CO_2, mais frio ficará o planeta. O sueco passou, então, a calcular numa imensa tabela de latitudes e longitudes quanto seria a temperatura média da superfície caso a concentração de dióxido de carbono fosse aumentada ou reduzida em vários pontos do planeta. O trabalho de presidiário foi auxiliado por um drama na vida pessoal de Arrhenius: uma crise no casamento, que o fez buscar refúgio no laboratório. Foram dois anos de labuta aritmética, que o químico encarou com estoicismo. "Eu não teria feito esses cálculos tediosos se um interesse extraordinário não estivesse ligado a eles", escreveu.[4]

Em 1896, mesmo ano de seu divórcio, Arrhenius publicou um artigo científico com duas tabelas que mudariam a história da climatologia. A primeira mostrava que uma redução de cerca de 40% na concentração de CO_2 na atmosfera teria sido suficiente para causar uma glaciação, período em que "os países que hoje gozam do maior grau de civilização" estavam cobertos de gelo. Na outra ele apresenta o dado que dá pela primeira vez a dimensão do problema do aquecimento global: dobrar a concentração de "ácido carbônico" na atmosfera faria o planeta esquentar de cinco a seis graus, em média.

Se o raciocínio do sueco tivesse parado por aí, o estudo já seria revolucionário. Ali estava a primeira estimativa de um parâmetro crucial para os modelos computacionais do clima, conhecido hoje como sensibilidade climática: quanto a temperatura mudará caso a concentração de CO_2 duplique em relação à da era pré-industrial. O mais incrível nos "cálculos tediosos" de Arrhenius foi que esse número não mudou muito em mais de um século. O quinto relatório do IPCC, o painel do clima da ONU, de 2013, que usou o que havia de mais sofisticado na modelagem de computador, estimou com base em vários modelos uma sensibilidade de 1,5 grau a 4,5 graus.[5]

Mas Arrhenius foi além. Citando dados do colega Gustav Högböm, ele afirmou que a quantidade de ácido carbônico produzida pela queima de carvão mineral para gerar energia já naquela época era igual à que circulava naturalmente na atmosfera. O corolário desse raciocínio era que se a humanidade pudesse queimar todo o carvão mineral disponível, a concentração de CO_2 dobraria no ar e a gélida Suécia poderia virar quase um paraíso tropical. Arrhenius via isso como uma possibilidade desejável, mas estimou que tal processo fosse levar um milênio para acontecer.

Mais de um século depois, a estimativa parece risivelmente conservadora: a concentração de dióxido de carbono na atmosfera jamais ultrapassou as 280 ppm (partes por milhão) a 300 ppm em pelo menos 800 mil anos antes da era pré-industrial, e provavelmente em 3,3 milhões de anos. Em 2013 ela bateu por alguns dias a marca das quatrocentas ppm pela primeira vez (chegando ao valor final no ano de 393 ppm). Em 1958, quando as medições sistemáticas do CO_2 na atmosfera começaram a ser feitas no alto do vulcão Mauna Loa, no Havaí, pelo americano Charles David Keeling, a concentração era de 315 ppm. No ritmo atual de emissões, ela terá dobrado ainda no século XXI, uns bons oitocentos anos antes do previsto por Arrhenius.

Apesar de ter sido resolvida há mais de um século, a física básica do efeito estufa é apenas parte da história das mudanças climáticas. O clima da Terra é controlado por uma engrenagem complicada e até hoje não muito bem compreendida, que opera em diversas escalas de tempo. Geólogos e astrônomos, duas categorias de cientista que têm dificuldade especial em aceitar que os humanos tenham se tornado agentes climáticos planetários, estão acostumados a enxergar longe no tempo e no espaço. Dessa perspectiva, o aquecimento atual parece mesmo bobagem: o clima do planeta sempre mudou, e continuará mudando, de forma frequentemente cataclísmica e por razões completamente naturais. No final da última era do gelo, há 11 mil anos, para ficar num exemplo recente, o nível do mar subiu uma centena de metros, e as temperaturas médias, cerca de cinco graus — compare-se com o quase um grau de aumento que tivemos desde o início da era industrial. Durante as glaciações, era comum que as temperaturas médias caíssem ou subissem vários graus em algumas dezenas ou centenas de anos (um ponto importante, ao qual voltaremos mais tarde neste livro). Há 3,3 milhões de anos, no Período Plioceno, as concentrações de CO_2 na atmosfera provavelmente variaram entre 350 ppm e 450 ppm, e a temperatura do planeta era até três graus maior do que a média pré-industrial. Há 52 milhões de anos, no Período Eoceno, elas ultrapassaram as mil ppm, e a temperatura resultante era de nove a catorze graus mais alta.[6] Há 70 milhões de anos, no Período Cretáceo, a Antártida era coberta de florestas habitadas por dinossauros, e acredita-se que não houvesse gelo permanente em lugar nenhum da Terra.

Por outro lado, alguns meteorologistas, que estão acostumados a trabalhar com escalas de tempo de poucos dias, também têm problemas com mudanças de mais longo prazo. Eles enxergam o clima como algo tão variável no curto prazo que parece temerário dizer qualquer coisa sobre o futuro. Um ramo inteiro da matemática, a teoria do caos, foi desenvolvido justamente para dar conta das variações quase imperceptíveis no estado inicial de um sistema que podem produzir condições finais completamente diferentes na previsão do tempo. Na metáfora popularizada nos anos 1960 pelo pioneiro da teoria, o meteorologista americano Edward Lorentz, o bater das asas de uma borboleta no Brasil poderia causar um tornado no Texas.

O público, por sua vez, encontra razões para o ceticismo climático toda vez que os meteorologistas dão uma bola fora em suas previsões diárias do tempo: se os cientistas não conseguem dizer se vai chover ou fazer sol amanhã, como é que eles acham que podem saber como será o clima daqui a cem anos?

Esta última percepção deriva de uma confusão comum entre tempo e clima. O tempo são as condições que nós experimentamos todos os dias ao sair de casa, e o clima é normalmente compreendido como uma média do tempo em vários anos. Em cima disso, ainda existe uma imensa variabilidade natural no clima ao longo de anos ou décadas. Ajuda se você pensar no clima como um tema de jazz — como *Freddie Freeloader*, de Miles Davis. Ele é o conjunto de parâmetros fixos, como a harmonia, o compasso e o andamento, sobre os quais a atmosfera e os oceanos podem improvisar, mas dentro de limites. Faz parte da variabilidade natural do clima que ocorram chuvas em Brasília no meio da seca do inverno em alguns anos. Mas ninguém espera encontrar a cidade coberta de neve em momento algum — isso seria uma fuga do tema.

Conhecendo a partitura básica do clima de uma região ou de um continente, ou seja, a média de temperatura, umidade, ventos e precipitação, os cientistas conseguem estimar como a música evoluirá. E, igualmente importante, conseguem prever quais serão os novos limites à improvisação do trompetista caso algo ou alguém resolva fazer alterações à peça.

Essas alterações podem ser de três tipos: mudanças na quantidade de radiação solar que chega ao planeta e como ela se distribui entre os hemisférios; mudanças na maneira como a superfície e a atmosfera rebatem os raios solares — o chamado albedo, que você conhecerá melhor no capítulo 3; e mudanças na forma como a radiação infravermelha, o "calor obscuro" de Fourier, viaja da Terra de volta para o espaço.

Os parâmetros básicos do clima terrestre são dados pela quantidade de energia que o planeta importa do Sol e pela maneira como os continentes, a atmosfera e os oceanos respondem a ela. A cada segundo, cada metro quadrado da superfície e da atmosfera terrestres recebem cerca de 342 watts de radiação solar. Parte disso é rebatida diretamente para o espaço pelas nuvens, pelos aerossóis e por gases no ar; parte é refletida diretamente pela superfície, em especial pelos desertos e pelas regiões cobertas de gelo e neve, chamadas coletivamente de criosfera (do grego *kriós*, gelo). E cerca de 240 watts por metro quadrado são absorvidos pela atmosfera e pela superfície, voltando ao espaço na forma de infravermelho.[7] A radiação solar, mais intensa nos trópicos, esquenta terra, mar e ar e é dissipada para os polos pelas correntes marinhas e pelos ventos.

A quantidade de radiação que chega ao planeta não é um valor imutável, porém. Ela varia em ciclos de acordo com o humor do Sol e, principalmente, com a posição da Terra em sua órbita.

A estrela possui ciclos naturais de atividade, como manchas solares, que têm um pico conhecido a cada onze anos em média e também ciclos mais longos e mais intensos. As manchas mudam ligeiramente a emissão de radiação do Sol, às vezes causando grandes efeitos na Terra. Por exemplo, entre 1645 e 1710, os registros históricos sugerem uma ausência praticamente total de manchas solares, um evento conhecido pelos astrônomos como mínimo de Maunder. Este é relacionado por alguns pesquisadores com a chamada "pequena era do gelo", um período de temperaturas 40% mais frias no hemisfério Norte, do século XV ao XIX.[8]

Mas a Terra também muda de posição periodicamente, dispondo-se mais próxima ou mais distante do Sol. E esses ciclos naturais *realmente* fazem diferença no clima. São eles a chave para entender as eras glaciais, algo que os pioneiros da física do efeito estufa buscaram em vão decifrar.

O mecanismo das glaciações só seria comprovado em 1976. Mas a honra pela solução do enigma pode ser atribuída com justiça ao engenheiro e matemático sérvio Miliutin Milankovitch (1879-1958). Com uma ajudinha involuntária do Exército do Império Austro-Húngaro e da Primeira Guerra Mundial.

Depois que um terrorista sérvio assassinou o arquiduque austríaco Francisco Ferdinando em Sarajevo, em 1914, iniciando a guerra, a Sérvia foi declarada inimiga do império, e Milankovitch, preso. Como era acadêmico, pôde passar seu período de detenção — quatro anos — trabalhando na biblioteca de Budapeste. Durante esse intervalo, com tempo de sobra, livros para consultar à vontade e colegas com quem trocar informações, solucionou o mecanismo das eras glaciais.

Milankovitch propôs que os períodos glaciais e interglaciais estivessem ligados a três alterações na insolação que a Terra sofre enquanto se movimenta ao redor de sua estrela. A primeira é no formato da órbita do planeta, que não é constante. Hoje ela é praticamente circular, com uma variação de apenas 6% no total de radiação que atinge uma dada região do globo entre o inverno e o verão. A cada 100 mil a 400 mil anos, no entanto, ela estica e se converte numa elipse mais pronunciada ou excêntrica. Isso joga o globo para bem mais longe dos preciosos raios solares no inverno — chutando a diferença de radiação entre as estações para 20% a 30%.[9]

Outro ciclo tem a ver com a inclinação do eixo da Terra. O planeta não é perfeitamente reto, mas sim gira "tombado" para um lado. Quanto mais inclinado o eixo terrestre, maiores serão as diferenças de insolação e, por tabela, de temperatura entre inverno e verão. O ângulo desse tombamento hoje é de 23,5 graus. A cada 41 mil anos ele varia de 21,8 a 24,4 graus.

O terceiro dos chamados ciclos de Milankovitch, de 23 mil anos, é chamado de precessão, e é um pouco mais complicado de entender.

A Terra, ao girar em torno do próprio eixo, sofre certo bamboleio, como um pião que perde velocidade. Quando isso acontece, o hemisfério Norte recebe menos sol no inverno, o que por sua vez favorece a formação de gelo no inverno boreal. Como a maior parte das terras emersas do globo está ao norte do equador, quando esse hemisfério fica mais frio, mesmo que o hemisfério Sul esteja recebendo mais luz do Sol e esteja mais quente, as calotas de gelo crescem e as glaciações acontecem.

Os ciclos de Milankovitch
A dança orbital que controla o clima no longo prazo e inicia eras glaciais

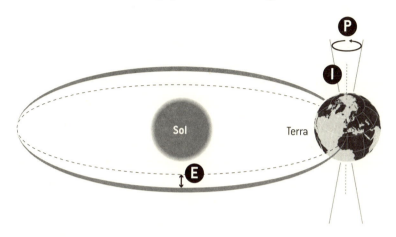

E Excentricidade
É a variação no formato da órbita terrestre. A cada 100 mil anos a órbita fica mais arredondada ou mais elíptica, o que acentua as estações do ano.

I Inclinação
A cada 41 mil anos o eixo do planeta fica mais ou menos inclinado, o que também afeta a diferença entre as estações.

P Precessão
É o "bamboleio" do eixo terrestre, que ocorre a cada 23 mil anos, aumentando a duração do inverno no hemisfério Norte.

Fonte: IPCC, AR4, WG 1, Sumário Técnico (2007).

Somados, os ciclos astronômicos têm sido capazes de tirar e pôr o planeta em eras glaciais nos últimos 3 milhões de anos. Mas eles não afetam o clima sozinhos: o balanço de energia da Terra também é controlado por outros fatores que modificam a absorção ou reemissão de energia do globo. Os cientistas chamam esses fatores de "forçantes radiativas". Na escala de tempo que nos interessa como civilização, a de centenas e milhares de anos, são estes os fatores determinantes do clima. Tais temperos climáticos vêm em quatro sabores: naturais e antropogênicos, positivos (causam aquecimento) e negativos (causam resfriamento).

Os fatores naturais preponderantes são as mudanças na intensidade do Sol, da qual falamos, e as erupções vulcânicas. Na média, o fluxo de energia do Sol tem aumentado desde a era industrial, mesmo considerando as oscilações decadais nas manchas solares, que o reduzem. Trata-se, porém, de um efeito muito discreto: 0,05 watt por metro quadrado a mais.[10]

Erupções vulcânicas são o segundo fator natural. Quando suficientemente poderosas, elas têm a propriedade de lançar quantidades maciças de partículas de enxofre na estratosfera. Estas aumentam a quantidade de radiação solar rebatida de volta ao espaço antes de atingir a superfície, causando um resfriamento. O monte Pinatubo, nas Filipinas, que explodiu pela última vez em 1991, resfriou a Terra em 0,6 grau durante dois anos.[11] Vulcões, porém, não entram em erupção o tempo todo, portanto têm sido incapazes de alterar de forma consistente o balanço de energia da Terra ao longo das últimas décadas. Essa honra dúbia tem cabido aos fatores antropogênicos de forçamento radiativo.

Os gases de efeito estufa, que ajudam a esquentar a Terra, são de longe as principais influências na contabilidade energética do planeta hoje. Quatro deles têm forte efeito positivo, devido ao tempo longo de permanência na atmosfera: o dióxido de carbono (CO_2), o metano (CH_4), o óxido nitroso (N_2O) e os halocarbonos, um grupo de gases contendo cloro, flúor e bromo, cujos representantes mais famosos são os CFCs, que destroem a camada de ozônio. O CO_2 é produzido pela queima de combustíveis fósseis, como carvão mineral, petróleo e gás natural, e também pelo desmatamento — em especial nos trópicos. O metano, principal componente do gás natural, é produzido pelos combustíveis fósseis e pelo desmatamento, mas também pela agropecuária, em especial a criação de gado (os arrotos e as flatulências dos ruminantes contêm metano) e o cultivo de arroz irrigado. O óxido nitroso é também produzido pela agropecuária e pelos combustíveis fósseis.

Embora seja muito mais eficiente do que o CO_2 em aprisionar o calor, o metano tem uma meia-vida muito mais curta na atmosfera e está presente em concentrações da ordem de um milésimo das do CO_2. Considerando tudo isso, uma molécula de metano tem 21 vezes mais potencial de causar o efeito estufa do que uma molécula de gás carbônico.

As atividades humanas também podem produzir forçantes radiativas negativas: a agricultura, por exemplo, aumenta a reflexão de luz, reduzindo a temperatura, já que lavouras e pastos têm um tom de verde mais claro do que o de uma floresta, por exemplo (embora seja uma má ideia trocar uma floresta por um pasto). Aerossóis produzidos por queima de biomassa ou pelos próprios combustíveis fósseis ajudam tanto a tornar a atmosfera menos transparente quanto a formar nuvens, que na alta atmosfera têm efeito resfriador. Na média, porém, esse efeito é mais do que cancelado pelo aquecimento causado pelas emissões de gases de efeito estufa.

As emissões globais atingiram o equivalente a quase 50 bilhões de toneladas de CO_2 em 2010,[12] com uma aceleração em sua taxa de crescimento três vezes maior na primeira década do século XXI do que nos anos 1990. Hoje a influência humana no balanço energético da Terra é muito nítida e equivale a 2,29 watts por metro quadrado.[13] O assustador é que em 1980 ela era de 1,25 watt por metro quadrado e, em 1950, metade disso.

O físico americano James Hansen, um dos primeiros cientistas a alertar sobre o risco das mudanças climáticas, usou uma metáfora esperta para dar a dimensão dessa energia adicional que os humanos estão depositando no sistema climático pela emissão de gases-estufa: é como se tivéssemos posto duas lâmpadas de árvore de Natal acesas em cada metro quadrado da superfície da

Terra. Como a analogia da estufa de Fourier, a de Hansen é imprecisa, mas por ser modesta demais: cada lâmpada tem 0,4 watt de potência, não um watt, como ele imaginou — na verdade, são cinco lampadinhas por metro quadrado.

Uma outra comparação pode ajudar a pôr a influência humana em perspectiva: no curto intervalo de cerca de dois séculos no qual estamos emitindo carbono, conseguimos adicionar ao sistema climático a energia equivalente a 1% do total que nos chega do Sol e é absorvido pela Terra. Durante o último milhão de anos, a variação máxima de insolação da Terra devida a mudanças no formato de sua órbita foi apenas 2,6 vezes maior do que isso.[14] A casquinha de tinta do pináculo está entortando a Torre Eiffel.

Parece óbvio que qualquer mudança dessa magnitude na composição química da atmosfera e no balanço de energia da Terra terá impactos no clima. Acontece que a ciência é como uma investigação policial: mesmo que algumas evidências circunstanciais apontem para o mordomo, é preciso um conjunto completo de provas para acusá-lo e eventualmente condená-lo. O planeta, em tese, tem mecanismos os mais diversos para lidar com o excesso de CO_2, o que poderia limitar ou mesmo eliminar o efeito do desequilíbrio energético causado pelos gases-estufa. Os oceanos, por exemplo, absorvem 90% do carbono lançado no ar pelos seres humanos. Os ecossistemas terrestres, como as florestas, também podem sequestrar carbono nas árvores, estimulando seu crescimento. Ou o carbono adicional, ao aquecer o oceano, pode aumentar a evaporação e estimular a formação de nuvens que, por sua vez, produzirão um efeito de resfriamento que cancele o aquecimento. Diversos mecanismos de retroalimentação existem no clima, com um efeito amplificando ou cancelando outro.

O que predomina nesse jogo? Essa foi uma questão que começou a ocupar a cabeça dos cientistas intensamente nos anos 1980, quando algumas observações começaram a mostrar alterações no clima da Terra compatíveis com as teorias sobre o efeito estufa. Os termômetros subiam no mundo inteiro e os padrões de chuvas pareciam mudar. Mais uma vez, nada disso provava que os gases-estufa fossem os culpados. Tais mudanças bem poderiam ser resultado de um ou mais modos de variação natural do clima — um momento de delírio criativo de nosso trompetista planetário. A impressão digital do mordomo não havia sido encontrada na arma do crime.

Em 1985, cientistas britânicos trabalhando na Antártida descobriram, para surpresa e horror do mundo inteiro, que uma categoria de gases-traço, os CFCs, cujas emissões anuais não passavam de alguns milhares de toneladas (a emissão anual de CO_2 já naquela época era contabilizada em bilhões), haviam causado um efeito gigante na atmosfera: a camada de ozônio sobre o continente, que protege contra os raios ultravioleta, havia desaparecido. A borboleta de Lorenz realmente causara um tornado. Naquele ano, a ONU e o Conselho Mundial de Ciências decidiram estabelecer um comitê para investigar a questão climática e o papel da humanidade mais a fundo. Em 1988, mesmo ano em que uma onda de calor recorde nos Estados Unidos causou a primeira tempestade de mídia em torno do aquecimento global, esse comitê foi instalado: nascia o Painel Intergovernamental sobre Mudanças Climáticas, o IPCC.

A tarefa do IPCC era simples e ao mesmo tempo gigantesca: reunir centenas dos melhores cientistas da área no mundo e revisar a melhor literatura científica disponível sobre o assunto. Essas revisões seriam publicadas de tempos em tempos na forma de minuciosos relatórios de avaliação, divididos em três grandes ramos: a base física das mudanças climáticas, seus impactos atuais e futuros e formas de responder a elas.

Como a Terra não pode ser estudada numa bancada de laboratório, o IPCC precisa servir-se de simulações do planeta na forma de modelos computacionais. Cada modelo é alimentado por uma série de equações matemáticas descrevendo parâmetros de comportamento da atmosfera, dos oceanos e dos ecossistemas e como eles variam em resposta a forçantes climáticas diversas. Tipicamente, um modelo divide a Terra em milhares de células tridimensionais, representando atmosfera, superfície terrestre e oceanos, e calcula como o clima varia em cada uma, integrando-as depois. O poder de computação necessário para fazer essas integrações é gigantesco e só está disponível em poucos laboratórios do mundo, daí o IPCC trabalhar apenas com duas dezenas de modelos.

Um indicador óbvio da busca pelo sinal do aquecimento global é no aumento das temperaturas médias do planeta. Medições com termômetros têm sido feitas no mundo inteiro desde 1850, por razões diversas — no Brasil, por exemplo, registros de temperatura e precipitação são cruciais para a agropecuária, e é por isso que até hoje a rede de estações de medição é gerida pelo Instituto Nacional de Meteorologia, um órgão do Ministério da Agricultura. Existe, portanto, um registro relativamente longo e razoavelmente confiável da variação das médias no planeta. Medidas anteriores ao século XIX precisam ser feitas de maneira indireta, e um dos principais métodos envolve justamente o gelo da Groenlândia e da Antártida. Esses registros mostram que a Terra está esquentando. Medições da temperatura da superfície do mar contam a mesma história. A partir dos anos 1970, satélites também passaram a medir a temperatura da atmosfera em diversas altitudes, mostrando um aquecimento da baixa atmosfera e da superfície. Tal conjunto de verificações independentes levou o IPCC a declarar em 2007 que o aquecimento do sistema climático é "inequívoco", com uma elevação média de 0,85 grau nas temperaturas combinadas da superfície da terra e dos oceanos entre 1880 e 2012.[15]

Uma maneira de testar a eficiência dos modelos em simular o clima da Terra é verificar se eles são capazes de reproduzir o aquecimento observado pelos termômetros e satélites. Para isso, o modelo é levado a fazer uma "retroprevisão": ele é alimentado com os parâmetros conhecidos, digamos, do começo do século xx, e posto para rodar até, por exemplo, o começo do xxi. Quando apenas as forçantes radiativas naturais são consideradas, o que se verifica é que os modelos não conseguem reproduzir as observações, indicando um mundo mais frio do que o real, como mostra o gráfico inferior da figura abaixo. As duas curvas só começam a andar juntas quando fatores naturais e antropogênicos são considerados nas simulações. Essa é uma evidência da robustez dos modelos e um sinal da influência humana no clima.

O infográfico "Sim, somos nós" é obra de uma linha de investigação avaliada pelos relatórios do IPCC e conhecida como estudos de detecção e atribuição. Essas pesquisas consistem em identificar as impressões digitais climáticas de vários suspeitos — como o Sol, os vulcões, os gases-estufa, os raios cósmicos — e tentar saber quais batem com as da arma do crime, ou seja, quais explicam as observações. "Quando você olha as mudanças geográficas, não existem dois elementos que façam a mesma coisa no clima", diz Ben Santer, pesquisador do Laboratório Nacional Lawrence Livermore, nos Estados Unidos, e pioneiro nos estudos de detecção e atribuição. O trabalho de Santer e alguns colegas é distinguir o sinal da influência humana na partitura do clima do ruído causado pela variabilidade natural do sistema climático.

A impressão digital do Sol, por exemplo, é muito diferente da dos gases de efeito estufa. Se as variações no brilho da estrela fossem o principal fator responsável pelo aquecimento do planeta, os satélites mediriam um aumento uniforme na temperatura tanto

Sim, somos nós

Somente incluindo fatores humanos os modelos de clima conseguem reproduzir as temperaturas observadas no último século

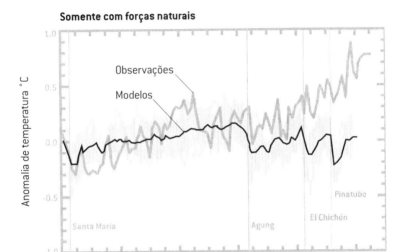

Fonte: IPCC, AR4, WG 1, Sumário Técnico (2007).

na parte baixa da atmosfera, a troposfera, quanto na parte alta, a estratosfera. Caso os gases-estufa fossem culpados, porém, os satélites mediriam um aquecimento na troposfera e um *resfriamento* na estratosfera, já que o calor ficaria retido por uma capa de gases que estão justamente misturados em altas concentrações nas camadas mais baixas.

Nos anos 1960, quando os primeiros cálculos de modelagem climática começaram a ser feitos, mesmo antes dos computadores, os cientistas estimaram que a duplicação da concentração de gás carbônico na atmosfera produziria esse efeito de esquentar uma camada e resfriar a outra. "Não tínhamos dados de satélite para determinar se isso estava acontecendo", contou Santer. "Esses cientistas bem poderiam estar errados. Eles estavam fazendo verdadeiras previsões sobre qual seria a impressão digital que você esperaria ver."

Já em 1995, analisando dados de satélite, Santer havia detectado um nítido resfriamento da troposfera e um aquecimento da estratosfera. Isso o fez escrever, no capítulo coordenado por ele do Segundo Relatório de Avaliação do IPCC, que a influência humana no clima já era "discernível". Essa expressão também tornou Santer a primeira vítima de uma campanha de difamação movida pelos chamados "céticos do clima", pesquisadores que duvidam da relação entre atividades humanas e mudança do clima. Os mais barulhentos desses negacionistas são representantes da direita política americana, com frequência financiados pelas indústrias do petróleo e do carvão. Artigos e editoriais escritos no *Wall Street Journal* por pesquisadores ligados ao American Enterprise Institute, um *think tank* conservador, acusaram Santer e o IPCC de alterar o teor do relatório para torná-lo alarmista, por razões políticas inconfessáveis.

Apesar de ter sido defendido pelo então presidente do IPCC, Bert Bolin, em carta ao mesmo jornal[16] (coassinada pelos outros líderes científicos do painel, o físico brasileiro Gylvan Meira Filho e o britânico John Houghton), Santer acabou se afastando do comitê. De lá para cá, o IPCC seria atacado várias outras vezes por esses mesmos grupos de negacionistas. O episódio mais famoso foi o do "Climagate", de 2009, no qual e-mails roubados de um departamento de climatologia de uma universidade britânica foram exibidos como prova de má conduta profissional de pesquisadores ligados ao painel da ONU. Todos eles foram inocentados por duas comissões de inquérito independentes.

As evidências de que o mordomo — as emissões de gases-estufa — seja o culpado, porém, só fizeram crescer. Todos os anos mais quentes já registrados desde o início das medições com termômetros ocorreram no século XXI, à exceção de 1998. E outros conjuntos de dados começaram a indicar a mesma coisa.

"Nós recebemos uma crítica em 1995 e 1996, que eu acho justa, de que, se houvesse um sinal de interferência humana espreitando nas sombras, ele deveria poder ser visto em outros lugares que não o registro de temperatura", recorda-se Santer. "E foi isto o que aconteceu: outros grupos olharam para o conteúdo de calor dos oceanos, para a quantidade de vapor na atmosfera, para padrões de precipitação, para o gelo marinho do Ártico e vazão de rios e mostraram que causas naturais sozinhas não podem convincentemente explicar as mudanças observadas."

A impressão digital do CO_2 no aquecimento da atmosfera e no resfriamento da estratosfera foi estimada com uma precisão tão grande quanto possível em ciência. Em 2012, Santer e seus colegas detectaram que o "sinal" de influência do CO_2 no resfriamento da estratosfera era de 26 a 36 vezes maior do que o ruído. No aquecimento da troposfera, 5,5 vezes maior.

Esse tipo de número é chamado pelos estatísticos de nível sigma, e, grosso modo, denota a probabilidade de que o fato observado se deva ao acaso. O astrônomo Robert Kirshner, professor da Universidade Harvard, nos Estados Unidos, costuma explicar o nível sigma a seus alunos com a seguinte piada: "Com um sigma, eu aposto minha casa; com dois, minha mulher; com três, meu cachorro". Cinco sigmas equivalem a uma probabilidade de uma em 35 milhões de a observação estar errada. Foi quanto bastou para os físicos do Cern, a Organização Europeia de Pesquisa Nuclear, decretarem em 2012 que haviam detectado o bóson de Higgs, uma partícula elementar teorizada na década de 1960 e que dá peso à matéria. Foi também quanto bastou para os físicos que teorizaram a existência do bóson receberem o prêmio Nobel no ano seguinte.

Em 2013, o IPCC declarou, em seu Quinto Relatório de Avaliação, o AR5, que é "virtualmente certo" — ou seja, a certeza é igual ou maior do que 99% — que, pelo menos no período de 35 anos durante o qual havia dados de satélite disponíveis, a estratosfera sofrera um resfriamento e a troposfera, um aquecimento. A conclusão do painel sobre a influência humana no aquecimento observado passou do "discernível" de 1995 para "extremamente provável" em 2013: o IPCC tem pelo menos 95% de certeza de que os humanos são responsáveis por mais de metade do aquecimento da Terra observado nos últimos cinquenta anos.

As consequências projetadas desse aquecimento continuado até o final do século XXI e além não estão muito distantes do sonho de Svante Arrhenius de tornar a Suécia um país tropical. O IPCC estima que as temperaturas médias da Terra entre 2081 e 2100 serão até 4,8 graus mais altas do que no período pré-industrial. O nível do mar continuará subindo, em consequência tanto da expansão térmica dos oceanos quanto do derretimento das geleiras continentais e dos mantos de gelo da Antártida e da Groenlândia. Até agora, os mares já subiram dezenove centímetros em média, e a projeção para 2100 é de até 98 centímetros de elevação, previsão que ainda pode subir.

Mais aquecimento significa mais energia disponível no sistema climático. Mais aquecimento significa também mais evaporação na superfície oceânica. Tudo isso conduz a uma tendência na partitura do clima a mais eventos meteorológicos extremos, como ondas de calor, enchentes (causadas por precipitação extrema concentrada em alguns poucos dias) e nevascas. É uma aparente contradição o aquecimento da Terra levar a mais nevascas, mas lembre-se de que neve nada mais é do que umidade congelada; quanto mais vapor d'água no ar, mais combustível o sistema climático tem para fazer neve em lugares onde ainda é frio o bastante para nevar.

As consequências dessas alterações no clima já são importantes hoje para as populações e os ecossistemas do Ártico e para os habitantes das pequenas nações insulares do Pacífico, além de trazerem em seu bojo catástrofes imprevisíveis, mas cada vez menos improváveis: em 2005, dois furacões de categoria 5 (a maior da escala de intensidade), o Katrina e o Rita, atingiram o Sul dos Estados Unidos; em 2012, a supertempestade Sandy trouxe o caos e mortes a Nova York e Nova Jersey; e, no ano seguinte, as Filipinas foram abaladas pelo tufão (nome dado aos furacões do Pacífico) mais forte a atingir a terra na história, o Haiyan, com ventos de 250 quilômetros por hora, que matou mais de 6 mil pessoas. Como de praxe, o maior custo em relação ao PIB das mudanças do clima recai sobre os países em desenvolvimento, que têm infraestrutura menos resiliente e cujas economias dependem mais de commodities agrícolas.

Em 1992, representantes de mais de 150 países-membros da ONU reunidos no Rio de Janeiro firmaram um compromisso de evitar que o aquecimento da Terra no futuro causasse mudanças climáticas "perigosas". A Convenção-Quadro das Nações

Unidas sobre Mudança do Clima, ou simplesmente Convenção do Clima, conhecida pela sigla inglesa UNFCCC, teve como base científica as conclusões do Primeiro Relatório de Avaliação do IPCC, de 1990. A partir de 1994, os países signatários passaram a negociar instrumentos políticos internacionais com o objetivo de cortar emissões de CO_2 para cumprir o compromisso central da convenção.

Mas o que define uma mudança climática perigosa?

O IPCC nunca disse isso com todas as letras, mas identificou cinco razões pelas quais é interessante para a humanidade estabilizar as concentrações de gases de efeito estufa na atmosfera: risco a sistemas únicos e ameaçados, como o Ártico e a Amazônia; risco de eventos climáticos extremos; diferenças regionais entre os impactos, com os pobres sofrendo desproporcionalmente mais; risco de impactos agregados, como o aquecimento levando a mais enchentes e estas a mais problemas de saúde; e risco de "singularidades de grande escala", uma maneira complicada de dizer "catástrofes", como o colapso dos mantos de gelo da Antártida Ocidental e da Groenlândia, uma mortandade em massa da floresta na Amazônia Central ou um degelo do subsolo permanentemente congelado do hemisfério Norte, chamado *permafrost*, que libere metano na atmosfera a ponto de causar um aquecimento descontrolado. Vários desses impactos têm sua chance de acontecer aumentada com um aquecimento de cerca de dois graus em relação à era pré--industrial. Há 125 mil anos, por exemplo, a Groenlândia e parte da Antártida derreteram com um clima apenas um grau mais quente do que o atual. Por isso, alguns países, como os membros da União Europeia, impuseram-se uma meta de limitar o aquecimento a menos de dois graus. Isso implicaria, de acordo com cenários traçados pelo IPCC, limitar a concentração máxima de CO_2 no ar a 450 ppm — lembre-se de que elas já estão próximas de quatrocentas ppm. O número "mágico" de dois graus foi reconhecido em 2009 pela maior parte dos países do mundo, durante a fracassada Conferência de Copenhague, como meta mundial de estabilização.

Trata-se de um objetivo polêmico em si mesmo: como você viu no capítulo anterior, um aquecimento menor que esse pode bastar para iniciar o colapso do manto de gelo da Groenlândia. Segundo o Quinto Relatório de Avaliação do IPCC, o AR5, evitar outros impactos potencialmente catastróficos, como a liberação de metano do *permafrost*, provavelmente requer elevações de temperatura menores do que dois graus em relação à média pré-industrial, embora haja muita incerteza nas previsões de impacto. Em Copenhague, os países-ilhas do Pacífico, que estão muito próximos do nível do mar e já são os mais afetados pelas mudanças do clima, pediram que a meta de estabilização fosse reduzida a 1,5 grau. O resto do mundo ficou de pensar no caso. Na conferência de Paris, em 2015, as ilhas insistiram, mas mudaram a estratégia de lobby: formaram em segredo, meses antes do encontro na capital francesa, uma coalizão de países que ganhou adeptos poderosos, como a União Europeia, os EUA — que perceberam que o custo político de aumentar a ambição declarada era zero — e, no final da reunião, o Brasil. A perseverança foi recompensada. O acordo do clima de Paris, primeiro instrumento universal de ação climática já produzido, menciona entre seus objetivos "limitar o aumento médio da temperatura global em bem menos de dois graus Celsius acima dos níveis pré-industriais e envidar esforços para limitar o aumento de temperatura a 1,5 grau Celsius acima dos níveis pré-industriais".

Além de não garantir lá muita coisa em termos de segurança climática, a própria meta de dois graus tampouco está garantida. Segundo o painel do clima, se a humanidade quiser ter uma chance maior do que 66% de atingi-la, precisará limitar o estoque de gás carbônico emitido pela humanidade desde o início da Era Industrial a 3,6 trilhões de toneladas até o fim do século.[17] Ocorre que 2,6 trilhões de toneladas já haviam sido emitidas até 2011, o que nos dá um orçamento de carbono restante de cerca de 1 trilhão de toneladas até o fim do século, de 2012 a 2100. Parece muita coisa. Mas considere que a média anual de emissões para fazer a conta fechar seria de 11 bilhões de toneladas ao ano — e hoje emitimos quase cinco vezes essa quantidade.

O próprio orçamento de carbono está, muito provavelmente, superestimado. Segundo Kevin Anderson, pesquisador da Universidade de Manchester, no Reino Unido, se considerarmos o que já foi emitido entre 2011 e 2015, mais as emissões por desmatamento e produção de cimento, o limite real é de 600 milhões de toneladas, não de 1 trilhão. Nesse caso, nossa chance de manter o limite de dois graus seria de 33%, não de 66%. Essa probabilidade fica menor ainda se considerarmos os gases-estufa emitidos pelo degelo de solos ricos em matéria orgânica no Ártico, o *permafrost*, não contabilizados pelo IPCC no orçamento de carbono original. Considere, ainda, que as reservas recuperáveis de combustíveis fósseis no planeta equivalem a 2,9 trilhões de toneladas de CO_2, ou três vezes o orçamento de carbono da humanidade. Para termos chance de ficar nos dois graus, será preciso deixar a maior parte deles no subsolo.

O Programa das Nações Unidas para o Meio Ambiente estimou a probabilidade de que a humanidade possa atingir a meta de dois graus com base nos cortes de emissões que os países têm prometido executar até 2030. Para que seja economicamente factível atingir a meta, as emissões globais não poderiam ultrapassar 42 bilhões de toneladas naquele ano. A estimativa atual é que, mesmo com todos os esforços de redução de emissões que os países prometeram fazer no âmbito do Acordo de Paris — as chamadas Contribuições Nacionalmente Determinadas Pretendidas, ou INDCs, na sigla em inglês —, o buraco entre a meta e a execução em 2030 seja de 12 bilhões a 14 bilhões de toneladas de CO_2. É pelo menos o equivalente a oito vezes o que o Brasil emite todo ano. Diante dessa perspectiva, estabilizar o clima parece uma missão quase impossível.

É preciso, além do mais, considerar que o aquecimento global não se encerra em 2100. Como o CO_2 permanece por séculos na atmosfera, é muito provável que, mesmo se as emissões parassem hoje, 25% do carbono que está no ar neste momento ainda estaria mudando o clima daqui a mil anos.[18] "O clima global é uma tela em que a humanidade está pintando um de seus legados mais duradouros", escreveu o oceanógrafo americano David Archer, da Universidade de Chicago, em seu livro *The Long Thaw* [O longo degelo]. "Os impactos climáticos da liberação do CO_2 dos combustíveis fósseis vão durar mais do que Stonehenge. Mais do que as cápsulas do tempo, mais do que o lixo atômico, muito mais do que a idade da civilização até agora."

Num estudo de 2005, Archer estimou que uma fração importante do CO_2 emitido pela humanidade ainda estará presente na atmosfera em 40 mil anos, reagindo com rochas, depois de a maior parte dela ter sido absorvida pelos oceanos ao longo de três séculos. "Cerca de 10% do CO_2 do carvão mineral ainda estará afetando o clima daqui a 100 mil anos", escreveu o cientista. "Projeta-se que o aquecimento devido ao CO_2 permaneça constante por muitos séculos depois da cessação completa das emissões", afirma o IPCC. Um efeito particularmente desagradável desse resíduo é o contínuo aumento do nível do mar, devido à inércia do sistema: como o oceano reage muito lentamente ao efeito estufa, grande parte do aquecimento que corresponde ao nível atual de carbono na atmosfera ainda não aconteceu. "Uma grande fração da mudança climática é, portanto, irreversível numa escala de tempo humana", sentencia o IPCC, "a menos que as emissões antropogênicas líquidas sejam negativas durante um período sustentado." Traduzindo, seria preciso remover mais carbono da atmosfera do que emitimos atualmente. Essa possibilidade não está na mesa hoje. Enquanto isso, o carbono que a humanidade já emitiu tem transformado o clima em várias regiões do mundo. Essas transformações têm sido mais agudas no Ártico — e isso pode ser um problema para todos nós, no Brasil inclusive.

3. A espiral da morte

Era para ser uma manhã de trabalho como outra qualquer. Mark Serreze chegou cedo ao escritório, pegou uma caneca de café forte, algo incomum para um americano, e ligou o computador. Minutos mais tarde, estaria sem querer escrevendo uma nova página na história da navegação mundial: olhando imagens de satélite em sua tela naquela manhã de agosto de 2007, ele percebeu que uma rota marítima perseguida durante séculos, ao custo de muitas vidas e muito dinheiro, abria-se totalmente ao tráfego de embarcações pela primeira vez.

Serreze dirige o NSIDC (sigla em inglês para Centro Nacional de Dados de Gelo e Neve), um centro de pesquisas a mais de mil quilômetros do mar, na cidade de Boulder, no estado do Colorado. Seu trabalho é monitorar as porções congeladas do planeta, a chamada criosfera. Dois anos antes, ele e seus colegas haviam montado um sistema de observação diária por imagens de satélite da cobertura de gelo do oceano Ártico. Esse mar, que abriga o polo Norte, vinha sofrendo reduções progressivas e acentuadas em sua capa de gelo desde a década de 1990.

Os sensores de satélites que medem o gelo no Ártico trabalham em diversas faixas do espectro luminoso, mas principalmente nas micro-ondas. Todas as superfícies emitem esse tipo de radiação, mas o gelo marinho "brilha" de uma forma muito distinta em micro-ondas, o que possibilita distinguir o mar congelado do mar aberto. As micro-ondas não são perturbadas pelas nuvens que cobrem a região durante a maior parte do ano e também permitem observar o gelo na escuridão dos meses de inverno. Os sensores de micro-ondas fornecem um quadro razoavelmente preciso da extensão do gelo marinho, definida como a área total coberta por pelo menos 15% de mar congelado.

O grupo do NSIDC já sabia que o degelo no verão de 2007 seria enorme: naquele mês de agosto, a extensão do gelo marinho chegou ao mínimo de 4,8 milhões de quilômetros quadrados. Isso equivale a três Piauís a menos do que o recorde de encolhimento batido em 2005, quando a extensão mínima do gelo chegou a 5,56 milhões de quilômetros quadrados. O gelo do oceano Ártico tem pulsos anuais, derretendo a partir de abril, na primavera, e começando a recongelar a partir de meados de setembro. Como ainda faltava um mês para o final da estação de degelo, o fato de 2007 ter superado em agosto o recorde fixado em setembro de 2005 já apontava o tamanho do drama.

Ainda assim, Serreze não estava preparado para o que os satélites mostravam naquela manhã: a Passagem Noroeste, uma lendária rota de navegação que une o Atlântico e o Pacífico através das ilhas do norte do Canadá, aparecia nas imagens como livre de gelo em toda a sua extensão. Embora ela já tivesse sido atravessada algumas vezes, nunca antes houve registro de que seus dois canais principais, o norte e o sul, estivessem simultaneamente desobstruídos.[1]

Incrédulo sobre os dados que lhe chegavam do sensoriamento remoto, o pesquisador ligou para colegas do Serviço de Gelo

Canadense, um órgão do governo que monitora o quintal ártico daquele país. Os canadenses não se surpreenderam: eles também monitoram diariamente a região e já haviam detectado que os braços norte e sul estavam abertos à navegação desde o dia 20 de agosto. Um barco que saísse de Nova York naquele verão com destino a Shanghai economizaria 3,8 mil quilômetros em relação à tradicional rota do canal do Panamá e não seria bloqueado por gelo marinho em nenhum trecho do percurso.

O alerta dos norte-americanos, ratificado alguns dias depois pela Agência Espacial Europeia, deve ter feito muitos grandes navegadores do passado se revirarem no túmulo. Um deles é o norueguês Roald Amundsen (1872-1928), que em 1906 foi alçado à fama mundial depois de ter se tornado o primeiro homem a navegar a Passagem Noroeste. O feito consumiu de Amundsen e seus seis companheiros três anos de navegação a bordo do *Gjøa* (pronuncia-se "ieôa"), um pesqueiro de apenas 21 metros de comprimento, que passou dois invernos preso no mar congelado no meio do caminho. A proeza deu ao nórdico moral suficiente para levantar patrocínio para sua viagem mais ilustre, cinco anos depois — a que o levou ao descobrimento do polo Sul.

Amundsen triunfara onde um sem-número de seus antecessores havia fracassado, numa busca que remonta ao século XVI.

O mundo daquela época havia sido dividido entre duas potências marítimas, Portugal e Espanha. Países como Holanda, França e Inglaterra, que ficaram na lanterna da corrida aos mercados internacionais na primeira onda de globalização da economia, tiveram de se virar para administrar a desvantagem. Poderia revertê-la a nação que encontrasse uma rota marítima para a Ásia diferente das do litoral africano e da América do Sul, usadas pelos portugueses e espanhóis. Como o canal do Panamá ainda não existia, a resposta óbvia para o problema do comércio com as Índias era: por cima. Atravessando o litoral da Sibéria ou uma passagem que se imaginava existir através das ilhas do Ártico norte-americano, que começava a ser mapeado, seria possível aos navios ganhar tempo no trajeto até a China e contornar a proibição à navegação imposta pelos ibéricos.[2] Os reis de então passaram a incentivar a descoberta e a navegação dessas rotas, a Passagem Nordeste e a Passagem Noroeste.

Em 1596, um holandês chamado Willem Barents (1550-97) tentou navegar a Passagem Nordeste, sem sucesso. No caminho, descobriu a ilha de Spitsbergen, no arquipélago de Svalbard, banhado pelo mar que hoje leva seu nome. Barents acreditava que o sol que incide 24 horas por dia no Ártico no verão derreteria o gelo marinho, abrindo a passagem. Ele e muitos outros se enganaram a esse respeito, e durante mais de trezentos anos vários navegadores se aventuraram nos mares árticos, sem sucesso.

Eventualmente, como se sabe, as potências retardatárias conseguiram dar a volta por cima da situação colonial, mesmo sem dar a volta por cima do planeta. A Holanda passou, já no século XVII, a se ocupar com um lugar mais ameno do que o Ártico para exercer sua exploração colonial: as terras de Pernambuco. A Inglaterra foi ainda mais feliz, montando uma Marinha que eventualmente dominaria o mundo inteiro, inclusive a cobiçada Ásia. O Ártico participou desse jogo imperial meio lateralmente, fornecendo, a partir de 1612, a energia que iluminava as cidades europeias: o óleo de baleias abatidas na região, cuja ocorrência fora revelada ao Velho Continente pelas viagens de Barents. Os noruegueses se referem a esse período como a "primeira aventura do óleo" — uma alusão de gosto duvidoso à aventura do petróleo no mar do Norte, a partir dos anos 1970.

As nações europeias, porém, nunca desistiram de verdade das rotas de navegação polares. Em 1845, o britânico John Franklin (1786-1847) seria despachado para a Passagem Noroeste com 128 homens e dois dos melhores navios disponíveis à época, o *Erebus* e o *Terror*. Ambos haviam sido testados com sucesso na Antártida, na expedição pioneira do comandante James Clark Ross que localizara o polo magnético Sul e descobrira o mar que hoje leva seu nome. Franklin encontrou a passagem totalmente bloqueada pelo gelo marinho. Ele morreu de escorbuto no segundo inverno depois da partida. No ano seguinte, seu imediato determinou o abandono dos barcos pelos 105 homens sobreviventes, que começaram a marchar para o sul.[3] Mal equipados, malvestidos e ignorantes da causa do escorbuto — uma doença terrível que provoca perda dos dentes, feridas pelo corpo, lesões cerebrais e morte e que fora o flagelo dos europeus durante todo o período das grandes navegações —, os homens de Franklin foram todos dizimados no caminho. Como se sabe hoje, a síndrome é causada por carência de vitamina C e é facilmente prevenida pelo consumo de alimentos frescos. Enquanto os ingleses pereciam no gelo, os esquimós à sua volta sobreviviam felizes consumindo carne fresca de foca e baleia.

A tragédia deixaria marcas profundas no moral britânico. Várias expedições foram montadas nos anos seguintes para buscar os restos de Franklin — e mais pessoas morreram na tentativa. A Passagem Nordeste seria transposta em 1878 pelo barão sueco Adolf Erik Nordenskiöld (1832-1901), pai do arqueólogo Erland Nordenskiöld, que estudou as populações indígenas da Amazônia. O barão concluiu por sua inviabilidade econômica. A Noroeste permaneceria uma quimera até a travessia pioneira de Amundsen. Durante um século, ela perdurou como um monumento mais ou menos inútil à audácia humana: embora propiciasse ganhos significativos de tempo em relação ao canal do Panamá ou ao cabo Horn, o gelo marinho a transformava num transtorno grande demais à navegação para valer a pena. De Amundsen até a conquista da Lua, em 1969, apenas doze navios a atravessaram.[4] Aos poucos, a rota legendária foi caindo no esquecimento.

Isso mudaria com o aquecimento global: de 1969 a 2010, o número de embarcações naquela rota já havia chegado a duzentos. A maior parte desse movimento ocorreu depois do alerta dado pelo NSIDC em 2007. Desde aquela data, a Passagem Noroeste tem ficado aberta quase todos os anos.

Mark Serreze tem sido um observador privilegiado das mudanças no Ártico desde 1982. O cabeludo diretor do NSIDC fez naquele ano sua primeira viagem à região, para estudar trocas de energia e o balanço de massa da capa de gelo de uma ilha do Canadá. "Hoje aquela capa de gelo sumiu quase completamente", conta.

Em 2000, Serreze e colegas publicaram um dos primeiros estudos a mostrar um "quadro razoavelmente coerente"[5] de mudanças ambientais causadas por temperaturas mais altas no Ártico: a cada ano, uma área maior de mar congelado derretia no verão e uma área menor recongelava no inverno seguinte. A cada ano, as florestas boreais, antes limitadas ao norte pelo frio extremo, expandiam-se cada vez mais. Geleiras no Alasca e nas ilhas do Canadá recuavam. O *permafrost*, o subsolo permanentemente congelado e rico em matéria orgânica da região circumpolar, descongelava em algumas áreas, abrindo buracos no chão e danificando casas. A região havia esquentado no último século duas vezes mais do que o resto do planeta.[6] "Mas a atribuição disso ao aquecimento causado por gases-estufa ainda era algo aberto ao debate", lembra Serreze. Tratava-se, afinal, de um quadro recente, com poucas séries históricas de dados confiáveis e com observações feitas apenas em meia dúzia de lugares. Por mais estranho que parecesse tudo aquilo, o resultado não era incompatível com a imensa variabilidade natural do clima. Pense mais uma vez num imprevisível solo de trompete dentro de um tema de jazz.

Oscilações cíclicas do oceano Atlântico Norte, por exemplo, são capazes de esquentar a água (e, por tabela, o ar) durante uma década ou mais, da mesma forma como o El Niño esquenta a água do Pacífico e muda a meteorologia no planeta inteiro de tempos em tempos. O claro sinal de aquecimento poderia ser culpa dessas oscilações, não necessariamente de uma mudança causada por seres humanos. "Eu me lembro de dizer a mim mesmo que, se continuássemos vendo essas mudanças durante a fase silenciosa da Oscilação do Atlântico Norte, aí eu ficaria convencido", conta Serreze. "E foi isso o que aconteceu."

Os cientistas vinham prevendo havia tempos que, no caso de um aquecimento global causado pela emissão de gases de efeito estufa por atividades humanas, o Ártico se revelaria o lugar onde as mudanças seriam sentidas primeiro e de forma mais grave. Para entender por quê, é preciso recuar um pouco e olhar para a geografia da Terra. Uma boa maneira de começar a fazer isso é tomar um voo noturno no verão entre Oslo, na Noruega, e Longyearbyen, a maior cidade do arquipélago de Svalbard, a 1308 quilômetros do polo Norte.

Essa linha diária da Scandinavian Airlines decola da capital norueguesa depois das nove horas da noite, com o sol quase se pondo. No trajeto, quem dá a sorte de sentar na janela pode observar um fascinante "despor" do Sol: em vez de descer, como manda a intuição, o astro fica mais alto no horizonte à medida que o avião avança para o norte.

Isso acontece por causa da inclinação do eixo da Terra. No verão do hemisfério Norte, essa inclinação faz com que a porção do globo ao norte do paralelo 66, linha que marca o Círculo Polar Ártico, receba luz solar 24 horas por dia. É o famoso sol da meia-noite, que atrai turistas para as regiões de alta latitude da Rússia e dos países escandinavos. A ele corresponde o exato oposto na latitude 66° sul: meses de treva total na região antártica, que recebeu esse nome justamente por estar no polo oposto (Antiártico).

No verão do Sul, a mesma inclinação da Terra faz com que a Antártida ao sul do círculo polar receba luz 24 horas por dia, enquanto o Norte profundo é mergulhado na escuridão. Os polos geográficos têm apenas um dia e uma noite por ano, com seis meses de duração cada.

Essa relação de amor e ódio com o Sol é o que define o clima nas regiões polares. O ódio prevalece, já que, mesmo quando brilha o dia todo, o astro sempre está baixo no horizonte, deixando para os extremos da Terra a incidência mais oblíqua e fraca de seus raios.

Essa baixa insolação no verão permite que o gelo formado pelo frio do inverno sobre o oceano Ártico e a neve acumulada sobre o continente antártico atravessem os verões sem derreter completamente. A cobertura branca, por sua vez, reflete a luz solar, rebatendo até 90% da radiação de volta para o espaço. Isso cria um círculo vicioso, ou "feedback positivo", em cientifiquês: mais neve significa menos radiação, que significa mais frio e ainda mais neve.

O gelo do Ártico, porém, tem uma tolerância ao sol do verão mais baixa do que o da Antártida. A razão é uma casualidade geográfica: o continente austral é isolado por um oceano e circundado por uma poderosa corrente marinha. Além disso, grande parte da Antártida é alta. Isso favoreceu, como na Groenlândia, a formação de um grosso manto de gelo — que chega a quatro quilômetros de espessura no polo Sul geográfico.

No Ártico, o oposto é verdade: o polo Norte não está sobre um continente, mas sim numa depressão de 4,5 quilômetros[7] de profundidade coberta pelo mar. E o oceano absorve e irradia calor de forma mais lenta do que os continentes, funcionando como um reservatório de energia. Isso impede o frio extremo, mesmo no inverno. Para completar, em vez de isolada dos continentes, a bacia do oceano Ártico está flanqueada pela maior massa continental do mundo, a Eurásia, trocando calor constantemente com ela. O resultado é que o Ártico é bem menos frio do que a Antártida: no polo Norte as temperaturas mínimas chegam aos quarenta graus negativos no inverno, contra sessenta graus negativos observados corriqueiramente no polo Sul; no verão de 2011, a 950 quilômetros do polo Norte geográfico, a menor temperatura absoluta que experimentei foi sete graus negativos — embora o vento jogasse a sensação térmica para desagradáveis vinte graus negativos.

Essas condições relativamente amenas permitem que o Ártico acima do Círculo Polar seja o lar de cerca de 4 milhões[8] de seres humanos. Se alguém resolvesse dar a volta ao mundo por cima do paralelo 66 sul, não veria nada além de mar, rocha e gelo; suas únicas e eventuais companhias seriam baleias, focas e pinguins, ou uma espécie ainda mais estranha — cientistas. Quem fizesse a mesma coisa rumando para o leste pelo paralelo 66 norte veria uma paisagem muito mais diversificada, com montanhas, florestas e prados. Esse viajante imaginário encontraria à sua esquerda no trajeto diversas cidades, como a norueguesa Tromsø, a russa Murmansk e a americana Barrow; povos diferentes, de línguas variadas e com economias também distintas — de pescadores industriais e petroleiros a caçadores de subsistência.

Essas mesmas condições tépidas, porém, tornam a região polar norte muito mais vulnerável a perturbações no balanço de energia da Terra, como a que está acontecendo desde o início da era industrial com a queima desenfreada de combustíveis fósseis.

O impacto é sentido primeiro nos ciclos anuais de degelo e recongelamento. O grupo do NSIDC geralmente começa a ficar nervoso olhando as imagens de satélite do oceano Ártico pela manhã no mês de agosto. É quando o verão atinge o auge no hemisfério Norte e o sol da meia-noite produz seu maior estrago regular no gelo marinho. Geralmente em setembro o gelo atinge sua extensão mínima, até que o frio do outono se instale e faça o mar congelar de maneira progressiva outra vez, para atingir sua extensão máxima em abril. O gelo está derretendo cada vez mais cedo na primavera e se formando de novo cada vez mais tarde no outono. Mas o descongelamento também está avançando o ano inteiro devido às temperaturas médias maiores e a outros fatores. De 1978, quando as observações por satélite começaram, até 2007, a cobertura permanente de gelo marinho no Ártico vinha declinando em média 2,7% por década, com a perda mais acentuada no verão: 7,4%.[9] Em fevereiro de 2007, em seu Quarto Relatório de Avaliação, o IPCC, o painel do clima da ONU, fizera um prognóstico sombrio: se as coisas continuassem naquele ritmo, o polo Norte estaria praticamente sem gelo no verão no final do século XXI.[10]

Serreze sabia que o IPCC estava sendo conservador, devido às limitações dos modelos climáticos usados no relatório. Mas nem ele nem nenhum de seus colegas poderiam adivinhar que apenas sete meses depois o mundo real fosse se comportar de uma forma tão pior do que os modelos.

Em 2007, a extensão mínima medida em setembro pelo NSIDC foi de 4,17 milhões de quilômetros quadrados, um valor 40% menor do que a média para o mesmo mês medida entre 1979 e 2000. Para se ter ideia do que isso significa em termos de área, é como se mais de metade da floresta amazônica desaparecesse de um ano para o outro.

"Tivemos muito trabalho para explicar o que aconteceu naquele ano, e concluímos que padrões meteorológicos muito incomuns ajudaram a eliminar o gelo", lembra o cientista. "Ainda assim, estávamos chocados. Muita gente na comunidade científica achava que não veríamos algo assim se repetir nos próximos vinte ou trinta anos." Ele não partilhava dessa opinião: achava que um novo degelo recorde seria visto a qualquer momento nos anos seguintes (o que se provaria correto). Naquela época, Serreze cunhou uma expressão que capturava com precisão dramática o que os cientistas vinham observando no polo: o gelo marinho do Ártico, segundo ele, havia entrado numa "espiral da morte".

O que torna essa metáfora tão exata é a maneira como a região responde a mudanças na temperatura da Terra e também na composição atmosférica do hemisfério Norte. Você já viu que o gelo ártico é naturalmente sensível ao sol do verão. E viu também como o gelo e a neve ajudam a formar mais gelo e mais neve ao rebaterem a radiação solar de volta ao espaço sem aquecer a superfície antes. O nome que os cientistas dão a esse mecanismo de retroalimentação positiva, no qual um fator reforça o outro, é "feedback do albedo do gelo"; "albedo" é um nome latino para a "brancura" de um material, que tem a propriedade de refletir a luz.

O problema do feedback do albedo é que ele é como essas lâminas de barbear antigas: corta dos dois lados. Se a temperatura média cai um pouquinho, a ponto de permitir que a neve sobreviva ao inverno, o resultado é a formação de mais gelo. Se ela sobe um pouquinho, porém, o oposto acontece: enquanto a neve e o gelo refletem até 90% da radiação, a água do mar, que é escura, absorve de 85% a 95% dela. Isso faz o local esquentar mais, o que derrete mais gelo, o que expõe mais mar aberto e derrete ainda mais gelo — e assim por diante.

Outro efeito de retroalimentação é dado pelas nuvens. Quanto mais quentes ficam a água do mar e o ar, maior é a evaporação e a formação de nuvens na baixa atmosfera. Essas nuvens refletem de volta para o espaço uma parte da radiação solar que chega, mas também retêm na atmosfera o calor irradiado pela Terra, contribuindo ainda mais para o aumento da temperatura. A umidade adicional do ar também ajuda a reter o calor — o vapor d'água, como você viu no capítulo anterior, é um dos gases de efeito estufa mais potentes que existem.

Os pesquisadores chamam esse acúmulo de calor causado por múltiplos círculos viciosos de amplificação ártica, porque é exatamente isto o que ele faz: amplifica o efeito local de um aquecimento global. De 1880 a 2012, a Terra aqueceu 0,85 grau, em média, chegando a um grau em 2015 devido ao efeito de um El Niño potente. Em algumas regiões do Ártico, esse aquecimento ultrapassou os 2,5 graus.

A amplificação ártica foi primeiro sugerida em 1896 por Svante Arrhenius, em seu artigo revolucionário que dava pela primeira vez a dimensão do aquecimento causado pelo CO_2. Ao calcular em diversas latitudes o efeito da duplicação das concentrações do gás na atmosfera, o sueco percebeu um detalhe importante:

> Uma elevação secundária muito importante do efeito será produzida nos locais que têm seu albedo alterado pela regressão da extensão da cobertura de neve, e esse efeito provavelmente levará o efeito máximo dos paralelos menos elevados para a vizinhança dos polos,

escreveu o cientista, com sua presciência típica.[11]

Em 1980, o japonês Syukuro Manabe e o americano Ronald Stouffer, do Laboratório Geofísico de Dinâmica de Fluidos, em Princeton, nos Estados Unidos, usaram computadores para simular o clima da Terra caso a concentração de dióxido de carbono quadruplicasse. Era um dos primeiros modelos climáticos globais e mostrava, assim como os cálculos manuais de Arrhenius, que as mudanças seriam maiores no Ártico do que no restante do planeta. "Os modelos previam, anos atrás, que essa amplificação era o que iríamos ver num cenário de aquecimento global, e é isso o que estamos vendo", diz o glaciologista Mark Fahnestock, da Universidade de New Hampshire.

Ao lançar o termo "espiral da morte", Mark Serreze fez o que parecia uma aposta ousada: o polo Norte estaria sem gelo no verão já em 2030, e não apenas no fim do século, como previam os modelos computacionais usados pelo IPCC em seu quarto relatório — e que, como você viu no primeiro capítulo, tampouco conseguiram captar as mudanças nas geleiras da Groenlândia e sua relação com o nível do mar. "Eu vejo o mundo real se desfraldando de uma forma diferente da dos modelos", afirma o diretor do NSIDC. "E tendo a acreditar no mundo real."

Segundo ele, há coisas acontecendo na região que as equações dos climatologistas ainda não conseguem descrever muito bem. Uma delas é o transporte de calor pelo oceano. Os mares estão mais quentes no mundo inteiro, e esse calor vem derretendo o gelo marinho de baixo para cima, da mesma forma como atinge as geleiras de descarga da Groenlândia. O mar é o grande depósito de energia do planeta, mas essa energia leva muito tempo para se propagar pela coluna d'água; portanto, nem sempre é simples prever seus efeitos. Há alguns anos, por exemplo, os cientistas começaram a notar que as temperaturas da Terra pararam de subir na mesma proporção que as emissões de gases-estufa. Isso fez muitos dos chamados "céticos" do clima alardearem que o aquecimento global havia parado. Em 2013, um estudo mostrou para onde havia ido uma parte desse calor: as camadas mais profundas do oceano estavam aquecendo mais rápido do que o resto do planeta.[12]

Outra parte foi derreter o gelo do polo Norte. O glaciologista Bo Vinther, da Universidade de Copenhague, estima que a quantidade de energia usada para derreter o gelo marinho corresponderia a 3,4 graus Celsius de aumento de temperatura caso tivesse ido para a atmosfera. "Nossos sofisticados modelos erraram ao pôr o aquecimento na atmosfera e não no derretimento do gelo. Mas a energia ainda está lá, infelizmente. Só está em outro lugar do sistema."

Além de pagar o preço pelas más ações da humanidade, o oceano Ártico parece também estar sendo afetado pelas boas. A redução da poluição do ar no hemisfério Norte, por exemplo, aparente e ironicamente coincidiu com a retomada da tendência ao aquecimento global a partir da década de 1970, depois de um período sem elevações significativas nos termômetros desde 1945.

À primeira vista, parece um contrassenso: como a redução na

poluição pode ter aumentado o aquecimento? O ar não está justamente cada vez mais poluído? A resposta é: há poluentes e poluentes.

Ocorre que as nações industrializadas da Europa, ex-União Soviética e América do Norte extraem a maior parte de sua energia do carvão mineral, o mais sujo dos combustíveis fósseis. A queima do carvão produz dióxido de carbono (CO_2), que polui a atmosfera — se definirmos "poluente" sobre qualquer substância indesejada lançada por atividades humanas capaz de perturbar um sistema natural no qual ela não ocorria antes. Mas o CO_2, claro, não é o único poluente do carvão: uma gama de outras substâncias é lançada no ar também, como compostos nitrogenados, fuligem, precursores do ozônio e, por último, mas não menos importante, enxofre. O enxofre reage com outros compostos do ar e forma sulfato (SO_4) e ácido sulfúrico (H_2SO_4), o temido agente corrosivo usado em baterias de carro. Embora não seja muito reconfortante pensar que existe ácido de bateria no ar que você respira, os compostos de enxofre, ou sulfatos, têm duas propriedades desejáveis do ponto de vista do clima: primeiro, eles ajudam a formar nuvens na alta atmosfera. Aerossóis de enxofre tendem a "roubar" vapor d'água do ar,[13] servindo como núcleos microscópicos em torno dos quais as nuvens se formam. Essas nuvens altas isolam a Terra dos raios solares, ajudando a resfriar o planeta — ao contrário das nuvens baixas, que ajudam a aquecê-lo. Como você viu no capítulo anterior, os sulfatos também agem diretamente, rebatendo a radiação de volta para o espaço, num papel semelhante ao desempenhado no solo pelo gelo e pela neve.

Acontece que os malefícios do enxofre para a saúde humana e os ecossistemas são tão grandes quanto seu benefício para o clima. O ácido sulfúrico não fica para sempre na atmosfera, afinal: ele volta à terra na forma de chuva ácida, que mata florestas, deposita-se em lagos prejudicando peixes e causa danos ao patrimônio ao corroer prédios e monumentos históricos. O enxofre também faz mal a quem o respira, prejudicando o funcionamento dos pulmões. Só na cidade de São Paulo, 3 mil mortes por ano podem ser atribuídas a compostos de enxofre presentes sobretudo no óleo diesel.[14]

Nos anos 1960, os efeitos da poluição atmosférica sobre as populações urbanas fizeram os Estados Unidos adotarem uma lei que limitava emissões de enxofre de termelétricas, o Clean Air Act, de 1970. Nos anos 1970 e 1980, as evidências de que a chuva ácida era um problema começaram a ficar tão fortes que os países do Norte industrial declararam guerra ao enxofre. "As emissões de enxofre caíram de 10% a 20%", conta Bo Vinther. Essa limpeza do ar foi tão eficiente que os cientistas podem observá-la no gelo da Groenlândia: Vinther e seus colegas usam aparelhos especiais para medir a condutividade elétrica de amostras de gelo extraído do manto groenlandês. Quanto mais ácida a água, mais eletricidade conduz o gelo. Erupções vulcânicas podem ser facilmente detectadas nas amostras, porque elas fazem a condutividade disparar: afinal, compostos de enxofre estão presentes em quantidades elevadas nas cinzas expelidas pelos vulcões. O gelo datado a partir de 1970 conduz menos eletricidade. Isso significa que as leis contra a poluição funcionaram. "Mas também significa que não temos mais o efeito resfriador dos aerossóis de enxofre", diz o pesquisador dinamarquês. Por estar mais próximo das fontes originais do poluente, o oceano Ártico sofre mais o efeito local do combate a ele. O resultado é mais perda de gelo.

Mas o problema da poluição local não acaba aí: o rápido crescimento econômico da China e da Índia nas últimas décadas tem lançado no ar quantidades monumentais de fuligem, subproduto tanto de termelétricas a carvão e fábricas quanto de queima de florestas e do aumento do uso de diesel. O resultado é uma crescente deposição desse carbono escuro no gelo branco, o que reduz o albedo e causa ainda mais derretimento.

Em cima disso tudo ainda existe a variabilidade natural do clima. O mar congelado, chamado em inglês de *pack ice*, tem a propriedade de dissipar tempestades, por exemplo. Como eu mesmo pude testemunhar num cruzeiro pelo mar de Barents em 2011, por mais agitadas que estejam as águas no oceano aberto, no meio do gelo impera a calmaria. Há trinta anos, tormentas que se abatessem sobre o mar congelado perdiam força rapidamente — ou "levavam um soco", nas palavras de Mark Serreze. Hoje isso não acontece mais: um evento meteorológico extremo pode facilmente romper a cobertura de gelo no verão, abrindo mais espaços de água escura. Isso, por sua vez, absorve mais energia e derrete mais gelo. "Você tem a atmosfera e o oceano, as mudanças forçadas e a variabilidade natural trabalhando em conjunto", diz o cientista do Colorado. "Antigamente, se perdêssemos muito gelo no verão, uma sequência de invernos frios seria capaz de repô-lo. Mas hoje não fica frio mais, então essa reposição está mais difícil. Muitas coisas conspiram para levar o gelo marinho embora. Há alguns anos eu criei essa metáfora infame de 'espiral da morte'. Acho que ela ainda é adequada."

Depois do recorde inicial de derretimento do oceano Ártico em 2007, a capa glacial sofreu uma ligeira recuperação em 2008 e 2009, para voltar a declinar em 2010 e 2011. Em todos esses anos, o braço sul da Passagem Noroeste permaneceu aberto, assim como a Passagem Nordeste — hoje rebatizada como Rota Marítima do Norte. Em 2012, o Ártico voltou a surpreender. Em agosto, graças a ventos quentes soprando do Sul que também causaram problemas na Groenlândia (veja o capítulo 1), o recorde de degelo de 2007 foi quebrado — mais uma vez, a quase um mês do final do verão. Naquele ano, o Ártico terminou com 3,41 milhões de quilômetros quadrados de gelo, uma extensão novamente equivalente a três Piauís a menos do que a medida em 2007 e apenas metade da extensão média do período 1979-2000.[15] "Esse parece ser o novo normal agora", sentencia Mark Serreze.

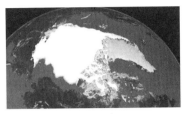 

O gelo marinho do Ártico em sua extensão mínima, no final do verão, em dois momentos: 1979 (à esq.) e 2012.

O comportamento do gelo a partir de meados da década de 2000 fez até o conservador IPCC rever suas contas. O Quinto Relatório de Avaliação (AR5) do painel do clima, divulgado em 2013, afirma que é "provável" que um oceano Ártico praticamente livre de gelo em setembro possa ser visto antes do meio do século. Na linguagem estatística do IPCC, "provável" significa que as chances de algo acontecer são maiores do que 66%.

O AR5, porém, lança um grão de sal sobre as próprias projeções: embora algumas delas prevejam declínios muito rápidos no gelo marinho, mais rápidos ainda do que o ocorrido entre 2008 e 2012, há pouca evidência de que o Ártico esteja de fato numa "espiral da morte", ou seja, de que tenha sido ultrapassado um limiar além do qual a recuperação da cobertura de gelo se torne impossível e todo o sistema mude de estado. "Parece improvável que tais perdas [de gelo] resultem de um ponto de virada no sistema", acautela o IPCC.[16] O que o painel quis dizer com isso foi que pode até ser que o polo Norte descongele no verão, mas isso será exceção, não regra.

Serreze reconhece que os modelos melhoraram e estão mais compatíveis com as observações. "Mas eles ainda são muito conservadores e trazem muitas disparidades na data de um Ártico livre de gelo." Muita gente concorda com ele.

Para os cientistas, a amplificação ártica tem a forma de gráficos em computador, equações e imagens de satélite. Para mim, a maior expressão desse fenômeno foi a cara de decepção do artista plástico americano John Quigley ao desembarcar de um helicóptero numa tarde de agosto de 2011 no convés do navio *Arctic Sunrise*, da organização ambientalista Greenpeace. Estávamos a menos de mil quilômetros do polo, numa região conhecida como estreito de Fram, entre a Groenlândia e o arquipélago de Svalbard. Quigley fora convidado pela ONG para fazer uma escultura no gelo, num ato contra o aquecimento global. Mas gelo andava em falta ali.

O californiano é especializado em "arte aérea", expressão que ele mesmo diz ter cunhado. Suas obras são desenhos gigantes, geralmente formados por dezenas de pessoas reunidas, que só podem ser apreciados do alto. Elas já foram montadas em praias na Austrália, em clareiras de florestas no México e até num recife de coral na Oceania. Diante da impossibilidade prática de levar dezenas de pessoas para posar para a foto em pleno polo Norte, a escultura seria feita de folhas de cobre ("do mesmo tipo usado na fabricação de painéis solares", apressava-se em dizer). A "tela" seria uma placa de gelo marinho grande e firme, onde Quigley pudesse instalar uma réplica de cem metros de comprimento do Homem Vitruviano, de Leonardo da Vinci. A escultura, porém, seria feita apenas pela metade, como se o resto do desenho tivesse derretido juntamente com o gelo. "Dez anos atrás, seria uma imagem completa", filosofou Quigley, emendando uma preleção sobre o conceito por trás da obra. Segundo ele, a civilização ocidental como a conhecemos começou com o Renascimento, que tem em Da Vinci um de seus principais ícones. O aquecimento global, segundo o artista, está carcomendo a própria base da civilização. "É como se fosse o fim da era de Da Vinci."

Gelo marinho de primeiro ano derrete no verão no estreito de Fram, entre a Groenlândia e o arquipélago de Svalbard.

Depois de mais de uma hora sobrevoando a banquisa em busca de uma placa de gelo grande e firme, porém, tudo o que Quigley conseguira encontrar foram fragmentos pequenos e finos, formados no inverno do ano anterior, incapazes de comportar a obra de arte. Aquele era o segundo dia de navegação do pequeno quebra-gelo do Greenpeace no *pack ice* do estreito de Fram. No passadiço do navio, o imediato canadense Paul Ruzicky também estava impaciente. Em uma semana o barco precisaria estar de volta ao seu ancoradouro na ilha de Spitsbergen, mais de quatrocentos quilômetros a sudeste dali, para apanhar dois cientistas britânicos que pegariam carona com o Greenpeace para medir a espessura do gelo. "Isso tudo é gelo de primeiro ano. Pensamos que iríamos achá-la ontem, mas não achamos nada", resmungava Ruzicky, de binóculos na mão, olhando ansioso a banquisa em volta.

Só no dia seguinte foi que Quigley conseguiu encontrar o fragmento perfeito, a dezenas de quilômetros do lugar onde estava o navio (com um pequeno contratempo para voltar ao local: o GPS deu problema e estávamos tão ao norte que a bússola não funcionava direito). Seria preciso navegar a madrugada inteira para chegar até lá.

Eu havia embarcado no navio três dias antes, depois de um imenso golpe de sorte: convites para as expedições do Greenpeace são disputadíssimos por repórteres do mundo todo, e o número de leitos disponíveis para imprensa por viagem é mínimo. O iate motorizado *Arctic Sunrise*, ou MYAS, na sigla em inglês, tem uma tripulação fixa de dezessete pessoas, capacidade máxima para trinta e frequentemente é oferecido a cientistas como plataforma para pesquisas em lugares remotos. A prioridade costuma ser deles, embora a política da ONG seja ter sempre imprensa a bordo. Naquela "perna" da expedição de 2011 havia disponibilidade para jornalistas brasileiros. A TV Globo fora convidada, mas anunciara desistência. Foi quando recebi uma ligação do departamento de comunicação da ONG no Brasil: "Quer ir para o Ártico num navio do Greenpeace? Esteja em Svalbard na semana que vem". Dez dias depois do telefonema, eu embarcava no voo da SAS em Oslo rumo a Svalbard.

Longyearbyen, a capital do arquipélago, provavelmente merece mais do que qualquer outro lugar o epíteto de fim do mundo: é a cidade mais próxima de um polo geográfico. A distância entre seu aeroporto e o polo Norte é menor do que entre Brasília e Curitiba. Ali vivem 1800 corajosos cidadãos, permanentemente acossados por ursos-polares e que não podem sequer se dar ao luxo de ser enterrados na ilha: o frio impede a decomposição dos corpos e, vira e mexe, acomodações do terreno, que tem *permafrost* no subsolo, acabam expondo as múmias. Essa característica do solo ártico faz a alegria dos paleontólogos, já que tem lhes permitido encontrar corpos perfeitamente preservados de animais extintos há milênios, como os mamutes que afloram de tempos em tempos na Sibéria. Transposta para assentamentos humanos dos dias de hoje, porém, cria situações macabras. Para evitar a multiplicação das múmias, o governo da Noruega determinou que quem está próximo da morte no arquipélago precisa ser transportado para o continente.

Longyearbyen é o principal portal do Ártico para a Europa Ocidental. Dali partem todos os verões várias expedições científicas para estudar diferentes aspectos do clima e da biologia polares. Uma vila a cem quilômetros da cidade, Ny-Ålesund, de 35 habitantes, foi convertida em cidade-laboratório. Hoje vários países mantêm estações de pesquisa ali. É o assentamento humano permanente mais setentrional do mundo.

A mistura de isolamento geográfico, baixas temperaturas e boa conectividade aérea também fez de Svalbard a sede do Cofre Global de Sementes, uma espécie de Arca de Noé vegetal, onde desde 2008 são armazenadas sementes das principais plantas de interesse agrícola do mundo, inclusive do Brasil. Escavado no subsolo congelado e mantido a dezoito graus negativos, o depósito visa garantir que a agricultura possa recomeçar do zero no planeta caso alguma catástrofe muito grande atinja a Terra no futuro. O terreno, muito antigo, não tem risco de terremotos. E dificilmente um terrorista se aventuraria por aquelas bandas para armar um atentado contra o cofre. Até porque, no inverno, a segurança do local é feita por ursos-polares.

Deixamos o cofre de sementes à nossa esquerda numa rara tarde de sol de agosto, quando o MYAS partiu do fiorde de Longyearbyen rumo ao alto Ártico. O cenário era deslumbrante: temperatura na casa dos sete graus, sem vento, montanhas ao redor. Papagaios-do-mar, aquelas aves de bico colorido e cara triste de pierrô, esvoaçavam em torno do navio. A ativista sueca Frida

Bengtsson aproveitou para apresentar o *Arctic Sunrise* aos visitantes, com um sorriso e uma frase que só faria sentido no dia seguinte, em mar aberto: "Nós o chamamos de máquina de lavar". O barco, explicou, foi desenhado para se erguer sobre as placas de gelo e rompê-las com seu peso. Por isso, tem um fundo arredondado e sem quilha, em vez do formato em V característico da maioria dos navios. O mesmo design que ajuda a quebrar o gelo torna a vida a bordo um inferno em mar aberto. Não há ângulo impossível para o MYAS: ele balança e caturra de todos os jeitos imagináveis ao primeiro sinal de marola. Eu só conseguia sair do beliche para tomar a dose seguinte de remédio contra enjoo. Foi assim até o final da tarde, quando, de repente, o sacolejo parou. Uma voz no corredor das cabines murmurou a palavra mágica: "Gelo". Minutos depois, alguém botava a cabeça para dentro da cabine que eu dividia com o mecânico de barcos neozelandês Jonathan Beauchamp, e convidava a subir até o passadiço. "Quer ir olhar o gelo?"

A extremidade do oceano glacial é discreta: a primeira coisa que se vê é uma torrente de pedrinhas, como num copo de uísque gigante. Depois surgem as placas, chamadas em inglês de *ice floes*, que estalam e se chocam umas contra as outras e fazem todo tipo de barulho quando o barco passa por cima delas. Os homens de Willem Barents, em sua viagem por aquele mar, acharam que essas *ice floes*, vistas ao longe, fossem grandes cisnes brancos no meio do oceano — uma confusão perdoável e uma metáfora interessante para o cenário. Algumas placas são grandes a ponto de erguer a proa do navio antes de arrebentar debaixo dela, com um estrondo. Outras arremetem contra o casco com força, fazendo quem está em pé a bordo perder o equilíbrio. Às vezes o gelo fecha completamente a passagem, forçando o MYAS a abrir o caminho através dele; outras vezes, vastas porções de mar aberto aparecem no meio de um cinturão de gelo. O derretimento sazonal escava poças de água em toda parte sobre as placas de gelo, numa paleta aparentemente infinita de tons de azul-turquesa e verde. Essas poças também têm se multiplicado nas últimas décadas, acrescentando seu baixo albedo à amplificação ártica.

O dinamarquês Arne Sorensen é quem assume o navio no lugar do capitão argentino Daniel Rizzotti assim que entramos no *pack ice*. Aos 66 anos, com uma pele curtida de sol que só quem viaja pelo longo dia polar consegue entender, Sorensen é especialista em navegar no gelo e um veterano de viagens árticas. Na década de 1970, foi imediato do cargueiro *Thala Dan*, que operava na Groenlândia e que em 1982 seria incorporado à Marinha do Brasil sob o nome de *Barão de Teffé*, primeiro navio do Programa Antártico Brasileiro. Nos anos 1980, já no Greenpeace, Sorensen serviu na primeira estação antártica não governamental, a World Park, parte de uma campanha da organização para decretar a Antártida um santuário ambiental (o que acabou acontecendo em 1991, com a assinatura de um tratado internacional que suspendeu qualquer atividade econômica ou militar no continente austral por cinquenta anos). Agora, a ONG quer fazer a mesma coisa no polo Norte: estabelecer o limite do gelo permanente como um santuário ambiental, no qual apenas atividades científicas seriam permitidas. Essa ideia, porém, desagrada às nações árticas — em especial à Rússia, que já clamou soberania sobre o próprio polo geográfico ao depositar, de um submarino, sua bandeira no leito marinho.

O plano de Rizzotti e Sorensen para a incursão ao gelo marinho parecia simples: acharíamos uma *ice floe* adequada ao artista, atracaríamos o *Arctic Sunrise* a ela e ficaríamos rodopiando à deriva no mar congelado amarrados à placa pelo tempo necessário até concluir a escultura e fotografá-la do helicóptero. Muita coisa poderia dar errado no caminho: o tempo extra gasto procurando o tal gelo adequado foi uma delas; o mau tempo permanente do verão polar poderia eliminar a janela de trabalho disponível; ursos-

-polares poderiam atacar a tripulação, que se dividira em grupos e turnos de trabalho para executar a obra; e, finalmente, mas não menos importante, a "tela" poderia se romper sob nossos pés a qualquer momento ou se esfacelar no choque com outra placa. A fragilidade do gelo cada vez mais fino do Ártico foi tragicamente comprovada em 2015 pelos pesquisadores holandeses Marc Cornelissen e Philip de Roo durante uma travessia sobre esquis de um trecho da Passagem Noroeste, na primavera. Depois de um dia anormalmente quente no qual eles tiveram de esquiar de camiseta e shorts, os dois desapareceram, provavelmente afogados após o rompimento de uma *ice floe*. No *Arctic*, era proibido desembarcar sem um colete salva-vidas.

Os piores cenários, felizmente, não se concretizaram. Exceto por muitas gaivotas e algumas focas curiosas que observavam aqueles animais esquisitos estirando trenas e rolos de cobre sobre o gelo e logo mergulhavam e sumiam de vista, nenhum animal apareceu por ali. O trabalho de marcar o desenho de Quigley no gelo e depois montar a escultura era intenso, mas a comida farta a bordo do MYAS compensava o esforço.

Talvez seja esse um dos segredos mais bem guardados da exploração polar: a dieta nababesca das expedições, em especial em navios. Come-se o tempo todo e a qualquer pretexto: para se recompor depois de trabalhos pesados, para matar o tempo quando não se faz nada, para socializar, para estar só. Manter o corpo aquecido no frio extremo requer calorias extras, é fato, mas há nas despensas dos navios polares um exagero delicioso, seja nas viagens do Greenpeace, seja nos barcos de pesquisa, seja nas operações antárticas brasileiras.

A tradição de fartura remonta às viagens do norueguês Fridtjof Nansen (1861-1930), um dos maiores exploradores de todos os tempos. Zoólogo, navegador, esquiador, escritor, político e diplomata, Nansen foi uma dessas raras personalidades que viveram várias vidas em uma. Foi uma figura-chave no movimento de independência da Noruega, ajudando a separar seu país da Suécia no começo do século XX. Ajudou a repatriar milhares de refugiados depois da Primeira Guerra Mundial, tendo criado para isso um passaporte especial para indivíduos de lugares sem Estado, até hoje conhecido como Passaporte Nansen. Interveio no genocídio praticado pelos turcos contra os armênios, bolando um modelo de financiamento à reconstrução nacional que seria o embrião do Banco Mundial décadas depois. Ganhou o prêmio Nobel da paz em 1922 por ter concebido um esquema para entregar comida à população rural da Rússia soviética, afetada pela grande fome de 1921-2 e discriminada pela maioria dos governos da Liga das Nações, antecessora da ONU. Estima-se que a ação do norueguês, então chefe do recém-criado Alto Comissariado para Refugiados da liga, tenha salvado até 22 milhões de vidas.[17]

Como se não bastasse tudo isso, Nansen ainda teve tempo de fundar a exploração polar moderna em sua juventude. Foi o primeiro homem a cruzar o manto de gelo da Groenlândia, em 1888, derrubando a tese de que havia terra firme sem gelo no meio da ilha. Em 1893, iniciou a primeira travessia do oceano Ártico num navio que ele mesmo concebera especialmente para isso, o *Fram* ("Avante", em norueguês). O plano era aparentemente suicida: Nansen havia observado que a madeira de um navio americano naufragado esmagado pelo gelo nas ilhas da Nova Sibéria havia ido parar no sudoeste da Groenlândia. Isso só poderia ter acontecido, teorizou, se houvesse uma corrente marinha que passasse através do polo Norte. Construindo um navio que pudesse resistir ao aprisionamento pelo *pack ice* e deixando-o derivar pelo oceano Ártico preso ao gelo, seria possível atingir o polo. Os contribuintes noruegueses aparentemente acharam a ideia boa e bancaram a expedição, que durou quatro anos, na qual Nansen atingiu a impressionante latitude de 86º norte (até hoje os noruegueses dão dinheiro para causas aparentemente perdidas, como o combate ao desmatamento na Amazônia). A tal corrente circumpolar de fato existe e é responsável por movimentar o gelo marinho e descarregá-lo anualmente através do canal entre Svalbard e a Groenlândia, batizado em homenagem ao navio de Nansen.

Para resistir aos rigores até então desconhecidos do inverno ártico, Nansen não poupou despesas: construiu um barco que tinha até mesmo luz elétrica, produzida por um pioneiro gerador eólico. Mas foi na despensa do *Fram* que o norueguês mais se esmerou. Em seu relato da expedição, Nansen mais de uma vez reclama que a comida a bordo é tão farta que ele e seus homens estavam engordando perigosamente: "Eles devem estar pensando muito em nós agora em casa e suspirando de pena ao imaginar todas as privações pelas quais estamos passando nesta região fria, lúgubre e cheia de gelo. Mas temo que a compaixão fosse arrefecer se olhassem para nós agora", escreve, para em seguida listar um menu típico de um jantar a bordo, que incluía sopa de rabada, rena assada com feijão, batata e geleia de frutas vermelhas, bolo e marzipã. "Tudo isso somado a essa cerveja bock Ringnes que é tão famosa em nossa parte do mundo. Será que era esse o tipo de jantar para homens que deveriam estar enfrentando os horrores da noite ártica?"[18]

A bordo do MYAS, às vezes era inevitável sentir-se um pouco como Nansen. A cozinha do filipino Ronnie Ferrer produzia três polpudas refeições por dia e mais uma ceia à noite, e pratos que iam de panquecas de mirtilo até feijoada. Quase tudo em duas versões, com e sem carne, para satisfazer o capitão Rizzotti, um argentino vegetariano. As "privações" do Ártico me devolveram ao Brasil com quase dois quilos a mais.

A placa de gelo na qual instalamos a escultura de Quigley, apesar de cheia de rachaduras, não se rompeu. Mas a vertigem de estar separado do banho de mar mais desagradável de minha vida apenas por uma camada de alguns centímetros de gelo ficou evidente numa das incursões até nosso local de trabalho: algum desocupado resolveu testar a firmeza do "chão" fincando uma estaca de metal numa pequena poça azul que se formara a uns vinte metros do navio. A estaca varou o gelo sem dificuldade. Naquele ponto, ele deveria ter menos de dez centímetros de espessura. Passamos a evitar o local.

Porém, confiando na solidez geral da *ice floe*, à qual nos afeiçoamos depois de vários dias dançando amarrados a ela pelo oceano, eu e o jornalista norueguês Henning Reinton arriscamos uma pelada com uma bola de plástico desenterrada sabe-deus-como no porão do *Arctic*. Chutes a longa distância estavam fora de questão, já que meter a bola pela linha lateral naquele campo significaria perdê-la no oceano para sempre. Em tempo: Brasil 2 × 1 Noruega.

Sorensen diz que nem sempre é simples verificar em primeira mão as mudanças no oceano Ártico. "Como marinheiro, é muito difícil voltar a um mesmo lugar duas vezes para comparar", pondera. O estreito de Fram tampouco é o melhor ponto para observar o recuo do gelo marinho: devido ao movimento da corrente polar, aquela região funciona como uma espécie de cano de descarga para o gelo da bacia do Ártico. Por mais que em outras regiões haja perda, ali sempre haverá gelo, "importado" de outras áreas.

Se a quantidade de gelo varia pouco, o mesmo não se pode dizer de sua qualidade: o oceano glacial está cada vez mais jovem, algo que pudemos testemunhar facilmente. O chamado gelo de primeiro ano, que se forma no inverno e derrete no verão seguinte, dominava a banquisa na região onde estávamos — e foi a razão da dificuldade de John Quigley em encontrar uma placa grande e espessa para fazer sua instalação. Há cada vez mais desse gelo no Ártico, e cada vez menos gelo velho, formado pelo acúmulo de neve no mar congelado durante vários anos. Juventude aqui é demérito, já que, via de regra, quanto mais jovem o gelo, mais fino e menos resistente ele é. Esta é uma peça crucial na engrenagem da espiral da morte, mas só recentemente os cientistas começaram a entendê-la.

Por mais importante que seja medir a extensão da banquisa, isso é só metade da história. O gelo, afinal, é um sólido tridimensional: ele tem área e volume, medida esta dada pela extensão e pela espessura. Se a extensão do gelo diminuísse com o aquecimento da Terra, mas a espessura da banquisa não mudasse muito, haveria esperança de manter um polo Norte congelado mesmo no final do século, mesmo com um aumento de temperatura de mais de dois graus em relação à era pré-industrial.

O problema, claro, é que não é isso o que está acontecendo. O volume do gelo marinho no verão hoje é cerca de 70% menor do que a média histórica. Em 2011, enquanto a extensão do gelo atingia a segunda maior redução já observada, o volume caía para o menor da história, superando o recorde do ano anterior, 2010.[19] Esse gelo jovem e fino, com 1,5 metro a dois metros de espessura, no máximo, é muito mais sensível a variações de temperatura, mesmo as que são naturais e até certo ponto cíclicas. Um estudo publicado em 2007 por pesquisadores do NSIDC e da Nasa afirma, com base em séries de mapas de satélite, que o gelo mais antigo (e, consequentemente, mais espesso) do Ártico, com mais de sete anos de idade, representava 21% da área do oceano glacial em 1988 e caiu para 5% em 2007. Em março de 2013, apenas 30% da área do oceano glacial era formada por gelo com mais de um ano de idade.[20] A espessura reduzida, afirmam os cientistas, pode ter sido um facilitador do colapso de 2007,[21] algo que se repetiria em 2012.[22]

Ao contrário da extensão, porém, o volume do gelo não podia ser medido diretamente por sensoriamento remoto até bem pouco tempo atrás. Os satélites passivos de micro-ondas, como os usados pelo NSIDC, são perfeitamente inúteis para detectar espessura. "Apenas 10% do gelo marinho fica fora d'água. Se uma placa tem três metros de espessura, você está tentando medir trinta centímetros do espaço, o que é inviável", diz Mike Steele, oceanógrafo da Universidade de Washington em Seattle.

Aos dez anos de idade, Steele viu o homem pisar na Lua e quis ser astronauta. Mas chegou tarde: o programa Apollo terminaria menos de uma década depois, e Steele decidiu estudar o Ártico porque "era a coisa mais extraterrestre que eu poderia fazer". Acabou indo parar no Laboratório Geofísico de Dinâmica de Fluidos, onde foram feitos os primeiros modelos climáticos. Eles previram amplificação ártica nos anos 1980; Steele está vendo-a em ação, ao medir a redução do volume do gelo e o aumento da temperatura da água no mar polar.

Até o lançamento dos satélites *ICESat*, da Nasa — que parou de funcionar em 2009 (veja o cap. 1) —, e *Cryosat*, da ESA (Agência Espacial Europeia, na sigla em inglês), medições de volume precisavam ser feitas mais ou menos à moda antiga: ou com brocas e réguas, a partir de quebra-gelos como o *Arctic Sunrise*, ou com radares em submarinos que navegam sob o gelo. Estes últimos conseguiam cobrir uma área grande e acumularam bases de dados que nenhum outro instrumento antes dos satélites fora capaz de acumular. Tais dados, porém, eram até pouco tempo atrás segredo de Estado. Literalmente.

A partir do fim da década de 1950, os Estados Unidos, o Reino Unido e a União Soviética passaram a patrulhar as águas polares com submarinos movidos a propulsão nuclear. O Ártico era, então, uma das zonas mais militarizadas do planeta, já que o oceano glacial era tudo o que separava os territórios das superpotências. De tempos em tempos, submarinos precisam emergir, e saber a espessura do gelo é importante para isso. Além do mais, em operações próximas à superfície, é sempre bom evitar colisões indesejadas. Portanto, as naves dos dois países mantinham registros detalhados da espessura do gelo marinho em rota. Esses registros, porém, eram mantidos sob sigilo militar. Tudo o que americanos e soviéticos não queriam era que a potência rival conhecesse as rotas de suas patrulhas e os pontos onde os submarinos poderiam emergir.

Com o fim da Guerra Fria, a manutenção da frota de submarinos no frio deixou de ter sentido e o programa foi reduzido. Alguns equipamentos ficaram velhos e seriam aposentados. Comandantes da Marinha americana com inclinação para a ciência sugeriram que as viagens de despedida fossem cruzeiros de pesquisa como objetivo específico de medir a espessura do gelo marinho. Nascia o programa Scicex, que de 1993 a 2000 coletou dados do Ártico. O trabalho envolveu não apenas muita ciência, mas, sobretudo, muita saliva — para convencer a Marinha a desclassificar os dados coletados entre as décadas de 1950 e 1990 e mantidos a sete chaves num arquivo militar na Califórnia. Foi preciso que o então vice-presidente dos Estados Unidos, Al Gore, um político com propensões ambientalistas, interviesse pessoalmente para que os dados fossem liberados, algo que por fim aconteceria em 1998.[23] Cientistas da Universidade de Washington ganharam acesso especial aos arquivos militares em San Diego. "Vários registros estavam em bobinas de papel. Algumas agências não ligam muito para armazenagem de dados, então a qualidade dos dados não era lá essas coisas. Mas era boa o bastante para permitir alguns projetos interessantes", afirma Steele. Em 1999, o primeiro "projeto interessante" saiu: um estudo comparando a espessura do gelo no meio e no fim do século XX. A notícia era ruim: a espessura do gelo na porção mais profunda do Ártico havia caído de 3,1 metros na média no período 1958-76 para 1,8 metro entre 1993 e 1997.[24] Ainda assim, tratava-se de dados limitados no tempo e no espaço. Esse afinamento seria uma tendência em todo o oceano polar?

A resposta viria com um modelo computacional criado por Mike Steele e alguns colegas no Centro de Ciência Polar da Universidade de Washington. Batizado Piomas (Sistema de Assimilação e Modelagem do Gelo Pan-Ártico, na sigla em inglês), ele tenta estimar o volume do gelo em toda a bacia ártica integrando várias séries de dados, como medições de submarinos, observações de campo e as informações do defunto *ICESat*, que passou alguns poucos anos fazendo altimetria do gelo marinho.

O que o Piomas tem mostrado é que, sim, a tendência é geral. O volume de gelo no Ártico tem caído 3,2 mil quilômetros cúbicos por década, em média (para comparação, o lago de Itaipu, que ocupa quase a mesma superfície que a cidade de São Paulo, tem dezenove quilômetros cúbicos). Se o modelo estiver certo, o volume está diminuindo quase duas vezes mais rápido do que a extensão.

Aqui também está em ação uma retroalimentação positiva, na qual dois fatores se reforçam mutuamente para agravar um problema. Nas palavras de Steele: "Nos velhos tempos, digamos, nos anos 1990, no verão havia menos gelo do que no inverno, é claro. Mas se você olhasse para o alto Ártico, ele não derretia muito longe da costa. Então, na imensa maioria do oceano Ártico, a temperatura estava no ponto de congelamento, tanto no verão quanto no inverno. Recentemente, o gelo tem se retraído e exposto o mar ao sol, e acontece como em qualquer oceano exposto ao sol: a água esquenta. Quanto? Estamos vendo temperaturas de até doze graus ou mais".

É possível nadar com uma temperatura dessas. Já manter gelo é mais difícil.

Volume do gelo marinho no Ártico

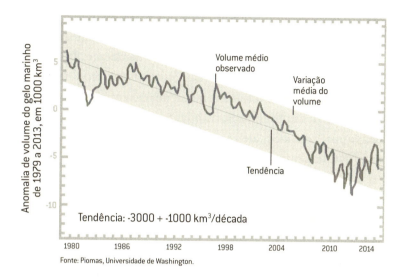

Fonte: Piomas, Universidade de Washington.

Os dados do Piomas e sua validação com as informações de satélite e dos voos da Operação IceBridge, da Nasa, têm feito alguns cientistas questionarem os modelos usados no Quinto Relatório de Avaliação do IPCC. Em 2013, James Overland, da Noaa (Administração Nacional de Oceanos e Atmosfera dos Estados Unidos, na sigla em inglês), e Muyin Wang, da Universidade de Washington, mostraram que, mesmo no pior cenário considerado, os modelos do painel do clima ainda falham em reproduzir a taxa de declínio observada no oceano Ártico real. Segundo a dupla, um descongelamento maciço do polo Norte pode acontecer até mesmo antes de 2030 — talvez uma década antes. "A sociedade precisa começar a se preparar para a realidade da mudança climática no Ártico", afirmam os cientistas.[25]

A extensão e profundidade dessa preparação da sociedade dependerá, evidentemente, do impacto do degelo sobre os ecossistemas e as economias global e local. Não é um quadro simples de traçar, porque, como toda grande transformação, o derretimento do Ártico tem ganhadores e perdedores, e os benefícios e malefícios se realizam em tempos e lugares diferentes e para grupos também distintos. Pior ainda, muitas vezes um mesmo grupo é beneficiado e prejudicado simultaneamente. A preparação à qual Overland e Wang se referem também precisa levar em consideração elementos que geralmente não entram na contabilidade fria dos economistas, como fatores éticos e estéticos. Nos próximos capítulos, alguns desses impactos serão analisados mais detidamente.

A primeira questão que confunde o público é o impacto da espiral da morte sobre a elevação dos oceanos. Aqui pelo menos pode-se respirar aliviado: a influência direta é zero. Como a capa de gelo sobre o Ártico já está flutuando, ela não afeta o nível do mar. Volto à metáfora do copo de uísque: pelo princípio de Arquimedes, os cubos de gelo elevam o nível do líquido quando você os põe no copo, mas o volume de bebida não muda depois que as pedrinhas derretem. A banquisa do Ártico equivale às pedrinhas já no copo. É diferente do que acontece quando massas de gelo que estão hoje sobre terra firme, como as geleiras dos Alpes, dos Andes, do Himalaia e os mantos de gelo da Antártida e da Groenlândia, são acrescentadas ao copo de uísque gigante dos oceanos do planeta.

Os países do Ártico já investem para colher os benefícios econômicos do degelo. Ironicamente, o maior impacto positivo do aquecimento provocado pela queima de combustíveis fósseis é permitir a exploração de mais combustíveis fósseis, que causarão mais aquecimento. Estima-se que o Ártico tenha 30% das reservas não descobertas de gás natural do planeta e 13% das reservas não descobertas de petróleo. Com o degelo, campos de petróleo e gás offshore que há vinte anos eram economicamente inviáveis passam a ficar abertos por um período do ano longo o suficiente para permitir exploração. Estados Unidos, Canadá, Rússia, Noruega e Groenlândia já iniciaram uma corrida a esse pote de ouro. As distâncias para o comércio internacional também tendem a encurtar, com a Passagem Noroeste e a Rota Marítima do Norte entrando de vez no circuito da navegação mundial.

Se cientistas como Mark Serreze estiverem corretos, porém, as míticas passagens que ele involuntariamente ajudou a redescobrir terão vida útil curta. "Em quarenta anos você poderia atravessar o oceano Ártico diretamente. Para o diabo com essas passagens!", afirma. A gigante dos seguros Lloyd's, do Reino Unido, estimou que, entre óleo e gás, mineração, pesca e navegação, os investimentos no Ártico podem chegar a 100 bilhões de dólares ou mais até 2022,[26] integrando o distante e cada vez menos frio polo Norte à economia global de mercado.

Caso tivessem sido consultados, os ursos-polares, as morsas e outras espécies que dependem do gelo marinho para viver provavelmente não compartilhariam seu alívio sobre o nível do mar e teriam uma coisa ou outra a declarar sobre o assunto. Essas espécies são a primeira vítima óbvia do degelo, já que seu habitat desaparecerá por completo em algumas regiões.

Embora seja fácil escorregar para o sentimentalismo em relação aos animais, é difícil imaginar o que mudaria em sua vida caso todos os ursos-polares e todas as morsas desaparecessem da face da Terra. Se for necessário quebrar esses ovos para garantir a omelete do bem-estar de bilhões de pessoas, que se beneficiam diretamente da energia fornecida pelos combustíveis fósseis, que assim seja. Ou não? Essa é uma questão ética profunda, muitas vezes ignorada nos arrastados debates da diplomacia climática: qual é o direito que a humanidade tem de alterar irremediavelmente as condições de vida de outras criaturas?

Se a Terra fosse um conjunto de caixinhas estanques que se comportam de forma linear, talvez as mudanças no Ártico ficassem restritas à região. No máximo, ao hemisfério Norte. Uma meia dúzia de espécies que a maioria dos habitantes da Terra só conhece pela TV poderia sumir, e alguns poucos milhares de índios poderiam ter alguns problemas. Os responsáveis pelas empresas de óleo e gás talvez enchessem os bolsos de dinheiro, depois de um previsível enfrentamento com ambientalistas que eles também previsivelmente terminariam por vencer, sob o argumento de que "estamos gerando emprego". Em todos os casos, a maior parte da população mundial, inclusive você e eu, não teria nada a ver com isso.

O problema desse raciocínio, evidentemente, é que tal mundo não existe nem na física, nem na geografia, nem na economia. O sistema climático é todo conectado, de forma que o que acontece nos trópicos influencia os polos e vice-versa. Uma prova bem real dessa conexão é o fenômeno El Niño: toda vez que o Pacífico peruano esquenta, por causas naturais, a cada cinco ou seis anos, o Nordeste do Brasil tem uma seca, a Amazônia pega fogo e a Flórida fica debaixo d'água. Não parece razoável supor que a capa de gelo do oceano Ártico, que ocupa no inverno uma área maior do que a do Brasil, possa sumir impunemente, sem que isso tenha algum tipo de repercussão no resto do mundo. Curiosamente, às vezes nem os cientistas polares se dão conta disso. Quando entrevistei Mike Steele pela primeira vez, perguntei-lhe qual era a relevância do degelo do polo Norte para o Brasil. A resposta: "Francamente, acho que nenhuma. Qual é, vocês estão longe demais!".

Menos de um mês depois dessa conversa, um estudo de um trio de pesquisadores da China e dos Estados Unidos trazia evidências fortes de que Steele estava errado. A espiral descendente do gelo e da neve no Ártico nos últimos anos pode já estar impactando de forma negativa uma coisa que todo brasileiro conhece melhor do que gostaria: o Índice Nacional de Preços ao Consumidor Amplo, o IPCA — nossa principal medida de inflação.

Os cientistas liderados por Jennifer Francis, da Universidade Rutgers, em Nova Jersey, sugeriram que a redução dramática da cobertura de neve no hemisfério Norte nos últimos anos e a queda também dramática da extensão do gelo marinho na última década estão por trás de fenômenos climáticos extremos,[27] como a onda de calor russa de 2010, a seca recorde nos Estados Unidos em 2012, as tempestades que alagaram o Reino Unido em 2007 e 2012 e os invernos anormalmente frios de 2009-10 e 2010-1 na Europa e nos Estados Unidos.

A correlação é complicada, mas pode ser resumida mais ou menos da seguinte forma: o sumiço do gelo, ao expor mais água escura do mar no verão, muda todo balanço de radiação da zona polar e enfraquece os ventos em altitudes elevadas, especialmente no outono, quando o degelo atingiu seu ápice. O derretimento precoce da neve na primavera causa o mesmo problema no verão.

Esses ventos são conhecidos como correntes de jato, ou *jet streams*. A do hemisfério Norte é um rio de ar que sopra de oeste para leste a mais de duzentos quilômetros por hora a partir de cerca de 10 mil metros de altitude. Ela foi descoberta por acaso pela Força Aérea dos Estados Unidos durante a Segunda Guerra Mundial, numa tentativa mais ou menos frustrada de bombardear Tóquio usando aviões B-29 voando alto para escapar da detecção pelos japoneses. Desde então, é aliada de pilotos em viagens intercontinentais: voando ao longo da corrente, os aviões economizam tempo em viagens entre a América e a Europa.

A corrente de jato, claro, não serve apenas aos aviadores: ela também é responsável em larga medida pelos padrões meteorológicos do hemisfério Norte. A velocidade do vento é dada pela diferença de temperatura entre o Ártico e as latitudes médias: quanto maior é essa diferença, mais veloz é a corrente. Os meandros do *jet stream* também controlam a formação de sistemas meteorológicos mais próximos da superfície. Quanto mais veloz a corrente, mais rápido essas tempestades se formam e se dissipam. Quanto mais lenta, mais tempo esses sistemas permanecerão no lugar.

Francis e colegas argumentam que o degelo, ao reduzir a diferença de temperatura entre o Ártico e as latitudes médias, já deixou a corrente de jato 15% mais lenta no outono na América do Norte. Essa seria a causa das ondas de frio e de calor mais persistentes nos Estados Unidos, por exemplo. Nas palavras de Francis, o tempo está ficando "parado no mesmo lugar".

A outra maneira como a amplificação ártica mexe com a corrente de jato é deixando os meandros desse rio de vento mais amplos. Essas ondas levam ar quente das médias latitudes para o Ártico e trazem ar gelado do Ártico para as médias latitudes. Ventos mais lentos esticam esses meandros, fazendo com que mais ar quente penetre no Ártico e mais ar do Ártico penetre na América do Norte, Europa e Rússia. Isso poderia explicar os invernos malucos da última década, com recordes de neve um atrás do outro.

Usando estatísticas complicadas para analisar dados de satélite, Francis e seus colegas Qiuhong Tang e Xuejun Zhang, da Academia Chinesa de Ciências, encontraram uma forte ligação entre a mudança nos ventos que acompanha o degelo do oceano Ártico e a redução da cobertura de neve no extremo norte, de um lado, e os eventos extremos no restante do hemisfério, de outro.

Em 2010, a Rússia assistiu à onda de calor mais severa de sua história e sua pior seca em quarenta anos. O centro de Moscou chegou a temperaturas cariocas em julho: 39ºC. Grande parte da Rússia europeia registrou temperaturas sete graus mais altas do que a média para aquela época do ano. Incêndios devastaram as florestas do país, que tem a maior extensão de matas nativas do planeta, e a fumaça chegou às grandes cidades, causando internações por problemas respiratórios e mortes. Milhões de hectares de lavouras de trigo foram perdidos, o que elevou o preço da comida no mundo inteiro. Em dezembro de 2010, o índice de alimentos da FAO, agência da ONU para agricultura e alimentação, chegou a seu maior valor desde o início do monitoramento, em 1990.[28] No Brasil, o IPCA fechou em 5,9%, puxado pelos alimentos, contra 4,31% no ano anterior. A inflação de alimentos persistiu em 2011, fazendo os preços baterem no teto da meta estipulada pelo governo pela primeira vez.

Em 2012, os Estados Unidos enfrentaram sua pior seca desde 1956. O mês de julho foi o mais quente da história do país até então: as temperaturas no Meio-Oeste, que concentra o cinturão agrícola, ficaram de sete a onze graus acima da média.[29] Os Estados Unidos, que são o maior produtor mundial de milho e de soja, tiveram uma quebra recorde de safra que elevou o preço desses grãos no mundo todo e fez o Brasil assumir a dianteira da produção mundial de soja. Como possível efeito colateral dessa animação dos produtores, o desmatamento na Amazônia disparou na segunda metade de 2012, crescendo mais de 200% em setembro e levando a taxa anual de 2013 (medida de agosto de um ano a julho do ano seguinte) à sua primeira elevação em cinco anos: 28%.

Se for verdade que a perda de gelo e neve no Ártico teve um papel nesses eventos extremos no hemisfério Norte, as múltiplas interconexões da economia mundial cuidaram para que ele fosse sentido também em seu bolso e nas árvores da Amazônia.

Outra coincidência: em 2012, uma dobra acentuada na corrente de jato sobre a Groenlândia do exato mesmo tipo apontado pelo trio sino-americano impediu o furacão Sandy de seguir sua trajetória normal, em direção ao nordeste do Atlântico, e empurrou a tempestade para o litoral de Nova York e Nova Jersey. O resultado todo mundo conhece: mais de 230 pessoas mortas, 62 milhões prejudicadas e prejuízos econômicos de 70 bilhões de dólares.[30]

* * *

Mesmo esse custo é pequeno perto do que se estima que o derretimento do Ártico pode trazer de perdas para a humanidade por meio de outro efeito: a chamada bomba de metano.

O gás carbônico que as atividades humanas lançam no ar não é a única ameaça ao clima. Enterradas em diversas partes do planeta existem centenas de bilhões de toneladas de metano (CH_4), um gás 21 vezes mais potente do que o CO_2 para reter radiação infravermelha e esquentar a Terra.

O metano é produzido pela atividade de micróbios que trabalham na ausência de oxigênio, no rúmen de vacas e ovelhas, em plantações de arroz e, principalmente, na decomposição de matéria orgânica. Daí ele estar presente em jazidas de carvão, em campos de petróleo e em outras rochas sedimentares nas quais grandes quantidades de matéria orgânica, proveniente de pântanos, florestas ou lagos pré-históricos, passaram milhões de anos cozinhando a temperatura e pressão elevadas. O metano é o principal componente do gás natural, um dos membros da tríade infernal dos combustíveis fósseis.

Os principais depósitos desse gás, porém, não estão apenas nas reservas de hidrocarbonetos. Eles estão guardados nas profundezas do oceano em vários lugares do mundo. São mantidos na forma de hidratos, também chamados de clatratos (do latim, "enjaulados"), compostos de água e metano com aspecto de gelo. Sob temperatura e pressão normais, esse gelo de metano sublima como uma bola de naftalina, liberando o gás instantaneamente para o ar. Por isso, para existir, os clatratos precisam estar sob alta pressão e baixa temperatura — tipicamente a mais de quatrocentos metros de profundidade e a um ou dois graus, condições encontradas no fundo do mar.

Há muito clatrato no mundo: se apenas 10% do gás contido

nesse gelo de metano fosse liberado para a atmosfera, o efeito seria o mesmo de elevar em dez vezes a concentração de CO_2 no planeta.

Há muito tempo os cientistas temem que o aquecimento global, ao esquentar o mar em algumas regiões, possa causar a instabilidade dos clatratos no subsolo oceânico, trazendo bilhões de toneladas de metano para a superfície. Existe uma suspeita de que algo parecido tenha ocorrido 55 milhões de anos atrás, e não foi nada bonito. Naquela época, a temperatura do oceano subiu de cinco a oito graus no planeta e houve um episódio de extinção em massa no mar.

Se algo parecido ocorresse hoje, seria uma tragédia inimaginável: afinal, mesmo com os hidratos de metano trancados em sua fria cela submarina, algumas previsões já falam em seis graus de aquecimento global no fim do século. Caso escapasse de sua jaula para atmosfera, em apenas uma década o gás dos clatratos, sozinho, poderia esquentar a Terra em três a cinco graus.[31] Isso vai muito além da capacidade de adaptação da humanidade ou da maioria das espécies animais e vegetais. Seria algo comparável ao efeito de um inverno nuclear — daí essa possibilidade teórica ter ficado conhecida entre os cientistas como "bomba de metano".

A probabilidade de que sejamos capazes de detonar a bomba de metano em todo o seu potencial é extremamente baixa: os clatratos estão espalhados praticamente pelo mundo todo, em sua maioria em regiões profundas demais para sofrer alguma perturbação significativa. O problema é que eles existem em quantidades significativas em águas rasas no mar da Sibéria. Somente esses hidratos já têm a capacidade de lançar o globo numa trajetória de aquecimento descontrolado. Como você viu no capítulo anterior, a humanidade só pode emitir mais 1 trilhão de toneladas de gás carbônico até o fim do século se quiser ter chance razoável de evitar que o planeta esquente mais de dois graus. Apenas no mar do leste da Sibéria se estima que haja o equivalente em metano a essa quantidade de CO_2.[32] Essas reservas siberianas podem não ser uma bomba atômica, mas são uma granada de gases-estufa pronta para estourar na mão da civilização. E há quem ache que nós já puxamos o pino.

Há alguns anos, pesquisadores que navegam pelo leste siberiano no verão começaram a notar um fenômeno curioso: o mar ali borbulha, como num imenso copo de sal de frutas. Há tantas bolhas que seu som pode ser captado por microfones na água. Essas bolhas são compostas de metano, que vaza a taxas ainda mal conhecidas de depósitos submarinos.

Antes do recuo do gelo marinho, esses depósitos, alguns a menos de cinquenta metros de profundidade, estavam seguramente guardados debaixo de uma camada de *permafrost*. Trata-se de solos permanentemente congelados que sobraram da última era glacial e que persistem nas altas latitudes, sobretudo no hemisfério Norte, onde está a maior parte das terras emersas do globo. Os espetaculares fósseis de mamute encontrados na Sibéria foram preservados com pelo e órgãos internos graças ao *permafrost*. Alguns deles vêm sendo expostos à medida que o *permafrost* derrete.

Infelizmente, o degelo desses solos está expondo também outras coisas.

Com a elevação dos oceanos depois da era glacial, parte desses solos acabou debaixo d'água. Sob a camada de solo congelado estavam dadas as condições de temperatura e pressão para a formação de clatratos. Com o derretimento do gelo marinho e o aquecimento progressivo da água do mar, essa "tampa" de *permafrost*, ela própria rica em metano e gás carbônico, está se rompendo, dando passagem livre ao gás que existe aprisionado debaixo dela. Ninguém sabe se esse vazamento vai se manter, nem em quanto tempo, mas os cientistas que estudam a região têm uma certeza: os impactos serão sentidos bem longe dos polos.

"Se não conseguirmos controlar as emissões de CO_2, esse será o maior risco climático de longo prazo", diz Peter Wadhams, oceanógrafo da Universidade de Cambridge, no Reino Unido.

Um pulso repentino de metano dessa região da Sibéria aceleraria a amplificação ártica, causando o derretimento ainda mais rápido do manto de gelo da Groenlândia e teria repercussões também na Antártida, onde há muito mais gelo para derreter. O custo do aumento do nível do mar resultante dessa aceleração foi estimado por Wadhams e colegas em 60 trilhões de dólares, mais ou menos o equivalente a um ano de PIB global. Como sempre, os principais prejudicados serão os pobres da Terra. O pesquisador acha que a humanidade já está condenada a pagar essa conta: "Não sei se há alguma coisa que possa impedir um pulso de metano, se as condições de leito marinho que levam a ele quiserem acontecer. A única maneira seria causar o regresso do gelo marinho do Ártico, para que essas bacias recebessem água gelada o ano inteiro. Nenhum acordo global de emissões pode reverter o recuo do gelo marinho, então estamos comprometidos com um possível pulso de metano", afirma.

Projeções sobre custos deste ou daquele impacto do aquecimento global são sempre controversas, devido ao que os economistas chamam de taxa de desconto. O custo de cortar emissões, que também é alto, precisa ser pago hoje, enquanto o prejuízo é empurrado para as futuras gerações. Muita gente que defende não fazer nada no clima argumenta que, como o PIB mundial tende a crescer no futuro, esses prejuízos, mesmo que pareçam altos em dólares de hoje, seriam mais do que manejáveis no final do século, porque a humanidade estará mais rica. Esse é o argumento central do cético do clima dinamarquês Bjorn Lomborg, um cientista político versado em estatísticas que tem afirmado que o dinheiro gasto em combater os gases-estufa seria mais bem aplicado em outras coisas. A linha de raciocínio de Lomborg seduziu governantes e ajudou a atrasar em uma década um acordo global contra as mudanças climáticas.

Wadhams pede licença para discordar dessa ideia. "Eu acho perigosíssimo assumir que estaremos todos mais ricos no futuro", diz. "A impossibilidade de um crescimento exponencial num planeta finito é, ela mesma, um dos fatores associados com a crise climática."

O que acontece hoje no distante polo Norte é um sinal de que a humanidade pode ter atingido esse limite de crescimento. O tempo e os próximos atos da civilização dirão se será também o fim da era de Da Vinci.

4. A crise é uma oportunidade

Os fregueses dos supermercados da Groenlândia estão felizes com a mudança climática. Ali o aquecimento global não apenas está à venda como você ainda pode escolher se vai levá-lo por quilo ou por unidade.

A maioria das prateleiras exibe o básico: produtos secos, enlatados e em conserva, capazes de durar meses caso algum evento meteorológico impeça os navios de suprimentos de atracar. Uma extensa seção contém freezers com carne bovina e suína importada da Europa, camarões, caranguejos e peixes produzidos na ilha e cortes variados de especialidades locais como boi-almiscarado e rena (deliciosos), além de diversas espécies de cetáceo, como a gigante baleia fin e o bicudo narval, do qual se retira um toucinho cinzento de aspecto medonho, o *mattak*. Consumida crua e frequentemente congelada, a iguaria é a principal fonte de vitamina C para os moradores de aldeias, que têm pouco acesso a vegetais. A dieta inuíte possui muito espaço para calorias e pouco para sentimentalismos, e cedo ou tarde algum bicho desses acabará parando no prato até do visitante mais resistente.

Contrariando o ditado, vende-se picolé a esquimó, sim — e em quantidades surpreendentes. Já bebidas alcoólicas têm seu consumo estritamente controlado pelo governo. Os problemas dos nativos com bebidas alcoólicas são tão conhecidos que uma das maneiras de dizer "caindo de bêbado" em dinamarquês é *Grønlanderstiv*, ou "bêbado como um groenlandês". A lei proíbe venda de bebidas às sextas-feiras depois das seis da tarde, aos sábados depois do meio-dia e aos domingos o dia todo. Experimente tentar passar no caixa com uma cerveja fora dos horários permitidos e você ouvirá da operadora um polido mas implacável "*lukket!*", acompanhado de um balanço de cabeça. Nem precisa falar dinamarquês para entender.

É na seção de hortifrúti, porém, que o novo clima groenlandês se revela. Antes praticamente restrita a batatas, a produção local tem crescido em quantidade e variedade nas últimas décadas: hoje já é possível encontrar nabos, ruibarbo, repolho e brócolis colhidos na ilha, entre outras verduras. Os produtos são cultivados na vizinhança de fiordes cheios de icebergs no município de Kujalleq, autodenominado, com algum ufanismo, de "o jardim da Groenlândia". Nos últimos anos, mais três entraram no menu: mel, produzido num apiário com abelhas importadas do norte da Suécia, alfaces americanas, que antes precisavam ser trazidas de avião da Europa e que são atualmente o produto da moda nos supermercados, e morangos. "Cultivamos nossos próprios morangos pela primeira vez", diz Susanne Christensen, diretora da Brugseni, uma rede varejista na capital, Nuuk. Ela e seus parceiros sonham com o dia em que o país mais esparsamente povoado do mundo será autossuficiente em todos os tipos de comida.

A Groenlândia vive uma expansão agrícola sem precedentes na história recente: a área cultivada mais do que dobrou em vinte anos, saltando de pouco mais de quatrocentos hectares em 1990 para mil hectares em 2007.[1] Num país onde tudo o que se come precisa ser pescado, caçado ou importado e onde uma cebola custa cinco reais, qualquer esforço para aumentar a produção local e reduzir o preço é bem-vindo.

A ampliação e a diversificação da agropecuária polar é, provavelmente, uma combinação de melhorias tecnológicas e mudança do clima. As fronteiras entre as três zonas climáticas da ilha — polar, ártica e subártica — têm se deslocado cerca de dois quilômetros para o Norte todos os anos,[2] o que torna o Sul cada vez menos frio e mais propício à agricultura. Menos neve e menos dias com temperaturas abaixo de zero possibilitam não apenas a incorporação de novas terras, como também a extensão do período de cultivo. Este aumentou em pelo menos um mês e meio na região de Kujalleq, um alento às cerca de sessenta famílias que vivem exclusivamente da agropecuária na ilha. A produção de lã e carne de carneiro também cresceu, já que hoje é possível plantar duas safras anuais de feno em vez de uma. O rebanho groenlandês conta com 25 mil ovelhas — praticamente um animal para cada dois habitantes —, e o plano é expandi-lo em mais 10 mil cabeças até 2020.

A última vez que um quadro semelhante aconteceu foi provavelmente no século XX, quando os vikings da Islândia descobriram a Terra Verde, criaram dois assentamentos no Sul e estabeleceram fazendas de gado. O mundo estava, então, no auge do Período Quente Medieval, que durou mais ou menos do ano 800 ao 1300. Naquele intervalo de cinco séculos, as temperaturas em algumas regiões da Europa no verão chegaram a ser um grau mais quentes do que há cinquenta anos;[3] as colheitas abundantes fizeram a população crescer. Na Escandinávia, aquele foi o período da expansão viking, que culminou na descoberta da América, por volta do ano 1000, por um groenlandês: Leif Eriksson, filho de Erik, o Vermelho, descobridor da Terra Verde.

Nos dois assentamentos groenlandeses, cerca de 5 mil vikings plantavam feno para criar vacas de leite, animais sabidamente sensíveis ao frio e que passavam nove meses por ano, mesmo naquela época, em estábulos.[4] Não é difícil imaginar que a paisagem dos fiordes realmente tivesse então algum verde que justificasse o nome dado por Erik ao empreendimento imobiliário criado por ele na maior ilha do mundo.

A economia baseada em criação de gado bovino, porém, não resistiu ao fim do aquecimento da Idade Média e ao início subsequente da Pequena Idade do Gelo: por volta do ano 1400, a Groenlândia escandinava foi subitamente abandonada. Os europeus só voltariam a Kalaallit Nunaat 350 anos depois, quando a Dinamarca se apropriou do local. Hoje as temperaturas médias são muito parecidas com as do Ótimo Medieval. E os inuítes, inimigos dos vikings, ocupam-se de criar ovelhas e plantar batatas na região que abriga as ruínas da primeira ocupação nórdica. Vacas, porém, estão fora do radar dos produtores groenlandeses — ao menos por ora.

Não é só a agricultura que tem garantido mais comida na mesa do esquimó. A redução do período de gelo marinho em volta da ilha tem ampliado o acesso dos navios de suprimento e permitido viagens mais frequentes entre a Europa e os portos groenlandeses, mantendo cheias as prateleiras dos supermercados. Upernavik, por exemplo, teve pela primeira vez em 2011 uma entrega de suprimentos em fevereiro, mês mais frio do inverno do hemisfério Norte, quando num ano normal, em tese, seria possível sair de casa na vila e caminhar quinhentos quilômetros sobre o mar congelado até o Canadá.

O responsável pela façanha foi Thorkil Riis, um marinheiro dinamarquês grandalhão que comanda o igualmente portentoso *Irena Arctica*, um dos quebra-gelos da frota da Royal Arctic Line. Todos os anos, nos meses de verão, esses cargueiros levam peixe e camarão da Groenlândia para a Dinamarca e trazem virtualmente tudo para a ilha — de agulhas de costura a material de construção, de roupas a automóveis, geradores a diesel e, claro, mantimentos. As viagens tinham sua frequência reduzida no inverno, quando as cidades ao norte podiam ficar até seis meses sem ver os navios. Isso mudou.

No confortável passadiço acarpetado do *Irena*, que lembra mais a ponte de comando da nave *Enterprise*, de *Jornada nas estrelas*, do que a de um buque de carga, Riis aponta para o mar ainda parcialmente congelado do porto de Ilulissat e conta que, quando começou a navegar para a Groenlândia nos anos 1980, "no tempo em que fazia frio", os cargueiros levavam quatro dias para entrar na baía do Disko, onde fica a cidade. "O gelo neste porto tinha um metro e meio de espessura. Hoje não passa de sessenta ou setenta centímetros",[5] diz. E segue enumerando outras mudanças: os icebergs estão menores e mais numerosos, o que é ruim para a navegação; e as tempestades estão mais frequentes. "Ninguém gosta do verão por aqui", resume Riis. Contudo, como acesso é dinheiro, a Royal Arctic Line decidiu nos últimos anos dar mais trabalho aos marujos e ampliar o número de viagens, em caráter experimental. Os navios têm transitado mais ou menos desimpedidos pelo norte da ilha em janeiro, fevereiro e março — para sorte da população local, que tem seus estoques de papel higiênico garantidos, e dos bibliotecários, que podem emprestar seus livros sem medo.

E as embarcações não apenas vêm cheias, como também voltam cheias para a Europa: outro efeito do sumiço do gelo foi aumentar o período de captura do principal produto da Groenlândia, o camarão do norte (*Pandalus borealis*), que, sozinho, responde por mais de metade das exportações do país. No começo da década de 2000, a atividade era suspensa no inverno, de dezembro a abril. Hoje, em Ilulissat, principal porto de pesca de camarão, as traineiras estão ativas também no inverno. Donos de barcos grandes precisam comprar a cota dos menores, já que frequentemente estouram a própria. As capturas cresceram 50% apenas entre 2000 e 2007.[6]

O mesmo vale para outro produto polar apreciado na Europa e na Ásia, o halibute (*Reinhardtius hippoglossoides*). Esse linguado gigante de água fria tem uma carne alva e saborosa que o torna uma das matérias-primas mais populares para sushi (nos restaurantes japoneses, é conhecido como *hoshigarei*). É também enviado às toneladas para defumadores europeus, que o mandam aos supermercados em fatias finas em bandejas embaladas a vácuo. O bicho tem o hábito de se refugiar em fiordes profundos. Em lugares como Upernavik e Ilulissat, o recuo das geleiras que costumavam ocupar boa parte desses fiordes tem aberto novas zonas de pesca. "Nossa produção anual se expandiu de 3 mil toneladas para 6,8 mil toneladas", conta Flemming Andersen, o rechonchudo gerente da Upernavik Seafood.

De uma sala atulhada de papel num prédio modesto no cais de Upernavik, o dinamarquês de 48 anos, radicado na Groenlândia "desde o século passado", supervisiona o movimento incessante de barquinhos de pesca carregados de halibute numa manhã de segunda-feira de sol e relativo calor. Os pescadores jogam o produto da jornada de trabalho num grande caixote plástico, que depois de cheio é transportado por uma pá carregadeira pelas vielas do porto, tomadas por uma mistura fétida de lama e neve derretendo. As caixas são empilhadas em frente à fábrica, onde o peixe será cortado, congelado e despachado para seus clientes mundo afora.

A processadora de halibute, com faturamento anual equivalente a 42 milhões de reais, é a maior empregadora da região. Tem quatrocentos funcionários e mais quatrocentos fornecedores fixos. Um desses fornecedores é Vitus Nielsen, um esquimó ruivo que eu encontro pronto para partir em busca do peixe de cada dia em sua lancha. Como muitos outros moradores de Upernavik,

Nielsen costumava viver da caça: no inverno, saía pelo mar congelado guiando um trenó puxado por cães, até recentemente o principal meio de transporte dos inuítes, para caçar focas, ursos ou narvais. Como o gelo marinho se forma cada vez mais tarde, rompe-se cada vez mais cedo e também é cada vez menos firme, Nielsen aposentou o trenó e doou os cães — que são caros de manter para serem usados por um período tão curto. Hoje é pescador em tempo integral.

Finn Pedersen, o professor aposentado e caçador amador que faz as vezes de meu intérprete em Upernavik, estima que o número de cachorros na cidade tenha caído pela metade desde que ele se mudou para a região, na década de 1980. Ele mesmo trocou os seus por um quadriciclo motorizado. Viver da caça, diz, está mais

Morador de Upernavik pesca halibute de forma artesanal, fazendo um buraco no gelo marinho. A atividade, assim como a caça, está em declínio, à medida que o gelo perde a firmeza e impede as viagens de trenó.

complicado por causa do gelo mais fino, mas também pelas regulações impostas pelo governo à atividade: há licenças específicas para cada tipo de caçador e cotas de captura rigorosas para baleias e ursos-polares. Uma dose de pragmatismo também está afastando os esquimós de sua prática tradicional de caça com cães. "Para ser um bom caçador você precisa aprender com seu pai, que aprendeu com seu avô, e assim por diante. Para ser um bom pescador você precisa de dez minutos", conta Pedersen. A Upernavik Seafood agradece. "Acho que ninguém precisa mais viver da caça por aqui", pondera Flemming Andersen. "É um hobby, não um emprego."

Ocasionalmente, porém, os nativos são presenteados com uma chance de driblar as regulações. Há alguns anos, Upernavik foi invadida por um bando de baleias-piloto, uma espécie de golfinho avantajado comum em águas subtropicais. Como a espécie nunca tinha aparecido por ali, não havia cotas de caça. "O pessoal matou um monte", diz Pedersen. Segundo ele, nos últimos dez ou quinze anos várias espécies novas de peixe e ave têm aparecido no arquipélago — entre elas salmonetes e salmões, que preferem climas mais quentes. Atrás dos peixes vêm baleias como as jubartes, que hoje são vistas fazendo piruetas em volta da cidade, mas que nos anos 1990 eram raras naquela latitude. O número de bacalhaus tem crescido, segundo Andersen, seguindo uma migração para o norte observada também nos estoques do vizinho Canadá. Sempre que o Atlântico Norte esquenta demais, os bacalhaus que se reproduzem na Islândia buscam refúgio nas águas groenlandesas, e a indústria pesqueira local faz a festa. A última vez que isso aconteceu foi na década de 1930, quando um pico de aquecimento local fez as geleiras da ilha derreterem. Calor demais, por outro lado, tende a ser ruim para os pescadores de camarão, já que a espécie é sensível a águas quentes e ainda por cima é muito apreciada também pelos bacalhaus que começam a recolonizar a região. Andersen acha, porém, que esses imigrantes não são permanentes. "Não temos nenhuma bananeira crescendo por aqui ainda", brinca.

O declínio da caça tradicional como atividade econômica é certamente uma consequência negativa do aquecimento global para algumas populações do Ártico. Outro problema, em certas regiões, é que o fim do gelo marinho está deixando o litoral mais vulnerável a tempestades e à erosão marinha — ficou famoso o caso da vila de Shishmaref, no Alasca, que precisou ser removida porque estava sendo engolida pelo oceano, já que o mar congelado que a protegia das ondas no inverno desapareceu. Os estoques de pescado e as rotas migratórias de aves e outros animais selvagens, como renas e bois-almiscarados, também tendem a mudar, e regulamentações ainda mais estritas podem ser baixadas pelo governo no futuro para garantir a continuidade das populações.

No entanto, andando pela Groenlândia, não consegui encontrar nenhuma ansiedade muito grande nas pessoas em relação ao clima. Sim, os cachorros diminuíram de quantidade e os trenós de madeira tradicionais apodrecem na frente das casas — mas e daí? Quem não pode mais ter cão, caça com motos de neve, um meio de transporte cada vez mais comum na ilha. A transferência dos trabalhadores em Upernavik da caça para a pesca é um sinal de que a população está se adaptando aos novos tempos.

"A vida mudou muito nos últimos cinquenta anos, não só por causa do clima, mas por causa do estilo de vida", conta o capitão Thorkil Riis. "Hoje todo mundo tem carro e TV. Antigamente você conseguia manter uma família num assentamento com dois peixes por dia e talvez um urso-polar uma vez por ano no inverno. Hoje não dá mais para fazer isso, as pessoas têm contas a pagar todos os dias."

Os esquimós deixaram de ser os nômades de desenho animado que andam de caiaque e moram em iglus: eles vivem em casas confortáveis com aquecimento central, usam celulares, acessam a internet (por dez euros a hora, é bem verdade) e pilotam barcos a motor. E se alguém ainda precisa de mais uma prova de modernidade, basta olhar para a política: em 2013, os groenlandeses elegeram pela primeira vez uma mulher como primeira-ministra. Aleqa Hammond, de 48 anos, assumiu em abril daquele ano prometendo conduzir o país à independência em relação à Dinamarca. E a maneira como ela pretende fazer isso é pelas mãos do capitalismo: abrindo seu país à exploração mineral e intensificando a polêmica busca por petróleo no mar da Groenlândia.

"Muita coisa aconteceu no tempo de vida da minha geração. A sociedade está querendo mais para si", conta num inglês perfeito a premiê, educada no Canadá. Em seguida, ela dá uma aula sobre a história de seu país e sobre as mudanças recentes na paisagem política, econômica e física da ilha.

Em 1979, quando Hammond era adolescente, a então colônia dinamarquesa aprovou a administração própria (*home rule*), uma forma de autonomia que permitiu à Groenlândia eleger um Parlamento e ter jurisdição sobre seus recursos vivos — pesca, caça e criação de gado. Rebatizou-se a capital Godthåb, fundada pelos nórdicos, com o nome inuíte Nuuk. Criou-se ali uma universidade. Porém a Dinamarca ainda controlava a política externa groenlandesa, assim como o subsolo, os recursos energéticos e a defesa. Acrescentando uma camada de complexidade a esta última, a Groenlândia abriga duas instalações militares americanas: a Base Aérea de Thule, em Qannaq, a uma hora de voo a norte de Upernavik, e a Base Aérea de Kangerlussuaq, ambas resquícios da Segunda Guerra Mundial e da Guerra Fria. Em troca da relativa soberania sobre aquele deserto gelado — difícil não lembrar o dr. Pangloss reclamando com Cândido da loucura dos ingleses e franceses, "que estão em guerra por alguns hectares de neve no Canadá" —,[7] os daneses pagam até hoje ao governo groenlandês um subsídio anual de 600 milhões de dólares.

Em 2009, os groenlandeses votaram em massa para estender a autonomia em relação à Dinamarca. Tão "em massa" quanto possível, claro: nas últimas eleições, 30 mil pessoas compareceram para votar, um sufrágio que mal elegeria um deputado federal em vários estados do Brasil. Um referendo aprovou o autogoverno, última etapa rumo à independência total, e deu aos inuítes controle também sobre seu subsolo. "Isso expandiu drasticamente as possibilidades", diz Hammond.

Um mapa geológico da ilha, impresso num encarte pago pela Associação dos Empregadores da Groenlândia (uma espécie de Fiesp local) e distribuído aos passageiros nos voos da Air Greenland na esperança de chamar a atenção dos investidores, dá uma pista do tamanho dessas possibilidades. Os 20% do território que não estão cobertos de gelo são quase sempre rocha nua, um convite à mineração. Há jazidas mapeadas de ferro e ouro perto de Nuuk; ouro, grafite e urânio no extremo sul; níquel, cobre e prata no sudeste; ouro perto de Ilulissat; uma mina de grafite operando no arquipélago de Upernavik; e ferro, ouro e cobre para quem se aventurar no gélido extremo norte. Até 2013, 140 autorizações de lavra haviam sido concedidas, contra dezessete em 2002.[8] O interesse tem sido tão grande que a Air Greenland criou um voo direto de Ottawa, no Canadá, para facilitar o transporte de executivos e operários do setor mineral, e o governo abriu em 2014 uma representação diplomática em Washington — a primeira fora da Europa.

A Groenlândia contém, ainda, uma das principais reservas estimadas do mundo de terras raras — um conjunto de dezessete elementos de nome exótico, como disprósio, lantânio, térbio, cério e neodímio, fundamentais para a indústria eletroeletrônica por entrarem na composição das baterias recarregáveis, dos ímãs e das telas de iPads, iPods, laptops e outras traquitanas. A demanda global por esses elementos explodiu na era digital e não há previsão de que ela vá arrefecer. Hoje, mais de 90% do suprimento mundial desses elementos vem da China, com o restante dividido entre Rússia, Índia, Malásia, Brasil e Estados Unidos. Uma mineradora australiana obteve uma licença de prospecção para uma mina em Kvanefjeld, na ponta sul da Groenlândia, que tem potencial para ser a mais produtiva fora da China, segundo o Serviço Geológico dos Estados Unidos —[9] e que já despertou nos chineses o medo da concorrência. Para iniciar a exploração comercial, porém, o governo groenlandês precisou derrubar no Parlamento uma lei da década de 1970 que determinava "tolerância zero" à mineração de qualquer elemento radioativo na ilha. As terras raras, apesar do nome, são elementos comuns na crosta terrestre, só que ocorrem em concentrações mineráveis em poucos lugares — e com frequência associadas a minérios radioativos, o que é o caso na Groenlândia. A flexibilização da regra foi uma das bandeiras de campanha de Hammond, que se diz mais vocalmente favorável à independência do que seu antecessor e adversário político, Kuupik Kleist. Ambos, porém, têm o mesmo discurso em relação à mineração: "É muito frágil depender apenas de um recurso, a pesca, que pode ser afetado pelo clima, pela migração de estoques e por mudanças na demanda dos mercados mundiais", dizia o antigo premiê. "É importante diversificar a economia. Não podemos depender apenas da pesca", afirma a atual. Os dois também têm o claro objetivo de usar os royalties da mineração para literalmente comprar a emancipação plena de seu país. Esta tem preço: 600 milhões de dólares por ano, valor do subsídio pago pela rainha Margarida II aos seus súditos de olhos puxados.

As mudanças no clima têm vindo ao socorro dos groenlandeses também nesse caso. "O potencial para recursos não vivos cresceu", diz a premiê. "As montanhas e os fiordes onde estão as jazidas ficam mais acessíveis e o custo logístico das empresas diminui." Em pelo menos um caso, o da mina de zinco, chumbo e prata de Maarmorilik, no noroeste, o derretimento de um pedaço do manto de gelo fez os mineradores descobrirem que a jazida era muito maior do que eles imaginavam. A Associação dos Empregadores também está animada: os novos investimentos em minerais, possibilitados pela ampliação da autonomia política e ajudados pelo novo clima, têm levantado as sobrancelhas das empresas de transporte aéreo, construção civil, navegação e de uma especialidade que tende a dar muito dinheiro no Ártico nos próximos anos: busca e salvamento de pessoas e equipamentos em ambientes hostis.

"É errado afirmar que a mudança climática só resultou em coisas ruins", pondera a primeira-ministra. "Eu devo dizer que o novo clima pode ser benéfico para os groenlandeses."

Apesar da perspectiva financeira favorável, a abertura à mineração deixa povo e governo da Groenlândia num dilema: é impossível explorar os recursos na escala pretendida sem importar maciçamente mão de obra estrangeira. Num país tão pouco povoado e com nível educacional baixo para padrões europeus, o impacto de até mesmo poucos milhares de imigrantes pode causar tensões sociais e estresses aos serviços públicos. Uma lei aprovada em 2013, nos primeiros meses de governo Hammond, permite pela primeira vez a importação de mão de obra para grandes empreendimentos. O caminho jurídico e político está pavimentado para uma nova corrida do ouro no extremo norte do planeta.

O impacto ambiental dessa corrida tampouco pode ser desprezado: para extrair ouro e terras raras do subsolo é preciso recorrer a lavagens com ácido e outros químicos tóxicos — é por isso que os Estados Unidos fecharam algumas de suas minas de terras raras e a China, historicamente menos preocupada com questões ambientais, tornou-se o maior produtor mundial desses elementos.[10] Um vazamento de uma piscina de contenção de rejeitos, por exemplo, poderia causar problemas sérios ao ecossistema costeiro e às pessoas que vivem dele.

Mas é longe da costa, no mar aberto, que reside a maior encruzilhada da Groenlândia: a exploração de petróleo e gás natural no mar que, até pouco tempo atrás, era coberto por gelo a maior parte do ano.

Em 2008, um relatório do USGS (Serviço Geológico dos Estados Unidos, na sigla em inglês) botou a ilha no mapa mundial dos hidrocarbonetos ao declarar, com base em análises do tipo de rocha, que poderia haver o equivalente a 17,1 bilhões de barris em óleo, gás e líquidos de gás natural no fundo do mar na baía de Baffin, no oeste, e 31,4 bilhões de barris no leste.[11] Para dar uma ideia do que isso significa, o campo de Libra, o maior do pré-sal brasileiro, tem 8 bilhões de barris estimados. Com a produção de óleo atingindo o pico em vários campos tradicionais do Oriente Médio, da Rússia, do mar do Norte e dos Estados Unidos e com grandes empresas como a Shell e a BP tendo cada vez mais dificuldade em acrescentar grandes reservas novas aos seus portfólios, a notícia encheu os olhos das petroleiras e também do governo groenlandês. Como me contou o então diretor de Geologia do Birô de Minas e Petróleo da Groenlândia, Henrik Stendal, a inspiração para abrir o litoral da ilha à busca de hidrocarbonetos veio de outro país que acabara de descobrir uma potencial riqueza inesperada em petróleo offshore: o Brasil. O discurso colou com a sociedade, que passou a apostar nos empregos, na geração de renda e nas oportunidades que o petróleo traria para um povo que até então ganhava a vida entre as redes de pesca e a "bolsa-colônia" dinamarquesa.

Em 2010, foram licitados os primeiros blocos para prospecção, na baía de Baffin, onde a redução do período de mar congelado ampliara em dois meses a janela de exploração em comparação com o início da década. Em julho daquele ano, a Cairn Energy, uma pequena empresa escocesa especializada em fazer apostas arriscadas de prospecção em locais fora do radar das grandes companhias — que poderiam render tanto lucros fabulosos quanto fiascos retumbantes —, levou duas plataformas, a Stena Forth e a Stena Don, às águas da ilha de Disko, a 150 quilômetros da costa, e furou quatro poços de teste. Achou evidências de gás natural em um deles.

A primeira temporada de exploração da Cairn na Groenlândia não ocorreu sem percalços: a empresa teve de desenvolver uma tecnologia especial para afastar os icebergs da vizinhança das plataformas, que incluía navios extras para rebocá-los e canhões d'água para tirá-los do caminho. Aquela região da baía é conhecida pelo apelido agourento de "avenida dos icebergs" e está diretamente na área de influência dos glaciares Petermann — que em 2011 produziu uma ilha de gelo quatro vezes maior do que Manhattan —, de Upernavik e Jakobshavn — que, como você já viu, é o principal suspeito pelo afundamento do *Titanic*.

A plataforma Stena Don, da Cairn Energy, pioneira em prospecção de hidrocarbonetos na Groenlândia e também a primeira a enfrentar protestos do Greenpeace na região.

* * *

E isso foi só o começo dos problemas: a Stena Don foi abordada por ativistas do Greenpeace, que enfrentaram as águas geladas num bote inflável e escalaram a plataforma, interrompendo o trabalho de perfuração por dois dias. O protesto iniciou uma campanha sistemática da ONG contra plataformas de petróleo no Ártico, que se voltaria contra a companhia anglo-holandesa Shell no Alasca e contra a russa Gazprom no mar de Pechora, na Sibéria, e chegaria ao ápice de forma dramática no verão de 2013.

As objeções do Greenpeace e de outras organizações ambientalistas são duas, uma de fundo e outra imediata. A primeira é que a exploração de combustíveis fósseis no Ártico está sendo facilitada justamente pelo aquecimento global causado pela queima desses mesmos combustíveis fósseis — e ela, por sua vez, aumentará a disponibilidade de combustíveis fósseis para queimar e causar ainda mais aquecimento global.

"As mesmas pessoas que criaram o problema, em vez de ver isso como um alerta de que nós devemos cortar nossa dependência de combustíveis fósseis, estão anunciando: 'Vamos esfregar as mãos e começar a pensar em dólares, porque podemos transformar essa tragédia do Ártico numa oportunidade'. Isso soa bem perverso", resume o diretor executivo do Greenpeace, o sul-africano Kumi Naidoo.

A segunda objeção é de ordem prática: nenhuma empresa de petróleo do mundo tinha na época ou tem hoje um plano de contingência capaz de responder adequadamente a um vazamento de petróleo em pleno oceano Ártico. Em 2010, quando a Cairn chegou à Groenlândia, o mundo ainda assistia aos desdobramentos da explosão da plataforma Deepwater Horizon, da BP, no golfo do México, o pior acidente do tipo na história dos Estados Unidos.

Segundo o Greenpeace, a contenção e limpeza do acidente no campo de Macondo, onde a BP operava, envolveu 3 mil navios. A Cairn tinha à sua disposição para uma contingência na baía de Baffin menos de duas dezenas.[12] A ONG acusou a Cairn de não tornar público seu plano de resposta a um eventual derramamento, que poderia pôr em risco espécies como focas, narvais e ursos-polares, além dos estoques pesqueiros de que vive boa parte da população groenlandesa — e dos quais, em última análise, ainda depende a economia da ilha.

Apesar de apoiarem maciçamente a exploração e de não morrerem de amores pelos ambientalistas, os groenlandeses também ficaram com uma pulga atrás da orelha.

"Quando a Cairn veio aqui, a explicação que eles deram foi tão técnica que não entendemos bem quais seriam as consequências", disse o vice-prefeito de Ilulissat, Bendt Christianssen. "Nós precisamos de proteínas que vêm do mar: peixe, aves e baleias. Se um acidente acontecer, é algo que nos preocupa." Christianssen também manifestou ceticismo sobre o número total de empregos que de fato ficariam com os groenlandeses num primeiro momento da instalação da nova indústria: como a qualificação era baixa, os melhores salários ficariam todos com os estrangeiros. O fato de ele ser a única autoridade municipal mais ou menos fluente em inglês quando o encontrei, em 2011, era sintomático dessa realidade. Desde então, o governo passou a bancar cursos de especialização em petróleo para os futuros trabalhadores.

Em 2011, animada com os indícios da temporada anterior, a Cairn voltou à baía de Baffin para mais prospecções — e para mais um enfrentamento com os ambientalistas, que começou com a ocupação da plataforma que eles levariam ao Ártico antes mesmo que ela saísse do porto, na Turquia. A companhia já estava preparada: conseguiu uma liminar num tribunal holandês que multava o Greenpeace em 2 milhões de euros (depois suavizados para 50 mil euros) por dia de ocupação que parasse o trabalho da plataforma em águas groenlandesas.

Àquela altura, porém, o Greenpeace já havia eleito a guerra à indústria do petróleo no Ártico uma de suas prioridades, e resolveu fazer barulho de verdade na imprensa. Para isso, levou à Groenlândia o mais barulhento de seus ativistas: seu então diretor executivo, Kumi Naidoo, um encrenqueiro profissional barbudo e de quase dois metros de altura.

Nascido em Durban de família indiana, Kumi passou parte da juventude na clandestinidade, militando no Congresso Nacional Africano, partido criado por Nelson Mandela para lutar contra o regime do apartheid. A cancha do ativismo pelos direitos civis, levada ao front ambiental, faz dele um orador cativante. Durante seu mandato, entre 2009 e 2015, o Greenpeace saiu do casulo ecologista eurocêntrico no qual se achava empacado e começou a olhar para questões caras ao Terceiro Mundo, como a pobreza e o direito ao desenvolvimento — que frequentemente trombam com questões ambientais.

Essas habilidades políticas, porém, não serviam de nada numa ação num ambiente hostil, numa latitude na qual o nativo das praias quentes do oceano Índico nunca estivera e para a qual toda a sua preparação se resumira a uma instrução rápida na véspera de subir na plataforma. Kumi relembra a ocasião da abordagem: "Eu estava num bote inflável com um colega norueguês. O mar estava muito agitado, éramos jogados para todos os lados e alguém me disse para não me preocupar se caísse na água: 'Sem roupas especiais você morreria em dois minutos, mas com essas roupas você dura umas duas horas'. Olhei para o tamanho das ondas e pensei: 'Se eu cair nessa água, vão levar pelo menos duas horas para me encontrar!'".

Kumi já havia sido detido pela polícia groenlandesa naquela semana antes de embarcar rumo ao navio da ONG, o *Esperanza*, que já estava na baía de Baffin monitorando a plataforma. "Perguntaram o que eu ia fazer. Disse que iria dar entrevistas contando como aquela área era frágil, prístina e tinha de ser protegida", contou. "Mas você não é obrigado a fazer tudo o que diz que vai fazer." Kumi de fato deu entrevistas, mas a bordo da plataforma da Cairn, que ele invadiu juntamente com outros ativistas depois do passeio de bote nas águas agitadas. "Violamos a liminar de propósito, para dizer às indústrias fósseis que elas não nos calariam com liminares. Elas teriam de dialogar." As forças de segurança dinamarquesas aparentemente não entenderam essa história de diálogo: Kumi e seus companheiros foram presos em 17 de junho e passaram uma semana na cadeia, entre Nuuk e Copenhague.

A Cairn realizou suas perfurações naquele ano, mas não encontrou petróleo. Em 2012, perfurou mais um poço, para de novo não achar nada. Em 2013, suspendeu suas atividades no bloco arrematado. Outras empresas, porém, estão chegando à região: em 2013, a Shell iniciou trabalhos de pesquisa sísmica — com navios que mandam ondas de choque para o leito marinho para investigar a ocorrência de petróleo — mais ao norte. Os moradores de Upernavik puderam ouvir o barulho.

Hoje há quase trinta licenças de prospecção e vinte de exploração de óleo e gás ativas na ilha, e o governo se prepara para licitar também a costa nordeste. Os investimentos em exploração cresceram sete vezes entre 2008 e 2013.[13] Até o momento em que escrevo, nenhum campo comercialmente viável foi descoberto. "Eu não teria grandes esperanças na Groenlândia, a menos, claro, que eles descubram um grande campo", disse Dag Harald Claes, professor da Universidade de Oslo especializado em óleo e gás no Ártico. "Essa é a beleza das atividades de óleo e gás: se você acha um grande campo, tudo muda de figura. E esse pode ser o caso na Groenlândia." Por enquanto, pelo menos, tudo o que os narvais precisam temer é virar *mattak* na mão dos caçadores inuítes.

O governo Hammond tem plena consciência de que caminha

sobre uma navalha entre a manutenção do estilo de vida tradicional e a abertura ao capital estrangeiro, e de que nos próximos anos essas duas realidades fatalmente entrarão em choque. Num de seus primeiros discursos no exterior, feito numa conferência na Noruega em 2014, a premiê tomou o cuidado de afirmar que a saúde, o bem-estar social e a preservação da cultura local eram suas preocupações prioritárias e se recusou a entrar na numerália sobre as perspectivas do setor extrativista em seu país. Reconheceu que as medidas atualmente na mesa para prevenção e contenção de vazamentos são "inadequadas"; estreando a retórica de estadista de país em desenvolvimento, pediu mais dinheiro de cooperação internacional para reforçá-las. E mandou um recado aos ambientalistas:

> Nossas novas atividades de mineração e petróleo estão acontecendo num dos ambientes mais vastos e mais prístinos do mundo. Não precisamos que ninguém nos lembre da preciosidade [da] riqueza na natureza, porque ela continua a nos alimentar, vestir e sustentar todos os dias.[14]

Segundo Hammond, é preciso "desmistificar" o Ártico, desfazendo a imagem de fronteira intocada. Mesmo que a industrialização não tenha chegado até lá ainda, seus subprodutos chegaram — como a contaminação industrial, os poluentes orgânicos persistentes e os metais pesados que migram pelo oceano e pelo ar e se acumulam na cadeia alimentar na região polar, tornando alguns animais inadequados para o consumo, além do próprio aquecimento global. Sobre o futuro, o discurso da primeira-ministra é semelhante ao do capitão Riis:

> Precisamos aceitar o fato de que nossa sociedade mudará no futuro, e de que ela nunca foi uma sociedade estática. Num passado não

muito distante, nós enfrentamos a colonização, epidemias devastadoras, grandes mudanças climáticas, mudanças na ocorrência de recursos minerais e, mais recentemente, uma modernização forçada, e vencemos todos esses desafios. [...] Nossa pequena sociedade é vulnerável, mas sabemos como nos adaptar.

Os esquimós provavelmente ficarão bem. O mesmo talvez não possa ser dito de outras espécies que dividem o Ártico com eles.

5. Os homens que encaravam ursos-polares

Viajar pelo Ártico num navio do Greenpeace é mais ou menos como estar num Woodstock flutuante: no porão e nas cabines ouve-se rock 'n' roll nas alturas o dia todo; jovens cabeludos desfilam com bandanas e toucas rastafári na cabeça, as meninas com saias de batik e sandálias de couro; bebidas alcoólicas são liberadas, e a maconha também — afinal, o *Arctic Sunrise* tem bandeira holandesa. E o sexo é livre, com belas europeias de olhos claros e piercing no nariz sempre dispostas a aliviar a solidão dos navegantes polares.

Só que não.

Embora preserve alguma aura hippie, a rotina no *Arctic*, na verdade, está mais para quartel. O cotidiano é regido por uma disciplina estrita, que inclui acordar às sete da manhã — o que quer que "manhã" signifique num lugar onde o sol não se põe nunca no verão —, tomar café em meia hora, lavar a louça, os banheiros e a cozinha, trabalhar, almoçar pontualmente ao meio-dia, trabalhar, jantar em meia hora e dormir cedo. Música só eventualmente, quando muita gente está trabalhando junta no deque coberto e você descobre que o A-Ha também já foi pop na Noruega um dia. Álcool nunca antes das cinco da tarde, mas é preciso alguma boa vontade para chamar de bebida alcoólica a aguada cerveja holandesa vendida por centavos de euro a bordo. A política oficial para drogas ilícitas é tolerância zero. Em nove dias embarcado não vi ninguém fumando nada exótico, embora desconfie que a política de alguns capitães, dependendo do roteiro, seja "*don't ask, don't tell*" em vez de "eu prendo e arrebento". E o contato humano regular mais próximo na embarcação ocorre depois do jantar, quando a tripulação se reúne na confortável sala de vivência para assistir a todas as temporadas de South Park e do seriado dinamarquês The Killing. O único pecado que eu cometi a bordo foi o da gula: depois do jantar, o refeitório, ou *mess room*, fica aberto, e a despensa, cheia de pães, queijos e embutidos, liberada para os notívagos. Em resumo, nada de diferente da vida em qualquer outro navio, em qualquer outro lugar do mundo. Ou quase nada.

Uma das peculiaridades de bordo, e único lembrete permanente de que estávamos num barco de uma organização ambientalista, era a paranoia com reciclagem. Tudo, absolutamente tudo, tem um contêiner de lixo adequado. E se você tem alguma dúvida, dizem os cartazes na parede: "Pergunte ao lixólogo!". Esse profissional é Alexandre Paul, conhecido como Po-Paul, um canadense de porte ursino encarregado de dar um fim adequado a cada grama de lixo e outros dejetos produzidos no navio. Po-Paul seria um dos trinta tripulantes presos pelo governo de Vladmir Putin na invasão e sequestro do *Arctic Sunrise* em setembro de 2013. Acusação: pirataria. Fico pensando que tipo de crime internacional seria capaz de cometer uma pessoa que dedica meses de trabalho a garantir que nenhum pedacinho de plástico seja misturado ao lixo orgânico.

A outra peculiaridade das viagens do *Arctic Sunrise* ao mar congelado do polo Norte é um paradoxo. A Paz Verde contrata para essas expedições um segurança armado, que fica horas por dia empunhando um fuzil no convés. Essa é provavelmente a única ocasião em que armas de fogo são admitidas em navios do Greenpeace. O motivo é proteger tripulantes, jornalistas e cientistas do símbolo de tudo aquilo que a organização tenta defender no Ártico — o urso-polar.

Nosso "cara do urso" é David Klemmensen, 34, um militar dinamarquês da reserva que serviu num destacamento especial que o Exército de seu país mantém na Groenlândia. "Éramos doze homens no gelo por mais de seis meses, com bebida, mas sem mulher", lembra, emendando uma risada que ele soltava o tempo todo, independentemente da graça da piada, e que lhe valeu no navio o apelido de Mr. Happy.

Desde que deu baixa, Mr. Happy tem trabalhado como consultor de segurança em expedições científicas e de turismo em Svalbard e outros locais. Depois que o *Arctic* atingiu o gelo marinho, todas as vinte pessoas a bordo que trabalhariam do lado de fora, eu inclusive, tiveram uma preleção com ele sobre o que fazer na hipótese desagradável, mas nada remota, de sermos atacados pelo maior predador terrestre.

As regras eram simples: ninguém sairia do navio sem estar acompanhado ou ser observado do convés por Klemmensen. O trabalho no gelo seria interrompido caso a visibilidade baixasse por conta de neblina, o que aconteceu diversas vezes: com um animal capaz de alcançar trinta quilômetros por hora num sprint, correr só adianta se você avistá-lo antes de ele o avistar. Equipamentos médicos estariam sempre à mão para atender feridos no gelo, se fosse necessário. Alguns de nós seriam munidos de rádios e de pistolas sinalizadoras, cujo barulho, esperava-se, deveria assustar os animais e permitir a fuga. Todos que desembarcassem no gelo levariam apitos, para alertar os demais em caso de emergência, e bússolas. Bússolas? "Se você vir um urso a oeste, não corra para o oeste", explicava Mr. Happy, com mais uma risada.

Outras recomendações: "Fiquem calmos e não corram. Ursos-polares geralmente não veem humanos como presas, mas, se vocês correrem, eles podem pensar: 'Hmm, essa carne é boa!'. Fiquem juntos: o urso vai pensar que vocês são uma presa grande demais para ele. E o último a entrar no navio feche a porta".

O zelo me pareceu excessivo, e várias vezes, durante os dias no gelo, cheguei a maldizer a paranoia dos ambientalistas com segurança. Acontece que encontros de expedições com ursos no litoral do Ártico e no oceano polar congelado estão longe de ser meras possibilidades teóricas. O próprio nome científico da fera, *Ursus maritimus*, denota o estilo de vida desse predador, um colosso de até seiscentos quilos de músculo, dentes e garras que passa o ano perambulando pelo gelo marinho atrás de focas. Esse estilo de vida está se revelando difícil de manter em tempos de aquecimento global.

O ambiente hostil e a raridade de presas fizeram os ursos-polares desenvolver adaptações importantes nos 4 milhões a 6 milhões de anos de evolução desde que divergiram da linhagem dos ursos-pardos. Uma delas é a camada de gordura que permite a eles não apenas resistir ao frio, mas também passar meses em jejum. A outra é quase um superpoder: localizar a exata direção de um cheiro mesmo à distância, o que lhes permite encontrar focas até debaixo do gelo. É isso que torna navios de pesquisa, que exalam odores diversos pelos exaustores da cozinha e dos banheiros, irresistíveis aos animais (o *Arctic* foi visitado por dois na semana seguinte ao meu desembarque). Por fim, eles são capazes de se manter invisíveis às presas até o instante do ataque, escondidos entre pilhas de gelo. Mr. Happy, porém, jamais precisou usar o fuzil.

"O urso-polar é a Bela e a Fera original, só que ele encarna as duas coisas de uma só vez", diz o biólogo canadense Andy Derocher, da Universidade de Alberta, que estuda ursos-polares em seu habitat há trinta anos e se diz até hoje encantado "pela força, pela elegância e pela majestade" desses animais. "Não falta adrenalina quando você tem um macho adulto empoleirado numa crista de gelo a dois segundos de você, se ele resolver atacar", conta. "Nós sempre andamos armados quando estamos fazendo pesquisa de campo, mas, quando um urso grande está parado decidindo qual será seu próximo movimento, as armas parecem encolher. Eu gasto muito tempo me certificando de que os ursos não estão à nossa espreita. Eles têm pelo menos 4 milhões de anos de prática nisso."

O navegador e diplomata norueguês Fridtjof Nansen experimentou de perto os superpoderes dos ursos. Ele relata no diário da expedição diversos ataques a seus homens e cães durante a deriva do *Fram* no gelo dos mares da Sibéria. A tranquilidade com que Nansen e seus homens saíam desarmados para caminhar no gelo em plena escuridão do inverno ártico faria meus amigos do Greenpeace tremerem.

Um dos companheiros de Nansen chegou a ser mordido por um urso que invadira o navio para se alimentar dos cachorros acorrentados no gelo ao lado, presas fáceis. Apesar da seriedade do episódio, a narrativa do norueguês tem tons de pastelão: enquanto o urso devorava os cães, os homens lutavam em vão contra espingardas travadas pela vaselina usada como lubrificante do mecanismo de disparo, que congelava e impedia o funcionamento do tambor. "Quatro homens, e nenhum capaz de atirar", censura Nansen. E prossegue:

> Devo dizer que eu tinha certeza de que não encontraríamos ursos tão ao norte e no meio do inverno; e nunca me ocorreu, ao fazer longas excursões pelo gelo sem nem ao menos um canivete no bol-

so, que eu estava sujeito a encontrá-los. Mas, depois da experiência de Peter, parecia recomendável ter ao menos uma lamparina para bater neles.[1]

Quem sempre levava a pior nesses encontros, claro, eram os ursos, já que nem passava pela cabeça dos exploradores deixá-los em paz. Urso avistado era urso abatido. Somente em raras ocasiões é que Nansen, um dos maiores humanistas do século XIX, expressa algum ressentimento sobre a carnificina promovida por ele e sua tripulação. Uma delas é a descrição da perseguição a uma mãe e dois filhotes, todos mortos pelos exploradores, que ajuda a desfazer o mito do urso-polar como animal essencialmente agressivo:

> Pobre criatura, que noite macabra! Ali eu também vi os rastros da mãe. Dá calafrios pensar nela olhando para seu filhote, que deve ter levado um tiro nas costas. Logo alcançamos o aleijado, que fugia de nós se arrastando o quanto podia sobre o gelo. Sem ver outra forma de escapar, ele se jogou numa pequena abertura de água e mergulhou várias vezes [...]. Finalmente estávamos prontos e, na vez seguinte que ele emergiu, levou um laço na pata e uma bala na cabeça.

Nenhum ataque mais sério de urso aconteceu à tripulação do *Fram*. Ironicamente, depois que deixou o navio para empreender sua célebre travessia de trenó e caiaque quase até o polo Norte, com Hjalmar Johansen (que, anos depois, chegaria ao polo Sul com Roald Amundsen viajando no mesmo *Fram*), Nansen quase foi morto... por uma morsa.

Em Svalbard, de onde o *Arctic Sunrise* costuma partir nas expedições polares do Greenpeace, os seres humanos são meros intrusos nos domínios do urso. O arquipélago norueguês tem cerca de 3 mil animais para menos de 2 mil pessoas e está no coração do território de uma das dezenove populações do maior carnívoro terrestre, a do mar de Barents. Ali vive mais de um décimo dos 25 mil ursos-polares que se imagina existirem no mundo. É difícil achar um morador de Longyearbyen, maior cidade de Svalbard, que não tenha uma história para contar de encontro com um *isbjorn*, como o bichão é chamado em escandinavo (literalmente, "urso do gelo"). Não há um prédio público que não tenha seu exemplar de urso empalhado — a começar pelo aeroporto, onde um espécime avantajado recebe os visitantes logo na esteira de bagagem.

Basta sair do centro da cidade para encontrar na beira de qualquer estrada placas triangulares vermelhas e brancas alertando para a presença potencial do predador. Os sinais trazem uma silhueta de urso com os dizeres *Gjelder hele Svalbard*, ou "válido em toda Svalbard". É sempre inquietante andar sozinho nos arredores de Longyearbyen e deparar com uma dessas placas: o instinto é olhar ao redor e apertar o passo. No inverno, quando o mar congela em volta da cidade, visitas de ursos eventualmente acontecem. Os moradores nunca trancam portas de casas nem de carros e não é incomum encontrar gente armada com espingardas de grosso calibre andando pelas estradas. Mesmo dentro da cidade todos carregam pistolas sinalizadoras ou canetas explosivas espanta-urso, um artefato curioso projetado para fazer muito barulho quando acionado. Uma cartilha distribuída pelo governo norueguês para visitantes do arquipélago contém instruções sobre como evitar encontros fatais com o *isbjorn*. Uma delas: "Sempre tenha uma arma suficientemente potente à mão [...] e certifique-se de ser capaz de usá-la sob estresse". Ursos-polares feridos, alerta o texto, são o pior cenário possível, e mortes de humanos ocorreram em Svalbard quando as vítimas tentaram se defender com armamentos inadequados.

No dia 5 de agosto de 2011, menos de três semanas antes de minha chegada a Longyearbyen, um desses encontros fatais aconteceu. Um grupo de estudantes britânicos acampava a quarenta quilômetros da cidade quando um urso macho de 250 quilos invadiu o acampamento, meteu-se numa das barracas e nela trucidou Horatio Chapple, um rapaz de apenas dezessete anos. Outras quatro pessoas foram gravemente feridas antes que um dos monitores do acampamento conseguisse atirar e matar o bicho.

O caso ganhou repercussão no mundo inteiro, por vários motivos. Primeiro, por ter sido o primeiro ataque fatal a um humano em Svalbard desde 1995. Segundo, pela idade e nacionalidade da vítima — um aluno de Eton, uma escola de elite britânica onde estudaram ilustres como Aldous Huxley, Richard Dawkins, os príncipes William e Harry e metade dos premiês do Reino Unido. Terceiro, pelas circunstâncias: o acampamento fora montado longe da costa, e ursos-polares dificilmente perambulam pelo interior da ilha; o grupo não montou guarda à noite, possivelmente por ter se fiado na informação de que ursos não andam por aquelas bandas; a armadilha antiurso posta em volta do acampamento, que consiste num fio de aço ligado a uma bomba de efeito moral, não funcionou; e a arma do monitor Michael Reid falhou cinco vezes antes do disparo fatal ("certifique-se de ser capaz de usá-la sob estresse"), o que deu ao animal tempo de quebrar a mandíbula e dilacerar parcialmente o pescoço de Reid. Quase três semanas depois, o ataque ainda era o principal tema das rodas de conversa da cidade. Claro, não que houvesse muita concorrência de assuntos num lugar de 1500 habitantes e a mil quilômetros do polo Norte.

"Nunca tivemos antes um registro de ataque com tanta gente envolvida", contou-me o vice-governador de Svalbard, Lars Erik Alfheim, que chefiou a investigação do incidente, em sua sala com vista para o fiorde no prédio da Sysselmannen, a governadoria das ilhas.

O vice-governador é o "cara do urso" do arquipélago. Qualquer contato entre *Homo sapiens* e *Ursus maritimus* que resulte em morte de um ou de ambos naquelas latitudes é investigado por ele. Protegidos por lei na Noruega desde 1973, ursos-brancos só podem ser abatidos em legítima defesa. Um inquérito é aberto todas as vezes que isso ocorre, e quem matou o bicho precisa provar que era o urso ou ele. Por outro lado, qualquer urso que seja apanhado criando confusão perto da cidade é também um trabalho para o vice-governador, encarregado de despachar um grupo de dedicados servidores públicos para enxotar a fera, ou, na pior das hipóteses, dar-lhe um tiro de tranquilizante e removê-la de helicóptero para bem longe dali. "Neste verão, tivemos um urso bem ali do outro lado do fiorde", diz, apontando para a janela. "Duas semanas depois, apareceu outro, no aeroporto."

Aquela foi a primeira (e até aqui a única) vez que entrevistei um político de meias. Trata-se de uma regra social própria da região: antes de entrar em qualquer prédio público ou casa de família, as pessoas devem tirar os sapatos. Assim, professores universitários, guias de museu, policiais, médicos e os chefes de governo trabalham de meias, e as entradas das repartições ficam permanentemente atulhadas de pares de sapatos no chão e casacos nas paredes. O hábito faz sentido num lugar que é coberto de neve e lama o ano inteiro e que até o fim do século passado vivia da mineração de carvão.

Alfheim estava em seu confortável traje de trabalho na manhã do dia 5 de agosto de 2011, uma sexta-feira, quando a notícia do ataque chegou por rádio. Mandou um helicóptero imediatamente ao local e depois foi ao acampamento. Os feridos foram enviados a Tromso, no norte da Noruega, a duas horas de voo de Longyearbyen. Dois deles, inclusive Michael Reid, com os rostos parcialmente destruídos, ainda não conseguiam depor, vinte dias depois do ataque.

"A autópsia do urso revelou que ele tinha muito pouca gordura e estava de estômago vazio", contou o vice-governador. Provavelmente estava faminto e perambulou até sentir o cheiro do acampamento. O bizarro é que o tenha feito rumo ao interior, e não, como seria de esperar, pelo litoral da ilha.

O episódio reacendeu a polêmica sobre a relação entre ursos-polares, seres humanos e mudança climática: o urso delinquente estava faminto e desesperado porque não havia gelo o bastante no mar para caçar focas? Havia ficado preso naquele ponto da ilha de Spitsbergen no fim do inverno? Os encontros de seres humanos com ursos estão ficando mais comuns? E qual é a razão disso? E, afinal, se eles estão se extinguindo, por que tantos continuam aparecendo por aí?

O *Ursus maritimus* virou uma espécie de mártir da mudança climática a partir dos anos 1990. Naquela década, estudos[2] começaram a mostrar que as fêmeas que vêm parir na porção oeste da baía de Hudson, no Canadá, estavam chegando aos seus ninhos mais cedo e mais desnutridas. O número de filhotes nascidos vivos e o tamanho deles estão diretamente relacionados à massa corporal das mães na época do parto. Mães mais magras dão à luz menos filhotes e filhotes menores, com menos chances de sobreviver. Isso, por sua vez, redunda em declínio da população ao longo do tempo. A redução observada nos nascimentos entre 1981 e 1998 foi de 15%.[3] Os cientistas relacionaram a saúde das ursas à desintegração sazonal do gelo marinho na primavera, que ocorria cada vez mais cedo naquela região. O mar congelado é o habitat de duas espécies de foca que formam a dieta quase exclusiva dos ursos-brancos. "Se o gelo se rompe mais cedo, os ursos têm menos tempo de se alimentar e mais tempo sem comer. Se o gelo se forma mais tarde no outono, o período de jejum é ainda mais longo, porque há uma janela breve de caça assim que o gelo se forma — focas que passaram um tempo sem ver um urso-polar aparentemente relaxam um pouco", conta Andy Derocher.

Além de território de caça, o gelo também serve como boate e motel: é no mar que os ursos buscam parceiros e têm seus encontros românticos. A equação, portanto, parecia simples: menos gelo igual a menos comida, igual a menos possibilidade de acasalamento com machos saudáveis, igual a declínio na taxa de natalidade.

Mesmo os filhotes que sobrevivem não conseguem nadar longas distâncias entre os ninhos e as áreas de alimentação com o recuo da banquisa. Em 2004, a primeira avaliação científica global dos efeitos da mudança climática no Ártico sentenciava: "Os ursos-polares tendem a não sobreviver como espécie se houver uma perda quase completa da cobertura do gelo marinho no verão, o que alguns modelos projetam que possa acontecer antes do fim deste século".[4]

Em 2006, um estudo no periódico científico *Polar Biology* acrescentou tons de drama a essa perspectiva. Nele, dois pesquisadores do Birô de Administração Mineral do governo americano, Charles Monnett e Peter Gleason, relatavam ter visto dez ursos-polares nadando em mar aberto no litoral do Alasca em setembro de 2004 durante voos de rotina para registrar migrações de baleias. Mais quatro carcaças de urso foram avistadas boiando na água, o que levou a dupla a concluir que os animais morreram "possivelmente afogados". Durante todo o período de observações entre 1987 e 2003, apenas doze ursos haviam sido vistos nadando no mar.

Monnett e Gleason relacionaram o aumento do número de ursos na água à redução do mar congelado naquele ano, que forçava os bichos a nadar mais de cem quilômetros em busca de gelo. Os afogamentos foram atribuídos a uma tempestade, também agravada pela falta de gelo, que deixou o mar agitado demais. "Até onde sabemos, estamos relatando aqui as primeiras observações de ursos-polares mortos em alto-mar, supostamente afogados enquanto nadavam longas distâncias", escrevem os cientistas em seu artigo. As mortes, previram, "podem aumentar no futuro se a tendência observada de regressão do gelo marinho e/ou de períodos mais longos de mar aberto continuar".[5]

O estudo teve repercussão instantânea na imprensa e acabou conquistando também seus trinta segundos de fama em Hollywood. Naquele mesmo ano, era lançado nos Estados Unidos o filme *Uma verdade inconveniente*, do diretor Davis Guggenheim, que mostrava os esforços do ex-vice-presidente Al Gore para divulgar os riscos do aquecimento global. O "filme do Al Gore", como ficou conhecido, dedicou meio minuto a uma aflitiva animação sobre o estudo, que mostrava um solitário urso-polar tentando inutilmente subir num pedacinho de gelo no meio do oceano, que partia em dois a cada investida. Com o Oscar dado ao filme no ano seguinte e o prêmio Nobel da paz conferido a Gore, a extinção dos ursos-polares passou de vez para o imaginário popular. E para a frente de batalha política em torno do corte de emissões de gases-estufa.

A reação dos contrários não tardou. Ainda em 2007, o cientista político dinamarquês Bjorn Lomborg, o autoproclamado "ambientalista cético", publicou uma contranarrativa a Al Gore na forma de um livro chamado *Cool It: Muita calma nessa hora!* O primeiro capítulo da obra era dedicado a desmontar a tese de Gore de que os ursos-polares eram um "canário na mina de carvão", expressão anglo-saxã sem sentido em português, mas que pode ser entendida como "sinal de alerta". Primeiramente, Lomborg apontava que a população de ursos-polares no planeta está crescendo e não diminuindo, devido a leis mais rigorosas que controlam a caça. Sobre os ursos da baía de Hudson, o dinamarquês afirma:

> O fato de ela ter diminuído 17% [sic], de 1200 animais em 1987 para menos de 950 em 2004, ganhou destaque na mídia. O que não

mereceu menção, porém, foi que, em 1981, esses ursos eram apenas quinhentos, o que derruba qualquer alegação de declínio. Além disso, em lugar algum da cobertura de imprensa se fala que entre trezentos e quinhentos ursos são abatidos a tiros anualmente, com uma média de 49 na costa oeste da baía de Hudson. Ainda que levemos a história do declínio ao pé da letra, isso significa que perdemos cerca de quinze ursos para o aquecimento global anualmente, enquanto 49, a cada ano, são vítimas de caçadores.

Lomborg prossegue em sua numerorragia característica para argumentar que o pânico com o aquecimento global faz com que nos concentremos "nas soluções erradas": se tentarmos ajudar os ursos cortando os gases-estufa de acordo com o previsto no Protocolo de Kyoto, estima, salvaremos provavelmente 0,06 urso por ano (já que o acordo do clima, segundo Lomborg, "reduziria o aquecimento global em 7%" se plenamente cumprido). "Caso desejemos, de fato, ter uma população estável de ursos-polares, lidar primeiro com os 49 ursos mortos por caçadores seria uma estratégia ao mesmo tempo mais inteligente e mais viável."[6]

O governo dos Estados Unidos aparentemente não prestou muita atenção ao argumento de Lomborg: no ano seguinte à publicação de *Cool It*, a administração do republicano George W. Bush, ele próprio um cético do clima, classificou os ursos-polares como espécie "ameaçada" no país de acordo com a Lei das Espécies Ameaçadas, o que lhe garantia proteção especial. Aquela era a primeira vez que uma espécie entrava na lista com base em modelagens computacionais sobre os efeitos do aquecimento global, que projetavam que até 2050 os ursos estariam eliminados em dois terços de seu habitat atual em todo o Ártico.[7] O estudo sobre os ursos afogados foi uma peça decisiva para a classificação, feita pelo Departamento do Interior e anunciada em maio pelo secretário Dirk Kempthorne, para fúria dos negacionistas do clima.[8] A decisão foi comemorada por ambientalistas, que viram no movimento da Casa Branca uma admissão tácita de que o aquecimento global era real e estava, sim, afetando os Estados Unidos.[9]

Quem é apresentado ao pescador groenlandês Niels Lundstron, 55, pode até achar que Lomborg tem razão. Lundstron é um esquimó rechonchudo e careca que mora numa casinha modesta à beira de um barranco lamacento e fétido que acaba no mar azul de Upernavik. Não parece, mas é um dos homens mais ricos da cidade. Seu tesouro está ali, naquele mesmo barranco: seis cachorros furiosos que não param de uivar e latir enquanto seu dono os alimenta com uma maçaroca indescritível de vísceras de peixe. Um dos cães, branco e com mais cara de lobo do que a maioria, tem uma característica especial: é treinado para acuar ursos-polares. Se você duvida, olhe a mureta de madeira da varanda da palafita do dono, onde a pele de um urso, enorme e amarela, foi posta para quarar.

Lundstrom é um dos poucos moradores de Upernavik que ainda saem para caçar com trenó e cães. Pode manter a cachorrada graças ao dinheiro que ganha como pescador de halibute — ele e o filho possuem dois barcos de pesca no cais da cidade. O urso cuja pele adorna o parapeito foi morto por ele em 2006, ano em que o governo da Groenlândia estabeleceu cotas de captura. "Em 2010 eu peguei quatro", orgulha-se. Todos foram comidos seguindo o tradicional padrão esquimó de distribuição da carne para parentes e amigos do caçador. (Finn Pedersen, meu guia e intérprete em Upernavik, jura que a carne é excelente.) A pele foi usada para fazer *kamiks*, as botas tradicionais inuítes, e calças que têm a reputação de ser as mais quentes do mundo.

Moradores de Upernavik desembarcam urso-polar recém-abatido. A caça tradicional observa cotas rigorosas e está longe de ser a responsável pelo declínio da espécie.

Lundstrom diz que não pode abrir mão de atirar nos bichões. "Eu era caçador, hoje sou pescador, mas ainda preciso de carne de foca, carne de urso e gordura de baleia para viver. Eu vivo do mar." Pergunto se ele percebeu alguma redução na quantidade de ursos nas últimas décadas, à medida que o período de mar congelado durante o ano diminuía. "Ao contrário", respondeu o pescador. "Nos anos 1960 e 1970 havia poucos ursos por aqui. Hoje há vários. Há mais e mais deles vindo para essa área."

Pedersen confirma a percepção de Lundstrom. Ele conta que, alguns anos atrás, um urso foi apanhado dormindo embaixo da escadaria do escritório da usina de eletricidade de Upernavik. Durante alguns dias, os funcionários provavelmente correram risco de vida sem saber. O animal foi morto. Em fevereiro de 2012, três animais invadiram a cidade, roubaram carne que estava pendurada na varanda de uma casa e seguiram para o cemitério local em busca de mais comida. A profanação de túmulos foi impedida pela polícia, mas dessa vez os ursos escaparam: a cota daquele ano estava cheia, para frustração dos nativos.

O maior número de ursos-polares avistados por caçadores inuítes na Groenlândia e no vizinho Canadá tem entrado na conta dos governos de ambos os países e embasado o estabelecimento de cotas anuais de caça. Os registros têm sido interpretados como evidência de que a população de ursos cresceu tanto na baía de Baffin, onde fica Upernavik, quanto no lado oeste da baía de Hudson, onde a caça ao urso atrai turistas ricos de várias nacionalidades — e produz as tais 49 mortes evitáveis por ano às quais Lomborg se refere. O argumento central do dinamarquês para desconsiderar a mudança climática como uma ameaça aos ursos-polares é justamente esse registro de aumento populacional.

A realidade sobre os ursos-brancos, porém, provavelmente tem mais tons de cinza. Em 2006, o biólogo canadense Ian Stirling se juntou a uma colega especialista em sensoriamento remoto, Claire Parkinson, da Nasa, para investigar a influência do aquecimento sobre cinco populações de urso do Canadá — incluindo a da baía de Baffin, que os esquimós canadenses dividem com os groenlandeses de Upernavik. A primeira coisa que eles notaram no estudo, publicado no periódico científico *Arctic*, é que a própria estimativa populacional tem um viés de observação: no caso de quatro das cinco populações estudadas, as das baías de Foxe, Hudson oeste e Baffin e a do estreito de Davis, ela é extrapolada a partir de observações dos próprios esquimós, como Niels Lundstrom — que, de resto, são partes interessadas em inflar a conta, para obter cotas maiores de captura do governo. Nenhum estudo científico havia sido feito para avaliar se outros fatores que não um aumento populacional poderiam explicar o maior número de ursos avistados.

O que a dupla fez foi compilar uma série de dados de satélite da variação anual do gelo marinho desde 1980 até 2003 e cruzá-los com o número de "ursos-problema", animais que precisaram ser mortos ou removidos por terem chegado perto demais de humanos. Para a baía de Hudson, a correlação era positiva: grosso modo, o número de encontros com humanos crescia à medida que o número de dias com gelo no ano diminuía. Na baía de Baffin, o degelo acontece em média uma semana antes do normal a cada década, embora não haja dados para uma correlação como a feita em Hudson. "A razão mais provável para o maior número de ursos chegando aos assentamentos é eles estarem famintos, não o seu número estar aumentando", afirmam os cientistas.[10] A lógica, mais uma vez, é simples: sem gelo, ursos que de outra forma estariam buscando focas acabam forçados a ficar mais tempo em terra firme, o que aumenta a chance de esbarrarem em humanos.

O estudo diz ainda que os caçadores de Upernavik e do Canadá, antes do estabelecimento das cotas, em 2006, estavam abatendo pelo menos duas vezes mais ursos do que o que fora estimado como sustentável. Ali, a população de ursos também está supostamente diminuindo. As contas de Bjorn Lomborg são sedutoras, mas estão provavelmente erradas.

Assim como os esquimós, o norueguês Jan Aars também gosta de atirar em ursos-polares. Faz isso com agilidade e frieza desde 2003, quando apanhou seu primeiro urso em Svalbard, alvejando-o de dentro de um helicóptero. Aars, porém, dá tiros nos ursos para protegê-los: ele estuda os colossos brancos há uma década e precisa lhes injetar doses maciças de sedativos para poder extrair amostras de sangue, pelo e gordura.

Aars é ecólogo do Instituto Polar da Noruega, em Tromso, e provavelmente a maior autoridade do mundo em ursos-polares de

Svalbard (de novo, não que a concorrência seja muito grande). Como Andrew Derocher e Ian Stirling, é membro do Grupo de Especialistas em Ursos-Polares, formado no início da década passada pela IUCN (União Internacional para a Conservação da Natureza, na sigla em inglês) para avaliar a saúde da espécie. Ele conta que chegou até os predadores gigantes já tarde na carreira, depois de ter dedicado quatro anos de doutorado aos roedores. "Voltei para a Noruega e comecei a procurar emprego, abriu essa vaga e eu entrei", lembra Aars, que nunca tinha visto um urso-polar até começar a trabalhar com eles.

Os safáris de helicóptero que Aars e seus colegas fazem toda primavera têm como objetivo levantar dados sobre a população dos animais da região do mar de Barents. As amostras de DNA e gordura são usadas para estudar doenças, a viabilidade genética da população de ursos e o impacto de poluentes. Algumas fêmeas recebem colares com transmissores de rádio, usados pelos cientistas para localizar os locais onde elas dão à luz seus filhotes.

Mesmo com todos os esforços de pesquisa e com a proteção legal aos ursos em Svalbard, ainda não há dados precisos sobre aquela população — espalhada por águas norueguesas e russas — que permitam dizer se ela está crescendo, diminuindo ou estável. O mesmo vale para outras áreas. Isso dificulta a tarefa dos cientistas de dizer se, afinal, os ursos-polares como espécie estão ameaçados de extinção pela mudança climática, como sugere a Avaliação de Impacto Climático do Ártico, de 2004. "Você encontra alguns cientistas que dizem que os ursos-polares estão se extinguindo, mas acho muito difícil dizer qualquer coisa a esse respeito", pondera Aars. "É muito mais fácil dizer que os ursos-polares tendem a se extinguir em algumas áreas onde as mudanças no habitat serão as mais profundas se os modelos de gelo marinho estiverem corretos, porque a maioria desses modelos diz que vamos perder muito habitat no futuro." Mesmo se os modelos estiverem certos, diz Aars, isso não significa automaticamente que os ursos não poderão mais viver nesses locais. "É difícil hoje falar em extinção global, mas extinções locais podem acontecer."

"Está muito claro, com base nos modelos climáticos, nas projeções de gelo marinho e no que sabemos sobre ursos-polares, que vamos perdê-los em grande parte de seu habitat antes do meio do século", diz Derocher.

E alguns dos possíveis palcos dessas extinções já estão mapeados. Segundo o Grupo de Especialistas em Ursos-Polares, das dezenove populações, apenas uma tem tendência ao aumento populacional, a do canal de McClintock, no Ártico canadense — mas que tem menos de trezentos animais. Três delas estão em declínio, inclusive a da baía de Baffin e a da baía de Hudson ocidental; seis estão estáveis; e nove têm status incerto por falta de dados.

Para acrescentar à questão, em alguns lugares o efeito da caça praticada no passado pode embaralhar a contagem. Em Svalbard, por exemplo, onde até a década de 1970 se matavam ursos muito facilmente em terra firme, provavelmente há mais animais, mas também parece estar havendo uma recolonização das áreas onde eles foram eliminados pela caça. O urso que matou o jovem Horatio Chapple, portanto, pode ter sido tanto uma vítima do clima empurrada para terra firme quanto um retirante que voltava ao seu sertão de origem, antes depopulado pelos caçadores.

Apesar das incertezas sobre os números da espécie, os próprios especialistas do grupo da IUCN se manifestaram contra a elevação do status de proteção do urso-polar na Cites, sigla em inglês para Convenção sobre o Comércio de Espécies Ameaçadas. Em 2013, uma proposta para mover os ursos do chamado Apêndice 2 (no qual o comércio restrito de partes do animal é permitido) para o Apêndice 1 (no qual a proibição é total) acabou derrotada.

O estado dos ursos
Tendências das populações de urso-polar e de redução do gelo marinho no verão

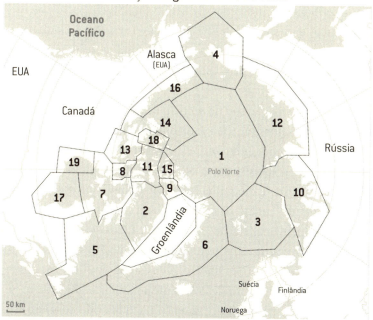

	Local	Status da população	Variação no gelo marinho por década
1	Bacia do Ártico	-	-6,70%
2	Baía de Baffin	▼	-18,9%
3	Mar de Barents	-	-16%
4	Mar de Chukchi	-	-18,8%
5	Estreito de Davis	●	-19,9%
6	Leste da Groenlândia	-	-6,5%
7	Bacia de Foxe	●	-14,2%
8	Golfo de Boothia	●	-12,2%
9	Bacia de Kanne	▼	-12,2%
10	Mar de Kara	-	-18,6%
11	Baía de Lancaster	-	-7,7%
12	Mar de Laptev	-	-14,7%
13	Canal M'Clintock	▲	-9%
14	Mar de Beaufort Norte	●	-5,9%
15	Baía Noruega	-	-2,3%
16	Mar de Beaufort Sul	▼	-20,5%
17	Baía de Hudson Sul	●	-11,4%
18	Baía do Visconde de Mellville	-	-6,1%
19	Baía de Hudson Oeste	●	16,3%

▼ Em declínio
▲ Aumentando
● Estável
- Sem dados

Fonte: Polar Bear Specialist Group, 2015.

Aqui, os cientistas ficaram ao lado dos esquimós, declarando que os ursos-polares são importantes para a cultura de subsistência de várias populações indígenas do Ártico e que os impactos socioeconômicos da vedação total ao comércio da espécie seriam maiores do que o suposto benefício para a conservação do endurecimento da norma.[11] O principal problema para a espécie, dizem, é mesmo o degelo.

"Como cientista, sou de opinião de que a mudança climática é de longe a maior ameaça aos ursos", afirma Aars. "A caça é uma coisa que você pode interromper se notar que ela está tendo um impacto crítico sobre a população. A mudança climática é uma questão totalmente diferente. Não é fácil dizer, 'opa, a população está declinando, então precisamos parar a mudança climática'."

O problema da relação entre clima e ursos é o mesmo que se aplica a outros impactos potenciais do aquecimento global: as mudanças podem não ser lineares. Um estudo de 2010, por exemplo, previu um aumento de 28% a 48% na mortalidade de ursos machos adultos em qualquer ano no qual o período de jejum seja um mês mais longo do que o das últimas décadas. Como o clima é naturalmente muito variável, haverá anos excepcionalmente bons e excepcionalmente ruins — só que, afirmam os pesquisadores, não é possível prever quando haverá uns ou quando haverá outros: tudo o que se sabe é que os ruins virão por aí em algum momento. Nesses anos, o gelo pode diminuir de repente a ponto de a cobertura do Ártico estar abaixo do limiar de sobrevivência para os ursos-polares. Epidemias de desnutrição em escalas nunca antes observadas podem causar declínios catastróficos na população,[12] sem aviso prévio, de um ano para o outro.

Já que por enquanto ninguém está parando a mudança climática, os maiores especialistas do mundo no *Ursus maritimus* começam a pensar no plano B. Em 2013, Aars e mais onze colegas publicaram um artigo no periódico *Conservation Letters* delineando uma série de medidas a considerar caso as projeções mais graves de degelo se confirmem e o habitat dos ursos-polares vá literalmente por água abaixo. O trabalho, liderado por Derocher, traz várias propostas radicais: em alguns lugares, seria preciso matar os ursos e diminuir a população para que ela se tornasse viável, ou encher zoológicos de ursos-polares e cruzá-los em cativeiro até que as emissões de gases-estufa diminuíssem a ponto de permitir uma volta do gelo e sua devolução à natureza (o que pode levar décadas, séculos ou simplesmente não acontecer). Em outros, seria preciso atrair os ursos para zonas de alimentação diferentes e acostumá-los a procurar comida nesses lugares, de forma a diminuir tanto o risco de desnutrição quanto o de encontros com pessoas. A comunidade de Arviat, no Canadá, fez isso no inverno de 2013. Em outros, ainda, os ursos selvagens precisariam ser alimentados pelos humanos todos os anos, durante vários meses, para sobreviver.

Os próprios pesquisadores admitem que nenhum dos cenários é agradável e que complementar a dieta dos ursos nos meses de focas magras do verão é uma dessas coisas que seria melhor não precisar fazer. Essa medida traz uma série de questões políticas, econômicas, éticas e de conservação. Por exemplo: é ético caçar um mamífero para alimentar outro mamífero? O grupo sugere que não, até porque o degelo também ameaça as populações de foca. Portanto, os ursos teriam de ser alimentados com ração especial, do tipo que é dada a animais de zoológico. O que traz outra dificuldade: como fazer isso? E quem vai pagar a conta? O artigo faz um cálculo rápido do custo envolvido na operação:

> A massa média dos ursos da baía de Hudson ocidental no outono é de cerca de duzentos quilos, o que demandaria quatro quilos diários de ração por urso. Com cerca de novecentos animais, 3,6 mil quilos de ração seriam necessários todos os dias para manter as

condições corporais. A 1,65 dólar por quilo por dia, a ração custaria diariamente 5,9 mil dólares. O transporte da comida custaria o dobro disso, e entregá-la nos locais de alimentação custaria 20 mil dólares por dia em aeronaves e pessoal. Numa estimativa conservadora, poderia custar 32 mil por dia, ou quase 1 milhão de dólares por mês, para suplementar a população mais acessível de todas. Pode ser que vários meses de alimentação sejam necessários.[13]

Pior ainda, diz Aars, esse tipo de abordagem pode ser irreversível. Se interrompido, o programa poderia levar a um aumento de confrontos entre humanos e ursos e a uma mortalidade aguda de animais. "Alimentar os ursos não é algo que você possa fazer por dois ou três anos e achar que resolveu o problema. Você vai precisar fazer para sempre."

O estudo conclui, porém, que, dada a importância econômica dos ursos-polares para algumas regiões do Ártico, alimentá-los pode, sim, ser uma opção válida de conservação. Vastas porções do Ártico seriam, dessa forma, convertidas numa espécie de Simba Safári gigante, onde um animal que simboliza tudo o que há de mais remoto e selvagem no imaginário do *Homo sapiens* seria convertido numa "semifera", eternamente dependente daqueles que lhe roubaram a casa e a comida.

Uma intervenção humana no ambiente — a poluição por gases-estufa — acabaria gerando outras de resultados imprevisíveis. Uma responsabilidade moral que a humanidade não deveria querer carregar. E um final melancólico para o reinado de 6 milhões de anos do imperador do Ártico, o maior predador da Terra.

6. Faltou combinar com os russos

Ana Paula Maciel cumpria seu turno de vigia no passadiço do *Arctic Sunrise* quando o helicóptero apareceu. Eram seis da tarde de quinta-feira, 19 de setembro de 2013.

O dia começara relaxado — "talvez relaxado demais", lembra o capitão do *Arctic*, o americano Peter Willcox. Desde cedo o quebra-gelo do Greenpeace estivera circulando a plataforma Prirazlomnaya, da petroleira Gazprom, que opera o primeiro campo de óleo offshore da Rússia, no mar de Barents. Uma tentativa feita pelos ativistas na véspera, de subir na plataforma e abrir lá em cima um cartaz contra a exploração de petróleo no Ártico, havia sido rechaçada pelos russos com tiros de aviso e canhões d'água. Dois escaladores foram detidos, algo que não chega a ser incomum nos protestos da ONG. À espera de que os russos fossem devolvê-los no dia seguinte, Willcox, um veterano com mais de trinta anos de experiência no comando de embarcações do Greenpeace, decidira fazer a única coisa cabível naquele tipo de situação: aguardar que os captores fizessem contato, mantendo uma distância mínima de três milhas náuticas (cerca de 5,5 quilômetros) da plataforma, o limite exigido pela lei internacional. Sem que nada acontecesse até o final da tarde, o comandante foi malhar num aparelho de ginástica antes de subir para jantar com o restante da tripulação.

Como de praxe, dois tripulantes estavam encarregados da vigia, que é feita 24 horas por dia em turnos de quatro horas. No horário das quatro da tarde às oito da noite, a vez era do imediato canadense Paul Ruzicky e da marinheira brasileira Ana Paula Alminhana Maciel.

Paul começou a trabalhar no Greenpeace em 1983. Servia até então na marinha mercante e ficava chocado com a quantidade de poluição que via no mar. Um dia ganhou uma revista do Greenpeace da irmã e começou a escrever cartas até ser aceito como tripulante. Nunca mais deixou as embarcações do grupo.

Ana Paula nasceu no mesmo ano em que Paul fez sua primeira viagem com a ONG. A gaúcha virou bióloga para salvar as baleias e desde 2006 trabalhava regularmente no *Arctic Sunrise*. Os dois tinham a tarefa de percorrer o navio em busca de problemas e observar o mar em volta, para alertar o capitão e o restante da tripulação caso algo incomum acontecesse.

E algo incomum aconteceu.

Ana Paula foi a primeira a ver o helicóptero militar MI-8, usado para o transporte de tropas, voando sobre um navio da Guarda Costeira russa postado a cerca de quinze quilômetros dali, que fazia a escolta da plataforma e onde os ativistas do Greenpeace talvez estivessem detidos.

"Paul, acho que vão levar os dois para a Rússia", disse a bióloga brasileira ao colega, imaginando que os escaladores estivessem a bordo da aeronave e fossem ser transportados até Murmansk, maior cidade do Ártico russo. Errado: em vez disso, o MI-8 rumou no sentido do barco dos ambientalistas. "Dois minutos depois eles estavam em cima do *Arctic Sunrise*", conta Ana Paula. As intenções da aeronave foram comunicadas pelo rádio: "Nossas tropas de inspeção estão prontas para abordar seu navio".

Àquela altura já na ponte de comando, Willcox achava que soubesse qual seria o script: "Eles iriam pedir que levássemos o navio até Murmansk, eu iria me recusar, já que não estávamos descumprindo nenhuma lei, então eles iriam rebocar o navio, depois nos dariam uma multa administrativa de setecentos dólares, como sempre fazem, e nos deixariam ir".

Errado mais uma vez. Ana Paula narra o que aconteceu na sequência: "O helicóptero ficou pairando sobre o *Arctic* a uns dez metros de altura — era grande demais para pousar em nosso heliporto. O vento produzido pelas hélices era tão forte que era difícil ficar em pé. E aí os dois primeiros soldados desceram". Armados, os militares russos "não tinham a menor ideia do que fazer com aquele bando de hippies em volta deles", prossegue a brasileira. Ora apontavam suas armas para o chão, ora para as pessoas. A indefinição durou apenas até os cinco ou seis soldados restantes descerem por uma corda. "Aí começou aquela gritaria de mandar todo mundo ajoelhar e pôr a mão nas costas."

As tropas do presidente russo Vladimir Putin não estavam ali para dispersar um protesto, multar os "hippies" e mandá-los para casa: aquela era uma operação de guerra, e o *Arctic Sunrise*, uma embarcação inimiga. Seus trinta tripulantes eram, daquele momento em diante, prisioneiros do governo russo. Durante doze horas, todos eles foram recolhidos ao refeitório do navio e mantidos sob mira de armas e sem nenhuma informação. A sala de rádio foi destruída, e o barco, rebocado durante cinco dias até Murmansk. Ali os ativistas pularam de delegacia em delegacia até serem, cinco dias depois, formalmente acusados de pirataria — único crime que justifica a abordagem de um navio em águas internacionais e para o qual a lei russa prevê pena de até quinze anos de prisão.

Tropas do presidente Vladimir Putin invadem o navio Arctic Sunrise, *do Greenpeace: um protesto contra o petróleo no Ártico foi considerado ato de guerra pelo governo russo, e os ambientalistas, inimigos de Estado.*

* * *

O ato de Putin foi amplamente condenado pela comunidade internacional, pelo uso desproporcional da força e pela fragilidade da acusação (depois comutada, também sem muita justificativa, de pirataria para "vandalismo"). A Holanda, país de bandeira do navio sequestrado, abriu um caso contra a Rússia no Tribunal Internacional do Direito do Mar, órgão ligado à Convenção das Nações Unidas para o Direito do Mar. A imprensa da Austrália, pátria de um dos ambientalistas presos, lembrou que a Rússia havia, anos atrás, registrado queixa contra o governo australiano por ter apreendido um barco russo que fazia pesca ilegal no mar daquele país — e que foi devidamente liberado na sequência. O midiático Greenpeace não perdeu a chance de dar visibilidade ao caso, transformando seus trinta ativistas em heróis — os "30 do Ártico"

— e alertando a comunidade internacional para os riscos da exploração de óleo na região. Paul McCartney escreveu a Putin pedindo o fim do "mal-entendido". Até a presidente Dilma Rousseff, pouco afeita à política externa, empenhou-se pela libertação de Ana Paula Maciel, mandando o chanceler Luiz Alberto Figueiredo fazer gestões por sua conterrânea junto ao colega russo Sergei Lavrov. Quase tudo em vão: o regime de Putin manteve os ativistas trancafiados durante todo o período estipulado da prisão preventiva — sessenta dias. Em compensação, Ana Paula foi a primeira dos trinta a ser solta. Do fim de novembro até a véspera do Natal, porém, ela e seus companheiros ainda foram mantidos em liberdade provisória em São Petersburgo e só tiveram seus passaportes devolvidos como parte do indulto de Natal do governo russo. Isso apesar de uma decisão da corte internacional de 22 de novembro que deu ganho de causa à Holanda e determinou que os russos liberassem os ativistas e o navio em troca de uma fiança de 3,6 milhões de euros.[1] O *Arctic Sunrise* só foi devolvido à ONG em junho do ano seguinte, bastante avariado.

"Não é muito agradável ficar 23 horas por dia numa cela minúscula, mas o pior de tudo é a ansiedade", relembra Willcox. "Você simplesmente não sabe o que vai acontecer. Eu levei um mês até poder falar com um advogado. Passar de dez a quinze anos, ou mesmo dois anos, ou mesmo um ano numa prisão russa é uma perspectiva que eu não gostaria de contemplar." E que está longe de ser improvável: basta lembrar que o regime russo prendeu as três integrantes da banda de rock russa Pussy Riot por quase dois anos apenas por terem gritado "fora, Putin!" dentro de uma igreja.

A reação extremada do governo de Moscou a um simples protesto de ambientalistas dá uma ideia da alta voltagem que envolve o debate sobre recursos energéticos no Ártico e de como ele mexe com os brios da antiga superpotência. A Rússia já extrai hoje grande parte de seus hidrocarbonetos em terras situadas acima do Círculo Polar — cerca de 80% do gás natural que sustenta a economia do país vem dali, segundo Dag Harald Claes, especialista em recursos árticos da Universidade de Oslo. Esse mesmo gás é exportado para a Europa e aquece os alemães no inverno. Por essa razão, os europeus são mais ou menos reféns dos caprichos políticos do mandachuva russo da vez. Nas últimas décadas, essa figura tem sido uma só, Vladimir Putin, que invadiu a Ucrânia em 2014 sem ter recebido da União Europeia muito mais do que uma reprimenda.

A zona que inclui o oceano Ártico é considerada a nova fronteira energética russa e, como tal, é estratégica para o país. "Nossa tarefa primeira e principal é transformar o Ártico na base de recursos da Rússia para o século XXI", discursou o então presidente Dimítri Medvedev, apadrinhado de Putin, em setembro de 2008, durante um encontro do Conselho de Segurança Russo.[2]

O órgão desenvolveu na sequência um plano estratégico para transformar o Ártico na principal fonte de óleo e gás da Rússia em 2020. O avanço para dentro dessa nova fronteira é impulsionado por dois fatores: o previsível esgotamento dos campos de gás e óleo em terra firme e a progressiva abertura de novas regiões exploratórias, como o mar de Barents, e de canais logísticos, como a Rota Marítima do Norte, pela redução da cobertura de gelo.

No mesmo ano em que Medvedev jurou desenvolver o Ártico, um documento divulgado pelo Serviço Geológico dos Estados Unidos ajudaria a pôr em marcha uma corrida pelos hidrocarbonetos do polo Norte. A Avaliação dos Recursos Circumpolares Árticos, baseada em análises minuciosas da geologia local — mas não em dados de prospecção —, buscava olhar pela primeira vez para o potencial de hidrocarbonetos da região acima do Círculo Polar que poderiam ser "recuperáveis" com tecnologia existente. O objetivo do estudo era expandir uma estimativa anterior do governo americano sobre o potencial de óleo e gás do planeta. Esta sugeria que o Alasca, a Groenlândia e o leste siberiano poderiam conter até 25% dos hidrocarbonetos não descobertos do mundo.[3] A cifra redonda soou como música para os ouvidos das multinacionais do petróleo, como a Exxon, a Shell e a BP, que já enfrentavam então problemas para expandir seu portfólio.

O valor de mercado de uma petroleira é dado pelo número de campos novos que ela consegue explorar para compensar o declínio daqueles que já estão em produção. Quanto mais reservas uma empresa puder amealhar, mais felizes ficam seus acionistas. Portanto, companhias de petróleo precisam se comportar como alguns tubarões: se pararem de nadar, morrem sufocadas. Nas últimas décadas, as múltis têm tido acesso negado a reservas importantes em países produtores da Ásia, África e América Latina, onde empresas estatais assumiram o comando da produção. É o caso do Brasil, em que o monopólio da exploração era estatal até o governo Fernando Henrique Cardoso, e a Petrobras, no momento em que escrevo, é operadora única dos campos supostamente gigantes da camada pré-sal. E da Venezuela, sétimo maior produtor e dono das maiores reservas comprovadas do mundo, de 300 bilhões de barris:[4] depois da "revolução bolivariana" implantada por Hugo Chávez a partir de 1998, a produção, até então realizada pela estatal PDVSA (Petróleos de Venezuela S.A.) em associação com multinacionais, foi nacionalizada, dando ao Estado controle ainda maior sobre os recursos. Hoje, 80% das reservas de petróleo do planeta são controladas por estatais, e apenas 15% do óleo extraído pelas grandes multinacionais pertence de fato a elas.[5]

Outro problema para a indústria é a tensão permanente no maior centro produtor de petróleo do planeta, o Oriente Médio. Em 2003, por exemplo, a invasão americana do Iraque levou à interrupção do fornecimento de petróleo pelo país.

Diante desses dois fatores, a redução do acesso aos campos de óleo e gás e a instabilidade árabe, a notícia de reservas significativas de óleo e gás no extremo norte do planeta, uma região compartilhada apenas por países democráticos (exceto a Rússia) e economias de mercado avançadas (idem) merecia atenção.

A avaliação do USGS de 2008 olhou especificamente, pela primeira vez, o potencial de óleo e gás offshore da bacia do Ártico. As notícias eram tão espetaculares quanto as do fim da década anterior: estimou-se que 30% do gás não descoberto do mundo (47 trilhões de metros cúbicos) e 13% do petróleo não descoberto (cerca de 90 bilhões de barris) estivessem na região polar, em áreas como os mares de Barents, entre a Noruega e a Rússia, e de Chukchi, no Alasca. Ainda que preliminar, a avaliação bastou para animar investimentos como os da Cairn Energy na Groenlândia, da Shell no Alasca e das estatais russas Gazprom e Rosneft em projetos que já vinham sendo estudados havia anos, como o campo de gás de Shtokman, em águas profundas do mar de Barents, o projeto de gás natural liquefeito da península de Yamal e o campo de petróleo de águas rasas de Prirazlomnoye. Que essas reservas estivessem mais e mais acessíveis durante o ano era definitivamente algo a incluir nas planilhas de custo dos executivos do setor de óleo e gás.

E o custo de exploração é alto porque os riscos no Ártico são variados. O desafio inicial para as petroleiras é de ordem técnica: como lidar com o mar que congela boa parte do ano e como evitar que icebergs colidam com as estruturas de perfuração, causando um desastre. No primeiro poço furado no mar do Alasca, Endicott, da BP, que entrou em operação em 1987, esse obstáculo pôde ser contornado no muque: a empresa construiu uma ilha artificial, sobre a qual foi assentada a plataforma, e um aterro de quatro quilômetros ligando-a ao continente.[6] Icebergs cada vez mais nu-

O mapa das minas

	Local	País	Recursos	
1	Península de Yamal	Rússia	💧	
2	Campo de Prirazlomnoye	Rússia	💧	Protesto do Greenpeace
3	Campo de Shtokman	Rússia	💧	
4	Campo de Snovit	Noruega	💧	
5	Campos de Skrugard (norte) e Goliat (sul)	Noruega	💧	
6	Blocos concedidos no leste da Groenlândia	Groenlândia	💧	
7	Blocos concedidos na Baía de Baffin	Groenlândia	💧	
8	Blocos na Baía de Disko	Groenlândia	💧	Prata, cobre e zinco
9	Baía Prudhoe	EUA	💧	
10	Campo de Endicott	EUA	💧	
11	Mina de Maarmorilik	Dinamarca	❉	Terras raras, nióbio, urânio, tório
12	Kvanefjeld	Dinamarca	❉	

Fontes: Michael Klare, *The Race for What's Left*, Greenland Oil and Mineral Strategy 2014-2018.

merosos também são um obstáculo a projetos como os da Cairn na Groenlândia e os da Rússia em águas profundas do mar de Barents; a tecnologia de afastá-los com barcos rebocadores e defleti-los com canhões d'água ainda não foi testada no mundo real.

A plataforma russa Prirazlomnaya, que o Greenpeace escalou em 2012 e tentou escalar em 2013, evita ambos os inconvenientes graças à pouca profundidade: a perfuratriz está assentada sobre uma campânula gigante de metal e concreto, por sua vez assentada sobre o leito marinho e cercada de um muro de concreto. É considerada a primeira plataforma do mundo imune ao gelo e uma prova de princípio para futuros projetos russos na bacia do Ártico.

O segundo desafio é logístico: não basta extrair óleo e gás, afinal; é preciso também transportá-los até seus mercados de destino por mares sazonalmente congelados — e que terão gelo no inverno por muito tempo ainda, apesar do período navegável ampliado no verão. A petroleira francesa Total, que se aliou a um consórcio formado pelas russas Novatek e Gazprom para construir uma planta de gás liquefeito de 20 bilhões de dólares na península de Yamal (palavra que significa, sintomaticamente, "fim do mundo" na língua dos nativos nenets), extremo norte da Sibéria, pretende construir uma frota de dezesseis quebra-gelos especialmente para transportar o gás — 170 mil metros cúbicos por ano — até portos na Europa, na Ásia e na América do Norte.

Os novos projetos são um dos motivos pelos quais a Rússia anunciou que pretende desenvolver portos e infraestrutura de navegação na Rota Marítima do Norte, a ligação entre Europa e Ásia pelo oceano Ártico. Os russos apostam em que aquela região será no futuro a principal via de escoamento de hidrocarbonetos produzidos nas águas siberianas, sobretudo para o mercado chinês. A redução do período de gelo e o aumento da atividade industrial e de prospecção de óleo e gás já fazem diferença no tráfego de navios através da passagem. "Em 2012 foram 46 navios passando pela Rota Marítima do Norte. Era zero há alguns anos", afirma Arild Moe, pesquisador do Instituto Fridtjof Nansen, em Oslo, e especialista em política energética russa. "De zero para 46 é pouco no contexto da navegação internacional — no canal de Suez são 19 mil navios por ano —, mas nessa região é muita coisa." Segundo Moe, os russos acham que podem ganhar muito dinheiro cobrando pelo uso da infraestrutura com o aumento do interesse pela rota, mesmo com taxas de porto e de praticagem mais baixas do que as de Suez. "Essa é a crença oficial, mas as planilhas de custo não são transparentes, provavelmente nem existem", disse o pesquisador. Os principais candidatos a clientes da nova passagem, os chineses, aparentemente também acreditam em seu potencial: em setembro de 2013, o cargueiro *Yong Sheng* se tornou o primeiro navio comercial chinês a atingir o porto de Rotterdam, na Holanda, através da lendária rota vencida e inocentemente considerada inviável do ponto de vista econômico pelo barão de Nordenskiöld no século XIX. Poupou quinze dias no trajeto em relação à via do canal de Suez.[7]

O terceiro e talvez mais importante desafio de transformar o polo Norte na mais nova zona de extração de recursos energéticos do planeta é o risco ambiental. Não existe tecnologia demonstrada para limpar um vazamento no Ártico, um ambiente frágil e cujas populações humanas dependem da pesca e da caça de mamíferos marinhos. A região tem um histórico sombrio nesse sentido: foi lá que aconteceu, em 1989, o pior acidente com petróleo da história dos Estados Unidos antes da explosão da Deepwater Horizon, da BP, em 2010: o afundamento do navio-tanque *Exxon Valdez*, que destruiu a fauna no estreito do Príncipe William, no Alasca. A região ainda não se recuperou plenamente do desastre.

Segundo Kumi Naidoo, diretor executivo do Greenpeace, empresas que operam no Ártico, como a Gazprom, têm os piores históricos de segurança da indústria, com grande quantidade de vazamentos anuais em suas operações em terra firme. "Se a Gazprom apenas contivesse os vazamentos que já acontecem em outros campos, ela pouparia mais óleo do que a plataforma Prirazlomnaya poderá produzir", afirma. O Greenpeace tem feito lobby junto a investidores e a governos para mudar a regulação sobre o assunto, de modo que as empresas sejam totalmente responsabilizadas pelos vazamentos — em alguns países a responsabilidade é limitada. "Se elas fossem plenamente responsabilizadas, garanto que quase todas sairiam do Ártico amanhã", prossegue o ambientalista. A Gazprom jamais respondeu ao meu pedido de entrevista.

Além da Gazprom, a ONG também alvejou a Shell, que gastou bilhões de dólares[8] para arrematar blocos de exploração em águas profundas do Alasca em 2008 e foi autorizada pelo governo americano em 2012 a perfurar os primeiros poços exploratórios, depois de uma série de batalhas legais e com agências reguladoras. O Greenpeace chegou a alistar uma princesa guerreira para sua causa contra a Shell — de fato, *a* princesa guerreira: a atriz neozelandesa Lucy Lawless, que viveu a personagem Xena na televisão. Ela foi presa depois de ocupar um navio da empresa num porto neozelandês.

Além do risco de vazamento, há também o fato, rapidamente apontado pelos ambientalistas, de que mais hidrocarbonetos no Ártico significam mais petróleo e gás queimando no mundo e mais aquecimento global. A nova corrida do óleo vai diretamente de encontro à decisão de 195 países, adotada em 2015 no Acordo de Paris, de limitar o aquecimento da Terra a menos de dois graus em relação à era pré-industrial.

"Nos Estados Unidos, as pessoas dizem que o que acontece em Vegas fica em Vegas. O que acontece no Ártico não fica no Ártico", diz Naidoo. Em 2012, durante a Rio+20, o diretor executivo do Greenpeace se juntou a Lawless e ao bilionário britânico Richard Branson, da Virgin, para lançar uma campanha para transformar o limite histórico do gelo marinho num santuário ambiental permanente. A ideia era coletar mais de 1 milhão de assinaturas e despejá-las numa cápsula no fundo do mar no polo Norte. "O que queremos é mostrar às pessoas que extrair petróleo é uma má ideia em qualquer lugar do mundo, e mais ainda no Ártico", disse o capitão do *Arctic Sunrise*, Peter Willcox.

Para o cientista político Kristofer Bergh, pesquisador do Sipri (sigla em inglês para Instituto Internacional de Pesquisas sobre a Paz de Estocolmo), um dos principais *think tanks* de segurança internacional do mundo, a proposta da ONG tem chance zero de emplacar. "O Greenpeace não vai dizer à Rússia o que fazer em seu próprio território soberano", diz. "E a Rússia mandaria passear qualquer país que viesse exigir isso."

O crescente interesse em recursos minerais e o acesso cada vez maior a rotas de navegação também transformaram o Ártico pós-degelo num ponto quente da geopolítica global. O sinal mais espetacular disso foi dado no dia 2 de agosto de 2007, a 4,2 mil metros de profundidade, no leito marinho sob a capa de gelo do polo Norte, também por obra e graça da Rússia. Às 13h36, hora de Moscou, o braço mecânico do minissubmarino russo *Mir* plantou uma réplica de titânio da bandeira russa no fundo do mar. Culminava ali uma missão arriscada de exploração marinha, sonhada havia muito tempo, na qual os tripulantes dos submersíveis gêmeos *Mir-1* e *Mir-2* se tornaram os primeiros seres humanos (e até aqui os únicos) a atingir o polo Norte geográfico *real*, a terra que repousa a quilômetros de profundidade sob a água debaixo do gelo marinho. A viagem durou nove horas tensas, durante as quais os cientistas a bordo precisavam ter certeza de que conseguiriam achar a mesma abertura no gelo por onde desceram — sob o risco de morrerem sem oxigênio debaixo de uma camada de mar congelado de alguns metros de espessura.

A oceanógrafa americana Sylvia Earle, uma das pioneiras da exploração do oceano profundo, vinha discutindo havia anos a possibilidade desse mergulho com seu colega russo Anatoli Sagalevitch, piloto de um dos submersíveis que realizaram a façanha. Earle gosta de contar como foi reverenciada pelo amigo, que lhe mandou uma mensagem de voz no celular assim que voltou à segurança do quebra-gelo *Rossia*. "Sentimos sua falta", dizia o cientista russo, segundo Earle. "Esta foi uma grande conquista para a ciência. Mas foi *nossa* conquista!", narra a pesquisadora, imitando uma risada malévola de vilão de James Bond.

A bandeira e o tom usado por Earle para relatar o feito de Sagalevitch deixaram clara a intenção dos russos: o polo Norte e quaisquer riquezas minerais que pudessem existir debaixo dele eram propriedade da Mãe Rússia. A reação da comunidade internacional foi uma risadinha nervosa. A bravata de fincar bandeira em território internacional sinalizava que a ex-superpotência não pretendia abrir mão de seu reclame do polo Norte como zona econômica exclusiva, mesmo que no próprio polo não houvesse nenhum recurso mineral a explorar.

A Convenção das Nações Unidas sobre o Direito do Mar (Unclos, na sigla em inglês) estabelece que cada país costeiro tem um mar territorial de doze milhas náuticas e uma zona econômica exclusiva, ou ZEE, de duzentas milhas em sua plataforma continental, uma extensão submarina do território nacional. Ela pode ser ampliada para 350 milhas caso haja algum prolongamento natural desse território. Dentro da ZEE, outros países têm liberdade de navegação, mas a exploração de recursos econômicos só pode ser feita pelo "dono". Diferentemente da Antártida, um continente desabitado e cuja administração é repartida entre vários países por meio de um tratado internacional, o Ártico tem dono. Ou melhor, donos. A bacia do Ártico é formada por cinco nações: Estados Unidos, Canadá, Dinamarca (via Groenlândia), Noruega e Rússia. Cada uma delas tem direito às doze milhas regulamentares, muito bem definidas, e a uma plataforma continental. E é aí que a coisa complica.

Até hoje as fronteiras marítimas entre os países da região não estão bem definidas. O limite entre Noruega e Rússia, por exemplo, só foi acertado em 2011 — depois de uma pendenga de 44 anos que envolveu a divisão dos possíveis campos de petróleo do mar de Barents em 50/50. "Na mesma noite em que o tratado entrou em vigor, a Noruega mandou navios de pesquisa sísmica para a região", conta Dag Claes. Estados Unidos e Rússia também disputam fronteira no Alasca, Estados Unidos e Canadá têm limites indefinidos no mar de Beaufort, e Canadá e Dinamarca disputam duas zonas de fronteira marítima.

Mas a grande pendenga atual envolve Canadá, Dinamarca e Rússia — e o objeto de disputa não é nada menos do que o próprio polo Norte.

No fundo do mar do Ártico se estende uma crista de rocha chamada dorsal de Lomonosov. Ela atravessa a bacia polar entre o norte da Groenlândia e a ilha Ellesmere, no Canadá, e o arquipélago da Nova Sibéria, na Rússia, e divide o oceano Ártico em duas bacias: Amerásia, a oeste, e Eurásia, a leste (embora seja estranho falar em leste e oeste no polo). A Rússia tem tentado provar, até agora sem sucesso, que essa cadeia montanhosa submersa é uma extensão de sua plataforma continental, o que daria aos russos basicamente o monopólio da exploração de hidrocarbonetos no alto Ártico. A Unclos, porém, não aceitou a proposta e determinou que o país fizesse novos estudos. O Canadá e a Dinamarca também têm feito levantamentos geológicos para estabelecer que a

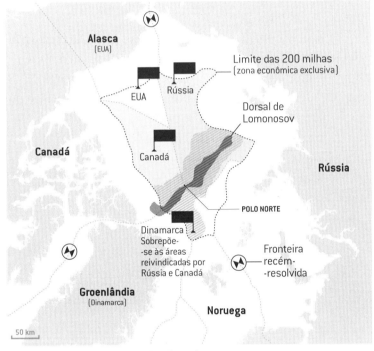

Fontes: BBC, Klare, op. cit.; Fridtjof Nansen Institute, Moe, op. cit.

cordilheira é uma continuação do arquipélago canadense ou da Groenlândia, respectivamente.

Há fricções ainda entre Rússia e Canadá, os dois países com os maiores litorais da bacia polar. Depois que os russos anunciaram seu feito no fundo do mar do polo Norte, o então premiê canadense, Stephen Harper, viajou até um dos pontos mais setentrionais do país, a baía Resolute, para anunciar que o local abrigaria um novo centro de treinamento militar, para operações no frio. O governo Harper elegeu como prioridade máxima na área de segurança a proteção da "soberania ártica" de seu país. Isso inclui a aquisição de 65 caças F-35 para substituir a frota de F-18 que já opera na região — uma compra que tem sido justificada pelo governo devido ao aumento das operações de bombardeiros russos.[9] O destacamento especial que opera no Ártico também recebeu quase mil soldados a mais depois da retirada canadense do Afeganistão. Em 2011, o Canadá fez uma série de exercícios militares na nova base na baía Resolute, e Putin, em resposta, anunciou um reforço na segurança de suas fronteiras no Norte.[10] A Rússia criou uma brigada especial para o Ártico naquele mesmo ano e tem reativado e modernizado sua frota de submarinos nucleares.

Canadá e Estados Unidos também encenam uma briga de vizinhos. O objeto de disputa é a Passagem Noroeste, a rota marítima recém-inaugurada pela redução do gelo marinho. Os americanos insistem, não sem alguma razão, em que a passagem é um estreito, uma ligação entre mares na qual a legislação internacional garante direito da chamada "passagem inocente" a qualquer navio. É assim no estreito de Ormuz, entre o Irã e os Emirados Árabes, no de Gibraltar, na entrada do Mediterrâneo, e no de Malaca, entre a Indonésia e a Malásia. Os canadenses afirmam, tampouco sem razão, que aquelas são águas internas canadenses e que jamais foram usadas antes para tráfego de embarcações. "Houve um par de ocasiões em que os americanos mandaram navios para lá sem avisar antes, só para testar até onde eles poderiam ir e quão irados os canadenses ficariam", diz Bergh. Segundo ele, interessa aos Estados Unidos evitar qualquer decisão internacional dando aos canadenses direitos de soberania sobre a passagem, para não criar um precedente: se os canadenses provarem que a Passagem Noroeste são águas interiores, nada impede que o Irã possa dizer a mesma coisa do estreito de Ormuz, que é muito mais estratégico para os americanos, já que é por lá que passa boa parte do petróleo do Oriente Médio.

* * *

A nova configuração do tabuleiro geopolítico do Ártico é uma espécie de "revival" dos tempos da Guerra Fria, quando a região era o principal palco das exibições militares das superpotências. Como a distância mais curta entre Moscou e Washington é através do polo, o oceano glacial era a rota de escolha dos mísseis balísticos com ogivas termonucleares que os inimigos mantinham apontados um para o outro. Quem assistiu a *Dr. Fantástico*, de Stanley Kubrick (1964), vai se lembrar da "desolação perpetuamente enevoada sob os picos árticos das ilhas Zokhov" (que existe de verdade, mas é uma ilha só, não um arquipélago, como o filme sugere), onde os soviéticos teriam construído a "Arma do Juízo Final", e das cenas em que o B-52 do major Kong voava sobre um mar coalhado de icebergs.

Até o fim da Guerra Fria, em 1989, o interesse na região era total. Os Estados Unidos construíram uma base militar em Thule, na ponta noroeste da Groenlândia, e chegaram a pôr em execução um plano mirabolante de construir uma ferrovia por baixo do manto de gelo para levar mísseis para mais perto do território europeu escapando da vigilância soviética. Também instalaram seis estações de radar ao longo do Ártico, do Alasca à Islândia, para detectar precocemente um eventual bombardeio nuclear russo. Quebra-gelos e submarinos nucleares de ambos os países patrulhavam constantemente as águas polares, o que produziu matéria-prima extensa para Hollywood — e gerou dados sobre a variação da espessura do gelo.

Com a queda do Muro de Berlim, isso tudo virou história e aquele pedaço da Terra foi devolvido aos esquimós e aos ursos. "Ninguém falava sobre o Ártico de 1990 a 2005", diz Bergh. "A importância estratégica da região desapareceu depois da Guerra Fria. Por muito tempo aquela foi uma parte do mundo completamente ignorada, ninguém mais construía quebra-gelos. A frota de quebra-gelos dos Estados Unidos foi reduzida a praticamente nada."

Mas aí veio o aquecimento global. E, com ele, veio também a China.

A perspectiva de um Ártico sazonalmente livre de gelo levantou sobrancelhas em Pequim; ao principal exportador do planeta viriam a calhar rotas de navegação que encurtassem as distâncias entre o porto de Shanghai e os de Rotterdam e Nova York, em especial a Rota Marítima do Norte, que economiza 6,4 mil quilômetros até Hamburgo e já foi incluída num divertido mapa que mostra o mundo sob a perspectiva chinesa.

Os chineses têm usado sua capacidade de pesquisa polar da mesma forma como utilizam seu surpreendentemente avançado programa espacial — como demonstrações de status geopolítico, sinais de que seu país tem dinheiro e tecnologia para sentar-se à mesa com os adultos. O programa antártico chinês, iniciado dois anos depois do brasileiro com uma base na ilha Rei George, na margem do continente, hoje conta com três estações de pesquisa, incluindo uma de verão no interior antártico, a 80º de latitude sul. As autoridades do país têm dito que não possuem uma política oficial para o Ártico, mas passaram a intensificar sua presença na região: instalaram uma estação científica no arquipélago de Svalbard em 2004. Em 2009, decidiram construir um navio quebra-gelo de alta tecnologia de 300 milhões de dólares, para ser "irmão" do *Xuelong* ("Dragão da Neve"), o maior quebra-gelo não nuclear do mundo, a bordo do qual os chineses fizeram sua primeira expedição ao polo Norte, em 1999.[11] Em 2010, um artigo da Administração Estatal dos Oceanos concluía que

> o Ártico é a herança coletiva da humanidade [...] o oceano Ártico não é o quintal de nenhum país nem propriedade privada dos Esta-

dos costeiros. Da mesma forma como acontece com os outros oceanos da Europa, a lei internacional estabelece que todos os países do mundo têm igual direito de explorar o oceano Ártico.[12]

A declaração lembra a frase infeliz do ex-vice-presidente dos Estados Unidos, Al Gore, de que a Amazônia era um patrimônio internacional, dita nos anos 1990, que arrepia até hoje os brios soberanistas das Forças Armadas brasileiras. E provavelmente foi interpretada da mesma forma pelos conselheiros de segurança dos países do Ártico, que raciocinaram que a China, afinal, está bem longe do polo Norte e não tem nada que se meter por ali. Os membros do Conselho do Ártico, um órgão consultivo internacional criado para administrar conflitos e implementar políticas ambientais na região, passaram a monitorar cuidadosamente os movimentos dos orientais: o envolvimento da maior potência emergente do mundo na disputa do butim ártico poderia ter implicações sérias para a segurança internacional. Em 2010, a Suécia, ocupando a presidência rotativa do conselho, deixou nas mãos do Sipri a tarefa de criar um grupo de trabalho para estudar o equilíbrio de forças no extremo norte da Terra e a possibilidade de uma guerra por recursos explodir na região.

"É uma grande matéria de jornal: você tem o gelo derretendo, a abertura de novas águas com oportunidades econômicas de óleo e gás e rotas de navegação, você tem as superpotências, os Estados Unidos e a Rússia. É uma narrativa perfeita", diz Kristofer Bergh, que tem estudado as capacidades militares das nações árticas e seus investimentos no reforço da segurança na região. "Mas o que estamos vendo é que, embora seja inegável que há um aumento do interesse, há muito pouca evidência nesse momento de que isso vá levar a conflito ou a uma competição crescente."

Primeiro, há restrições orçamentárias, em especial nos Estados Unidos, país que passou todo o início do século XXI envolvido em duas guerras no Oriente Médio. Embora a Rússia, o Canadá e até a Noruega venham aumentando aos poucos seu efetivo e pondo novos equipamentos militares em operação no Ártico, os Estados Unidos não enxergam a região como prioridade de segurança. Segundo Bergh, se uma escalada militar estivesse em curso no polo Norte, seus sinais já estariam claros agora, uma vez que esse tipo de investimento demora anos para se realizar.

"Se você olhar para os *think tanks* nos Estados Unidos e no Canadá, todos eles estão dizendo a mesma coisa: não temos quebra-gelos, não temos navios, a guarda costeira não está recebendo recursos suficientes para patrulhar a área", afirma o pesquisador sueco. "E acho que na Rússia é a mesma coisa: eles dizem que vão investir muito no Ártico, mas a situação orçamentária é o que é. É fácil prometer muito dinheiro, mas nós não vemos dinheiro de verdade entrando em projetos de verdade."

Depois, o aumento da movimentação de pessoas naquela região remota demanda mais a aquisição de equipamentos de busca e salvamento do que de máquinas de guerra. "Os países estão se dando conta de que a necessidade vai ser de quebra-gelos e não de caças", diz Bergh.

Mesmo as disputas em torno da plataforma continental do polo Norte parecem estar sendo conduzidas de forma civilizada. Canadenses e dinamarqueses, por exemplo, vão coletar dados geológicos para embasar as próprias reivindicações no dorsal de Lomonosov a bordo de um mesmo navio — um quebra-gelo sueco. "A Dinamarca, o Canadá e a Rússia estão compartilhando dados sobre a geologia da área contestada", diz Dag Claes, da Universidade de Oslo. "Se isso não é cooperação, então eu não sei o que é cooperação. Esse assunto vai se resolver, não sem nenhum conflito, mas sem nenhuma ocupação de território", afirma o pesquisador. "Ninguém vai fazer nada até que a ONU decida. Não é uma questão de luta, mas de organização", diz Aleqa Hammond, primeira-

-ministra groenlandesa. Kristofer Bergh afirma que a corrida ao polo pode até mesmo ter um efeito colateral positivo: fazer os Estados Unidos ratificarem a Convenção Internacional para o Direito do Mar.

O Senado americano tem um histórico ruim de ratificação de convenções e acordos internacionais, como o debate sobre o Protocolo de Kyoto contra as emissões de gases-estufa deixou claro. O país não costuma se comprometer com nada que possa significar abrir mão de soberania nacional, do Tribunal Penal Internacional às convenções da ONU sobre tráfico e repatriamento de bens culturais. A Unclos é uma das principais peças dessa lista. Ela foi rejeitada num período de soberania naval inconteste dos americanos, nos anos 1980. Só que, sem aderir às obrigações da convenção, o país perde também seus bônus, como o direito de clamar soberania econômica na ZEE. "Hoje as forças que buscam a ratificação estão usando o Ártico para exemplificar como os Estados Unidos estão ficando para trás", diz Kristofer Bergh. "Eles dizem que vão respeitar os outros, mas eles mesmos não podem clamar nada para si. É uma situação ridícula, e muita gente nos Estados Unidos está frustrada com isso."

Até mesmo a China parece ter um lugar ao sol nessa lógica multilateral que vem se instalando no polo Norte. Em 2013, depois de ter sido vetado no ano anterior, o país foi finalmente aceito como observador do Conselho do Ártico, junto com Itália, Japão, Coreia do Sul, Cingapura e Índia. O novo status não dá direito a voto, mas os chineses podem agora participar das reuniões do clube que decide o futuro das terras — e dos mares — boreais. "A China não se importa muito com o conselho, mas se importa em ser humilhada. Se eles tivessem sido rejeitados novamente, teria sido um problema", diz Bergh. Para os demais membros interessa ter a China participando, já que o gigante asiático pode contribuir com pesquisa e com dinheiro, algo que tem faltado aos Estados árticos desde que eles foram apanhados de surpresa por outro derretimento catastrófico — o da economia global, em 2008.

A China já deu uma demonstração de que pretende usar seus dólares, esse instrumento universal da política, para se fazer presente no Ártico: a CNPC, uma das gigantes estatais de petróleo, anunciou que participaria com 20% do capital do projeto de gás de Yamal, na Rússia. O acordo foi assinado com a Novatek na presença do presidente Vladimir Putin e do premiê chinês Xi Jinping. Segundo Zhou Jiping, principal executivo da CNPC, o acordo "vai ajudar a fornecer à economia chinesa, que cresce rápido, recursos energéticos ecologicamente limpos"[13] (o "limpos" fica por conta dele). O país, que já é o segundo maior consumidor de petróleo do mundo e o maior cliente do óleo e gás do Oriente Médio, tem interesse em garantir novas fontes de hidrocarbonetos, venham de onde vierem, para manter sua economia crescendo às proverbiais taxas chinesas. Não foi por outro motivo que a mesma CNPC também entrou como sócia em outro projeto energético não convencional: o campo de Libra, no pré-sal brasileiro.

Os riscos de um conflito por recursos na região polar, portanto, parecem reduzidos neste momento, na visão de Bergh. Até quando esse quadro continuará, ninguém sabe dizer. "Acho que foi Woody Allen quem disse que é muito difícil fazer previsões, especialmente sobre o futuro", brinca.

Outros analistas se mostram mais preocupados. O americano Michael Klare, da Universidade de New Hampshire, tem argumentado que os hidrocarbonetos e outros recursos minerais do Ártico integram uma corrida global "desesperada" pela posse do que resta de recursos naturais exploráveis para sustentar o capitalismo global. "No passado, esse tipo de disputa frequentemente explodiu em combate armado, e não há razão para achar que isso não ocorrerá no futuro", afirma Klare em seu livro *The Race for What's Left* [A corrida pelo que sobrou], de 2012. Ele aponta que os países árticos já estão se preparando para isso, ao aumentar paulatinamente sua presença militar na região.

Em sua maioria, as nações do Ártico têm mostrado pouca inclinação em resolver disputas, então o risco de conflito geopolítico permanecerá. Com efeito, à medida que as temperaturas globais subirem e ficar mais fácil extrair hidrocarbonetos das águas boreais, as tensões internacionais tenderão a crescer.

O holandês Simeon Wezeman, do Sipri, também vê razões para inquietação: segundo ele, a remilitarização do Ártico traz o risco, inerente a qualquer reforço militar num dado local, de incidentes inesperados entre países clamando fronteiras —[14] um avião abatido ou um navio afundado por engano ou precipitação, por exemplo.

A possibilidade e a velocidade da evolução do quadro para um conflito armado dependerão, evidentemente, da velocidade da exploração dos recursos minerais, de sua abundância demonstrada e de seu valor. E a exploração desses recursos encontra percalços. O principal deles, por enquanto, é custo: extrair hidrocarbonetos no Ártico custa de sessenta a cem dólares o barril equivalente.[15] A Noruega, que começou a explorar o mar de Barents nos últimos anos, extrai óleo offshore a catorze dólares o barril no mar do Norte, onde está concentrada sua indústria. Os poços do mar do Norte, porém, já atingiram o pico de produção, o que fez a estatal norueguesa Statoil começar a reavaliar o potencial da região. Em 2011, a busca teve resultado: a descoberta do campo gigante de Skrugard. Segundo Dag Claes, o campo fica a trinta metros de onde a petroleira francesa Total havia perfurado em busca de óleo nos anos 1970. "Se você fosse uma empresa e tivesse de decidir, 'devo ir para o mar de Barents, onde o custo é de sessenta a setenta dólares o barril, ou devo ficar no mar do Norte, onde eu posso extrair a catorze dólares?', você pararia para pensar?"

Questões de custo também têm atrapalhado, para felicidade dos ambientalistas, os dois principais projetos de gás da Rússia: o campo gigante offshore de Shtokman e a fábrica de gás liquefeito de Yamal. Os russos não têm tecnologia para perfurar em águas profundas e só poderiam se associar a duas empresas que operam nessas condições: a Statoil e a Petrobras. Chamada num primeiro momento como parceira de Shtokman, um colosso a 540 quilômetros do litoral russo com reservas estimadas de 3,8 trilhões de metros cúbicos, a norueguesa se retirou por não ver possibilidade de tornar o projeto lucrativo no curto prazo. A Petrobras, em crise, não teria pernas. E os russos já declararam que não têm condições de operar sozinhos na plataforma continental por pelo menos uma década.[16] O sonho (ou pesadelo) do gás no polo Norte pode ter de esperar um tempo.

Outros projetos no Ártico também têm enfrentado dificuldades. Os planos da Shell no Alasca, por exemplo, quase literalmente morreram na praia: depois de enfrentar uma série de batalhas legais e ganhar em 2012 do Departamento do Interior americano autorização para fazer furos exploratórios no mar de Chukchi, a múlti anglo-holandesa sofreu um sério contratempo quando a plataforma Kulluk, que seria usada nas primeiras perfurações, foi apanhada por uma tempestade, soltou-se de um navio rebocador e encalhou numa ilha do Alasca, em 2013. Os trabalhos foram suspensos e só retomados em 2015, sob uma saraivada de protestos de ambientalistas. No fim do mesmo ano, porém, a Shell surpreendeu a todos anunciando a suspensão de suas atividades no Alasca "por tempo indeterminado". O Greenpeace cantou vitória, achando que foram seus atos que fizeram a múlti recuar. Mas há mais entre protestos midiáticos e decisões corporativas do que sonha a filosofia das ONGS.

Um risco crescente e recente para a aventura polar do óleo são as regulamentações climáticas internacionais. Como já vimos, há três vezes mais carbono contido nas reservas comprovadas de combustíveis fósseis do planeta do que a humanidade pode emitir para se manter na meta de impedir que o aquecimento ultrapasse os dois graus neste século. Para termos alguma chance de ficar no limite, três quartos do óleo, gás e carvão terão de ficar no subsolo. Isso inclui o Ártico, mas também boa parte do pré-sal brasileiro.

A partir de 2015, ano da conferência do clima de Paris, cresceram campanhas mundiais para manter os combustíveis fósseis no chão — uma delas capitaneada pelo jornal *The Guardian*. E bancos como o Banco da Inglaterra e o suíço HSBC começaram a produzir análises de risco que mostravam que investimentos em combustíveis fósseis estavam passando de ativos a encalhes em potencial — devido à crescente onda de descarbonização na economia mundial, mas também à queda vertiginosa dos preços das energias renováveis.

No curto prazo, porém, o principal torpedo no caminho da exploração de óleo e gás no polo Norte não tem nada a ver com preocupações com vazamentos, ursos-polares, mudanças climáticas ou pressões da sociedade civil, por mais que o Greenpeace goste de pensar assim. O gás russo e o petróleo da Shell caíram de prioridade principalmente por causa de um evento fortuito ocorrido anos antes, longe do Ártico, no calor do Texas. Ali, em 1999, um geólogo teimoso e quase falido chamado George Mitchell inventou uma técnica conhecida como fraturamento hidráulico com perfuração horizontal, que permite extrair gás e petróleo de rochas de ocorrência comum, como folhelhos e arenitos, sabidamente ricas em combustíveis fósseis mas até então impossíveis de explorar em termos econômicos. O *fracking*, como ficou conhecido, começou a ser adotado para gás extensivamente no Nordeste dos Estados Unidos em 2007 e transformou o país num dos maiores produtores do planeta. O preço do milhão de BTUs, unidade-padrão de venda de gás natural, caiu de catorze dólares para dois dólares em sete anos. Os Estados Unidos, que preparavam portos para receber gás natural liquefeito da Rússia — a lógica original dos projetos árticos era exportar GNL para os americanos —, passaram a remodelar esses mesmos portos para *exportar* gás. O avanço tecnológico inesperado quebrou as pernas da indústria ao tornar os preços baixos demais para compensar o investimento inicial em campos como Shtokman.

"Os Estados Unidos vão exportar gás. O único lugar para onde você poderá vender gás da Noruega e da Rússia será a Ásia", diz Claes. O gás americano deve ser exportado para a Europa, desesperada para se livrar das birras políticas dos russos, e deverá, segundo o pesquisador, forçar os preços na Europa para baixo, tornando o mercado europeu pouco atraente para o gás offshore do mar do Norte e do mar de Barents. Outro problema é que os europeus, diferentemente dos americanos e asiáticos, têm feito um esforço para reduzir sua dependência de combustíveis fósseis, em parte por razões ambientais. "A Europa sempre vira para a Noruega e diz: 'Nós precisamos do seu gás'. Mas, quando você olha o que eles estão fazendo, eles estão tentando desesperadamente se livrar do gás na matriz energética!" Perguntei a Claes o que aconteceria se a China adotasse o fraturamento hidráulico em larga escala em seu território, que abriga as maiores reservas de gás de folhelho do mundo. "Para a Noruega, seria fim de jogo", respondeu o professor da Universidade de Oslo.

Da mesma forma, o *fracking*, que também está sendo usado para produzir petróleo nos Estados Unidos, retirou da indústria americana o principal argumento para avançar para dentro das águas do Alasca, o da segurança energética: graças à elevação da produção doméstica em terra, a AIE (Agência Internacional de Energia) prevê que os Estados Unidos serão o maior produtor de petróleo do mundo em 2035, ultrapassando a Rússia e a Arábia Saudita. Para os políticos americanos, esse é um canto de sereia: permite vender ao eleitorado a ideia de que o país alcançará a independência energética e se verá mais hora, menos hora, livre do petróleo do Oriente Médio, que vem acompanhado de complicações geopolíticas desde a criação do Estado de Israel, em 1948. Permite ainda aos governos livrar a própria cara diante do movimento ambientalista, abdicando dos riscos de imagem da exploração ártica, mas mantendo os doadores de campanha na coleira ao aumentar a dependência de combustíveis fósseis.

Os efeitos daquilo que a AIE chama de "choque de oferta" de óleo no mundo começaram a se fazer sentir em 2014, quando o preço do barril despencou de mais de 120 dólares para quarenta dólares. Desde então, ele não voltou a subir muito acima dos sessenta dólares — e chegou a metade desse valor —, o que cria problemas para a extração nas reservas não convencionais, como as do Ártico. A esperança é que isso retarde a exploração no polo tempo suficiente para que os renováveis entrem na matriz de forma competitiva e o petróleo polar fique no subsolo. Por outro lado, há um aumento na disponibilidade de óleo para queimar no mundo — o que, do ponto de vista do clima, nunca é uma boa ideia.

Segundo a AIE, mesmo levando em conta que a eficiência energética fornecerá mais energia adicional do que o petróleo em 2035, que metade do crescimento global na oferta de energia virá dos renováveis (como energia eólica e solar) e que há esforços em países como os Estados Unidos e a China para limitar os combustíveis fósseis e pôr um preço nas emissões de carbono, as emissões do setor energético ainda aumentarão 20% em 2035, pondo o mundo numa trajetória consistente com 3,6 graus de aquecimento no final do século — conforme projeção da agência com base nos dados dos modelos do IPCC. Por outro lado, a AIE projeta que o Ártico terá participação pequena no mix global de óleo naquele ano: apenas 200 mil barris por dia. Mas a agência acautela: "Alguns projetos podem andar mais rápido, sobretudo aqueles liderados pela Rússia".

De olho na demanda de Índia, China e África, cujas populações ascendem à classe média e querem andar de avião e consumir automóveis e eletrodomésticos, a Rússia tem jogado de maneira pouco construtiva nas negociações internacionais do acordo contra as mudanças climáticas ao mesmo tempo que busca parceiros internacionais para seus projetos polares de óleo. O país tem declarado reservas de quase 100 bilhões de barris no Ártico (mais do que o USGS estima que existam em toda a região a norte do Círculo Polar), a serem exploradas em joint ventures com a americana ExxonMobil, com a italiana Eni e com a Statoil. Todos os acordos foram fechados no intervalo de um ano pela estatal petroleira Rosneft e as parceiras estrangeiras, o que, segundo Arild Moe, sinaliza que a Rússia está disposta a "realinhar a realidade com sua retórica ambiciosa dos últimos dez anos". Os russos, segundo o pesquisador norueguês, estão dispostos até mesmo a rever sua política de tributação sobre o petróleo para garantir que o negócio seja lucrativo para as parceiras internacionais, já que elas assumem todo o risco de exploração.

Não há nenhuma evidência concreta de que o óleo está lá nas quantidades declaradas nem de que ele será recuperável. As operações de pesquisa sísmica com navios são constantes. Esses campos, se forem mesmo tudo isso, não deverão estar prontos para operar em menos de uma década. Até lá, as decisões que a humanidade tomar sobre o que fazer com o petróleo, na esteira da implementação do Acordo de Paris, e sobre o risco climático de aumentar seu uso na proporção da oferta serão fundamentais para as definições a respeito do investimento. Se tudo continuar como está — e o Ártico certamente não vai ficar mais inacessível nos próximos anos, o que significa que o custo logístico tende a cair —, é bom o Greenpeace preparar muitos barcos para invadir muitas plataformas. E já ir se habituando com o calor humano das prisões da Rússia.

INTERLÚDIO

7. A geladeira do professor Inverno

Fazia calor em Copenhague naquela tarde de primavera. Era feriado do Dia da Constituição, não havia uma nuvem no céu e as pessoas enchiam as ruas para aproveitar ao máximo o intervalo de poucas semanas no ano em que a gélida capital dinamarquesa se torna um lugar agradável. Suando no ônibus no trajeto da estação Norreport até o campus da Universidade de Copenhague, não me dei conta do mau presságio embutido no nome da pessoa que eu estava prestes a encontrar: professor Inverno, glaciologista.

Bo Vinther — "vinther", em escandinavo, significa, isso mesmo, "inverno" — é um jovem alto e de sorriso fácil, professor associado do Instituto Niels Bohr, que engloba os departamentos de ciências físicas da universidade. A ligação entre seu sobrenome e sua profissão, garante, é mera coincidência. "Eu fiz faculdade de meteorologia", explica, "mas aí me dei conta de que não queria levar a culpa por previsões do tempo erradas." O professor Inverno resolveu, então, dedicar-se a prever o passado, por assim dizer: ele e seus colegas trabalham reconstruindo o clima da Terra de anos, séculos e milênios atrás. Não é uma tarefa menos complexa do que a previsão do tempo. Você é poupado das piadas maldosas de seus amigos sempre que uma chuva inesperada estraga um passeio, mas incorre em vários riscos adicionais. O de choque térmico, por exemplo.

No porão de um prédio comprido anexo ao do instituto, Vinther e seus colegas guardam caixas e mais caixas de um tesouro de valor inestimável, que para um desavisado consiste apenas de um material ordinário: gelo. Aquele, porém, não é um gelo qualquer: é um arquivo detalhado da história do clima do planeta nos últimos 125 mil anos.

Um termômetro na porta da câmara alerta o visitante sobre a temperatura lá dentro: treze graus negativos. Mas isso é só na antessala, onde ficam guardados os equipamentos que os cientistas usam para fazer a análise inicial das amostras, assim que elas chegam ao laboratório. O tesouro de verdade, repartido em cilindros de meio metro por dez centímetros de diâmetro, é mantido num porão a uma temperatura ainda mais baixa: vinte graus negativos. Com uma ideia ruim na cabeça e uma blusinha fina de *fleece* no corpo, entrei.

Nos primeiros segundos, o cérebro não processa a queda repentina de quarenta graus; é geladinho, mas dá para caminhar com tranquilidade dentro do laboratório. Vinther, devidamente abrigado, entra no depósito contíguo ultrafrio, onde eu não me atrevo a ficar mais do que alguns segundos. Começa a revirar caixas de isopor e delas saca alguns pacotes de plástico grosso. Deposita-os sobre uma mesa de luz na antessala, onde eu começo a me arrepender de não ter trazido o proverbial agasalho.

Cada pacote contém um pedaço de um testemunho de gelo, que é como são conhecidos esses arquivos glaciais. Um deles é marrom translúcido, como um desses vidros de box de banheiro. Vinther explica que ele foi escavado da base do manto da Groenlândia, a três quilômetros de profundidade, e provavelmente tem mais de 500 mil anos de idade. O movimento do gelo próximo à rocha causa a mistura com sedimentos do fundo, o que dá ao gelo sua coloração amarronzada. Outro pacote contém uma amostra transparente, com uma mancha leitosa no meio. São bolhas de ar, aponta Vinther, que carregam um pouquinho de atmosfera de milhares de anos atrás: quando a neve cai, ela traz consigo um pouco de ar, que é aprisionado e preservado. Ao longo dos anos, sob o peso de várias camadas de neve, aquela precipitação é compactada e vira gelo. Os testemunhos de gelo contêm amostras de ar aprisionado em várias camadas anuais. Esses ares do passado tornam-nos valiosíssimos para o estudo do clima, explicava o cientista.

Àquela altura, porém, meu cérebro já havia se dado conta do que estava acontecendo com o termômetro. Eu tremia da cabeça aos pés. Batia os dentes. Minhas mãos estavam tão geladas que o simples ato de tirar uma fotografia era um esforço. Manter o foco, então, nem pensar. Eu havia perdido a noção do tempo que havíamos passado ali: cinco minutos? Certamente menos do que dez? Pareciam horas. Pedi a Vinther para encerrarmos o tour.

O Instituto Niels Bohr é um conjunto de edifícios construídos a partir de 1921 para abrigar o Instituto de Física Teórica de Copenhague. O complexo fora um gesto do governo dinamarquês de reconhecimento a seu maior cientista e um dos maiores gênios da história do pensamento ocidental: Niels Henrik David Bohr (1885-1962). Bohr ganhou o prêmio Nobel em 1922 por desvendar a estrutura do átomo e lançou os alicerces da física nuclear e da mecânica quântica. Foi também um herói nacional dinamarquês, tendo resgatado dúzias de cientistas judeus da repressão do Partido Nazista antes da Segunda Guerra Mundial e ajudado centenas de refugiados a fugir da Polônia e de outros países ocupados durante a guerra.[1] Depois que Hitler resolveu eliminar os judeus na Dinamarca ocupada, em 1943, Bohr teve ele mesmo de escapar para a Inglaterra, de onde coordenou um comitê de resgate de refugiados. Mas antes disso ainda salvou a pele dos colegas alemães Max von Laue e James Franck: temendo os nazistas, ambos haviam deixado suas medalhas de ouro do Nobel sob custódia de Bohr em Copenhague. Só que exportar ouro da Alemanha, na época, era crime punido com a morte. Por sugestão de outro físico do instituto ganhador do Nobel, George de Hevesy, Bohr mandou dissolver as medalhas em ácido em dois potes, que permaneceram nas prateleiras de um laboratório do edifício até o final da guerra, na forma de um insuspeito líquido escuro. Depois do conflito, a reação foi revertida e o ouro pôde ser recuperado, para que a Fundação Nobel regravasse as medalhas com os nomes de Franck e Von Laue.

No exílio, em 1944, Bohr tentou convencer o presidente americano Franklin Roosevelt e o premiê britânico Winston Churchill de que esconder da União Soviética o desenvolvimento da bomba atômica, que ocorria a todo vapor num laboratório secreto nos Estados Unidos com colaboração do Reino Unido, geraria uma corrida armamentista no pós-guerra. Churchill tentou matar o mensageiro: em vez de dar ouvidos ao físico dinamarquês, sugeriu que Bohr fosse encarcerado (o que nunca aconteceu). O resultado dessa arrogância todos nós conhecemos.

Os avanços da ciência ocorridos naquele canto de Copenhague, o átomo de Bohr e até mesmo a corrida armamentista acabariam confluindo, anos mais tarde, numa nova maneira de investigar o clima do planeta no passado e de projetá-lo no futuro. É uma história que envolve cooperação entre rivais, competição entre aliados, filmes de Hollywood e muito, muito frio. Ela passa pelos desertos gelados da Groenlândia e da Antártida e por uma inusitada ligação entre o Ártico e o interior do Brasil, e vai terminar na mesa de negociações das Nações Unidas. E começa de forma quase casual, numa tarde de sábado, com uma tempestade, um funil e uma garrafa de cerveja.

O dia era 21 de junho de 1952, e Willi Dansgaard olhava a chuva que despencava sobre Copenhague. Dansgaard era meteorologista de formação, mas vinha ultimamente estudando algo sem muita relação com sua área: aplicações na medicina dos chamados isótopos estáveis dos elementos químicos. Um elemento químico, conforme o modelo atômico desenvolvido por Niels Bohr e pelo neozelandês Ernest Rutherford, é composto de um núcleo, com prótons (partículas de carga positiva) e nêutrons (de carga neutra, como indica o nome), cercado por uma nuvem de elétrons (de carga negativa), em número correspondente ao de prótons. Os elementos, porém, ocorrem na natureza em mais de um "sabor": eles podem variar no número de nêutrons no núcleo. Isso mantém suas propriedades químicas inalteradas, já que estas são dadas pelo número de elétrons. Mas muda suas propriedades físicas. A esses "sabores" distintos de um mesmo elemento se dá o nome de isótopos. O carbono, por exemplo, tem três variantes: o carbono-12, o mais comum, o carbono-13 e o carbono-14. Este último é radioativo, ou seja, o arranjo de seis prótons e oito nêutrons em seu núcleo não é energeticamente estável, e o átomo tende a decair: ele se transforma em outro elemento (no caso, nitrogênio-14) por emissão de radiação. Toda a matéria orgânica, seu corpo inclusive, contém carbono-14, depositado na Terra vindo do espaço.

É graças ao decaimento do carbono-14, que tem uma meia-vida conhecida, que os arqueólogos conseguem datar restos humanos e outros vestígios de culturas do passado. Outros isótopos são estáveis: seu núcleo se mantém coeso o tempo todo. É o caso do oxigênio-18, que tem e sempre terá oito prótons e dez nêutrons.

Tudo o que existe no planeta carrega elementos químicos em composições isotópicas distintas. Até mesmo a água: a fórmula H_2O, que todo mundo conhece, vem em três "sabores" isotópicos: um com oxigênio 16, o tipo mais comum, com oito prótons e oito nêutrons em seu núcleo ($H_2{}^{16}O$); outro com oxigênio 18, o isótopo mais raro ($H_2{}^{18}O$); ou, mais raro ainda, um isótopo de hidrogênio com um próton e um nêutron, o deutério (HDO). Hoje sabe-se que cada copo d'água contém em média 0,03% de HDO e 0,2% de $H_2{}^{18}O$.[2]

Dansgaard estava trabalhando na época com espectrômetros de massa, aparelhos capazes de detectar a "assinatura" química dos diferentes isótopos na luz refletida por eles, e buscava aplicações médicas — como traçadores em diagnósticos, por exemplo — para as versões pesadas do oxigênio e do nitrogênio. Naquele sábado de chuva, ele teve um estalo: já se sabia que, justamente por causa das diferenças de peso entre um isótopo e outro, a composição da água variava durante seu ciclo: vapor e água líquida tinham "sabores" isotópicos diferentes. Mas será que isso variava também entre uma chuva e outra?

Sem instrumentos adequados para realizar sua medição experimental, Dansgaard apelou para o que tinha à mão: uma garrafa de cerveja vazia e um funil de plástico. Durante todo o fim de semana, o pesquisador coletou água de pancadas de chuva diferentes de uma frente fria anormalmente grande que passava sobre a Dinamarca. O resultado desse experimento caseiro inaugurou um novo ramo da ciência do clima.

Dansgaard descobriu que a quantidade de oxigênio-18 na água variava de acordo com a temperatura da chuva. O ^{18}O, por ser mais pesado, tende a evaporar com mais dificuldade, a condensar antes e a cair antes também. O resultado é que, quanto mais fria a massa de ar da qual se condensa uma chuva ou nevada, menos oxigênio pesado ela contém em relação ao leve. Quando uma massa de ar se forma sobre o oceano e entra nas regiões polares, por exemplo, ela vai ficando cada vez mais pobre em oxigênio-18 a cada precipitação, porque o vapor d'água fica cada vez mais frio e o isótopo pesado vai despencando por gravidade pelo caminho (veja figura na p. 212).

Conhecendo a razão entre o oxigênio-18 e o oxigênio-16 ou entre o deutério e o hidrogênio numa amostra de água, que os cientistas hoje chamam δ (delta), seria possível inferir a temperatura em que ela havia se precipitado. E, de forma geral, seria possível estimar a temperatura do ar.

Dansgaard teve, então, uma segunda ideia: aplicar esse "termômetro" para descobrir temperaturas do passado. "Eu tinha certeza de que era uma boa ideia, talvez a única realmente boa que já tive", escreveu o cientista.[3] Para isso, ele precisaria de água velha. E água velha se encontra em geleiras nos polos. Para um dinamarquês, isso só poderia significar um lugar: a Groenlândia.

Em 1958, Dansgaard se juntou a uma expedição norueguesa para coletar amostras de gelo de icebergs na Groenlândia. Isso mostrou que o método funcionava, mas havia uma limitação cronológica: nenhum iceberg era mais velho do que 3 mil anos, datação obtida pelos noruegueses ao "cozinhar" os icebergs no navio e medir a proporção de carbono-14 aprisionado nas bolhas de ar do gelo, como os arqueólogos fazem com amostras de material orgânico. Para recuar mais no tempo seria preciso retirar gelo do próprio manto, no interior da ilha. Isso foi possível graças à Guerra Fria, o conflito que Niels Bohr falhara em evitar ao ser desprezado por Churchill.

A paranoia dos americanos com um ataque nuclear soviético através do Ártico fez o Exército dos Estados Unidos estabelecer

Um termômetro feito de água
Como a composição do gelo revela temperaturas no passado

A água tem em sua composição três tipos de átomo de oxigênio (isótopos): O-16, O-17 e O-18. Eles variam conforme o número de nêutrons em seu núcleo. O oxigênio-16 é o mais comum e o mais leve; o oxigênio-18, o mais pesado.

	^{16}O	^{17}O	^{18}O
+ Prótons	8	8	8
o Nêutrons	8	9	10
− Elétrons	8	8	8

1 Quando a água do mar evapora, formando nuvens, o vapor que sobe é mais pobre em oxigênio pesado do que a água.

2 À medida que resfria, o vapor vai perdendo O-18, que despenca por gravidade durante as precipitações. Quanto mais baixa a temperatura, maior a perda de O-18.

3 Quando cai como neve no topo de um manto de gelo, a água está bem mais pobre em oxigênio-18 do que a água do mar. Nevadas com temperaturas mais altas terão mais O-18 do que as mais frias. Conhecendo o teor médio desse isótopo no oceano e a taxa de perda por grau de resfriamento, é possível reconstituir as temperaturas do passado analisando a composição de diferentes camadas de gelo.

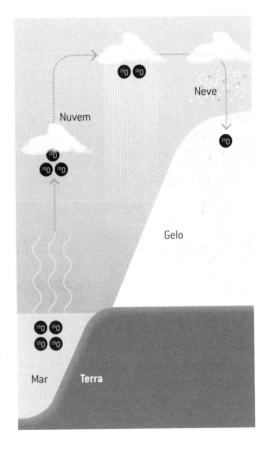

um laboratório especial de pesquisa de engenharia em regiões frias, conhecido pela sigla CRREL. A fim de desenvolver capacidade de combate e de transporte de materiais (leia-se mísseis atômicos) no frio extremo, o CRREL teve uma ideia que em retrospecto parece saída do *Dr. Fantástico*, mas que na época soou brilhante: e se fizéssemos uma base militar debaixo do manto de gelo da Groenlândia? Em 1958, essa ideia foi levada a sério: criou-se o Camp Century, a 220 quilômetros da base aérea de Thule, na ponta noroeste da ilha. O "acampamento", na verdade, era uma minicidade habitada por 250 pessoas (todos homens), com 32 prédios, um cinema, bares, biblioteca, uma avenida principal de quatrocentos metros de comprimento e uma ferrovia, nunca concluída. Tudo iluminado por um reator nuclear.

"Naquela época, ninguém nos Estados Unidos entendia nada de neve e gelo", resume Chester "Chet" Langway, 84, professor aposentado da Universidade de Buffalo e único cientista vivo a ter trabalhado no Camp Century. Os militares precisavam de alguém que lhes ensinasse algo, e a tarefa coube ao geólogo suíço--americano Henri Bader. Pacifista e interessado em pesquisa básica, Bader hesitou quando lhe ofereceram o emprego, mas também viu ali uma oportunidade de usar a logística das Forças Armadas para desenvolver seu estudos. "Pegamos carona com o Exército o tempo todo", resume Langway, também geólogo, contratado por Bader para coordenar o trabalho na Groenlândia meras três semanas depois de terminar o mestrado.

Para entender melhor as propriedades da neve e do gelo, os americanos construíram uma broca capaz de fazer perfurações profundas e extrair amostras, ou testemunhos, para análise química e física. O instrumento consistia num tubo metálico com uma resistência na ponta, que recebia energia por um cabo e der-

Um dos maiores delírios da Guerra Fria, o Camp Century era uma mistura de base militar e minicidade construída dentro do manto de gelo da Groenlândia. Os americanos tinham um projeto de erguer ali uma ferrovia, que cruzaria a ilha sob o gelo, para transporte de ogivas nucleares. Felizmente a ideia nunca foi adiante.

retia o gelo em volta, penetrando-o, à medida que o testemunho ia crescendo dentro do tubo. Dansgaard viu ali uma oportunidade e se aliou a Chet Langway para extrair o primeiro testemunho de gelo profundo da história. O trabalho foi iniciado em 1960 e só finalizado seis anos depois, quando o leito rochoso foi atingido, a uma profundidade de 1388 metros. Bem a tempo. "Ninguém tinha ideia de que o gelo se movia tão rápido", recorda-se Langway. O Camp Century foi esmagado em 1967 pelo movimento do gelo. O plano de construir ferrovias para transportar mísseis por baixo do manto jamais poderia ter funcionado. Felizmente o reator nuclear foi retirado antes do colapso.

A aplicação do "paleotermômetro" a essa amostra permitiu ao dinamarquês e a seus colegas reconstituir temperaturas dos últimos 100 mil anos com precisão até então jamais vista. O que o testemunho de mais de 1,3 mil metros do Camp Century revelou foi que o gelo dos duzentos metros mais fundos era bem mais pobre em oxigênio pesado e em deutério do que o dos 1,1 mil metros mais superficiais. Ou seja, na época em que aquela camada se depositou fazia mais frio. Dito e feito: as seções finais do cilindro, mais próximas à rocha, correspondiam à neve que se depositara durante a última glaciação, quando o hemisfério Norte estava coberto de gelo e as temperaturas eram cerca de cinco graus mais baixas em todo o planeta. A parte de cima do registro havia se formado durante o Holoceno, o período quente atual.

Há diversas maneiras de determinar a idade do gelo. A mais simples é contar as camadas anuais. Como o manto de gelo é formado pela deposição de neve ao longo de milhares de anos, quanto mais fundo você escavar, mais longe estará olhando no passado. As camadas que correspondem à deposição de neve ano após ano podem ser detectadas visualmente ou por meio de aparelhos de análise óptica. Isso porque a neve que cai no verão é alterada pelo sol constante, ficando mais leve e aerada, e além disso costuma vir misturada a quantidades ínfimas de poeira vinda de zonas livres de gelo. Tudo isso altera suas propriedades ópticas, formando camadas visivelmente distintas de um verão para o outro.[4] Também há diferenças isotópicas entre as estações do ano: a neve que se deposita no verão é mais quente do que a que cai no inverno, portanto, ligeiramente mais rica em ^{18}O (lembre-se de que, quanto mais fria uma massa de ar, mais oxigênio pesado ela terá perdido); isso permite ver no testemunho quantos verões e invernos se alternaram.

O processo básico de datação de um testemunho de gelo é parecido com a contagem dos anéis de crescimento anuais de um tronco de árvore. Estes também são usados como indicadores do clima no passado, já que a temperatura e a quantidade de chuvas influenciam no crescimento das árvores (um ano mais quente e mais chuvoso fará com que a árvore cresça mais rápido e aparecerá no tronco como um anel mais grosso). A chamada dendrocronologia, porém, tem uma limitação temporal, já que não existem muitas árvores com milhares de anos de idade. Os dendrocronologistas conseguiram recuar o registro de temperatura a, no máximo, 12 mil anos.[5]

Registros climáticos muito mais antigos podem ser obtidos escavando testemunhos de sedimentos do fundo do mar. A taxa de deposição, o tipo de sedimento e sua composição isotópica também variam de acordo com o clima: há espécies de microrganismos marinhos com carapaças de sílica e de calcário que se depositam no fundo do mar quando morrem, e a presença desses microrganismos varia em função da temperatura da água. O teor de oxigênio-18 nas carapaças dos chamados foraminíferos, os microrganismos de calcário, também varia: nos períodos glaciais, quando há muito gelo nos continentes e o nível do mar abaixa, a água do mar fica relativamente rica em oxigênio pesado, o que se reflete na química das carapaças dos foraminíferos. Foi analisando sedimentos marinhos que os cientistas conseguiram comprovar a sucessão de períodos glaciais prevista por Miliútin Milankovitch durante a Primeira Guerra Mundial. Até o Camp Century, árvores e subsolo oceânico eram as únicas maneiras de investigar o clima no passado remoto. Chet Langway chama esses indicadores de "porcarias sem calibragem".

Além da idade facilmente determinável e da variação na composição química, a própria formação de um manto de gelo tem duas peculiaridades físicas que tornam os testemunhos excelentes arquivos climáticos.

A primeira peculiaridade é a captura de bolhas de ar. Em seu ciclo de vida, da precipitação até a formação do gelo glacial, um floco de neve passa por três estágios. O primeiro é a neve propriamente dita, que se deposita na forma dos lindos cristais cheios de pontas cujas versões plásticas decoram árvores de Natal mundo afora. À medida que vai recebendo mais e mais camadas de neve sobre ele, esse floco forma uma massa congelada mais dura, chamada *firn*. O *firn* é altamente poroso e aprisiona o ar recente. Dezenas de metros abaixo da superfície, a pressão faz com que os cristais se fundam ainda mais, formando gelo glacial, um sarcófago eficientíssimo para os ares do passado. Este pode chegar a centenas de milhares de anos de idade em lugares onde há pouca precipitação e onde o gelo escoa devagar. Suas bolhas são conhecidas, com toda justiça, como ar fóssil. A análise dessas bolhas permite saber não apenas a composição química da atmosfera antiga, mas também a altitude em que o gelo se formou e até mesmo se houve degelo em determinado ano — o derretimento forma camadas de gelo sem ar aprisionado.

A segunda peculiaridade física dos testemunhos de gelo é o modo como uma geleira ou um manto glacial são capazes de compactar o próprio tempo, por assim dizer. A espessura de cada camada anual depende, é claro, da quantidade de neve acumulada. E a quantidade de neve depende da precipitação: por paradoxal que possa parecer, neva mais nos lugares mais quentes, como a Groenlândia, já que há mais vapor d'água no ar. Na ilha, a precipitação anual média corresponde a uma camada de vinte centímetros de gelo por ano. "Com três quilômetros de manto de gelo, temos cinco camadas anuais por metro, o que dá 15 mil anos", calcula Bo Vinther. Se a história acabasse aqui, não haveria muita vantagem adicional do gelo glacial em relação aos anéis de árvore. Mas é aí que entra em ação a força da gravidade para socorrer os cientistas.

Ar fóssil
Como o testemunho de gelo preserva a atmosfera do passado

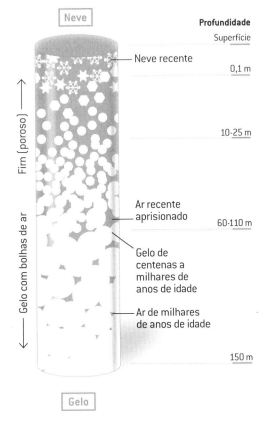

1 **Neve** (recente)
A neve fresca que se deposita sobre um manto de gelo cai na forma de flocos de seis pontas. Em meio aos flocos existe ar.

2 **Firn** (anos a décadas de idade)
À medida que vão sendo soterrados sob outras camadas de neve, os flocos perdem as pontas e ficam arredondados. O ar vai aos poucos sendo aprisionado entre a neve e o gelo nessa fase intermediária.

3 **Gelo** (décadas a milênios de idade)
Com a maior pressão, os flocos de neve fundem-se uns aos outros, formando gelo. O ar fica aprisionado eternamente em forma de bolhas.

Fonte: Instituto Niels Bohr, Universidade de Copenhague.

Como foi dito, é a gravidade que põe o manto em movimento, fazendo-o escorrer lentamente rumo ao oceano. Outro efeito dessa força é achatar as camadas de baixo do manto sob o peso das de cima. Como o gelo é um fluido e as camadas superiores escorrem mais depressa do que as inferiores, estas também vão ficando mais esticadas, como uma massa de pizza sobre a qual se passa um pau de macarrão gigante.

O resultado é que, nas partes mais próximas ao leito rochoso, camadas anuais são reduzidas de vinte centímetros ou mais para poucos milímetros de espessura. Isso permite a manutenção de gelo muito antigo no registro. No Camp Century, por exemplo, os primeiros 1,1 mil metros tinham apenas 10 mil anos de idade, mas os últimos duzentos metros recuavam até 100 mil anos atrás.

A arte de achatar o tempo
Peso e movimento permitem preservar gelo muito antigo nos polos

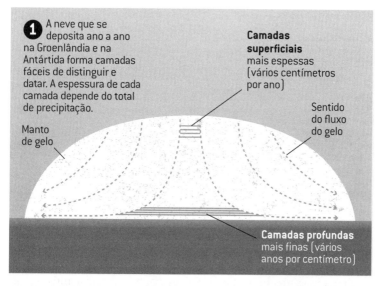

Desde os anos 1960, os cientistas desenvolveram várias maneiras diferentes de fazer um testemunho de gelo "falar" e revelar seus segredos. A maneira clássica é derretê-lo lentamente sobre um disco de metal, camada por camada, e analisar seu conteúdo isotópico e a química de suas impurezas usando um espectrômetro de massa. A análise de outros componentes além da água, como os subprodutos radioativos dos testes nucleares do século passado, como o césio 137, também ajuda a calibrar a datação, já que a "assinatura" desses elementos é inconfundível e o ano em que eles foram liberados no ar é conhecido. O gelo ajudou até mesmo a dedurar testes nucleares realizados secretamente pela União Soviética.

Outra análise consiste em cortar o cilindro ao meio no sentido do comprimento, poli-lo e passá-lo por um aparelho que os dinamarqueses têm em sua antessala gelada, que contém dois eletrodos. Eles medem a condutividade elétrica do gelo, que é mais alta quanto mais ácido for o testemunho. Erupções vulcânicas causam picos de chuva ácida (no caso dos polos, neve ácida) que aparecem claramente no testemunho. Isso permite, quando o ano da erupção é conhecido, calibrar a datação de um testemunho de gelo. Segundo Vinther, nos últimos 2 mil anos é possível usar informações históricas de erupções para datar o gelo: a erupção do Krakatoa, em 1883, produziu um pico de condutividade que aparece muito claramente no gelo da Groenlândia — o que dá uma ideia da força da explosão, que aconteceu a mais de 11 mil quilômetros da ilha, em outro hemisfério. Foi analisando o registro de vulcanismo gravado no gelo e a composição isotópica desse gelo que os pesquisadores tiveram a primeira prova de que erupções grandes são capazes de resfriar a Terra.[6] A poluição por enxofre das décadas de 1940 a 1980 também causou um pico de neve ácida no registro recente — detectada na década de 1990 pelo brasileiro Jefferson Simões no gelo de Svalbard, na Noruega. O *firn* ártico da década de 1980 para cá conduz menos eletricidade, o que mostra o sucesso das políticas de combate à poluição nos países industriais do hemisfério Norte.

Uma terceira forma de obter informações do gelo é extrair o ar fóssil das bolhas e analisar sua composição. Essa ideia ocorreu pela primeira vez ainda nos anos 1960 ao químico suíço Hans Oeschger, da Universidade de Berna. Seu grupo foi o primeiro a desenvolver uma técnica para usar o carbono-14 do ar das bolhas para determinar a idade do testemunho. Também foi pioneiro na medição do conteúdo de CO_2 e de metano do ar fossilizado, algo que se mostraria decisivo para o estudo das variações do clima no passado.

O francês Claude Lorius teve o mesmo insight de forma paralela, em 1965, no final de um dia extenuante de trabalho coletando testemunhos de gelo rasos perto da estação antártica francesa Dumont D'Uville, em pleno inverno. Como aconteceu com o paleotermômetro de Willi Dansgaard, aqui também há uma intervenção do acaso: "À noite, em nosso pequeno abrigo, fizemos comida e bebida, começando com um copo de uísque, no qual eu pus alguns cristais de nossas amostras de gelo. As bolhas sob pressão explodiram quando o gelo derreteu no uísque. Essas bolhas eram amostras de nossa atmosfera no passado", relatou-me Lorius.

A extração do ar das bolhas pode ser feita de duas formas: cozinhando a amostra em fogo brando e coletando o ar para análise em espectrômetros ou, o procedimento mais comum hoje em dia, moendo-a a vácuo. A análise das bolhas de ar forneceu uma das evidências mais convincentes já obtidas da ligação entre gases-estufa e mudanças climáticas. Estudando-as, nos anos 1970, dois grupos, um liderado por Oeschger e outro pelo colega de Lorius, Dominique Raynaud, confirmaram a sugestão inicial de Svante Arrhenius de que o teor de gás carbônico na atmosfera durante a era do gelo era cerca de 30% menor do que hoje (Arrhenius havia calculado a diferença em 40%, uma precisão impressionante para alguém que só tinha lápis e papel na mão para fazer seus estudos).

As bolhas guardavam ainda outras surpresas para os cientistas. Para isso, porém, a pesquisa com testemunhos teve de se expandir para além da Groenlândia. Seria preciso encontrar um lugar onde o gelo fosse espesso o bastante e, ao mesmo tempo, onde a precipitação anual fosse mínima, produzindo camadas anuais mais finas e, portanto, aumentando a chance de haver mais anos comprimidos num mesmo testemunho. E só havia um local no mundo que reunisse essas características: o continente mais seco, mais frio e mais ventoso da Terra, a Antártida.

Em 1957, no auge da Guerra Fria, os países do Leste e do Oeste suspenderam as hostilidades momentaneamente de forma improvável no continente austral. Por sugestão dada em 1952 pelo Conselho Internacional das Uniões Científicas, aquele ano seria dedicado às pesquisas geofísicas antárticas. O biênio 1957-8 foi decretado Ano Polar Internacional, com participação de 67 países. Doze deles construíram 48 estações de pesquisa, quatro no interior do continente — pela primeira vez.

As duas superpotências rivais da época, Estados Unidos e União Soviética, ficaram com os maiores desafios logísticos. No ano anterior, os Estados Unidos haviam começado a construção de uma base no polo Sul geográfico, a estação Amundsen-Scott. Para os soviéticos sobrara a missão de erguer uma estação num lugar com o nome agourento de Polo da Inacessibilidade, um planalto de gelo isolado a 1,3 mil quilômetros a sudeste do polo Sul.

O lugar é medonho sob qualquer aspecto: é uma das regiões mais secas da Terra, com precipitação anual de 21 milímetros (volume de uma boa chuva de verão no Brasil), e até 2013 deti-

A estação polar russa Vostok, onde o primeiro testemunho de gelo antigo da Antártida foi perfurado, oferecendo aos cientistas um vislumbre até então inédito do passado climático da Terra.

nha o recorde da temperatura mais baixa já registrada no planeta: 89,2 graus negativos. Durante 130 dias por ano não há sol e, destes, oitenta são de escuridão completa. No verão as coisas não ficam muito melhores: a temperatura raramente sobe além dos trinta graus negativos, embora tenha sido registrada uma onda de calor em 1974 que deixou o lugar em condições quase tropicais — "apenas" 13,6 graus negativos.[7] Ali os russos montaram sua estação, inaugurada em dezembro de 1957 e batizada Vostok em homenagem a um dos navios do explorador polar russo Thaddeus Bellingshausen.

Em 1970 os soviéticos começaram a fazer a primeira perfuração profunda do manto de gelo de Vostok. Os franceses Claude Lorius e Dominique Raynaud, que trabalharam no local nos anos 1980, descrevem a base como um lugar de "condições de vida precárias": todos os suprimentos para a estação tinham de ser levados de trator a partir de outra estação russa, a 1,4 mil quilômetros, numa viagem que durava mais de um mês. O trabalho de perfuração do gelo era feito durante o ano inteiro, o que significava trabalhar no inverno a temperaturas de setenta graus negativos.

Extrair o gelo é um trabalho que requer paciência e um grau de organização que beira a psicose, já que uma coluna de dois quilômetros ou mais precisa ser trazida à superfície em pedaços de no máximo três metros. Estes, por sua vez, devem ser partidos em pedaços menores e etiquetados na ordem certa. Troque um pedaço de lugar ou se esqueça de etiquetá-lo e você pode pôr toda a cronologia — e anos de trabalho e centenas de milhares de dólares — a perder. E ninguém gosta de refazer esse tipo de serviço, já que as tendas onde as brocas são instaladas não podem contar com aquecimento, sob pena de derreter as preciosas amostras.

O testemunho de Vostok seria escavado em várias etapas, devido a problemas diversos. O mais comum deles era a ponta da broca ficar presa no gelo, o que forçava os soviéticos a fazer uma ramificação, escavando um segundo buraco a partir do primeiro. Também aconteceu um incêndio no gerador de energia da broca que paralisou os trabalhos por sete meses. No fim da década de 1980, o colapso da União Soviética ameaçou acabar com o projeto. Antes disso, em 1977, pesquisadores estudando dados de radar a bordo de aviões fizeram uma descoberta que mudaria a ciência polar e exigiria cuidado redobrado na perfuração de Vostok: bem embaixo da estação existia um enorme lago de água líquida, 3750 metros abaixo da superfície e com estimados seiscentos metros de profundidade. Mapeado na década de 1990 por pesquisadores britânicos, o lago se revelou dez vezes maior em área do que a cidade de São Paulo. Achava-se que pudesse haver ali um ecossistema preservado por milhões de anos, portanto a perfuração precisava ser feita com cautela para não contaminar o lago.

O risco era grande porque, como o gelo é viscoso, o trabalho de extração de um testemunho precisa usar líquidos com a mesma densidade do gelo para evitar que o buraco da broca feche ao longo do trabalho. Dansgaard comparava a tarefa a enfiar um canudo numa tigela com mingau de aveia: um buraco fica aberto no fluido quando você tira o canudo, mas ele fecha logo. O líquido de perfuração geralmente é óleo de coco ou algum derivado de petróleo, como querosene — e nenhum dos dois seria bem-vindo no ecossistema mais intocado que se supunha existir no planeta.

Os percalços na extração fizeram com que o primeiro testemunho profundo de Vostok, de 2202 metros, fosse finalizado apenas em 1985. Àquela altura, o projeto era internacional, com o envolvimento de franceses e americanos — que bancariam a estação durante a crise financeira russa depois do fim do comunismo, impedindo que o programa fosse desativado.[8] A superfície do lago Vostok só foi atingida em fevereiro de 2012, 42 anos depois de a primeira broca furar o gelo na estação russa.

O primeiro trabalho científico sobre o testemunho foi publicado com pompa e circunstância em 1987 na revista *Nature*. Pela primeira vez os cientistas tinham à disposição um registro completo de um ciclo glacial, com 150 mil anos de idade. O gelo de Vostok compreendia desde o final da penúltima glaciação até o presente. Um segundo testemunho foi concluído em 1998, a 3623 metros, e se estendia por impressionantes 420 mil anos. Nada menos do que quatro glaciações completas podiam ser estudadas com precisão inédita. Vostok mostrava, ano a ano, como

Estágios da penetração em Vostok desde 1980
Lago só foi atingido em 2012

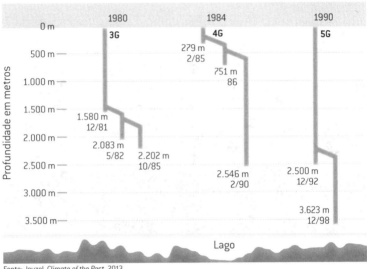

Fonte: Jouzel, *Climate of the Past*, 2013.

o clima mudara em todo esse período. O gráfico produzido a partir da análise química do testemunho permitia visualizar os ciclos de Milankovitch, com a Terra entrando e saindo de períodos glaciais a intervalos mais ou menos regulares, sempre que parâmetros orbitais — em especial o ciclo longo de achatamento e arredondamento da órbita, de 100 mil anos — produziam menos ou mais incidência de radiação solar sobre o planeta.

Há duas coisas notáveis no registro de Vostok. A primeira é o tamanho do atual período interglacial, o Holoceno. Nos últimos 10 mil anos, o clima tem gozado de uma estabilidade sem precedentes em 420 milênios. Repare na ponta esquerda da segunda linha do gráfico, que mostra como variou a temperatura na Antár-

Registro climático de Vostok

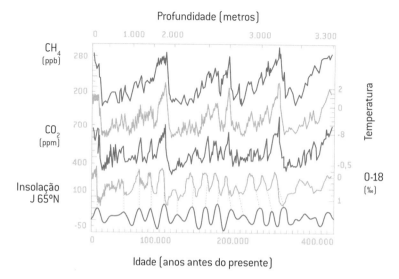

Apresenta quatro glaciações bem marcadas, sendo os picos no gráfico correspondentes aos períodos interglaciais. Repare como a variação de temperatura tem uma correlação quase perfeita com o gás carbônico e o metano, os principais gases do efeito estufa.

tida (uma indicação de como variou a temperatura no planeta) em todo o período: o Holoceno é quase uma reta, indicando pouca alteração nas temperaturas. Mudanças climáticas radicais aconteceram durante todos os períodos anteriores — falaremos delas adiante —, mas jamais no Holoceno, com uma exceção importante, da qual também falaremos. O Holoceno é quase tedioso de tão previsível.

Os pesquisadores acham que a estabilidade climática desse período, apelidado de "o longo verão", foi o que permitiu aos seres humanos deixarem de ser nômades caçadores-coletores, sempre sujeitos ao que o ambiente lhes trouxesse, e adotassem a agricultura e a criação de animais. Como foi exatamente a agricultura que permitiu a invenção da escrita e a divisão social do trabalho que produziria as civilizações complexas no Oriente Médio, na China, na América e na África, os arqueólogos costumam dizer que a sociedade humana tal qual existe hoje — com 7 bilhões de pessoas, cidades e tecnologia — é um produto direto do clima previsível do Holoceno. É exatamente essa previsibilidade que se encontra ameaçada pelo lançamento desenfreado de carbono na atmosfera por essa mesma civilização.

A segunda coisa notável na análise química do testemunho de Vostok vem da observação do conteúdo das bolhas de ar. O grupo francês que participou da interpretação dos dados conseguiu estabelecer como o teor de CO_2 e o de metano variaram em todo esse período. O resultado deixou a academia de queixo caído: ambos variavam praticamente em sincronia com a temperatura.[9] Mais gases-estufa no ar, mais calor. Menos gases-estufa no ar, mais frio. Com efeito, como nota o oceanógrafo americano David Archer, o casamento entre as curvas de gases-estufa e a de temperatura no registro paleoclimático antártico é uma das correlações mais impressionantes já estabelecidas pela ciência. "Nem mesmo a ligação entre cigarro e câncer, um padrão de ouro no mundo médico, é tão clara quanto a correlação entre CO_2 e temperaturas na Antártida",[10] afirma Archer. Essa é uma aparente contradição: afinal, não havia seres humanos 400 mil anos atrás para produzir essas variações no teor de gases-estufa no ar. O que quer que tenha ocorrido para fazer CO_2 e metano subirem e descerem, foi necessariamente um mecanismo natural. E mais: as curvas de temperatura e de gases de efeito estufa de Vostok trazem uma questão que o glaciologista francês Jean Jouzel chama de "problema do ovo e da galinha": o que aconteceu primeiro, a elevação na concentração de gases-estufa ou a elevação na temperatura? Os gases-estufa aumentaram de concentração no ar e isso ajudou a empurrar o clima para os períodos interglaciais? Ou eles apenas responderam a uma elevação de temperatura, sem que tenham tido nenhum papel nela? Em outras palavras, o CO_2 é mesmo autor do crime ou apenas um pedestre inocente que calhou de passar ao lado do corpo bem na hora em que a polícia chegou? E o principal: o que isso informa sobre o papel para o clima futuro dos gases-estufa que estamos lançando no ar hoje?

Até hoje ninguém sabe direito o que fez os níveis de gases-estufa subirem tanto. É provável que, no caso do CO_2, a elevação da temperatura causada pela maior incidência de radiação solar tenha liberado o gás carbônico que se encontrava armazenado em grandes quantidades dissolvido no mar gelado do oceano Austral. O gás carbônico dissolve em líquidos frios, mas forma bolhas e escapa quanto a temperatura sobe. Quem já experimentou abrir uma garrafa de dois litros de refrigerante quente sabe como esse escape de CO_2 pode ser dramático. Agora imagine isso em escala planetária.

A maior atividade de plantas e solos nos ecossistemas terrestres também pode ter sido um agente retroalimentador. Para o metano, a suspeita recai sobre pântanos e solos congelados (o *permafrost*, que hoje também dá sinais de derretimento, como visto) que ocorrem sobretudo no hemisfério Norte, o qual concentra as terras emersas do globo. Essas zonas teriam começado a derreter e liberar o gás com o aquecimento inicial da Terra. Mas nada disso está muito claro.

A tarefa dos glaciologistas tem um complicador adicional: existe uma incerteza inerente à datação do ar das bolhas. Isso porque o *firn*, por ser poroso, troca ar com a superfície o tempo todo, por convecção, e essa troca pode acontecer a até cem metros de profundidade. Ou seja, quando o gelo finalmente se fecha e aprisiona o ar, este ar é muito mais jovem do que o material em volta.

Quanto menor a precipitação — o que, como vimos, é o caso na Antártida —, maior será essa incerteza.

Quando os dados da parte profunda de Vostok foram publicados, em 1999, os pesquisadores achavam que a Antártida tivesse começado a aquecer de seiscentos a oitocentos anos antes de o CO_2 e o metano subirem de nível na atmosfera.[11] Muitos negacionistas do clima se apressaram a concluir que o gás carbônico era inocente. No entanto, ao analisar separadamente o poder de aquecer a Terra de cada elemento envolvido nas mudanças vistas no gelo de Vostok — a variação orbital, os gases-estufa e outros fatores —, o grupo francês concluiu que nenhum deles isoladamente poderia explicar tudo. A elevação de quatro a cinco graus observada na temperatura da Terra entre a última glaciação e o Holoceno só pode ser entendida se metade dela for atribuída à variação orbital e metade aos gases-estufa.

"Nossa interpretação é de que os gases de efeito estufa serviram de amplificador. Somente a mudança na insolação é incapaz de explicar a transição da era do gelo para o período interglacial", afirma Jouzel, diretor do Laboratório de Ciências do Clima e Ambiente (LSCE, na sigla em francês) do Instituto Pierre Simon Laplace, em Gif-sur-Yvette, nos arredores de Paris, e um dos autores principais do trabalho de análise do testemunho de Vostok.

Uma resposta definitiva a essa questão de ovo e galinha ainda não existe. Mas Jouzel e seus colaboradores chegaram perto dela em 2013, analisando o gelo de um segundo buraco profundo escavado na Antártida. Antes disso, lançaram um dos alertas mais sombrios já dados sobre o papel dos gases-estufa no clima da Terra no passado e no futuro.

Valérie Masson-Delmotte não tem dúvida de quem apanhar na saída da estação de trem Le Guichet, em Gif-Sur-Yvette. A barba de uma semana e a pele queimada de sol denunciavam que eu acabara de chegar da Groenlândia — ela já havia visto o tipo muitas vezes antes.

A climatologista do LSCE abaixa o vidro do carro, um Toyota Yaris azul (híbrido, claro), e me faz sinal para entrar. Nos menos de dez minutos do trajeto até o laboratório, a francesa de fala rápida metralha explicações sobre a complexidade dos registros climáticos e a dificuldade de atribuir eventos extremos singulares ao aquecimento global. Mesmo assim, diz que o espantoso degelo observado na Groenlândia no ano anterior dificilmente se explicaria na ausência de mudanças climáticas.

Masson-Delmotte é uma das maiores autoridades do mundo em clima antigo da Antártida. Ela foi uma das responsáveis por produzir o gráfico mostrando a variação conjunta de CO_2 e temperatura no continente nos últimos 650 mil anos. O trabalho não chegou a virar um ícone da cultura popular, é verdade, mas foi celebrado por Al Gore em *Uma verdade inconveniente*. Na cena em que Gore sobe numa grua para mostrar como o nível de carbono na atmosfera hoje não tem precedentes na história, a projeção que ele mostra na tela vem dos dados publicados pela cientista francesa e seus colegas. "Para mim é mágico estar num projeto desses e ver meu trabalho nos livros escolares", sorri. Pergunto como é fazer pesquisas no continente gelado. A resposta é cândida: "Nunca estive na Antártida". Diante da minha cara de espanto, Masson-Delmotte prossegue: "Com filhos pequenos, fica inviável passar três meses no campo, que é o mínimo que você precisa permanecer quando vai para lá". Quando vai trabalhar no gelo, é sempre na Groenlândia, ligada à Europa por voos comerciais regulares.

Engenheira de formação, Valérie se juntou ao LSCE em 1998, quando um grupo franco-italiano chamado Epica (sigla em inglês para Projeto Europeu de Testemunhagem de Gelo na Antártida), liderado por Jean Jouzel, se preparava para iniciar a perfuração

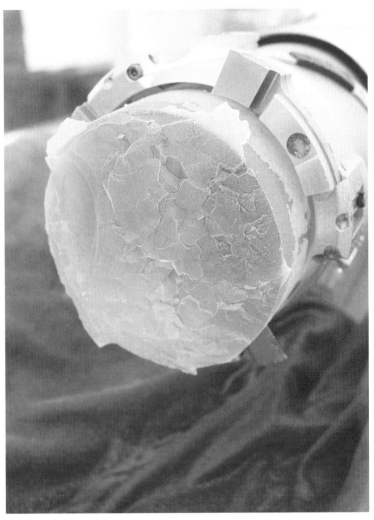

O testemunho de gelo extraído do Domo C, perto da estação antártica italiana Concordia, abriu aos glaciologistas a maior janela para o passado climático da Terra: oitocentos milênios com variações anuais registradas.

daquilo que ficaria conhecido como a maior máquina do tempo já descoberta: um testemunho de gelo de 3,27 mil metros escavado no chamado Domo C, na estação polar italiana Concordia. Apesar de mais fina do que em Vostok, a capa de gelo naquele local era provavelmente mais velha porque se movimenta menos ao longo do ano. "Em 1994, quando elaboramos o projeto científico, prometemos que chegaríamos a 500 mil anos", lembra Jouzel. "Não queríamos parecer otimistas demais." A ideia era enxergar os ciclos glaciais anteriores ao registro de Vostok, que naquela época tinha chegado a apenas 250 mil anos.

O Epica acabou entregando muito mais do que o prometido: em junho de 2004, o grupo europeu concluiu o registro não de 500 mil, mas de 740 mil anos, cobrindo oito ciclos glaciais completos.[12] Nos anos seguintes, ele seria estendido a 800 mil anos, dando aos cientistas acesso direto à variação do clima da Terra e das concentrações de gases-estufa em todo esse período.

A principal conclusão das análises do Domo C foi que a relação entre gases-estufa e temperatura se manteve constante durante os últimos 800 mil anos: os níveis de CO_2 e metano subiam nos períodos quentes e caíam nos períodos frios. A outra conclusão foi uma surpresa: nem todas as glaciações eram iguais. Os últimos três ciclos glaciais foram marcados por períodos quentes muito breves — cerca de 4 mil anos, no máximo —, seguidos de um regresso do gelo. Antes de 430 mil anos atrás, os chamados períodos interglaciais eram mais longos e estáveis: o quinto antes do atual durou 28 mil anos. O Holoceno, o "longo verão", tinha afinal precedentes na história da Terra.

Esse dado era totalmente insuspeitado nos anos 1970, quando uma série de invernos muito frios no hemisfério Norte e uma tendência ao resfriamento da Terra vista desde o final da

Segunda Guerra (e que se deveu provavelmente ao aumento brutal da poluição por enxofre de termelétricas) fez correr pela imprensa a hipótese de que estivéssemos para entrar numa nova era glacial,[13] já que o Holoceno estava durando mais do que o dobro dos outros períodos interglaciais. O Domo C pôs esse mito de lado. "Acreditamos que, devido ao formato quase circular da órbita da Terra hoje, o atual período quente possa durar mais 15 mil anos", afirma Jean Jouzel.

Mas alguma coisa fizera o ritmo das glaciações mudar de 430 mil anos atrás para cá. As temperaturas na Antártida nesses interglaciais eram mais baixas do que nos últimos períodos quentes, e os períodos glaciais também eram menos frios. Um elemento dessa mudança, claro, eram os padrões orbitais. Mas aquilo era muito pouco para pôr o planeta num novo modo de funcionamento, por assim dizer. Algo mais deveria estar em ação, e os europeus já desconfiavam do que seria. A resposta estava nas bolhas de ar, como mostraram Jouzel e Masson-Delmotte, em 2005, juntamente com Thomas Stocker, ex-aluno e substituto de Hans Oeschger em Berna.

Os europeus descobriram que os níveis de CO_2, metano e óxido nitroso, os três principais gases de efeito estufa, mudaram de patamar 430 mil anos atrás, por causas naturais — que ainda hoje não estão claras. Fato é que, antes da quarta glaciação (contada do presente para o passado), os níveis de CO_2 variaram entre 180 e 260 ppm (partes por milhão), um valor 30% menor do que a média observada de 430 mil anos para cá antes da era industrial,[14] quando eles chegaram a um máximo de 280 a trezentas ppm. Como se ecoando o número mágico de Arrhenius, uma mudança de 30% nas concentrações de gases-estufa produziria uma variação de cinco graus na temperatura da Antártida no passado: os quatro últimos períodos interglaciais foram em média cinco graus mais quentes do que os anteriores. Mais gás carbônico, metano e óxido nitroso na atmosfera agiram em conjunto com as maiores diferenças de insolação entre os hemisférios, dadas pela órbita terrestre mais achatada, para produzir um clima mais quente e mais mal-humorado nesses últimos quatrocentos milênios. Os períodos de estabilidade ficaram mais curtos, e as variações, mais amplas. A mensagem era assustadora.

O que o trabalho não chegou a dizer, mas deixou implícito, foi o que isso significava para a Terra hoje: nos registros do Domo C, do Vostok e de todos os outros testemunhos de gelo profundos escavados na Antártida, em momento algum as concentrações de gás carbônico ultrapassaram as 280 a trezentas ppm. No pico de 280 ppm do registro histórico no último período interglacial, há cerca de 125 mil anos, a temperatura local na Antártida era cinco graus mais alta do que hoje (a temperatura global era provavelmente dois graus mais alta do que no período pré-industrial). A existência de uma boa meia dúzia de testemunhos que puderam ser comparados entre si dava aos pesquisadores segurança sobre os resultados: é possível errar na análise de um testemunho, mas na de seis ou sete fica mais difícil, já que falhas óbvias tendem a aparecer, ainda mais quando grupos independentes fazem análises separadas.

Na época da publicação do estudo, a concentração de CO_2 na atmosfera da Terra estava em 380 ppm, um valor por sua vez quase 30% maior do que o teto em qualquer período dos últimos 650 mil anos. A de metano estava em torno de 1,7 mil ppb (partes por bilhão), contra 750 ppb do valor máximo no testemunho de gelo. Apenas uma década depois do estudo dos franceses, o nível de CO_2 na atmosfera bateu as quatrocentas ppm. No testemunho de gelo, aumentos da ordem de vinte ppm nas concentrações de gases-estufa levavam vários séculos para acontecer. Agora eles ocorrem em menos de duas décadas. "Estamos obviamente num novo território", diz Jouzel. Para encontrar um período no qual a atmosfera terrestre

Um registro inconveniente
Gelo do Domo C revela que concentração atual de CO_2 não tem precedentes em pelo menos 650 mil anos

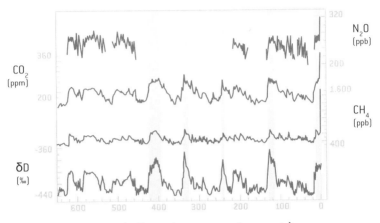

O gráfico acima, tornado famoso por Al Gore no filme *Uma verdade inconveniente*, é resultado da análise das bolhas de ar do testemunho de gelo do Domo C, na Antártida. De baixo para cima, as curvas representam a variação de temperatura, metano, CO_2 e óxido nitroso nos últimos 650 mil anos. Os picos representam os períodos interglaciais. Repare na disparada sem precedentes das concentrações de gases do efeito estufa na era industrial, no canto direito.

Fontes: IPCC, AR4, Sumário Técnico.

teve níveis tão altos de gases de efeito estufa, seria preciso recuar até 3,3 a 3,5 milhões de anos atrás, num período geológico conhecido como Plioceno. No Plioceno, as temperaturas médias da Terra eram pelo menos três graus mais altas do que hoje e não havia nem traço de gelo no hemisfério Norte. O nível do mar era vários metros mais alto.[15] Definitivamente não é o tipo de mundo no qual 7 bilhões de pessoas gostariam de se ver lançadas.

E talvez "lançadas" seja mesmo a expressão, já que não há registro na história recente da Terra de uma elevação tão grande na concentração de CO_2 e metano num intervalo tão curto de tempo — meros duzentos anos. A variação foi tão repentina que, para caber na escala de centenas de milhares de anos do gráfico compilado por Valérie Masson-Delmotte e colegas, ela precisou ser representada como uma reta. Daí a brincadeira de Al Gore no filme de usar uma grua para apontar o topo da curva de CO_2 nos dados do Domo C.

Como essa concentração se traduzirá em aumento da temperatura e em elevação do nível do mar nos próximos anos — os cientistas do clima chamam essa tradução de "sensibilidade climática", o parâmetro primeiro calculado por Arrhenius — é objeto de debates intensos na academia. A sensibilidade climática depende de uma série de mecanismos de retroalimentação, nos quais um elemento pode reforçar outro — como o elo entre carbono, temperatura e degelo no Ártico — ou cancelá-lo, como ocorre quando o efeito estufa produz mais evaporação e mais nuvens altas, que por sua vez ajudam a resfriar o planeta. O IPCC, em seu Quinto Relatório de Avaliação, de 2013, estima que o clima esquentará de 1,5 grau a 4,5 graus em resposta a uma duplicação da quantidade de gases-estufa na atmosfera em relação às 280 ppm da era pré-industrial.

O que os dados do gelo parecem deixar claro, porém, é que a relação entre gases-estufa e temperatura tem sido tão íntima nos últimos 800 mil anos que não é razoável esperar que o pico atual vá passar impune. "Não há dúvida para nós de que o motor dos ciclos glaciais e interglaciais é o CO_2", afirma Masson-Delmotte. Mas ainda há um detalhe crucial, do qual o leitor atento deve estar se lembrando agora: quem nasceu primeiro, o ovo ou a galinha? Os gases-estufa respondem a uma variação natural da temperatura ou causam o aquecimento global? Se eles demoraram de seis a oito séculos para elevar as temperaturas na Antártida no passado, por que deveríamos esperar que causem mudanças climáticas cataclísmicas nas próximas décadas?

Bem, primeiramente, porque o planeta *já esquentou* 0,85 grau entre 1880 e 2012, sem nenhuma variação orbital ou outra causa natural que pudesse dar conta disso: o aquecimento observado é causado majoritariamente pelos gases-estufa. Depois, porque a questão do ovo e da galinha começou a ser respondida pelos cientistas do Epica, fazendo novas medições no gelo do Domo C. Usando um método de análise que não estava disponível na época da perfuração, a contagem da razão entre os isótopos nitrogênio-14 e nitrogênio-15, o grupo europeu estimou que, pelo menos nos últimos 20 mil anos, do fim da última glaciação para cá, temperatura e gases-estufa variaram sincronicamente. "Depois que usamos a nova cronologia, baseada em nitrogênio, obtivemos diferença de tempo quase zero entre temperatura e aumento do CO_2", diz Valérie Masson-Delmotte. O recado é cristalino como o gelo da Antártida. Mas os testemunhos glaciais têm ainda outro alerta importante a dar à humanidade. Para ouvi-lo, decolaremos da Antártida e voltaremos à Groenlândia. Porém antes faremos uma escala no sul do Brasil para olhar algumas cavernas.

8. Do Ártico, com carinho

"Interessante você ter precisado sair do país para saber de minha pesquisa."

O e-mail vinha de Francisco William da Cruz, um professor de geologia da Universidade de São Paulo. O nome na assinatura, porém, era outro, um apelido que Cruz ganhou explorando cavernas na adolescência e pelo qual ainda hoje prefere ser chamado: Chico Bill. Eu jamais ouvira falar nem de Chico nem de Francisco. A primeira menção a ele me fora feita semanas antes pela paleoclimatóloga francesa Françoise Vimeux, que destacara a importância das pesquisas do professor "Franciscô Crruz" durante uma conversa na sede do Laboratório de Ciências do Clima e Ambiente, nos arredores de Paris. Vimeux, uma autoridade mundial no clima antigo da América do Sul, tratava o tal professor "Crruz" com tamanha deferência que eu me senti meio ignorante por não conhecer o sujeito. Mas achei se tratar apenas de um velho cientista que descobrira algo de interesse puramente acadêmico em algum momento do passado.

Enganei-me duplamente: Chico Bill tinha apenas 42 anos

quando conversamos e uma cara de estudante de pós-graduação. Criado em Natal e radicado em São Paulo desde a década de 1990, Cruz fala com um sotaque paulistano forte, ao qual mistura uma entonação potiguar igualmente forte sempre que se empolga — como ao dizer que algo em seu campo de trabalho é "révólucionário" ou que tal grupo está "rídífinindo" uma determinada área de estudos. E suas pesquisas, embora certamente tenham interesse acadêmico, também são relevantes para o debate atual sobre mudança climática. Elas ajudaram a confirmar uma das descobertas mais sensacionais — e assustadoras — da climatologia: a de que o clima da Terra tem capacidade de mudar radicalmente e sem aviso em muito pouco tempo.

A possibilidade de mudanças climáticas abruptas foi explorada de maneira nada sutil pelo cineasta alemão Roland Emmerich no blockbuster *O dia depois de amanhã* (2004). No filme, o aquecimento global provoca o desligamento de um sistema de correntes oceânicas que leva calor do equador ao hemisfério Norte. O resultado é uma onda de frio que mergulha a Terra numa era glacial em questão de alguns dias.

Apesar da patacoada hollywoodiana, o filme faz uma referência quase correta ao trabalho dos glaciologistas, que detectaram evidências de mudanças climáticas bruscas guardadas nos testemunhos de gelo. A última delas ocorreu 8,2 mil anos atrás, já no Holoceno, e de fato empurrou o planeta de volta a condições semelhantes às do período glacial por quase um século.

Cruz descobriu um sinal dessas viradas repentinas gravado em cavernas de Santa Catarina e do Vale do Ribeira, em São Paulo. Em 2005, ele e alguns colegas mostraram que episódios de aquecimento e resfriamento acentuados no Ártico no passado se refletiam diretamente no padrão de chuvas do Brasil, secando o país ou fazendo-o se acabar em tempestades. O trabalho complementava de maneira espetacular informações primeiro detectadas nos testemunhos de gelo da Groenlândia e depois numa caverna da China. E eliminava de vez a suspeita de que esses episódios fossem um fenômeno restrito ao hemisfério Norte.

A máquina do tempo usada por Chico Bill em suas investigações diferia bastante da dos glaciologistas. Em vez de uma coluna de gelo de três quilômetros escavada durante anos com brocas sofisticadas ao custo de milhões de dólares, ela consistia em uma estalagmite de setenta centímetros de comprimento arrancada a marretadas da gruta de Botuverá, a 150 quilômetros de Florianópolis. O custo logístico de expedições glaciológicas polares inclui aviões cargueiros Hércules pousando com esquis e carregados de equipamentos, tratores especiais portando radares para detectar fendas e a construção de instalações autossuficientes — que contam até mesmo com chuveiros quentes e torneiras de chope — para trinta ou mais pessoas no meio do manto de gelo. O da expedição de Cruz foi calculado numa passagem de ônibus da Viação Itapemirim, um lanche na estrada e um tanque de gasolina rateado entre quatro pessoas.

Aquela estalagmite abriria mais uma valiosa janela para o entendimento do clima no passado e aumentaria o arsenal de "lentes" à disposição dos climatologistas para entender o que aconteceu com a Terra nos últimos milênios e o que ainda pode acontecer no futuro devido à ação humana. O trabalho, porém, consumiria cinco anos e uma verdadeira epopeia para ser concluído. Nesse período, o geólogo potiguar precisaria encarar uma competição com amigos pela prioridade na publicação dos dados, driblar um atentado terrorista e contar com lances de sorte — e até um pedido de intervenção divina — antes de vê-lo publicado.

A aventura dos cientistas para montar o quebra-cabeça das surpresas climáticas, porém, começa longe de Botuverá. Mais especificamente, ela se inicia no fundo lodoso e fedido de um pântano na Suécia, onde uma flor apareceu num lugar inesperado para confundir os pesquisadores.

Já foi mencionada a péssima reação dos cientistas britânicos na década de 1930 à sugestão de Guy Callendar de que o dióxido de carbono produzido por seres humanos estivesse alterando a temperatura. Naquela época, o pensamento dominante era o de que o clima era algo dado e mais ou menos imutável. O sistema terrestre, insistia o cânone acadêmico, era tão grande e tão complexo que nenhuma força conhecida poderia fazê-lo virar de uma hora para outra — muito menos a ação da humanidade.

Esse ideário derivava diretamente da primeira grande teoria sobre o funcionamento da Terra, desenvolvida um século antes pelo britânico Charles Lyell (1797-1875). Em sua obra-prima *Princípios da geologia*, publicada entre 1830 e 1833, Lyell argumentou que "o presente é a chave para o passado": as forças que moldaram o globo eram as mesmas que ainda estão em ação hoje e que atuam lentamente ao longo do tempo geológico. Tal noção foi fundamental para que outro britânico, Charles Darwin (1809-82), desenvolvesse sua teoria da evolução das espécies. "*Natura non facit saltus*" (a natureza não dá saltos), costumava dizer Darwin.

O pensamento científico daquela época lutava para se libertar do catastrofismo de inspiração bíblica, segundo o qual os dinossauros, por exemplo, eram bichos que não couberam na arca de Noé. O gradualismo de Lyell surgia como uma tábua de salvação para a ciência. A publicação, em 1859, de *A origem das espécies*, de Darwin, que explicava o desenvolvimento da complexidade no mundo vivo por meio do acúmulo de mudanças discretas ao longo do tempo geológico, coroou o triunfo do gradualismo. No atacado, a ideia está obviamente correta. Mas, infelizmente para essa escola de pensadores, a natureza às vezes dá seus pulinhos, sim.

Na década de 1930, testemunhos coletados de sedimentos em pântanos e lagos na Suécia revelaram uma camada inesperada contendo pólen e restos de flores de uma planta chamada *Dryas octopetala*. Trata-se de uma flor típica da tundra e de ambientes de montanha, que não sobrevive em climas quentes. O estudo de pólens fósseis, chamado palinologia, já era naquela época uma ferramenta de reconstituição do clima: diz-me que tipo de pólen ocorre num dado sedimento e eu te direi mais ou menos que clima tinhas na época em que aquele sedimento foi depositado. Pólen de coníferas indica clima temperado; pólen de palmeiras, clima tropical, e assim por diante. Uma maneira de avaliar o clima no passado é perfurar o fundo de lagos e pântanos, ricos em matéria orgânica, coletar colunas de sedimento, examinar a sucessão de tipos de vegetação e datá-los usando o método do carbono-14, o mesmo aplicado em múmias e outros vestígios arqueológicos orgânicos.

Os sedimentos escandinavos mostraram a ocorrência de restos de *Dryas* em períodos alternados: a florzinha branca sumia e reaparecia, indicando que o clima havia se alternado de frio para quente, depois frio, depois quente outra vez. A camada superior de *Dryas*, no entanto, não deveria estar lá. Ela indicava que o final da glaciação fora marcado por oscilações inesperadas no clima. Essa camada foi datada em cerca de 12,8 mil anos.

Nessa época, em tese, o planeta já teria entrado na fase de aquecimento que produziria o atual período quente, o Holoceno. Este começara com mudanças no hemisfério Sul há cerca de 18 mil anos, atingira picos de temperatura no hemisfério Norte há 14 mil anos e, por alguma razão, parecia ter sido interrompido drasticamente há 12,8 mil anos. O que a camada de *Dryas* superior — como mais tarde seria batizado esse intervalo de tempo — parecia sugerir era que a Terra, como um alcoólatra que tenta largar o hábito, tivera uma recaída e voltara a condições glaciais por cerca de mil anos. O período frio, então, acabou, tão de repente quanto havia começado,[1] e o Holoceno propriamente dito pôde continuar até os dias de hoje.

A transição climática do Dryas Superior revelada nos lagos suecos depois apareceria também em sedimentos marinhos e em lagos de outras partes do mundo. Porém, parecia ser algo que se desenrolara na escala de centenas a poucos milhares de anos. Até então, a noção de "abrupto" no que dizia respeito ao clima tinha sempre como referência os intervalos absurdamente longos do tempo geológico, no qual um milênio é um mero piscar de olhos.

Essa noção começou a mudar quando Willi Dansgaard, Chet Langway e seus colegas olharam para os dados do testemunho de gelo extraído do Camp Century, na Groenlândia. O paleotermômetro de oxigênio-18 mostrava claramente no gelo o resfriamento anormal do Dryas Superior e as mudanças climáticas muito mais suaves ocorridas no Holoceno, como o Período Quente Medieval e a Pequena Idade do Gelo. Mas também registrava oscilações violentíssimas *durante* a glaciação. Lembre-se de que, quanto menor a proporção de oxigênio-18 em relação ao oxigênio-16, mais frio era o clima. E os dados de delta do Camp Century, dispostos num gráfico, mais pareciam um eletrocardiograma, com variações bruscas e totalmente inesperadas. De duas uma, raciocinou Dansgaard: ou a amostra tinha algum problema sério, como uma mistura entre camadas de gelo que perturbava os dados, ou eles estavam diante de surpreendentes variações climáticas num prazo muito curto.[2]

Os resultados intrigaram tanto os cientistas que eles resolveram ir atrás de mais gelo para tirar a teima. Um consórcio chamado Gisp (sigla em inglês para Projeto Manto de Gelo da Groenlândia) foi formado por Estados Unidos, Dinamarca e Suíça para

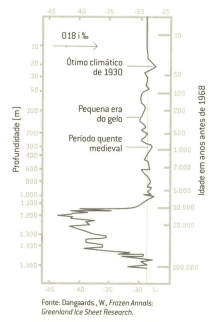

Fonte: Dangaards., W., *Frozen Annals: Greenland Ice Sheet Research*.

As oscilações no gráfico mostram como a temperatura média nos últimos 100 mil anos variou no Camp Century. Quanto mais à esquerda, mais frio. O Dryas Superior é o último pico do gráfico antes da entrada no Holoceno, há 10 mil anos.

fazer perfurações profundas em outras áreas da Groenlândia. Mais uma vez, as conexões de Chet Langway com o Pentágono se mostrariam frutíferas: os americanos puseram à disposição dos cientistas uma série de instalações militares na Groenlândia, que abrigavam os radares do sistema de alerta de ataque nuclear.

Uma dessas estações de radar se chamava Dye-3 e ficava no sul da Groenlândia. Os americanos ofereceram o local ao grupo de Dansgaard e Langway e Hans Oeschger, por mera comodidade logística: o prédio construído para o radar tinha espaço suficiente para dezenas de pessoas e era facilmente acessível de avião. "Fomos parar lá sem ter a menor ideia de que era o lugar perfeito", recorda-se Langway.

O local era perfeito por causa do movimento reduzido do gelo. Isso permitiu aos pesquisadores escavar um testemunho profundo comparável ao do Camp Century, usando uma broca eletromecânica com lâminas giratórias inventada pelos dinamarqueses, que substituiu a ineficiente broca térmica. O trabalho foi concluído em 1981 e produziu uma coluna de gelo de 2037 metros de comprimento, dividida em 67 mil amostras.[3] Estas foram repartidas entre americanos, suíços e dinamarqueses para medições de oxigênio-18 (temperatura), CO_2, metano e outros gases, além de aerossóis e poeira.

O que o Dye-3 revelou foi o mesmo padrão climático visto no gelo do Camp Century, com oscilações violentas de temperatura durante a era glacial. Estas correspondiam a aquecimentos equivalentes a metade da diferença de temperatura entre a era glacial e o Holoceno. Ou seja: em alguns momentos durante a glaciação, o clima na Groenlândia esquentava até chegar a meio caminho entre a era do gelo e os dias de hoje, e então voltava a condições glaciais. Não dava mais para dizer que se tratava de coincidência.

As oscilações ocorriam de forma cíclica: um aquecimento local repentino de dez a doze graus em questão de algumas décadas, seguido por um resfriamento gradual, depois um resfriamento repentino, depois outro aquecimento brusco. Numa analogia usada pelo glaciologista americano Richard Alley, da Universidade da Pensilvânia, o clima da era glacial revelado pelo gelo da Groenlândia se assemelhava ao comportamento de uma criança de três anos que brinca com um interruptor de luz: acende, apaga, acende, apaga, perde o interesse por um tempo, depois volta a acender e apagar. Nada mais longe da ideia de um clima estável e imperturbável como o imaginado pelos cientistas da década de 1930.

Particularmente interessante nesse registro é o final da glaciação. A escala de tempo na qual o resfriamento de 12,8 mil anos atrás ocorrera e o salto final de temperatura para o clima atual eram verdadeiramente impressionantes: cerca de 11,5 mil anos atrás, na passagem do Dryas Superior para o Holoceno, a Groenlândia havia esquentado nada menos do que quinze graus em apenas cinquenta anos. Mal comparando, é como se um sujeito nascesse num lugar com temperaturas equivalentes às da Sibéria e, na meia-idade, visse que seu lar havia mergulhado num clima igual ao da Amazônia.

O teor de poeira no gelo, que também diz bastante sobre a circulação atmosférica (ele aumenta muito durante a glaciação, quando o clima no hemisfério Norte é mais seco), contava a mesma história: ele caía em poucos anos do valor elevado do glacial para o do interglacial. Mais tarde, medições independentes em outros testemunhos de gelo sugeriram que o aquecimento do final do Dryas Superior foi ainda mais rápido do que se imaginava: a mudança atmosférica que resultou da saída do frio desse período para o calor do Holoceno aconteceu em apenas três anos, no máximo.[4]

No total, foram identificados no registro de gelo groenlandês 25 ciclos de esquenta-esfria ao longo da última era glacial, um padrão que se repetia a cada 1,5 mil anos.[5] Esses mesmos ciclos também foram identificados mais tarde por Oeschger em sedimentos de um lago perto da casa do cientista, em Berna, na Suíça.[6] Pelo menos durante a era do gelo no hemisfério Norte, a instabilidade no clima era regra, não exceção.

Essas oscilações violentas foram batizadas de eventos Dansgaard-Oeschger (D-O) em homenagem a seus descobridores. Elas aparecem em todos os testemunhos de gelo escavados na Groenlândia desde então, e também em cavernas, sedimentos marinhos e lagos em várias partes do mundo — e, como você verá, em Santa Catarina e São Paulo também. Os eventos D-O ocorrem dentro de um ciclo maior, de 8 mil a 10 mil anos. Um evento vai ficando mais frio do que o outro, até que uma catástrofe de grandes proporções acontece: na fase mais fria do ciclo, sem aviso prévio, um pedaço do manto de gelo da América do Norte se esfacela, transformando o Atlântico Norte num imenso congestionamento de icebergs. Tudo isso sem nenhuma causa externa conhecida e sem a influência de variações solares ou da órbita da Terra.

Essas inundações de icebergs no Atlântico Norte foram descobertas pelo pesquisador alemão Hartmut Heinrich na década de 1980. Estudando sedimentos marinhos, ele descobriu no fundo do Atlântico uma camada de pedregulhos de trinta centímetros de espessura. Essas pedras são grandes demais para terem sido transportadas por rios — são exatamente do mesmo tipo que os icebergs carregam em suas barrigas e depositam no fundo do mar quando derretem. As camadas de sedimentos trazidos pelo gelo ocorrem em todo o Atlântico Norte e chegam até o litoral da península Ibérica, a leste, e da Flórida, ao sul — imagine Colombo e Cabral saindo da Europa e topando com montanhas de gelo no caminho para a América. Heinrich também observou que essa camada ficava mais fina de oeste para leste. Teorizou que, no passado, alguma coisa deve ter provocado o colapso parcial do manto de gelo da América do Norte, descarregando flotilhas de icebergs na baía de Hudson, no Canadá. Como aquele manto de gelo era muito maior do que o da Groenlândia hoje, é possível apenas imaginar a quantidade de icebergs que coalhavam o Atlântico, cruzando-o até as bordas de Portugal e Espanha.

Esses fenômenos, batizados de "eventos Heinrich" (H), eram seguidos de um aquecimento brutal. No total, foram identificados sete eventos Heinrich nos últimos 100 mil anos. O último deles, conhecido como H_0, foi justamente durante o Dryas Superior.

A essa altura, você não deve estar entendendo mais nada: afinal, tudo o que leu até aqui — e o simples bom senso — indica que degelos polares catastróficos acontecem quando a temperatura aumenta, e não o contrário. Como explicar a ocorrência desses colapsos em plena era glacial?

A resposta curta é: os cientistas não sabem. Mas uma explicação plausível é o fato de que o manto de gelo norte-americano, ao crescer muito durante a era glacial, tornava-se periodicamente instável. A quantidade de gelo acumulada sobre o continente era tão grande que acabava funcionando como uma camada grossa de cobertores sobre uma pessoa: em dada hora, ela aprisiona tanto calor que o sujeito começa a suar loucamente debaixo dela. O calor, nesse caso, é a energia geotérmica, emitida naturalmente pelas profundezas da Terra; o "sujeito" é o continente norte-americano; e o suor é o derretimento da base do manto de gelo, que torna toda a capa glacial instável e provoca eventualmente seu rompimento e escorregamento para o oceano. Estima-se que cada evento H tenha causado elevações do nível do mar de cerca de cinco metros num intervalo de um século, mais ou menos.[7] Se isso acontecesse hoje, as cidades litorâneas precisariam passar por uma reconfiguração total.

Esse clima maluco ajuda a explicar por que a humanidade durante a era do gelo nunca passou de grupos pequenos e nômades, que levaram milênios para sair da África e ocupar a Ásia, a Europa e as Américas: deveria ser muito difícil inventar a agricultura numa época de tamanha instabilidade, na qual secas e chuvas não podiam ser previstas. Mesmo a tarefa de garantir comida para um grupo grande deveria ser um desafio, já que o ambiente era tão imprevisível que a caça e a coleta precisariam mudar de lugar o tempo todo.

Os cientistas também não sabem com certeza o que causa os eventos Dansgaard-Oeschger. A explicação dessas viradas climáticas opôs seus descobridores. Willi Dansgaard achava que mudanças na circulação atmosférica estavam por trás das oscilações. Já Hans Oeschger tinha outra suspeita: as mudanças começavam no oceano e causavam um rearranjo completo do clima do planeta. O mar, afinal, é o grande reservatório de energia da Terra. A atmosfera muda no espaço de dias ou meses, não de séculos e milênios. Como a memória RAM de um computador, a atmosfera "apaga" seus registros muito rapidamente. Na ausência de causas astronômicas, o que quer que estivesse por trás da montanha-russa climática da glaciação haveria de ser algo gravado não na memória RAM da atmosfera, mas sim no disco rígido do sistema terrestre — o oceano.

O cientista suíço, pioneiro no estudo dos gases-estufa no gelo, tinha uma boa razão para pensar assim: a concentração de CO_2 nas bolhas aprisionadas no gelo da Groenlândia subia nos períodos quentes e caía nos frios. Em 1985, Oeschger sugeriu que a circulação oceânica poderia ter dois estados estáveis e havia saltado entre um e outro durante a era glacial. O esquenta-esfria da era glacial seria explicável por liberações ou sequestros maciços de carbono que ocorriam quando o mar mudava de um estado para o outro.

O suíço atirou no que viu, mas acertou o que não viu.

Na verdade, as variações de CO_2 no gelo da Groenlândia não tinham nada a ver com as mudanças do clima, e sim com um problema da amostra. Como o gelo no Ártico é afetado pelo derretimento parcial no verão, o gás de uma camada dissolve na água e é aprisionado no gelo no inverno seguinte, dando a falsa impressão de que variou de concentração entre uma camada e outra. Além disso, o gelo groenlandês contém muitas impurezas, como compostos de carbono que se decompõem e liberam CO_2. As análises de gás carbônico no gelo da Groenlândia se mostraram imprestáveis, como o próprio grupo de Berna comprovou depois. Mas, de fato, a causa das mudanças climáticas bruscas estava no mar. A solução do enigma coube a um menino americano disléxico e de óculos de lentes grossas chamado Wally.

Wallace Broecker havia entrado como estagiário no Observatório Geológico Lamont-Doherty, da Universidade Columbia, em Nova York, em 1951. Cursara o ensino médio numa escola cristã fundamentalista do estado de Illinois, no chamado Cinturão da Bíblia dos Estados Unidos, mas desde cedo rejeitara o estilo de vida baseado em dogmas e o que ele chama de "hipocrisia dos cristãos supostamente dedicados". Bandeou-se para o lado da ciência. E por lá ficou.

Seu trabalho no estágio era tomar conta de um aparelho que fazia medições de carbono-14, na época uma das ferramentas mais high-tech das ciências da Terra. Sessenta e três anos depois, aos 82, Wally Broecker continuava indo a Columbia todos os dias da semana e fazendo as pesquisas sobre as interações entre oceano, atmosfera e biosfera que o tornaram famoso. "Eu sou movido pela curiosidade", contou-me numa conversa telefônica certa manhã enquanto se preparava para ir ao trabalho. "Gosto de persuadir a natureza a revelar seus segredos. É algo que me dá uma satisfação enorme, como resolver um jogo de palavras cruzadas difícil ou ganhar uma partida de xadrez."

A aproximação casual com o carbono-14 durante o estágio levou o cientista a se dedicar ao estudo do ciclo desse elemento no planeta, em especial no grande reservatório de carbono da Terra — o oceano. Broecker foi um dos pioneiros em usar o isótopo radioativo para estimar em quanto tempo o CO_2 é absorvido e reciclado no oceano. Essa é uma questão-chave para entender a mudança climática, já que o mar é a maior esponja para o carbono lançado em excesso na atmosfera pela humanidade. Se os oceanos forem eficientes em capturar o gás do ar, transformá-lo em carbonato de cálcio pela ação de microrganismos e depositá-lo no fundo em forma de rocha calcária, então não há o que temer com a queima desbragada de combustíveis fósseis. Se, por outro lado, essa eficiência for limitada, então uma parcela do CO_2

que emitimos ficará pairando por aí para nos assombrar. Parece ser este o caso.

O estudo do ciclo do carbono acabou fazendo com que a carreira de Wally esbarrasse nas alterações desse ciclo promovidas pela queima de combustíveis fósseis. Em 1975, ele publicou na revista *Science* um artigo presciente, cujo título fazia uma pergunta: "Estamos à beira de um forte aquecimento global?".[8] Era a primeira vez que o termo "aquecimento global" aparecia num trabalho científico.

A indagação fora baseada em duas observações: primeiro, a surpreendente ausência de aquecimento da Terra entre a década de 1940 e a de 1970. Parecia um contrassenso, já que desde 1958 as medições feitas pelo americano Charles Keeling no Havaí mostravam que a concentração do gás não parava de crescer no planeta, e de forma acelerada. Já naquela época era evidente aos físicos que aumentar a concentração de dióxido de carbono na atmosfera teria um impacto sobre a temperatura global.

A segunda observação foi a respeito dos dados publicados por Willi Dansgaard do gelo da Groenlândia. Estes pareciam mostrar miniciclos de aquecimento e resfriamento de oitenta e 180 anos. O americano raciocinou que, quando ambas as forças se juntassem, o planeta veria as temperaturas subirem de forma acelerada. E, por seus cálculos, um dos períodos de aquecimento natural estava para começar. "Acontece que eu estava errado sobre esses ciclos", confessa Broecker, com uma risada. "Mas a projeção que fiz foi na mosca, por sorte, acho. O artigo foi publicado em 1975 e a temperatura começou a subir em 1976" — possivelmente por causa da redução da poluição por enxofre nos países industrializados (veja o cap. 2). Devido a essa previsão casualmente correta, Broecker ficou conhecido como "o pai do aquecimento global". "Não é um título que eu gostaria de ver escrito em minha lápide", diz. Desde então, oferece duzentos dólares a quem encontrar na literatura científica uma referência mais antiga à expressão.

A dislexia também deu a Wally uma habilidade incomum de criar analogias visuais. Muito cedo, o americano percebeu que tinha dificuldade para ler em voz alta. "Isso influenciou meus hábitos de leitura. Eu olho o resumo, as ilustrações, a mensagem e paro por aí", afirma. As imagens se tornaram fundamentais para Broecker na hora de comunicar as próprias ideias. Uma das analogias visuais criadas por ele na década de 1980 sacudiria a climatologia.

As medições de carbono no mar feitas pelo pesquisador levaram-no a imaginar que o oceano funciona mais ou menos como uma esteira de caixa de supermercado. Essa esteira oceânica é hoje conhecida como circulação termoalina, porque ela se baseia em dois fatores: calor (*thermos*, em grego) e salinidade (*halos*). É um dos principais mecanismos de distribuição de energia do planeta, levando o calor gerado pela incidência de radiação solar nos trópicos para ser dissipado perto do polo Norte. Quem faz isso é o Gulf Stream, ou corrente do Golfo, um rio de água salgada de várias dezenas de quilômetros de largura que atravessa o Atlântico de sudoeste para nordeste.

A corrente, sob o efeito dos ventos prevalentes e da rotação da Terra, transporta calor e umidade para a Europa — e é por isso que a cidade de Londres, a 51 graus de latitude norte, tem sua neblina característica e invernos amenos, enquanto a baía de Hudson, na mesma latitude no Canadá, tem ursos-polares.

À medida que avança para o norte, a corrente vai resfriando, o que faz com que sua densidade cresça. Como é muito salgada, fica ainda mais densa (é a alta densidade da água salgada que explica por que você boia mais facilmente no mar do que numa piscina). Assim como o ar quente sobe e o ar frio desce, a água fria e

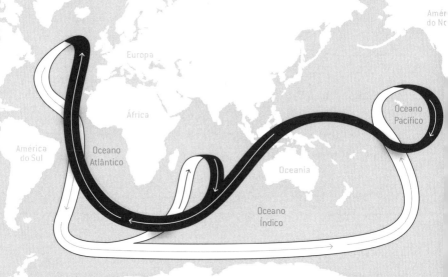

1 A corrente marinha que atravessa o Atlântico de sul para norte é aquecida pela radiação solar na região tropical.

2 Ao chegar ao norte do Atlântico Norte, ela resfria e fica mais salgada, afundando e retornando ao hemisfério Sul como uma corrente fria submarina.

3 Esse mecanismo é uma das chaves para a dissipação de calor dos trópicos para os polos e para o equilíbrio das temperaturas da Terra.

A grande esteira oceânica
Como funciona o transporte de calor nos mares

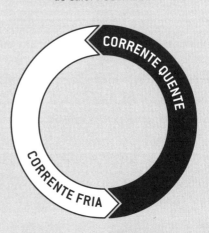

densa também afunda — no caso da corrente do Golfo, isso acontece no mar do Labrador e na costa leste da Groenlândia. Em seguida volta para os trópicos na forma de uma corrente fria submarina que passa ao largo do Brasil, contorna a Antártida e vai até o Pacífico, onde ressurge (emerge) e volta ao Atlântico na forma de uma corrente de superfície. Esse percurso leva cerca de mil anos para se completar.[9]

Assistindo a uma palestra de Hans Oeschger nos anos 1980 sobre os resultados da pesquisa com o gelo da Groenlândia, Broecker ficou encafifado com a causa das oscilações climáticas bruscas e passou a imaginar qual mecanismo natural poderia elevar ou reduzir tanto a concentração de CO_2 em tão pouco tempo a ponto de causar variações de temperatura tão grandes. O único jeito de mudar as concentrações nessa velocidade de forma natural seria tragar o carbono para o oceano, ou imaginar um mecanismo pelo qual o oceano pudesse liberar carbono rapidamente.

Com base em seus trabalhos anteriores sobre circulação marinha, Broecker imaginou que uma peça-chave para o mecanismo seria o Atlântico Norte, onde a água profunda se forma, num processo que em tese poderia sequestrar ou liberar grandes quantidades de CO_2. "Comecei a brincar com a ideia", relata o cientista.

Desesperado para explicar os resultados (errados, lembre-se) de Oeschger, Broecker considerou um cenário extremo: ele já sabia do mecanismo de esteira da circulação termoalina e havia medido em trabalhos anteriores a taxa de formação de água profunda no Atlântico Norte. O número é portentoso: 16 milhões de metros cúbicos por segundo, o equivalente a 66 vezes a vazão na época de cheia do rio mais caudaloso do mundo, o Amazonas.[10] Essa água chega à costa da Groenlândia e Islândia a dez graus, afunda devido à combinação de salinidade e resfriamento e volta ao hemisfério Sul pelo fundo do mar a dois graus. Cada centímetro cúbico de água, portanto, liberaria para a atmosfera, antes de afundar, oito calorias. Multiplicado pelos 16 milhões de metros cúbicos por segundo, esse valor significaria uma quantidade de calor colossal transportada pela esteira oceânica.[11] Calor suficiente, concluiu, para manter a Europa setentrional em seu clima temperado, em oposição ao Ártico canadense nas mesmas latitudes.

Então o americano deu o passo lógico seguinte em seu raciocínio: e se a esteira oceânica parasse? Uma maneira de fazer isso seria reduzir a salinidade do Atlântico Norte, ou cobrindo o oceano com uma "tampa" de gelo marinho, ou lançando grandes quantidades de água doce na região onde a corrente afunda, o que reduziria sua salinidade. Diluída, a água da esteira não fica densa o bastante para afundar. A liberação colossal de calor para de acontecer, e os termômetros na Europa despencam. Isso teria acontecido por duas vias: pelos ciclos de esquenta-esfria da era glacial, os tais eventos Dansgaard-Oeschger, e também nos eventos Heinrich, quando o aporte de água doce vinda dos icebergs derretidos teria a capacidade de desligar a circulação. Isso explicaria as fases frias repentinas do período glacial. Essa circulação seria restabelecida depois de um tempo, produzindo os aquecimentos repentinos.

Broecker admite com uma risada que também estava errado sobre o papel do gás carbônico, que o próprio grupo de Oeschger mostrou ser inocente nessa parte da história. Mas se orgulha de ter intuído corretamente o papel da esteira oceânica nas mudanças do clima. "A ideia está forte e saudável até hoje." Orgulho que ele esquece rapidinho quando alguém o lembra de que sua ideia inspirou *O dia depois de amanhã*. "Ah, odiei aquele filme! Além de ser um exagero, é simplesmente mau cinema."

Embora o mecanismo tenha sido intuído, o gatilho para as oscilações Dansgaard-Oeschger continua sendo um mistério para os cientistas. "Deve ser uma oscilação interna, não sabemos de nada que possa causá-las", afirma Wally Broecker. Da mesma forma, não se sabe por que os eventos Heinrich acontecem bem durante a fase fria dos ciclos D-O. Uma explicação oferecida pelo oceanógrafo alemão Stefan Rahmstorf, do Instituto de Pesquisa Climática de Potsdam, sugere que os eventos H eram verdadeiros cortes da circulação termo-halina, enquanto os D-O apenas enfraqueciam a esteira, deslocando a formação de água profunda para o sul.

Em 1987, o diagrama da esteira oceânica apareceu pela primeira vez para o público, na forma de um artigo de Broecker na revista *Natural History*. Foi também o primeiro alerta para a possibilidade de mudanças climáticas bruscas causadas pelo aquecimento global antropogênico. O texto mostrava como o enfraquecimento da esteira oceânica pode ter causado grandes resfriamentos súbitos como o do Dryas Superior, há 12,8 mil anos, que adiou a entrada da Terra num período interglacial, mesmo quando as condições orbitais determinavam o início da fase quente. Os gases-estufa que esquentam o planeta, vaticinava Broecker, também poderiam produzir esse efeito paradoxal, ao causarem um degelo no hemisfério Norte que aumentasse o aporte de água doce na região onde a água profunda do Atlântico se forma. Nessas condições, compara Broecker, "a Europa Ocidental viraria uma espécie de Sibéria". Para tornar a publicação mais sexy, os editores da *Natural History* lhe deram um título que desagradou ao autor: "*The Big Chill*", ou "O Grande Resfriamento". Começava ali uma preocupação do público e da academia com pontos de virada no clima que o "pai do aquecimento global" considerou algo exagerada, mas que o IPCC anos mais tarde incorporaria aos seus relatórios como um dos principais riscos da mudança climática: eventos com baixa probabilidade de ocorrer, mas que podem causar danos catastróficos.

Uma pergunta que os climatologistas logo se fizeram sobre as mudanças bruscas foi: qual é a chance de elas acontecerem fora da era glacial? Afinal, o clima no Holoceno é marcado pela estabilidade, enquanto o do período frio anterior é sulcado pelos eventos Dansgaard-Oeschger e Heinrich. Há alguma chance de a circulação do Atlântico ser interrompida num período quente?

A resposta também foi encontrada no gelo: há 8,2 mil anos, alguma coisa fez a temperatura cair na Groenlândia em cerca de cinco graus. Estávamos então em pleno Holoceno, um tempo em que os ancestrais de nossos índios já cultivavam mandioca na Amazônia e pintavam cavernas no Piauí. Durante cerca de oitenta anos, a Europa sofreu um resfriamento agudo e outras regiões do planeta também tiveram mudanças em temperatura e precipitação. No total, foram quase dois séculos até o clima voltar ao normal. O que aconteceu?

Hoje os cientistas acham que a culpa foi de uma enxurrada de água doce vinda diretamente do manto de gelo da América do Norte, então em pleno derretimento, para o Atlântico Norte. Naquela época, o degelo do manto da Laurêntida havia formado um imenso lago de água doce onde hoje é a baía de São Lourenço, no Canadá. Esse lago, num dado momento, ficou contido apenas por uma barragem de gelo, que um dia derreteu. O conteúdo do lago, estimado em 200 mil quilômetros cúbicos,[12] foi derramado sobre o Atlântico Norte, enfraquecendo ou desligando a esteira oceânica.

Segundo Broecker, uma vez que o sistema mude de estado, é difícil que ele volte imediatamente ao estado anterior. As razões para isso são também desconhecidas, mas uma hipótese é que a água doce favorece a formação de gelo marinho, que por sua vez rebate a radiação solar, impedindo sua absorção pelo oceano e resfriando ainda mais a Terra — numa espécie de amplificação ártica ao contrário (veja o capítulo 3). O engasgo da circulação termo-halina de 8,2 mil anos atrás, conhecido pelo apelido "evento 8.2 k", mostrou que não é preciso haver uma glaciação para as mudanças na circulação do Atlântico ocorrerem e bagunçarem o clima no mundo todo. A questão agora é: existe gelo o bastante em algum lugar do hemisfério Norte hoje em dia para provocar um aporte de água doce dessa magnitude no Atlântico? Ponto para quem disse "Groenlândia". Existe alguma evidência de que isso possa voltar a acontecer? Voltaremos a esse ponto. Vamos antes regressar a Santa Catarina para responder a uma outra pergunta, não menos importante: o que as mudanças climáticas abruptas teriam a ver com quem mora longe da Europa? Com a palavra, Chico Bill.

Francisco Cruz chegou às cavernas de Santa Catarina por acaso. Apaixonado por espeleologia desde os dezesseis anos, tornou-se mais tarde um geólogo à procura de um assunto para o doutorado. Resolveu seguir a sugestão do orientador, Ivo Karmann, para trabalhar com o registro climático de espeleotemas, que é como os geólogos chamam as estalagmites. Ninguém ainda havia tentado reconstruir o clima antigo da América do Sul usando essas formações rochosas, mas elas se prestam bem a isso.

Uma estalagmite é uma formação de rocha calcária depositada ao longo de milênios no piso de uma caverna. Ela se forma quando água da chuva ou de um rio de superfície escorre pelo teto da gruta e goteja, trazendo consigo minerais dissolvidos. Ano após ano, essa mistura de água e minerais forma camadas de rocha. Quando há muita água, a estalagmite cresce depressa; quando a caverna seca, ela para de crescer, ou cresce mais devagar. Elas podem ter poucos centímetros de comprimento ou vários metros. Em lugares como o Nordeste, nos dias atuais, as estalagmites praticamente não crescem — em oposição a lugares muito úmidos, como algumas regiões de Goiás e Mato Grosso.

Como Willi Dansgaard demonstrou, a água da chuva varia em sua composição isotópica de acordo com a temperatura. Como os espeleotemas são formados por água de chuva, eles também podem ser usados como paleotermômetro, assim como os testemunhos de gelo.

A vantagem é que eles podem ser datados de forma absoluta, medindo o decaimento de átomos de urânio presentes nos minerais em outro elemento, o tório. Como o urânio decai (transforma-se em outro elemento, emitindo radiação) a uma taxa conhecida, pode-se usar isso para estimar idades precisas da rocha.

Outra virtude das estalagmites é que elas conseguem condensar ainda mais o tempo do que uma coluna de gelo. Tudo depende da taxa de deposição: há estalagmites que crescem tão lentamente que conseguem, num par de metros, abarcar períodos de 600 mil anos ou mais.

O outro lado da moeda é que espeleotemas são em geral "míopes": por causa da deposição lenta, dificilmente é possível ver mudanças que ocorrem de um ano ao outro, como se vê no gelo — algumas amostras têm resolução de séculos, outras de décadas. Há exceções, como as cavernas do Parque Estadual Terra Ronca, em Goiás, onde há cinco camadas por ano. Ali, porém, não há estalagmites muito antigas, ou seja, não é possível recuar muito no passado. "Mas a tecnologia de análise está melhorando", diz Chico Bill. "A gente vai poder conseguir fazer nos trópicos a mesma coisa que o pessoal faz nos polos. A limitação será o tipo de amostra."

Durante a pós na USP, Cruz fez amizade com um estudante catarinense chamado Cláudio Genthner, que mencionou as cavernas de seu estado. Até então, Chico Bill vinha trabalhando com material coletado no solo de cavernas paulistas. O novo local parecia valer uma visita. "Comprei uma passagem de ônibus e fui", lembra Cruz. Depois de uma pequena expedição de carro de Florianópolis a Botuverá com três colegas, Cruz entrou na caverna e achou o que precisava: uma estalagmite com sinal de gotejamento. Aquilo era indício de que o topo do testemunho era o tempo presente — ao contrário dos espeleotemas quebrados catados no chão das cavernas paulistas, que poderiam ter parado de crescer séculos atrás, dificultando a datação. Com dor no coração, arrancou-a e levou-a de volta a São Paulo. Como não havia equipamentos no Brasil aptos a fazer esse tipo de análise, seria preciso embarcar com a estalagmite para um lugar que tivesse um bom laboratório de geocronologia no exterior. E o lugar era Berkeley, Califórnia.

"Consegui dinheiro da Fapesp para ir aos Estados Unidos e comprei uma passagem da Continental Airlines para a Califórnia", lembra o pesquisador. Data da viagem: noite de 10 de setembro de 2001. Com conexão em Nova York na manhã do dia seguinte. Felizmente, a fundação paulista de amparo à pesquisa não liberou o dinheiro a tempo. Cruz perdeu a passagem, mas em compensação foi poupado de estar em Nova York no dia em que quatro aviões sequestrados foram usados no pior atentado terrorista da história dos Estados Unidos.

A datação foi feita um mês depois, e Chico Bill e seu orientador quase caíram para trás: os setenta centímetros da estalagmite de Botuverá tinham 116,2 mil anos, mais ou menos a mesma idade dos testemunhos de gelo da Groenlândia. Se conseguisse desvendar sua composição isotópica, Cruz teria em mãos uma história completa de como o clima no Sul do Brasil variou desde o início da última glaciação até os dias atuais. Empolgado, contou sobre a descoberta a um amigo mineiro, Augusto Auler, com quem já tinha explorado diversas cavernas. "Ele é o melhor espeleólogo da América do Sul, mas pisou na bola forte", conta o pesquisador da USP, dessa vez puxando o "r" paulistano. "Duas semanas depois, o cara levou um pesquisador chinês para a mesma caverna em que eu estava trabalhando." Começava ali uma corrida pela publicação dos resultados nos periódicos científicos mais importantes do mundo, *Science* e *Nature*. Quem mandasse o trabalho primeiro para uma das revistas anularia automaticamente as chances do outro, já que elas não aceitam resultados repetidos.

Chico Bill estava em desvantagem: o tal chinês, Xianfeng Wang, trabalhava num laboratório reputado na Universidade de Minnesota, nos Estados Unidos. Ele também estava interessado em usar estalagmites para investigar o clima sul-americano no passado e já havia andado com Auler coletando estalagmites em cavernas da Bahia. Em Minnesota, Wang tinha a seus pés todas as análises isotópicas que quisesse em altíssima qualidade. Cruz dependia de análises de resolução mais baixa, feitas de favor por um colega na Universidade Federal de Pernambuco. Estas lhe salvaram o doutorado na USP, mas não bastariam para assegurar a publicação dos resultados num periódico internacional.

Em 2003, a sorte de Chico Bill virou, graças a mais um elemento casual: seu RG potiguar. Uma pesquisadora francesa que estava organizando um encontro internacional sobre paleoclima no Brasil procurava um cientista que guiasse colegas estrangeiros num trabalho de campo no Nordeste. "Chico, você é do Nordeste, não é?" Durante a viagem, Cruz descobriu que um especialista americano em espeleotemas, Stephen Burns, estava à caça de um pós-doutorando para trabalhar em seu laboratório, na Universidade de Massachusetts em Amherst. "O convite caiu do céu", diz.

Nos Estados Unidos, as análises isotópicas puderam ser feitas com a acurácia necessária. Em 2004, depois de muito trabalho e muita discussão sobre os resultados, o chefe do laboratório enfim fez a seu bolsista brasileiro a pergunta que todo cientista quer ouvir do supervisor: "Então, *Science* ou *Nature*?".

No fim de 2004, os dados estavam fechados e um artigo científico estava em revisão na *Nature* para publicação. Em dezembro daquele ano, Wang publicou na mesma revista um estudo sobre as estalagmites da Bahia, que teve o efeito de uma pequena bomba atômica: ali, ele mostrava que o crescimento dos espeleotemas estava ligado a eventos climáticos abruptos no hemisfério Norte: aparentemente eles cresciam mais durante eventos Heinrich, uma sugestão de que as fases frias do Atlântico Norte deixavam o Nordeste mais chuvoso.[13] A qualquer momento o chinês poderia publicar também os resultados de Santa Catarina, com uma reconstituição climática completa. Seria fim de jogo para Chico Bill, que corria contra o relógio.

A angústia era tanta que a sogra de Ivo Karmann, o orientador de doutorado, apelou para o sobrenatural: mandou pintar uma faixa para santo Expedito pedindo a graça da publicação. Não se tem notícia na história da ciência de intercessão desse santo na publicação de um artigo. Se ela aconteceu ou não é difícil saber; o fato é que o trabalho enfim saiu, em março de 2005. Para possível decepção da pobre mulher, Cruz e Karmann não mencionam santo Expedito nos agradecimentos no final do trabalho.

A corrida pelos dados de Botuverá havia sido ganha, mas aquele não foi o final da história. Dois anos depois, Cruz e Wang se encontraram num congresso científico e o chinês convidou o brasileiro para ir a Minnesota. Desde então, os dois grupos trabalham juntos para explicar o clima antigo da América do Sul usando dados de espeleotemas. Sem ressentimentos.

Procurei Augusto Auler para ouvir sua versão do episódio, mas o espeleólogo mineiro não quis revirar antigas mágoas. "Considero algo tão irrelevante que não acho que valha a pena mencionar." Ele fez questão de dizer, porém, que, depois de se afastar da academia, em 2006, entregou sua coleção de espeleotemas à USP — aos cuidados de Chico Bill.

As estalagmites brasileiras, estudadas por Cruz e Wang, contam essencialmente uma mesma história sobre mudanças climáticas bruscas. Primeiro, elas mostram que as oscilações detectadas no hemisfério Norte também se faziam sentir no hemisfério Sul tropical e subtropical. Os eventos Dansgaard-Oeschger (D-O), os ciclos de aquecimento durante a era glacial observados no gelo da Groenlândia, são nitidamente detectáveis no Brasil, assim como os eventos Heinrich. Eles de fato alteravam o clima também no hemisfério Sul, não apenas no Norte do planeta, como se suspeitava.

Nas cavernas do Brasil, porém, esses eventos não significavam variações de temperatura, mas sim de quantidade de chuva. No Brasil, a menor proporção de oxigênio-18 em relação ao oxigênio-16 na água das cavernas significa períodos mais chuvosos, enquanto o inverso indica períodos mais secos. O mais impressionante era que essa sucessão de períodos secos e chuvosos parecia estar diretamente relacionada com o que acontecia no Ártico, e não na Antártida — como seria de esperar, já que Santa Catarina está muito mais perto do polo Sul do que do Norte. "Quando a gente viu os dados dos espeleotemas, descobriu que esses eventos estão em fase com a Groenlândia", conta Cruz. "Tivemos de olhar para o norte, não para o sul."

Nos eventos Heinrich e na fase fria dos ciclos D-O, quando a quantidade de gelo no mar do Ártico e do Atlântico Norte aumentava e a esteira oceânica diminuía de potência ou era desligada, aconteciam verdadeiros dilúvios no Brasil. Isso fica claro nas estalagmites da Bahia, que cresciam muito rápido durante os eventos H e paravam de crescer logo após seu final, como sugeriu Wang em 2004. Nas fases quentes, quando a circulação do Atlântico era retomada, a América do Sul tinha secas homéricas.

A causa disso provavelmente está nas mudanças que ocorrem na circulação oceânica e atmosférica nos períodos de expansão ou retração do gelo boreal.

Para entendê-las, facilita imaginar a atmosfera como um enorme motor de carro, cujo combustível é a radiação solar que incide sobre o equador e os trópicos. O ar aquecido na região

Gangorra glacial
Como o gelo no hemisfério Norte afetou as chuvas no Brasil no passado

FASES FRIAS

EVENTOS HEINRICH

- Na maior parte da era glacial, a América do Norte era coberta por um manto de gelo gigantesco, chamado Laurêntida.
- A presença do gelo puxava para o Norte o cinturão de chuvas conhecido como Zona de Convergência Intertropical, ou "equador térmico".

- De tempos em tempos, o manto de gelo Laurêntida se rompia e deixava o Atlântico Norte coalhado de icebergs.
- Isso fazia com que o equador térmico se deslocasse para o sul.
- O resultado era chuva na Amazônia e no Nordeste do Brasil.

equatorial tende a subir, formando nuvens de chuva, e a se dissipar na direção dos radiadores planetários, os polos.

Ao subir, esse ar equatorial "desocupa" seu lugar, que é preenchido por mais ar, que é tragado sob influência da rotação da Terra — de sudoeste para nordeste no hemisfério Sul e de nordeste para sudoeste no hemisfério Norte. São os chamados ventos alísios, que trouxeram as caravelas europeias à América.

Esses ventos convergem na região equatorial e voltam a subir. A região úmida onde esse encontro de ventos acontece é chamada de Zona de Convergência Intertropical, ou equador térmico. Ela se desloca para o norte durante o verão no hemisfério Norte, levando consigo as nuvens de chuva. O resultado é que a Amazônia fica mais seca no inverno austral. O inverso acontece no inverno boreal: o equador térmico migra para o sul, causando as chuvas. Os moradores da região Norte e do Nordeste do Brasil chamam esse período chuvoso no meio do verão austral de "inverno", não sem alguma razão.

Durante os eventos Heinrich, a descarga repentina de gelo no Atlântico Norte resfriava o oceano, empurrando a Zona de Convergência Intertropical bem para o sul. Como esse padrão se mantinha durante décadas, o resultado era uma América do Sul mais chuvosa nos períodos frios e mais seca nas fases quentes da era glacial.[14] Esse padrão se manteve durante o Holoceno: no evento 8.2 k, quando o Atlântico Norte recebeu um aporte de água doce que enfraqueceu a esteira oceânica, choveu cântaros no semiárido nordestino. Quatrocentos anos depois, um pico de temperatura no hemisfério Norte causou uma seca descomunal no Brasil.[15] A magnitude desses eventos, diz Chico Bill, põe no chinelo a seca do Nordeste de 1877, que matou centenas de milhares de pessoas e que foi o gatilho do movimento messiânico de Canudos.

Reunindo as peças fornecidas pelo gelo, pelos testemunhos de sedimentos marinhos e lacustres e pelas estalagmites, os cientistas montaram um quebra-cabeça incompleto, mas cujo desenho parece claro: o clima da Terra é capaz de se reorganizar de forma rápida, global e por longos períodos. O que acontece nos polos impacta diretamente os trópicos e vice-versa. Algumas dessas reorganizações são catastróficas, como é o caso dos desligamentos e religamentos da circulação termo-halina do Atlântico.

Desde a hipótese original de Wally Broecker sobre o enfraquecimento da esteira oceânica, os climatologistas têm olhado para o Gulf Stream com atenção e tentado entender se existe alguma chance de esse evento se repetir no futuro, num cenário de aquecimento global.

Modelos computacionais de clima que levam em conta a taxa atual de degelo do Ártico e o padrão de circulação oceânica têm feito previsões disparatadas sobre o comportamento da esteira até o final deste século: alguns apontam que a mudança será quase zero, outros afirmam que a circulação poderá enfraquecer em até 50%.

Em seu Quinto Relatório de Avaliação, o IPCC faz uma média ponderada dos modelos e afirma que, embora hoje não seja possível apontar uma tendência na circulação do Atlântico, é muito provável que ela vá enfraquecer ao longo deste século, de 11% a 34%, e é "provável" que algum declínio ocorra em torno de 2050 — ou seja, ainda no tempo de vida de boa parte dos leitores deste livro. Na maneira peculiar de comunicar estatísticas usada pelo painel do clima, "muito provável" significa que a possibilidade de algo acontecer está na casa dos 90%. Por outro lado, tranquiliza o IPCC, é "muito improvável" que um colapso da corrente ocorra no século XXI. A chance é de 10% ou menos.[16]

Broecker afirma que houve certo exagero da comunidade científica e da opinião pública no temor de que um colapso da circulação do Atlântico seja um ponto de virada iminente no clima. Segundo ele, não se pode falar em colapso, mas sim de uma "afrouxada temporária" na esteira oceânica, na pior das hipóteses.

"Essa coisa de ficarem evocando pontos de virada a torto e a direito meio que encheu minha paciência", conta Wally. "Está claro que há muitas coisas no sistema terrestre que não entendemos, então deveríamos ter humildade quanto a elas. Mas eu não acho que mudanças no oceano são a pior coisa. Se você fizer uma lista das coisas ruins que podem acontecer com o aquecimento global e ordená-las, eu deixaria os pontos de virada bem embaixo na minha lista."

No topo, prossegue o cientista americano, estaria justamente o efeito contrário ao do desligamento da esteira oceânica: um aquecimento tão grande da superfície do Atlântico que deslocasse a Zona de Convergência Intertropical mais para o norte. Isso poderia causar secas prolongadas em diversas partes do planeta — e, como você deve estar adivinhando, o semiárido nordestino seria uma das principais regiões afetadas. Há 14,2 mil anos, um desses eventos quentes durante a era glacial secou o Altiplano andino e o Nordeste do Brasil. "A disponibilidade de chuva é minha primeira preocupação", diz Broecker. "As pessoas se acostumaram com o clima atual da Terra; adaptar-se a mudanças pode ser muito difícil."

A segunda preocupação, relacionada à primeira, é disponibilidade de comida. "As pessoas falam em redução de 10% da produtividade por grau Celsius, o que, combinado com o crescimento da população, pode ser algo muito sério."

O próprio Broecker, entretanto, com sua sinceridade peculiar, admite que pode estar errado ao desprezar os pontos de virada do clima. Ele cita, por exemplo, um estudo norueguês publicado em fevereiro de 2014. O trabalho aponta que desligamentos na esteira oceânica podem ter acontecido mais de uma vez durante o último período quente antes da glaciação, há cerca de 125 mil anos.

Esse período é conhecido como Eemiano, e, embora tenha

sido mais instável que o Holoceno, foi também mais quente: na Groenlândia, o Eemiano teve temperaturas até oito graus mais altas do que a média do último milênio.[17] O nível do mar era cerca de cinco metros mais alto do que hoje, talvez o dobro disso.

Analisando sedimentos marinhos dessa época, o grupo de cientistas liderados por Eirik Galaasen, da Universidade de Bergen, constatou que durante alguns momentos do Eemiano havia uma mudança totalmente inesperada na composição química da carapaça dos microrganismos do fundo do mar. Ela indicava que menos nutrientes haviam descido para o fundo, ou seja, que a corrente que traz nutrientes da superfície havia deixado de afundar.

A visão dos pesquisadores — inclusive de Wally Broecker — até agora era a de que a circulação termo-halina fosse geralmente estável em períodos interglaciais como o nosso e que durante o Eemiano ela tenha se mantido firme e forte, já que não havia tanto gelo no Ártico para causar seu desligamento e religamento. Os noruegueses mostraram que a história não era bem essa: várias vezes durante o interglacial a circulação parou e seguiu. A causa disso ninguém sabe, mas Galaasen e seus colegas levantam uma suspeita sombria: o Atlântico Norte deve ter um limiar de aporte de água doce a partir do qual a corrente não afunda mais; e mudanças no regime dos rios que desembocam no Atlântico Norte e no Ártico podem ter provocado a ultrapassagem desse limiar no passado.[18] Como nas últimas décadas não apenas há mais água doce no mar vinda do degelo da Groenlândia, mas também dos rios da Sibéria e do Canadá, cujo fluxo aumentou devido ao degelo, pode ser que estejamos a ponto de fazer um teste dessa hipótese na prática.

De fato, alguns estudos sugerem que tal teste já esteja em curso. Um grupo de pesquisadores liderados pelo alemão Stefan Rahmstorf, por exemplo, diz que a esteira oceânica começou a enfraquecer na década de 1970 e nos anos 1990 chegou ao seu menor fluxo em mil anos.[19] Depois ela se recuperou em parte e agora pode estar declinando novamente. Um indício disso é uma enorme região do Atlântico Norte, ao sul da Groenlândia — a mesma região onde a água da corrente do Golfo afunda —, que está esfriando, enquanto todo o resto do oceano está esquentando. O fenômeno ganhou até o apelido: *"cold blod"*, "mancha fria", em inglês. O resfriamento é maior do que previam os modelos de clima, o que indica que há mais água de degelo da Groenlândia ali do que se imaginava. Outro grupo de cientistas mostrou que, entre 2004 e 2012, a redução de fluxo da esteira oceânica acelerou.[20]

Rahmstorf e seus colegas ponderam que nada disso indica que a circulação vá ser desligada em breve, mas afirmam que o IPCC, para variar, pode estar sendo conservador demais ao estimar as chances de que isso aconteça.

Broecker usa uma metáfora para se referir às surpresas climáticas reveladas pelo gelo polar e outros indicadores: a de um homem atravessando uma autoestrada com uma venda nos olhos. "Ele não sabe de onde vem a pancada. Vamos ser atingidos, mas não sabemos como. Sempre digo que estamos avançando, nosso conhecimento fica cada vez melhor, mas nosso objetivo também fica cada vez mais distante à medida que nosso conhecimento cresce. Só descobrimos que há mais e mais coisas que precisamos saber e que não sabemos. Mais e mais coisas que podem acontecer sobre as quais nunca pensamos", filosofa. "Mas não temos escolha. A escolha é um monte de gente passar fome."

SUL

9. Ao perdedor, as skuas

O comandante Frederico Muthz coça a cabeça ao receber o pedido da arquiteta Cristina Engel para sair no bote. É uma manhã nublada de março na estação Comandante Ferraz, principal instalação brasileira na Antártida. Há muito gelo na praia, mas a temperatura é positiva, como costuma ser na região nessa época do ano. Com pouco vento, o frio é suportável. O mar está calmo. A princípio, nada que comprometa a segurança a bordo. Mas Muthz hesita.

A professora da Universidade Federal do Espírito Santo está com o tempo curto e precisa inspecionar a estrutura de três refúgios construídos a alguns quilômetros de distância ao longo da península Keller, projeção rochosa quase livre de gelo que divide as águas da baía do Almirantado, na ilha Rei George, uma das maiores do arquipélago das Shetlands do Sul. À direita da península fica a enseada Martell, em cuja praia está a estação brasileira; à esquerda, a Mackellar, que abriga a base peruana Machu Picchu. Problemas com os velhíssimos aviões C-130 Hércules da Força Aérea Brasileira impediram que chegássemos três dias antes à Antártida, como planejado, e medições que Engel faria para a tese de um de seus alunos teriam de ficar para outra ocasião. Ela espera ao menos conseguir verificar os refúgios, que ficaram sem manutenção por dois anos, desde que um incêndio em fevereiro de 2012 destruíra o complexo principal de Ferraz. Seu desejo, porém, precisa antes transpor uma preocupação do comandante que soa prosaica: "A skua está com filhote no refúgio 2".

Mineiro, risonho e baixinho, Muthz chefia o chamado grupo-base, um grupamento de uma dezena de homens da Marinha que passa o ano inteiro ocupando a estação. É informal e afável com os visitantes e com os pesquisadores que passam o verão em Ferraz, mas seu largo sorriso não elimina o fato de ser ele a autoridade máxima por ali. Na estação, ninguém faz ou deixa de fazer qualquer coisa sem seu consentimento. A hierarquia militar é rigidamente observada no Programa Antártico Brasileiro, e também vale para os civis. Ninguém sai sozinho sem aviso; ninguém sobe morros ou geleiras sem acompanhamento de um alpinista; e ninguém pega um barco se o tempo está muito ruim. Ele autoriza a excursão, mas não sem antes desfiar um rosário de recomendações aos cinco tripulantes do bote: cuidado. Silêncio. Não cheguem perto demais. E levem um casaquinho.

O zelo do comandante é mais do que justificado pelas rigorosas regras ambientais que regem a presença humana na Antártida. O clichê maior do turismo de natureza — "tire somente fotografias, leve somente lembranças" — é lei naquela região. Literalmente: desde 1991 o sexto continente é consagrado apenas às atividades científicas e à preservação da natureza por um acordo internacional. As prescrições desse acordo, o Protocolo de Madri, passaram a vigorar em 1998 e são seguidas pelos militares brasileiros na Antártida com rigor. Isso inclui tratamento de esgoto, transporte de lixo, um cuidado paranoico com os musgos que crescem nas rochas em volta da estação e distâncias mínimas a ser mantidas pelos visitantes de qualquer representante da fauna local.

Ironicamente, o animal que mereceu as atenções do comandante Muthz talvez seja o que menos precisa de proteção naquele pedaço da Antártida. A skua, uma gaivota marrom que tem a honra dúbia de ser o mais voraz predador de terra firme daquelas bandas, vai muito bem, obrigado. Sua população tem crescido nas últimas décadas e ela não parece ter problema em conviver com seres humanos. A skua é uma vencedora num mundo de derrotados.

Essa ave é companhia constante dos viajantes que andam por Rei George, que abriga Ferraz e outras doze estações científicas de nove países. Com toda probabilidade, será o primeiro animal avistado por quem chega de avião à ilha, depois de pôr os pés na pista de cascalho da base chilena Teniente Rodolfo Marsh e receber na cara, possivelmente deixando escapar um palavrão, a primeira lufada do inclemente vento antártico.

Enquanto o visitante admira o cenário extraterrestre do entorno da base, com suas montanhas que lembram bolos de chocolate mal cobertos de marshmallow, e tenta se acostumar às roupas pesadas e às horríveis botas de neve Caribou, verá skuas voando à sua volta.

O primeiro contato próximo com uma delas pode ser entediante. O bicho quase sempre deixará o forasteiro fotografá-lo, às vezes de perto, ou simplesmente não notará sua presença. A má fama que a precede, sobre a qual o aventureiro terá lido em algum livro dentre as dúzias que devorou antes de embarcar para a Antártida, parecerá injustificada.

A carinha de inocente, porém, esconde um animal territorialista e extremamente agressivo. As skuas são o terror dos pinguins, fazendo incursões sistemáticas aos ninhos em busca de ovos e filhotes desgarrados. Quem assistiu ao documentário *A marcha dos pinguins* já viu como essa gaivota é capaz de destroçar filhotes de pinguim imperador, um animal que mede mais de um metro na fase adulta. Mas não são apenas os pinguins (e humanos incautos que passam perto demais de seus filhotes) que sofrem com a voracidade das skuas: se há dois ninhos vizinhos, basta um descuido para que uma delas fatalmente devore a cria da outra — nada pessoal. Quem já viu o território do ninho dessa ave rapineira enquanto ela alimenta o filhote descreve-o como um "cenário de guerra": ali há cabeças de pinguins bebês, restos de peixe e cabeças de filhotes de outras skuas para todo lado.

A skua antártica (*Catharacta sp.*) é o principal beneficiário de um impacto ambiental que tem sua origem a milhares de quilômetros das águas polares e que nem o mais dedicado dos chefes de estação antártica pode evitar: o aumento das temperaturas da península Antártica. O "chifre" do continente antártico, que se estende por 1,3 mil quilômetros na direção da América do Sul e inclui o arquipélago das Shetlands, é um dos lugares do planeta que mais esquentaram desde a década de 1950. Ali as temperaturas médias estão cerca de três graus mais altas do que na primeira metade do século XX (o mundo aqueceu, em média, quase um grau em relação à era pré-industrial), com uma estação meteorológica registrando um aumento de inacreditável 1,03 grau por década entre 1950 e 2006.[1]

O aquecimento anômalo observado na península é, provavelmente, uma combinação de efeitos entre dois fenômenos causados pela humanidade: a aceleração do efeito estufa, na conta da queima de combustíveis fósseis, do desmatamento e da agricultura; e a destruição da camada de ozônio — um fator cujo impacto no clima é mais ou menos contraintuitivo e do qual falaremos mais tarde. Seus resultados, porém, são conhecidos.

O mais espetacular deles foi o esfacelamento, em abril de 2002, da plataforma de gelo Larsen B, na porção leste da península. Aquela foi a primeira vez que um fenômeno dessa magnitude foi acompanhado, em tempo quase real, pelos satélites *Terra* e *Aqua*, da Nasa. Entre janeiro e fevereiro daquele ano, uma língua de gelo flutuante duas vezes maior do que a cidade de São Paulo se desintegrou diante do olhar incrédulo dos cientistas. Achava-se até então que a plataforma fosse estável por mais de um século, mesmo num cenário de aquecimento.[2]

A perda de gelo ocorre em toda a região da península Antártica e também nas ilhas em volta. No total, 87% das geleiras da península estão diminuindo,[3] e sua contribuição estimada para o aumento do nível do mar é de 0,05 milímetro por ano. O número é pouco impressionante se comparado ao derretimento da Groenlândia, mas é preciso considerar que há relativamente menos gelo na península: menos de um décimo do total do manto groenlandês.[4] Desde o final da década de 1950, a ilha Rei George perdeu 7% de sua cobertura glacial.

Nada que um observador eventual como eu conseguisse perceber entre minha primeira visita ao local, em 2001, e a segunda, em 2014. Exceto pela ausência de Ferraz, substituída por um conjunto de módulos provisórios (carinhosamente apelidados de "favelinha" por um antigo comandante da estação), a paisagem da península Keller e da baía do Almirantado me pareceu idêntica.

Para os cientistas que visitam o local todos os anos, porém, a diferença é clara. "A geleira retraiu nos últimos anos", conta a zoóloga Theresinha Absher, oitenta anos, especialista em moluscos, em alusão à geleira Stenhouse, que desemboca na enseada onde fica a estação brasileira. Ela relata que já fez coleta de amostras na enseada com uma temperatura de catorze graus lá fora. O calor era tão grande, conta, que ela precisou arriscar e tirar o macacão impermeável Mustang, item de uso obrigatório para quem vai fazer trabalho de coleta de animais marinhos a bordo de botes ou lanchas — já que a água do oceano Austral, segundo a lenda, mataria uma pessoa desprotegida em poucos minutos.

Sinal consistente
O registro mostra o número de geleiras em retração e em avanço na península Antártica

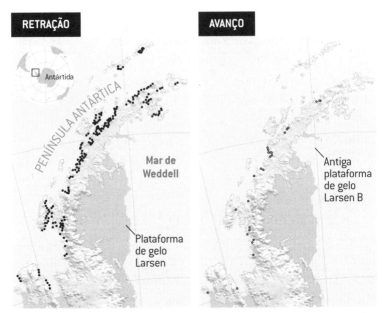

Fontes: O'Donnel et al., *Journal of Climate* (2010) e Scar, *Antartic Climate Change and the Environment* (ACCE 2009).

O meteorologista Rubens Junqueira Villela, da USP, 85, decano do Programa Antártico e primeiro brasileiro a pisar o polo Sul, esteve na baía do Almirantado em 1961 a bordo de um navio americano e fotografou outra geleira, que existe no alto da península Keller. "Ali você vê claramente que ela encolheu", diz.

"Os campos de neve diminuíram", conta o gaúcho Antônio Batista, 65, biólogo da Universidade Federal do Pampa em São Gabriel. Batista e seu grupo observam há 23 anos as variações da parca vegetação antártica, composta ali sobretudo por musgos, líquenes e apenas duas espécies de planta com flor. Segundo ele, a ilha Rei George está mais verde: a ausência de áreas permanentemente cobertas por neve tem permitido que a grama colonize novos locais. Recentemente houve até mesmo uma invasão de uma gramínea europeia na estação polonesa Arctowski, vizinha de Ferraz. Foi o primeiro registro da presença de um vegetal de regiões temperadas — que normalmente não sobreviveria ao inverno antártico — naquelas bandas. A tal planta, cujo nome científico é *Poa annua*, possivelmente veio no sapato de alguém e desapareceu pouco tempo depois de ter florescido. Mas Batista diz temer que novas invasões possam ocorrer no futuro. "Aqui vai esquentar."

A redução da quantidade de neve e gelo no local é uma bênção para as skuas. Isso porque essas gaivotas fazem seus ninhos em áreas com solo exposto. Na região da baía do Almirantado, essas áreas aumentaram cerca de 30% apenas entre 1979 e 2006. "Elas se adaptam bem às variações do clima", conta a bióloga Erli Schneider Costa, uma gaúcha que estuda a vida privada das skuas.

A pesquisadora da Universidade Estadual do Rio Grande do Sul tem catorze viagens à Antártida no currículo. A primeira foi em 2002, ainda como estudante de graduação. Talvez fosse o destino: Erli nasceu no interior do estado, na gélida Erval Grande, num ano de nevada. Um professor seu de graduação na Unisinos, em São Leopoldo, descobriu o talento da moça para lidar com estatísticas e planilhas de Excel e indicou-a para um grupo do programa antártico que precisava de alunos com essas qualificações para inventariar aves na região da península. A resposta da jovem ao convite foi categórica: "De jeito nenhum! Me mande para o Nordeste!".

Ela justifica: "Detesto frio. Meu pai é agricultor e minha mãe é professora. Nossa casa era muito simples, a gente não tinha calefação, e no lugar onde eu nasci faz zero grau". Depois de passar muito frio na infância, Erli não queria saber de desconforto. Mas trabalho é trabalho, e ela embarcou para Rei George — foi sua primeira viagem de avião. Só não imaginava que tomaria gosto justamente pelo frio, pela desolação polar e pelos mais improváveis objetos de afeição, as gaivotas rapineiras. "Elas são apaixonantes", derrete-se.

Em sua pesquisa, Costa cruzou dados de temperatura e gelo desde 1979 com os registros da população de skuas numa região da baía do Almirantado, obtidos parte em trabalhos anteriores, parte por ela mesma, armada com um GPS e muita paciência para contar cada ninho e cada casal. Frequentemente era atacada no processo por seus bichinhos "apaixonantes". Constatou que, no período até 2006, a população de skuas havia crescido 563%, enquanto as temperaturas médias do inverno subiam e o gelo recuava — em dez anos, 22% da área estudada havia perdido gelo e neve, abrindo-se à colonização pela vegetação e pelas gaivotas predadoras.[5] Bom para as skuas, ruim para outro bicho típico da Antártida, esse sim, mais facilmente considerado "apaixonante": o pinguim.

Essas aves nadadoras são o símbolo da região polar sul, e é impossível ficar indiferente a elas. Quem desembarca pela primeira vez numa praia antártica e dá de cara com esses bichos nunca deixa de se enternecer. "São extraordinariamente parecidas com crianças, essas pessoinhas do mundo antártico. Ou com crianças ou com velhos, cheios de si e atrasados para o jantar, com seus fraques negros e camisas brancas — e bastante bem-apanhados", escreveu há quase um século Apsley Cherry-Garrard, sobrevivente da lendária expedição polar do britânico Robert Falcon Scott, que atingiu o polo Sul em 1912 (e morreu no caminho de volta).

Em terra os pinguins são absolutamente incompetentes, caminhando com patas muito curtas como o velho de fraque descrito por Cherry-Garrard — só que um velho bêbado, balançando de um lado para o outro, ou movendo-se aos saltitos, ou pulando de dentro da água e caindo de pé sobre o gelo e, ato contínuo, correndo como quem está realmente atrasado para alguma coisa. Na neve, compensam a inabilidade jogando-se de barriga e usando as patas como propulsores para deslizar. Uma brincadeira feita antigamente em Ferraz, mais comum do que recomendaria o Protocolo de Madri, consistia em correr atrás de um pinguim pela praia e assistir ao espetáculo deplorável da pobre ave fugindo sempre em linha reta, sem conseguir driblar seu perseguidor. Isso, claro, até cair na água, seu elemento, onde o animal se transforma num torpedo e desaparece de vista, usando como nadadeiras as asas altamente adaptadas.

Existem seis espécies de pinguins que se reproduzem na Antártida e nas ilhas antárticas ou frequentam a região. O maior é o imperador (*Aptenodytes forsteri*), que chega a 1,2 metro de altura e ultrapassa fácil os trinta quilos. É uma das criaturas com os hábitos reprodutivos mais estranhos da Terra: habitante da zona continental, acima dos 66 graus de latitude, o bicho empreende todos os anos no outono uma migração de mais de uma centena de quilômetros rumo ao interior da Antártida — um lugar de onde qualquer outro ser vivo gostaria de fugir no inverno.

Ali, o pinguim imperador macho leva a definição de trabalho insalubre ao paroxismo: ele choca o único ovo que a fêmea põe no ano em plena noite polar, a sessenta graus negativos e na escuridão total. Precisa encarar três meses de jejum enquanto equilibra o ovo sobre as patas. Um único movimento em falso pode fazer o ovo escorregar e tocar o gelo, causando a morte instantânea do embrião e a perda de uma temporada de acasalamento. Somente depois do nascimento do filhote é que a fêmea, que passa os meses brutos literalmente pegando uma praia e comendo frutos do mar, volta para o ninho para alimentar o bebê com um delicioso peixe regurgitado. O macho, que perdeu um terço de seu peso durante a choca, deixa a mãe no posto e cumpre o último sacrifício da temporada: a caminhada de cem quilômetros de volta ao mar aberto, onde finalmente poderá se alimentar. Isso, claro, se não for devorado por uma orca ou uma foca-leopardo tão logo caia na água.

Ninguém sabe ao certo como a estratégia reprodutiva dessas aves evoluiu. Mas o fato é que os bebês de imperador, diferentemente dos das espécies costeiras de pinguim, escapam mais do que os outros da predação por skuas, já que as gaivotas assassinas não ousam adentrar o continente durante o inverno.

Outras três espécies de pinguim, todas do mesmo gênero, ocorrem no litoral e nas ilhas e servem mais frequentemente de presa às skuas: o pinguim de adélia (*Pygoscelis adeliae*), o pinguim de barbicha (*Pygoscelis antarcticus*) e o pinguim de papua, ou gentio (*Pygoscelis papua*). *Pygoscelis*, em grego latinizado, significa literalmente "perna na bunda".

O papua, ou pinguim gentio, é o maior dos três, com até 76 centímetros de altura, bico vermelho e uma mancha branca nos olhos. Ele se alimenta de peixes e caranguejos, faz ninho em áreas com vegetação e é o último a deixar as praias antárticas no final do verão, em março, para áreas de alimentação no mar. Sua população foi estimada em 314 mil casais em idade reprodutiva.

O segundo dessa hierarquia é o simpático pinguim de barbicha, ou pinguim antártico, chamado de *chinstrap* em inglês. O nome popular vem de uma fina faixa de penas pretas que ele tem na cara toda branca, sob o queixo. Depois do imperador, é o pinguim que se reproduz na região mais meridional da Antártida, nas ilhas e no litoral da península. Ele mede até 61 centímetros de altura e se alimenta sobretudo de krill, um crustáceo de cinco centímetros parecido com um camarão e que forma a base da teia alimentar do oceano Austral.

O mais popular dos três pinguins que frequentam a península é o pinguim de adélia, alcançando os mesmos 61 centímetros de altura. A espécie, de cara toda preta, foi batizada pelo explorador francês Jules Sébastien Cézar Dumont D'Urville, que navegou pela Antártida na década de 1830. Não se sabe se num surto de paixão ou de culpa pelas longas ausências, D'Urville deu à ave o nome de sua mulher, Adélie, que também imortalizou na porção do leste do continente que ele viria a descobrir, a Terra de Adélia.

Como seu descobridor, os adélias são românticos incuráveis. "O macho na pinguineira leva uma pedrinha para a fêmea. Se ela aceitar, eles formam um casal. É como se ele levasse um diamante para a fêmea", brinca Erli Costa. Segundo ela, é comum ver na borda das pinguineiras (nome dado aos locais de reprodução da ave, onde se juntam milhares de pinguins) machos com pouca experiência amorosa tentando passar a perna nos outros para roubar as prendas.

As tentativas de roubo se justificam pelo baixíssimo sucesso reprodutivo dos pinguins. A cada centena de ovos postos, dois filhotes sobreviverão. Esse índice varia muito de um ano para o outro, mas não ultrapassa os 8%.

Para ser considerado "viável", o filhote precisa sobreviver ao ambiente miserável, ao pisoteio de pinguins adultos e a ataques de skuas. No caso dos pinguins de barbicha, ainda terá de enfrentar uma verdadeira odisseia marinha: ele deixará a pinguineira depois dos três meses de idade e passará os três a cinco anos seguintes crescendo e se alimentando em mar aberto. Até hoje os cientistas não sabem em que lugar do oceano Austral eles ficam.

Os adélias não vão tão longe quanto seus primos de barbicha. O limite de seu deslocamento anual é a extensão do gelo marinho em volta da Antártida no inverno. Esse limite é imposto pela dieta altamente seletiva da espécie, que só se alimenta de krill. Como o pequeno crustáceo se refugia sob a banquisa no inverno, para comer as algas que florescem debaixo das placas de gelo, os adélias ficam por ali.

Dito assim, esse "por ali" parece algo geograficamente restrito, mas não é: o cinturão de gelo marinho antártico é o fenômeno ambiental de maior variação sazonal que se conhece na Terra. Todos os anos, uma área de 18 milhões de quilômetros quadrados de mar — o equivalente a duas vezes e meia a extensão do território brasileiro — congela no inverno. A banquisa mais do que duplica o tamanho do continente austral, que sem ela tem 13,8 milhões de quilômetros quadrados. Diferentemente do Ártico, onde o mar congelado perto do polo é (cada vez menos) permanente, o gelo marinho antártico é quase todo de primeiro ano, pouco espesso e que derreterá no verão. Também diferentemente do Ártico, essa banquisa está, em geral, aumentando de tamanho. O "em geral" é importante para a história dos pinguins, à qual voltaremos num instante.

Os negacionistas do aquecimento global têm usado o crescimento da área do gelo marinho na Antártida para defender o argumento de que não existe um aquecimento induzido por seres humanos. O raciocínio é mais ou menos o seguinte: o.k., o gelo está derretendo no Ártico, mas está crescendo na Antártida, cerca de 100 mil quilômetros quadrados, ou uma Santa Catarina, por década. *Ergo*, na média, não há perda de gelo marinho no planeta.

No entanto, os cientistas têm razões para crer que esse aumento no mar congelado em volta da Antártida seja transitório. Ainda existe muita discussão a respeito, mas uma das hipóteses mais fortes para o paradoxal crescimento da banquisa é o buraco na camada de ozônio.

Isso porque o ozônio (O_3) estratosférico, quando está presente, participa de reações na atmosfera que liberam calor. A destruição do ozônio, que ocorre nos meses de primavera, deixa a estratosfera muito fria em todo o centro da Antártida. O ar sobre a superfície dentro do buraco de ozônio é, em média, de oito a dez graus mais frio do que em volta dele. O chamado vórtice polar,

Calor austral
Algumas partes da Antártida aqueceram muito, mas outras estão mais frias

O mapa mostra a tendência das temperaturas médias na Antártida entre 1957 e 2006. As áreas mais escuras indicam aquecimento; as mais claras, resfriamento. Repare no aquecimento extremo da península e no resfriamento no interior do continente, ambos consistentes com a ação do aquecimento global mais o buraco na camada de ozônio.

uma zona de baixa pressão onde os ventos giram no sentido horário em torno do polo Sul, fica mais forte com a redução de temperatura. "É como se o frio ficasse engarrafado sobre o continente", compara a climatologista americana Susan Solomon, do MIT (sigla em inglês para Instituto de Tecnologia de Massachusetts).

Nos anos 1980, Solomon, então uma jovem cientista, participou de uma expedição à Antártida para medir o buraco na camada de ozônio, descoberto naquela mesma década por pesquisadores britânicos. Ela demonstrou a ligação entre a destruição do ozônio e as emissões industriais de clorofluorcarbonos (CFCs), gases usados em refrigeradores e aerossóis. Seu trabalho, publicado em 1986, confirmou uma previsão feita em 1974 pelo mexicano Mario Molina e pelo americano Sherwood Rowland (que em 1995 ganharam o prêmio Nobel de química por isso). Também foi crucial para a assinatura, em 1987, do Protocolo de Montreal, um tratado internacional que baniu os CFCs do planeta. Toda vez que você comprar no supermercado um desodorante cujo rótulo anuncia "não agride a camada de ozônio", estará involuntariamente prestando homenagem ao trabalho dessa senhora judia simpática, mas não muito paciente, de cabelos pretos e óculos grossos.

O efeito mais propagado do buraco no ozônio é, evidentemente, a passagem desimpedida dos raios UV, que causam câncer de pele. Isso é um problema menor para os seres humanos na Antártida, já que a "população" do continente, instalada em bases científicas, está em torno de 3 mil pessoas apenas, e somente uma fração desse contingente passa o ano inteiro lá. Em anos ruins, porém, o buraco chega até Punta Arenas, no Chile. A radiação em excesso também tem efeitos deletérios sobre o ecossistema marinho da Antártida. No Ártico, onde vivem 4 milhões de pessoas, também há uma depleção do ozônio estratosférico, embora em grau menor. Se deixado sem providências, o buraco cresceria e tomaria vastas regiões do planeta. O Protocolo de Montreal não foi de forma alguma uma medida desnecessária.

Mas há um outro efeito da falta de ozônio, indireto e potencialmente ainda mais vasto: o frio "engarrafado" no interior do continente aumenta a diferença de pressão atmosférica entre o centro e a periferia da Antártida. Isso faz com que os ventos fiquem mais fortes no oceano Austral, onde a pressão é maior do que no polo. Isso tem uma série de consequências interessantes.

Ventos mais fortes empurram a água da superfície, relativamente mais quente, para mais longe do litoral, expondo a água mais profunda e fria. Esse movimento aumentaria a formação de gelo marinho em algumas regiões, já que a água mais fria congela com mais facilidade.

Por outro lado, a península Antártica, devido a sua latitude relativamente baixa, está bem no meio desse cinturão de ventos fortes do oceano Austral, que sempre sopram de oeste para leste, acompanhando a rotação da Terra. Os ventos funcionam como barreira às frentes frias vindas do polo e, ao mesmo tempo, trazem ar mais quente — relativamente mais quente, já que estamos falando do mar circumpolar — à península.[6] O buraco no ozônio, portanto, tem o duplo e contraditório efeito de ajudar a resfriar algumas regiões da Antártida, mitigando involuntariamente o aquecimento global, e aquecer a península, potencializando-o ali. "Para mim está bastante claro que a perda das geleiras da península Antártica tem ligação com o buraco na camada de ozônio", disse-me Solomon.

Com o sucesso do Protocolo de Montreal e o fechamento do buraco, previsto para acontecer em meados deste século, esse efeito tende a desaparecer, e o real impacto do aquecimento global sobre a Antártida será conhecido. Voltaremos ao assunto adiante. Afinal, você deve estar se perguntando o que isso tudo tem a ver com os pinguins.

Os pinguins de adélia e os pinguins de barbicha não são considerados ainda espécies ameaçadas de extinção. A União Internacional para a Conservação da Natureza por enquanto qualifica ambos como espécies com "menor grau de preocupação" em seu Livro Vermelho das Espécies Ameaçadas, um compêndio atualizado periodicamente que traz o consenso da informação científica sobre o risco de desaparecimento de bichos e plantas mundo afora. Em toda a Antártida, a população de pinguins de barbicha é estimada em 8 milhões de indivíduos, e a de adélias, em 4,7 milhões.

Na península e no oeste da Antártida, porém, a história é outra. As mudanças climáticas, ali, estão induzindo alterações em toda a cadeia alimentar marinha. Os pinguins sofrem com isso, mas também com a elevação da temperatura, que impacta diretamente sua sensível reprodução. As populações dessa ave na região têm declinado sensivelmente ao longo das últimas décadas.

Durante grande parte do século XX, os pinguins da península Antártica estiveram na confortável posição ocupada hoje pelas skuas – a de vencedores. Eles foram beneficiados indiretamente por outro impacto ambiental causado por seres humanos: a caça indiscriminada de focas e de baleias. Estas últimas são grandes consumidoras de zooplâncton, em especial de krill (*Euphasia superba*), o tal camarãozinho que está na base da cadeia alimentar do oceano Austral. A baleia-azul, o maior animal que já habitou a Terra, foi virtualmente eliminada das águas polares, o que produziu como efeito colateral uma retomada da quantidade de krill. De certa forma, a consequente explosão da população de pinguins reflete um desequilíbrio ecológico. Com a suspensão da caça comercial à baleia, em 1986, e o regresso gradual das populações de foca, a concorrência pelo krill tende a voltar. A questão é o que acontecerá com o próprio krill.

Cardumes desse crustáceo costumam ter quilômetros de extensão e conter bilhões de indivíduos. Nas décadas de 1970 e 1980, essa abundância foi tomada como solução possível para a fome do mundo, e o krill antártico foi qualificado como a fonte de proteína do futuro. Um grande programa internacional de pesquisas, o Biomass (sigla em inglês para Investigações Biológicas dos Sistemas e Estoques Marinhos Antárticos), foi formado para investigar a possibilidade. O Brasil, que acabava de montar seu programa antártico para poder ter direito à "cidadania plena" de membro do

Tratado da Antártida e precisava fazer pesquisa para justificar a cara investida no continente austral, aderiu com gosto ao Biomass.

Os estudos, que duraram até 1985, trouxeram uma boa notícia e duas más. A boa era que de fato havia muito krill no oceano Austral. As más eram que os cardumes eram extremamente variáveis, o que dificultaria a exploração comercial na escala desejada. Além disso, o krill contém em sua carapaça uma enorme quantidade de flúor, elemento químico tóxico para seres humanos. A miragem da Antártida alimentando o planeta foi rapidamente desfeita ainda nos anos 1980, embora os russos insistam até hoje em que inventaram um método seguro de processamento do krill. Hoje o camarãozinho é pescado em quantidades relativamente modestas e pode ser apreciado como recheio de empanadas em alguns restaurantes do sul do Chile. O sabor é mais suave do que o do camarão tropical — talvez de fato o krill pudesse agradar ao paladar global. Há, porém, um interesse crescente de empresas dos países do hemisfério Norte no recurso. O krill também é fonte do ácido graxo ômega 3, reputadamente antioxidante, e as capturas quadruplicaram no entorno da península Antártica ao longo deste século.

Os estudos do Biomass e outros levantamentos posteriores também mostraram que a distribuição e a abundância do krill estão diretamente relacionadas à quantidade de gelo marinho. Se houve muito gelo no inverno anterior, haverá muito krill na primavera seguinte. Isso porque o bichinho se refugia no inverno sob a banquisa, onde ficam concentradas as diatomáceas (algas unicelulares) das quais ele se alimenta. Muito gelo equivale a muitas algas, que equivalem a muito krill. Muito krill equivale, por sua vez, a muitos pinguins. Com gelo em abundância e com os humanos eliminando a concorrência das baleias, o século XX foi uma época feliz para as "pessoinhas do mundo antártico".

As pragas gêmeas do aquecimento global e do buraco na camada de ozônio, porém, podem estar mudando essa situação de duas formas. Primeiramente, produzindo um declínio do gelo marinho na região da península Antártica e ao sudoeste dela, na zona dos mares de Amundsen e Bellingshausen (guarde esses nomes). Com menos gelo, a tendência é que haja menos krill.

Depois, há indicações de que o derretimento das geleiras da península esteja aumentando a quantidade de água doce no oceano Austral. A alteração na salinidade impacta diretamente a composição do plâncton. "Com a água menos salina, as diatomáceas que o krill come crescem pouco. Em alguns lugares elas estão sumindo", conta o oceanógrafo Márcio Souza, da Furg (Universidade Federal do Rio Grande). Souza e alguns colegas têm feito coletas de plâncton no litoral da península todo verão, e notado uma substituição gradual das diatomáceas por criófitas, microalgas com flagelo ("cauda") que o krill não aprecia por serem menores que as diatomáceas. "A relação não é tão simples: já registramos um ano frio com dominância de flagelados em alguns pontos de coleta", adverte o pesquisador. No geral, porém, as pesquisas mostram uma correlação forte entre calor e redução do krill.

Outro sinal de alteração na teia alimentar marinha é a presença cada vez maior, na Antártida, de uma criatura chamada salpa (*Salpa thompsoni*). Não muito maior do que o krill, a salpa lembra um tubo de gelatina transparente com um intestino — definitivamente, um ser com o qual é difícil criar empatia. Apesar do aspecto, ela é um parente próximo dos seres humanos. Mais próximo do que o krill, pelo menos: o bicho pertence ao filo dos cordados, que inclui todos os vertebrados, como nós, os peixes e os pinguins. Na fase de larva, é possível até mesmo distinguir na salpa um rudimento de medula e um rascunho de cérebro.

Esse seu primo melequento é um dos organismos filtradores mais eficientes dos mares austrais. Diferentemente do krill, a salpa não faz distinção entre tipos de alga — caiu em sua rede de muco, é comida. As criófitas que não apetecem ao krill são perfeitas para a dieta das salpas. Estas também são encontradas com maior frequência em águas mais quentes, mais ao norte. Portanto, esses dois herbívoros ocupam o mesmo posto na cadeia alimentar marinha, mas sem competir diretamente num mesmo território — a menos que as condições mudem.

Os biólogos que estudam os mares antárticos já observaram que, em anos mais quentes, o krill declina no litoral do continente e é substituído pelas salpas. Estas têm um ciclo de vida mais curto e, portanto, respondem mais rapidamente a mudanças ambientais do que o crustáceo. Ninguém tem certeza ainda das razões para a mudança, mas há fortes suspeitas de que o gelo marinho, além de favorecer a proliferação das algas que o krill come, inibe também a movimentação das salpas pela coluna d'água.

Nos últimos cinquenta ou sessenta anos, o número de anos frios consecutivos na região da península Antártica tem declinado e, junto com ele, o gelo marinho. Os chamados "anos de salpa", nos quais o cordado é o herbívoro dominante no zooplâncton, têm crescido, na proporção em que caem os "anos de krill".

"Nas últimas décadas, uma mudança na distribuição das salpas para áreas mais meridionais foi observada. Simultaneamente, a abundância de krill nessas áreas diminuiu", escreveu a bióloga alemã Annette Bombosch, do Instituto Alfred Wegener de Pesquisas Polares. Segundo ela, é difícil prever qual das duas espécies vai ganhar a queda de braço pelo domínio dos mares austrais — o krill, lembra, subsistiu em eras bem mais quentes e bem mais frias do que a atual. No entanto, adverte, a mudança observada em poucas décadas "pode indicar que uma alteração ambiental de grande escala na região antártica pode ter ocorrido ou está em curso", com consequências para as espécies que dependem do camarãozinho rosado.

Com efeito, a situação dos pinguins na península já dá sinais claros de drama. Dados coletados durante três décadas consecutivas pelo casal de biólogos americanos Wayne e Susan Trivelpiece, da Noaa (sigla em inglês para Administração Nacional de Oceanos e Atmosfera), na região da península que inclui as ilhas onde o Brasil faz pesquisa, indicam um declínio de 50% ou mais nas populações de pinguins de adélia e de pinguins de barbicha,[7] na esteira da redução do gelo marinho naquela área. Segundo os cientistas, o declínio no número de pinguins das duas espécies era inesperado: os adélias dependem do gelo marinho para se alimentar; então, em teoria, eles seriam os principais prejudicados; os barbichas, que se alimentam em mar aberto, poderiam até mesmo se multiplicar. O fato de ambas as espécies estarem em declínio pode indicar que o fator-chave por trás da morte dos pinguins é a redução da abundância de krill — que foi de 80% no local em três décadas, segundo os Trivelpiece e colegas.

Outro problema foi detectado pelos estudiosos nas próprias colônias: os ninhos dos pinguins estão literalmente fazendo água. A brasileira Erli Costa afirma que ela e seus colegas têm percebido cada vez mais água de degelo nas pinguineiras. Quando faz frio, os pinguins podem depositar os ovos no solo sem problemas, já que a água frequentemente está congelada, ou em forma de neve, ou retida no solo. Com o clima mais quente, as áreas onde estão as pinguineiras têm ficado mais úmidas, seja pelo derretimento da neve ou da água do solo, seja pela ocorrência de chuva. "Quando entra água no ninho, a temperatura do ovo diminui e o embrião morre", conta a pesquisadora gaúcha.

O chamado sucesso reprodutivo dos pinguins, ou a chance de eles produzirem os tais filhotes viáveis, tem caído. "Os filhotes que iriam ocupar o lugar dos adultos não estão nascendo", prossegue Costa. Como um pinguim vive entre vinte e 25 anos, pode ser que um declínio populacional maciço dessas aves carismáticas esteja sendo contratado para as próximas décadas.

Também há indicações de que o aumento da população de skuas possa, mais cedo ou mais tarde, agravar ainda mais o drama dos pinguins. Na região da baía do Almirantado, filhotes de pinguim têm sido achados em vários pedaços em ninhos de skua. Ainda não há dados que permitam afirmar se a predação está aumentando, mas isso pode ocorrer no futuro.

Estudos feitos pelo grupo de pesquisadores de pinguins e skuas do Programa Antártico Brasileiro mostram reduções de quase 60% na população de pinguins de barbicha na baía do Almirantado entre 2002 e 2004 em comparação com 1979, quando os americanos começaram a fazer censos de pinguins por ali. Erli Costa pede cautela na interpretação dos dados: afinal, trata-se de regiões específicas, de populações que flutuam bastante e de uma série de dados que ainda precisa de mais observações. "Pode ser que a gente não esteja vendo agora o reflexo do que está ocorrendo. Precisamos de um registro contínuo e periódico para entender o que está realmente acontecendo com as populações."

O casal Trivelpiece, porém, mostra preocupação com o futuro dos pinguins de barbicha: ao contrário dos adélias, que têm populações grandes em áreas da Antártida que ainda não estão sendo afetadas de maneira significativa pelo aquecimento global, os *Pygoscelis antarcticus* têm seu território basicamente circunscrito à periferia do continente, em franco aquecimento. Num estudo de 2011, os cientistas escreveram:

> Dada a magnitude de seu declínio populacional global, as previsões de mais aquecimento nessa região e os elos entre a mudança climática e as reduções na biomassa de krill, o alimento principal dos pinguins de barbicha, sugerimos que as populações de pinguim de barbicha sejam cuidadosamente monitoradas e seu status seja revisto por organizações como a União Internacional para a Conservação da Natureza [...]. Achava-se há muito que os pinguins de

barbicha fossem vencedores ecológicos no cenário de aquecimento climático. Em vez disso, eles podem estar entre as espécies mais vulneráveis afetadas por um clima mais quente.

Uma Antártida dominada por skuas e rarefeita em pinguins é, de fato, difícil de imaginar. Atualmente, a probabilidade de que isso ocorra é baixa. No entanto, a persistir a tendência ao aquecimento, com a recuperação da camada de ozônio, mesmo populações hoje saudáveis do simpático animal-símbolo do continente poderiam sofrer reduções maciças nas próximas décadas. Se há uma coisa que a história do continente austral tem mostrado é que não existe extinção que os seres humanos não possam praticar por ali.

10. Matadores e cientistas

Quem caminha pela praia na enseada Mackellar, na ilha Rei George, pode ser desculpado se achar por um momento que as palavras "selvagem" e "intocado" foram inseridas no dicionário especialmente para descrever aquele lugar. A enseada é de uma beleza quase opressora, cercada de montanhas que mal se divisam entre as nuvens baixas e espessas que cobrem a região na maior parte do ano. O vento, por mais fraco que seja, transformará até um dia agradável de verão num frio de doer, ensinando ao visitante que, na Antártida, a leitura do termômetro não informa tanto assim — o importante de fato é a sensação térmica, mesmo com temperaturas acima de zero. O mar azul-petróleo estará coalhado de blocos de gelo também azuis, que se desprendem das geleiras igualmente azuis que flanqueiam a baía. O estrondo causado por esses icebergs em miniatura ao desmoronarem sobre a água é assustador — mesmo à distância, é sentido como um terremoto, o que faz o visitante lembrar como está sozinho e desprotegido naquele ambiente. Eventualmente uma baleia poderá ser vista mergulhando em meio ao gelo.

Na praia, coberta de algas, seixos e neve, pinguins perambulam em busca de um ponto de mergulho. Nos raros dias de sol, focas de olhos imensos exibem os corpanzis à beira-mar, como senhoras gordas num sábado em Ipanema. Skuas patrulham o céu em busca de presas. Exceto pelo vento, pelo grasnar dos pinguins e pelo rugido dos blocos de gelo se revirando na água (não por acaso, eles são conhecidos como *growlers*, ou "rugidores"), o silêncio é total.

É então que o visitante verá os ossos.

Há dezenas deles espalhados por toda a praia. A maioria é de grandes vértebras, muitas ainda articuladas em seções de um metro ou mais. Há pilhas na entrada de um dos refúgios de pesquisa que o Brasil mantém na enseada. Costelas imensas parecem brotar da neve, entre outros pedaços de esqueletos esbranquiçados pelo tempo. É possível caminhar longamente ao longo da enseada esbarrando neles. O tempo cinzento dá um ar de cemitério de cinema a um local que até instantes atrás era puro espetáculo.

Aqueles são ossos de baleias, mortas ali durante grande parte do século XX e cujos vestígios foram conservados pelo frio. A profusão de ossos na enseada Mackellar e em outras praias das ilhas antárticas conta uma história tenebrosa sobre a presença humana no sexto continente. Selvagem, sim; intocado, de jeito nenhum.

O fato de o ossuário de baleias estar onde hoje se encontram estações de pesquisa é emblemático das duas forças que moldaram a descoberta e a ocupação da Antártida: a exploração e a explotação, a descoberta científica e o interesse comercial. Foi um cientista o primeiro a registrar os icebergs tabulares típicos da região, e um explorador geográfico, o primeiro a avistar o continente. Mas foram caçadores de focas os primeiros a pôr os pés em terras antárticas e nelas encarar o inverno. Alguns deles puseram porções significativas da região no mapa.

O esqueleto de baleia-jubarte montado por Jacques Cousteau na ilha Rei George é um testemunho da matança desses animais nas ilhas antárticas durante quase todo o século XX.

O cabo de guerra viraria definitivamente para o lado da ciência a partir de 1957. Naquele ano, um evento acadêmico, o Ano Geofísico Internacional, produziu o surto mais amplo de ocupação da Antártida já visto. Estações científicas permanentes foram construídas no interior do deserto polar por países como Rússia e Estados Unidos, que suspenderam as tensões da Guerra Fria para colaborar nos estudos no gelo. O sucesso foi tão grande que dois anos depois, em 1959, doze países participantes do Ano Geofísico firmaram o Tratado da Antártida, para administrar a região numa espécie de condomínio. O Brasil se juntaria ao grupo em 1975 e ganharia a condição de membro pleno em 1982, com a expedição inaugural do Programa Antártico Brasileiro.

No entanto, durante a maior parte de sua história, a Antártida foi vista como uma reserva de recursos marinhos vivos, em especial focas e baleias, e um objeto de disputas territoriais que chegaram a eclodir numa guerra — a das Malvinas, em 1982. As pretensões de soberania foram congeladas pelo tratado. Em 1991, um protocolo ao acordo estendeu até 2048 a suspensão de qualquer pretensão geopolítica ou comercial no continente austral, exceto pela pesca, também regulada por convenções internacionais. A matança de baleias está sob moratória desde 1986.

Séculos antes de ser encontrada, a Antártida foi inventada. Seus criadores eram geógrafos europeus que, no século XVI, começaram a produzir os primeiros mapas-múndi, compilando o resultado das navegações que seus compatriotas haviam iniciado no século anterior. O espírito daquela época era o do mercantilismo: a riqueza de um país se mede em ouro e prata e, para obtê-la, é necessário garantir uma balança comercial favorável, de preferência colonizando novos territórios e estabelecendo monopólio comercial. Essa fase do capitalismo fora iniciada com a expansão ultramarina ibérica, no século XV, que levara ao estabelecimento das cobiçadas rotas comerciais para a Índia, ao arrogante Tratado de Tordesilhas, que em 1494 dividiu o mundo em conquistas portuguesas e espanholas, e às grandes navegações que resultaram na descoberta da América (1494), do Brasil (1500), do litoral oeste do oceano Pacífico (1513) e na primeira viagem de volta ao mundo (1520). Também começam ali as primeiras tentativas de encontrar uma passagem entre o Ocidente e o Oriente via mares do Norte, com avanços no rumo da Passagem Noroeste, que permaneceria inacessível até 2007.

Nas primeiras décadas do século XVI, os sábios da geografia europeia teorizam que, para que a Terra pudesse existir tal qual se apresentava, seria preciso que os dois hemisférios estivessem em equilíbrio. Ou seja, para contrabalançar as terras existentes no extremo norte do planeta, o Ártico (a palavra vem do grego *arktós*, ou urso, devido à constelação da Ursa Menor, na qual está a Estrela Polar, que marca o polo celestial Norte), deveria haver terras emersas igualmente extensas no extremo sul — o antípoda do Ártico, ou Antiártico. Tais terras, quem sabe em latitudes temperadas, teriam habitantes a catequizar e colonizar e talvez riquezas a pilhar.

O Antártico fez sua estreia nos mapas em 1531, mais de uma década depois da circum-navegação pioneira de Fernão de Magalhães, que descobriu a Terra do Fogo e o estreito que hoje leva o nome do português. Naquele ano, a ilha descoberta por Magalhães no extremo sul da América do Sul aparece no mapa como parte de um grande continente: a *terra australis recenter invento sed nondum plene cognita*, ou "terra austral recentemente descoberta mas ainda não plenamente conhecida". Mapas posteriores temperavam o otimismo, denominando o suposto continente terra *australis nondum cognita* ("terra austral ainda não conhecida") ou, na variante que passaria ao imaginário dos navegadores, *terra australis incognita*, ou "terra austral desconhecida".

Os cartógrafos pioneiros podem ser desculpados pelo excesso de autoconfiança: lembre-se de que a Europa acabava de sair das trevas da Idade Média, cujos mapas mostravam terras distantes como habitat de dragões, ciclopes e homens com cabeça de cachorro. O raciocínio indutivo ainda não era moda naquela era, ditada pelo dogma cristão — com efeito, Francis Bacon, o pai do método científico, só nasceria em 1626. Além disso, os espanhóis estavam dando ao mundo uma prova de que a sorte compensava os ousados: suas explorações da América do Sul haviam produzido bons resultados, com o ouro e os milhões de nativos a colonizar na exploração genocida do Peru.

A investida no rumo da *terra australis incognita* caberia à Inglaterra, potência marítima emergente, que ficara de fora da partilha do mundo definida em Tordesilhas. Em 1578, um navegador inglês, o corsário Francis Drake, comprovaria que a Terra do Fogo não é parte do continente ao descobrir por acaso a tempestuosa passagem entre os oceanos Atlântico e Pacífico, que hoje leva seu nome e que se tornaria rota preferencial dos súditos de Sua Majestade no caminho para o Oriente. A Holanda, outra excluída do butim colonial do século XVI, também usaria aquela rota, consagrando nos livros de navegação o cabo Horn — batizado em homenagem ao navio *Hoorn*, da Companhia das Índias Orientais.

No século XVII, já estabelecida sua hegemonia sobre os oceanos, a Inglaterra dá início ao maior surto de aprimoramento técnico da navegação desde a Escola de Sagres. Três problemas que atrapalhavam a navegação oceânica passaram a ser atacados pelos britânicos: a determinação da longitude, algo que só seria possível com relógios precisos embarcados para substituir as ampulhetas nos navios; o aumento na precisão das bússolas, que necessitava de estudos detalhados do magnetismo terrestre; e o escorbuto, doença causada (hoje sabemos) por falta de vitamina C em longas viagens com uma dieta inadequada. Todas as três questões esbarrariam, de um jeito ou de outro, na Antártida.

Em 1698, o almirantado britânico despachou para os mares austrais o navio *Paramore*, tendo a bordo o astrônomo Edmond Halley. Sua missão era medir variações magnéticas o mais perto possível do polo Sul; os britânicos já sabiam que os polos magnético e geográfico Norte não coincidiam, o que causava distorções na leitura da bússola durante as navegações em altas latitudes. A tarefa de Halley era reunir conhecimento sobre essa diferença no hemisfério Sul, a fim de calibrar a leitura das bússolas. As instruções de navegação deixadas a Halley pelos almirantes faziam um adendo: "Se a estação do ano permitir, deverá penetrar tanto quanto necessário ao sul até descobrir a costa da *terra incognita* que se supõe existir entre o estreito de Magalhães e o cabo da Boa Esperança".[1]

Em 1º de fevereiro de 1699, Halley registrou em seu diário de bordo um nevoeiro espesso, um frio miserável e algo estranho: três ilhas chatas no topo, com falésias perpendiculares por todos os lados e "brancas como leite". Aquela era a primeira vez nos registros históricos que seres humanos avistavam os icebergs tabulares típicos da Antártida.

Essas massas congeladas flutuantes são fruto da quebra de plataformas de gelo. Diferentemente da Groenlândia, onde as geleiras que drenam o manto desembocam na maioria das vezes em fiordes, que são canais relativamente estreitos, os rios congelados da Antártida deságuam no mar aberto. A lenta confluência de várias geleiras numa mesma foz, especialmente em lugares onde o litoral tem reentrâncias, provoca a formação, sobre o oceano, de colossais línguas de gelo flutuante. Estas chegam a ter centenas de metros de espessura e podem possuir áreas maiores do que as de vários países.

A Antártida tem 1,5 milhão de quilômetros quadrados de território em forma de plataformas de gelo,[2] o equivalente ao estado do Amazonas. Duas delas são particularmente colossais: a plataforma de Filchner-Ronne, com 440 mil quilômetros quadrados, no mar de Weddell; e a plataforma de Ross, de 510 mil quilômetros quadrados; nesta última caberiam com folga os territórios da Alemanha e da Inglaterra.

As plataformas de gelo chegam a mais de quinhentos metros de espessura no ponto onde começam a flutuar, e a até duzentos metros em seu limite exterior. De fato, formam falésias de cinquenta metros de altura ou mais. O movimento constante das geleiras faz com que elas se rompam nas bordas constantemente, formando icebergs planos, muitas vezes com vários quilômetros, que realmente lembram ilhas. O maior dos icebergs avistados por Halley tinha quase dez quilômetros de extensão.

O *Paramore* não foi apenas o primeiro barco a topar com os icebergs tabulares: ele também foi a primeira embarcação a cruzar a chamada Frente Polar Antártica, a fronteira que separa a Antártida do resto do mundo. Essa linha, antigamente chamada de Convergência Antártica, estende-se pelo oceano entre as latitudes 46º e 51º e marca o ponto onde as águas frias do oceano Austral mergulham sob as águas mais tépidas dos oceanos Atlântico, Pacífico e Índico.

A frente polar é uma linha invisível, mas poucas fronteiras no mundo são tão bem definidas quanto ela: dali para baixo a temperatura máxima em fevereiro, mês mais quente do verão austral, é sempre dez graus; dali para baixo o frio e o mau tempo são pragas constantes. Halley não tinha ideia de que havia transposto o limiar do mundo polar, mas percebeu o perigo:

> [isso] fez meus homens refletirem sobre os riscos que corríamos por estarmos sozinhos, sem um barco a nos acompanhar, e também sobre a morte inevitável de todos nós em caso de colisão, o que poderia facilmente acontecer entre essas montanhas de gelo no nevoeiro, que aqui é denso e frequente.

O astrônomo e navegador decidiu dar meia-volta.

Levaria quase setenta anos, pouco menos do que o período do ilustre cometa descoberto por Halley, até que outra expedição, também inglesa, penetrasse novamente abaixo da convergência. Seu comandante, James Cook, lançaria a base para todas as explorações seguintes do sexto continente.

Cook foi o primeiro viajante a partir numa expedição organizada por uma sociedade científica. A Royal Society londrina, fundada em 1660, tinha interesse na observação do trânsito de Vênus pelo disco solar em 1769. O fenômeno, um dos eventos astronômicos mais raros, ocorre em intervalos de 121 e 105,5 anos (o último ocorreu em 2012 e o próximo só ocorrerá em 2117). O melhor lugar para a observação seria o Pacífico Sul, e para lá a Royal Society enviaria em 1768 o navio *Endeavour*, comandado por James Cook.

Além das instruções de praxe sobre para onde ir e o que fazer para registrar o trânsito de Vênus, Cook levava um envelope lacrado com instruções suplementares, para ser aberto somente a bordo, depois que o *Endeavour* houvesse cumprido a primeira parte da missão. A ordem secreta era para navegar ao sul até a latitude 40° em busca da *terra incognita*. O almirantado apostava que o tal continente deveria ter muitos milhões de habitantes e geraria comércio mais do que suficiente para substituir o que fora perdido com as rebeldes colônias americanas.[3]

A expedição do *Endeavour* não encontrou o continente austral, mas Cook não apenas observou o trânsito de Vênus, como mapeou os litorais da Nova Zelândia e da Austrália. Melhor ainda: nenhum de seus homens morreu de escorbuto, devido à obsessão de Cook com comidas frescas — ele obrigava os marujos a obter provisões frescas em todos os lugares onde aportava, em vez de confiar nas tradicionais rações de biscoito e carne-seca que compunham a despensa dos navios reais britânicos.

O comandante regressaria aos mares austrais em 1771, com dois navios: o *Resolution* e o *Adventure*. O plano era ambicioso: dar a volta ao mundo pelos mares do Sul até encontrar terra — ou encerrar as buscas para sempre. Em suas cabines, os navios da expedição levavam ainda uma inovação tecnológica: dois relógios de precisão desenvolvidos especialmente para o cálculo da longitude. Um deles era uma réplica do cronômetro inventado na Inglaterra poucos anos antes, que resolveria o problema que perturbava os navegadores ingleses desde os tempos de Halley.

A bordo do *Resolution*, Cook e seus homens foram mais ao sul do que quaisquer outros seres humanos até então. Em 1772, tornaram-se os primeiros a cruzar o Círculo Polar Antártico. Descobriram a ilha Geórgia do Sul, da qual tomariam posse em nome do rei da Inglaterra. Em janeiro de 1774, Cook bateu na trave: chegou a noventa milhas (166 quilômetros) da costa do continente, sem no entanto avistar terra. Foi retido pelo frio extremo e por um cinturão de gelo impenetrável e coalhado de icebergs. Em fevereiro do ano seguinte, o capitão deu a busca por encerrada. Não havia nenhum continente austral com "milhões de habitantes" para fazer comércio com a Inglaterra, apenas uma vastidão estéril e gelada. "Terras condenadas pela natureza à eterna frigidez e a jamais sentirem o calor dos raios do sol, cujo aspecto horrível e selvagem não tenho palavras para descrever: tais são as que descobrimos e as que podemos imaginar existirem mais ao sul", anotou em seu diário. A quem quisesse seguir seus passos no futuro, o britânico desejava boa sorte. Mas fazia um alerta:

> O risco que se corre ao explorar esses mares gelados e desconhecidos é tão grande que eu me atrevo a dizer que nenhum homem jamais penetrará além do que eu fui e que as terras que estão mais ao sul jamais serão exploradas [...]. [Quem o fizer] Não me causará inveja pela honra da descoberta, mas me atrevo a dizer que o mundo não se beneficiará dela.[4]

Apenas quatro décadas depois dessas palavras, o mundo já se beneficiava da Antártida. Ou pelo menos uma parte do mundo. Os relatos de Cook sobre a presença de grandes quantidades de baleias no oceano Austral e de lobos-marinhos (*Arctocephalus gazella*) e elefantes-marinhos (*Mirounga leonina*) nas Malvinas e em outras ilhas despertaram a imediata cobiça de comerciantes ingleses do final do século XVIII e começo do XIX. Naquela época havia um lucrativo comércio de peles de foca com a China, e o óleo de elefante-marinho era usado para lubrificar máquinas e, a partir do século XIX, também na iluminação pública. Os matadores entrariam em cena no mundo antártico.

O método de trabalho desses homens era simples: consistia em chegar a uma praia com focas, golpeá-las com um porrete no focinho (para não correr o risco de estragar a pele) e esfolá-las, cortando-as com uma faca da mandíbula até a cauda. As peles eram, então, empilhadas, salgadas e embarcadas. As carcaças eram deixadas para apodrecer, da mesma forma como acontece hoje durante a caça anual de focas no Ártico canadense. O processamento, por assim dizer, do elefante-marinho era mais complexo: os agressivos machos da espécie, que pesam fácil mais de uma tonelada, eram mortos a tiros e deixados de molho no mar até perder todo o seu sangue — o que poderia levar um dia inteiro. Depois eram retalhados à faca, e sua espessa camada de gordura, fervida em caldeirões, para a obtenção de óleo.

O extermínio dos lobos e dos elefantes-marinhos era tão rápido que uma população inteira podia ser dizimada em duas temporadas de caça numa ilha. Assim, era necessário buscar constantemente novos locais de caça. Estes eram mantidos em segredo, para minimizar o risco de concorrência. No começo do século XIX, quando as focas haviam sido eliminadas das Malvinas, da Geórgia do Sul e das ilhas do Pacífico Sul, os foqueiros se lançaram mais profundamente no oceano Austral.

Algumas dessas viagens redundaram em descobertas geográficas. Assim, em 1819, um navio-carvoeiro chamado *Williams*, comandado pelo inglês William Smith, de 29 anos, aportou pela primeira vez na ilha Desolação, no arquipélago das Shetlands do Sul, depois de ter sido empurrado para o sul por uma tempestade no cabo Horn. No ano seguinte, comandando a mesma embarcação, outro britânico, Edward Bransfield, plantaria a bandeira de Sua Majestade numa ilha do arquipélago, que batizaria com o nome do monarca britânico: Rei George. Bransfield também seria, em 30 de janeiro de 1820, o primeiro homem a avistar terra na península Antártica, navegando pelo estreito que separa a ilha Rei George do continente — e que hoje leva seu nome.

Ilhas Shetlands do Sul

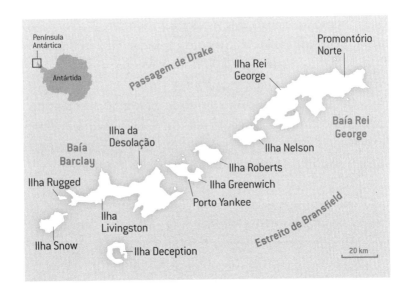

A notícia da descoberta das Shetlands do Sul acabou se espalhando à boca pequena nos portos sul-americanos, frequentados por baleeiros norte-americanos. Em 7 de fevereiro de 1821, um desses homens, John Davis, aportaria em terras avistadas a leste do estreito descoberto por Bransfield. Davis e seus homens seriam, assim, os primeiros seres humanos a caminhar no continente antártico, no litoral da península.

Apenas três dias antes de Bransfield avistar a península, porém, uma expedição exploratória ao oceano Austral acabaria realizando o feito que James Cook deixara incompleto: o de encontrar terra abaixo do Círculo Polar Antártico e avistar um pedaço do continente. A proeza coube à Rússia, cujo czar, Alexandre I, ressentia-se da hegemonia colonial do Império Britânico e andava atrás de descobertas para chamar de suas. Alexandre mandou ao sul dois navios, o *Vostok* (Ocidente) e o *Mirnyi* (Pacífico), numa missão comandada pelo oficial estoniano Thaddeus Fabian von Bellingshausen.

A bordo do *Vostok*, Bellingshausen fez uma parada de três semanas no Rio de Janeiro antes de prosseguir para os mares do Sul. Segundo o historiador britânico Alan Gurney, os russos acharam que a cidade tinha um "aspecto desagradável de sujeira" — mas ali se abasteceram de porcos e carneiros que salvaram a tripulação do escorbuto. No final de 1919, iniciaram a navegação rumo à Antártida. Em 27 de janeiro de 1820, foram retidos por um paredão de gelo: era provavelmente a plataforma de gelo Fimbul, na Antártida Oriental. Bellingshausen também descobriria uma ilha, que ele batizou com o nome do czar Pedro I, na costa ocidental do continente, abaixo do paralelo 66. A região hoje é conhecida como mar de Bellingshausen e tem frequentado os pesadelos dos climatólogos por abrigar algumas das geleiras que derretem mais rápido na Antártida.

A expedição geográfica russa foi uma exceção numa época em que as partes conhecidas da Antártida viraram um grande abatedouro. O número exato de focas mortas nesse período jamais será conhecido. "Ninguém dava o número certo de peles. Todos mentiam, tentando evitar a alfândega e coisas assim", conta o historiador britânico Robert Headland, do Instituto Polar Scott, da Universidade de Cambridge.

Segundo Headland, entre 1786 e 1921, quando a caça à foca foi encerrada, 1506 viagens de barcos foqueiros ao oceano Austral foram registradas. Entre 1819 e 1823, os lobos-marinhos foram virtualmente exterminados das Shetlands do Sul, o que empurrou a busca de peles e óleo mais para dentro do continente nos anos seguintes. Um foqueiro escocês, James Weddell, estimou em 320 mil o número de peles levadas da ilha em apenas duas temporadas de caça, além de 100 mil filhotes de foca mortos pela falta das mães. Chegou a propor o estabelecimento de uma cota máxima anual de "apenas" 100 mil animais,[5] mas foi, manifesta e solenemente, ignorado. Em 1823, a bordo dos navios *Jane* e *Beaufoy*, Weddell acabaria chegando à latitude mais meridional até então atingida por uma embarcação, 71°34' sul, no mar que chamou de George IV. O escocês fora beneficiado por circunstâncias extraordinárias de ausência de gelo marinho em sua rota: esse mar, que forma um embaiamento colossal da Antártida a leste da península, é quase permanentemente congelado e hoje leva o nome do navegador.

O rápido extermínio das focas e as descobertas de Weddell e outros provocaram um novo surto de expedições científicas à Antártida entre as décadas de 1830 e 1840. Aquele foi o ápice do colonialismo britânico e uma era na qual a ciência moderna se firmava como método de explicação do mundo. Foi naquela década, por exemplo, que o jovem Charles Darwin partiu num cruzeiro ao redor do globo a bordo do HMS *Beagle*, para fazer as observações que o levariam a formular a teoria da evolução. Outros países, como França, Rússia, Bélgica e Estados Unidos, desafiavam a hegemonia geopolítica e intelectual britânica.

As regiões polares estavam entre os últimos vazios no mapa-múndi de 1830. Os polos magnéticos ainda não haviam sido descobertos, apesar de se saber de sua influência para a navegação, e os polos geográficos permaneciam inacessíveis. Isso dava origem a todo tipo de especulação, como a de que a Terra era composta de esferas concêntricas e que havia grandes buracos no lugar dos polos. Questões científicas legítimas e prestígio nacional se combinaram para produzir uma verdadeira corrida ao continente austral. Três grandes expedições nacionais foram organizadas, por Estados Unidos, França e Inglaterra.

A primeira a ser organizada foi a Expedição Exploratória

americana, que seria liderada pelo tenente Charles Wilkes. Quando partiu, em 1838, a expedição tinha o maior número de navios até então despachados simultaneamente à Antártida por um governo: cinco. No entanto, a viagem não lembrava em nada os prodígios de organização que seriam as expedições polares americanas subsequentes: nenhum dos navios estava equipado para a navegação em meio ao gelo. Um deles, o *Sea-Gull*, afundou numa das pernas da viagem, entre a Antártida e o Chile; outro, o *Peacock*, quase afundou depois de bater num iceberg. Wilkes perdeu quinze marinheiros, mortos de escorbuto, enfrentou motins de parte da tripulação e, pior ainda, cometeu erros de navegação que o fizeram descrever como novas terras já visitadas pelos britânicos. Como prêmio de consolação, a viagem acabaria descrevendo a espécie animal mais importante da Antártida, o krill.

A expedição francesa foi liderada por Jules-Sébastien Dumont D'Urville, o romântico descobridor do pinguim de adélia, que você conheceu no capítulo anterior. Ela deixou o porto antes dos americanos, em 1837, a bordo das corvetas *Astrolabe* e *Zélée*. O objetivo do navegador era continuar estudos que iniciara antes da etnologia das ilhas do Pacífico, mas o governo francês deixara claro em suas instruções que queria que D'Urville explorasse a Antártida, superando o *ne plus ultra* ("não mais além", expressão latina usada sempre que um navio batia algum recorde ao avançar em regiões inexploradas) de James Weddell.

Para quem não pretendia explorar a Antártida, D'Urville foi notavelmente bem-sucedido: ele e seus homens encontraram terra abaixo do Círculo Polar, na porção leste. Ali desembarcaram — foi o primeiro desembarque no continente antártico fora da península. A Terra de Adélia abriga hoje a principal estação científica francesa.

A terceira viagem, que mais resultados alcançou entre as três, foi a do inglês James Clark Ross, a bordo dos navios *Erebus* e *Ter-*

ror. Ross era um ás da navegação que já possuía extensa experiência no Ártico antes de partir para os mares austrais. E levava a bordo uma arma secreta: o naturalista Joseph Hooker, amigo de Charles Darwin e um dos maiores botânicos e evolucionistas do século XIX.

Ross havia sido instruído a fazer observações da declinação do campo magnético terrestre e, se possível, atingir o polo magnético Sul. Não conseguiu — naquela época, o polo, cuja localização varia com o tempo, estava sobre terra —, mas determinou sua localização com acurácia inédita. O produto mais importante da expedição, no entanto, seria um novo recorde de navegação: 78°04', quando o *Erebus* e o *Terror* navegaram ao longo de um paredão de gelo que se estendia por centenas de quilômetros de costa, avistado pela primeira vez por eles em janeiro de 1841. A Barreira de Ross, como seria batizado aquele acidente geográfico, tornar-se-ia mais tarde ponto de partida para as expedições terrestres que buscariam o polo Sul. Ross também determinou que as plataformas de gelo eram a origem dos icebergs tabulares antárticos. Hooker, por sua vez, publicaria depois da viagem o clássico *Flora Antarctica*, até hoje referência para a botânica da região.

Nem Ross nem Hooker, porém, advogavam novas viagens exploratórias à região, e a Antártida seria mais ou menos abandonada pela ciência por quase meio século.

Na década de 1870 a caça à foca voltaria a ser praticada nas Shetlands do Sul, devido à recuperação dos estoques. Em 1881, o Reino Unido tomou uma decisão aparentemente pouco relevante, mas que se tornaria o precedente de uma amarga disputa territorial: a regulamentação da caça à foca nas Malvinas (que os britânicos chamam de Falklands) e ilhas adjacentes. Aquela era a primeira vez que um país fazia valer sua soberania na região naquilo que interessa aos outros países — no bolso.

As Malvinas eram originalmente território argentino, disputado também por França e Espanha no passado. Mas a Argentina nunca se interessou pela colonização das ilhas e vendeu-as a "um indivíduo privado" britânico, nas palavras de Charles Darwin, que passou por lá em 1833. A presença de britânicos no extremo sul da América do Sul remete aos tempos áureos do poderio naval inglês, quando o cabo Horn era uma das rotas marítimas mais movimentadas do mundo. Os governos de Argentina e Chile estimularam a colonização da Patagônia por ingleses e irlandeses, e marcas desse passado são vistas até hoje na arquitetura de cidades como Punta Arenas, no Chile, e nos sobrenomes e topônimos gaélicos espalhados por toda a região. As Malvinas/Falklands se tornaram importantes primeiro por sua posição estratégica em relação ao cabo Horn, depois pelos recursos marinhos vivos. A decisão (pouco prática) de Sua Majestade de tentar controlar o comércio de peles de foca seria repetida no século XX com outra indústria — como você verá adiante, com consequências bem mais sérias.

Na mesma época em que os ingleses começavam a flexionar os músculos nas Malvinas, a ciência preparava mais uma incursão no mundo polar. O primeiro sinal disso aconteceu em 1860, quando o americano Matthew Maury, considerado o pai da oceanografia física, sugeriu aos britânicos que mandassem uma expedição à Antártida para investigar a influência que as altas latitudes austrais tinham sobre todo o clima do hemisfério Sul. Tal expedição, do HMS *Challenger*, só aconteceria em 1876, mas mostrou pela primeira vez que as águas do oceano Austral estavam ligadas às do resto do mundo — a primeira sugestão do papel da Antártida como radiador planetário.

No começo da década seguinte, um cientista austríaco chamado Carl Weyprecht plantaria a semente de uma revolução geopolítica na Antártida. Ele convenceu as sociedades científicas europeias a organizar um conjunto de expedições às regiões polares para fazer observações sobre a física do planeta — do geomagnetismo à climatologia, das marés à eletricidade atmosférica.[6]

Em 1882, um ano depois da morte de Weyprecht, começaram as observações do primeiro Ano Polar Internacional (IPY, na sigla em inglês). Apenas um punhado de nações participariam das expedições, quase todas ao Ártico. O mais perto que o IPY chegou da Antártida foi uma expedição francesa ao cabo Horn e uma alemã à Geórgia do Sul. Apesar das dimensões e do alcance algo limitados, o primeiro IPY lançou os conceitos que se tornariam a chave da exploração moderna da Antártida: trabalho em rede e cooperação internacional. Quando as academias de ciências resolveram repetir a dose, em 1957, o mundo polar nunca mais foi o mesmo.

Um país improvável acabou se juntando de forma subsidiária aos esforços internacionais do IPY: em 1882, o imperador do Brasil, Pedro II, atendendo a compromissos firmados com os franceses, despachou uma corveta da Marinha, a *Parnahyba*, com o astrônomo Luís Cruls a bordo, para fazer observações pontuais do trânsito de Vênus em Punta Arenas. A missão foi duramente criticada pela imprensa e pela oposição no Parlamento, já que o Brasil era um país pobre e, segundo o argumento, tinha outras prioridades.[7]

A invasão definitiva da Antártida pelos cientistas, ou pelo menos em nome da ciência, ocorreria apenas a partir de 1895, curiosamente movida pelo interesse dos matadores. Em 1895, o norueguês Carsten Borchgrevink relatou ao Congresso Geográfico Internacional, reunido em Londres, ter desembarcado no continente antártico, na região do mar de Ross, durante uma viagem de reconhecimento à região para averiguar os relatos do navegador britânico sobre a presença de estoques comercialmente viáveis de baleias. O congresso, sob influência do IPY, decretou que a exploração das regiões polares era a maior obra da exploração geográfica ainda por realizar — e ela deveria ser feita antes do começo do século XX.[8]

Aquela foi a senha para um conjunto de viagens à Antártida que durou até a década de 1930 e culminou com a conquista do polo Sul, em 1911. É a chamada "era heroica" da exploração polar. O adjetivo se justifica pelo fato de várias expedições serem mais ou menos privadas, organizadas por indivíduos audaciosos, frequentemente mal equipados e sem nenhuma certeza de regresso. Navios se perderam e pessoas morreram — de frio, de escorbuto, caindo em fendas — ou quase morreram — de frio, de escorbuto, devoradas por baleias assassinas — nessas incursões, que também deram contribuições decisivas à pesquisa polar.

A primeira viagem da era dos heróis foi organizada pelo belga Adrien de Gerlache a bordo do *Belgica*, em 1897. Foi uma espécie de resumo do que seria aquele período: um homem morreu, dois enlouqueceram e um navio quase se perdeu, preso no gelo. Foi também o primeiro inverno que seres humanos passaram na Antártida, e a reunião de três personagens fundamentais: o meteorologista de bordo, o polonês Henrik Arctowski; o médico de bordo, o americano Frederick Cook; e o segundo imediato, o norueguês Roald Amundsen.

O plano de Gerlache era navegar pela costa leste da península Antártica, na esperança de encontrar uma passagem para o mar de Weddell e dali para o mar de Ross — algo que hoje se sabe que ele jamais conseguiria, pois os mares não estão conectados. O belga tinha também uma intenção secreta: deixar o navio ser aprisionado pelo gelo e ficar à deriva, tornando-se o primeiro homem a invernar no continente austral.

O segundo objetivo foi cumprido, mas a um custo alto. O *Belgica* foi aprisionado pelo gelo em março, a uma latitude na qual há dois meses de escuridão total 24 horas por dia. Despreparados para o inverno polar numa época anterior à descoberta das vitaminas, os homens de Gerlache começaram, um a um, a sofrer de escorbuto. Cook insistia para que comessem carne de foca e pinguim, os dois únicos alimentos frescos disponíveis, mas Gerlache e os outros se recusaram — insistindo em comida enlatada, recomendada pelo almirantado britânico. Como resultado, um dos belgas da tripulação morreu. Deprimidos pela escuridão e sem esperanças, os homens finalmente concordaram em comer rações de carne de pinguim como remédio. Cook salvou a vida de todos.

Apesar da tragédia, o saldo da viagem do *Belgica* foi positivo: Arctowski obteve o primeiro registro meteorológico completo de um ano inteiro na Antártida; observou as nuvens polares estratosféricas, nas quais, quase um século depois, a americana Susan Solomon demonstrou ocorrerem as reações que destroem a camada de ozônio; e descobriu que um anel de baixa pressão, hoje conhecido como modo anular do sul, circunda o continente. Guarde esse nome: a descoberta do polonês tem relações íntimas com o clima no Centro-Sul do Brasil. Hoje Arctowski dá nome a uma modesta estação polonesa na ilha Rei George, vizinha da estação brasileira — um reconhecimento pequeno para um gigante da ciência polar.

Cook, o herói da expedição, teve um destino menos afortunado: em 1909, envolveu-se numa polêmica com seu compatriota Robert Peary sobre quem teria sido o verdadeiro conquistador do polo Norte. Cook foi acusado de fraude e morreu em descrédito. Até hoje a controvérsia não foi resolvida, mas Peary e seu companheiro Matthew Henson são normalmente mais reconhecidos como os primeiros a atingir o polo.

Amundsen, o desapaixonado segundo imediato do *Belgica*, estava destinado a voltar à Antártida. Em 1909, já famoso pela conquista da Passagem Noroeste, três anos antes, conseguiu do compatriota Fridtjof Nansen um empréstimo do *Fram*, o melhor navio polar até então construído, para tentar a navegação até o polo Norte. Foi, no entanto, apanhado pela notícia da conquista de Peary. Numa surpreendente mudança de planos, resolveu secretamente rumar para o sul, para tentar atingir o polo oposto — segundo ele, o único desafio nas regiões polares que ainda poderia "despertar o interesse das massas". "Quando o senhor me julgar, *Herr Professor*, não seja demasiado severo", desculpou-se a Nansen, ao revelar o câmbio de rota depois da partida do *Fram*. Nem mesmo a tripulação do navio sabia para onde iria realmente depois de deixar Oslo.

Amundsen temia o juízo do mestre, entre outras razões, por uma questão de honra: o polo Sul era uma noiva que já estava prometida a outra pessoa. Uma expedição britânica, comandada pelo capitão Robert Falcon Scott, já havia declarado o objetivo de tentar atingir o polo a partir da Grande Barreira de Ross. Era sabido também que os ingleses sairiam em 1910 para a Antártida. Amundsen reconhecia a prioridade dos britânicos e prometera a Nansen que faria sua parte "com o que eles descartarem". Mas, na prática, estava criada uma situação de corrida.

Scott já havia comandado uma missão científica à Antártida em 1901, a bordo do navio *Discovery*, e uma tentativa malsucedida de encontrar o caminho para o polo. Tentaria de novo em 1910, navegando para o sul a bordo do navio *Terra Nova*.

Os noruegueses aportaram o *Fram* no gelo da Barreira de Ross; ali construíram uma cabana subterrânea para passar o inverno. Em outubro de 1911, Amundsen e quatro companheiros, usando esquis e trenós puxados por cães groenlandeses, partiram para o polo Sul, atingido no dia 14 de dezembro. O último extremo inexplorado da superfície da Terra estava, assim, conquistado.

Scott e seus homens tiveram problemas desde a saída de Londres. O *Terra Nova* era um navio péssimo, que quase afundou na travessia do Atlântico. Alguns dos pôneis que o britânico queria estrear como animais e tração na Antártida morreram no caminho.

No desembarque na Antártida, um dos três trenós motorizados se soltou de uma grua do navio e afundou no mar de Ross. Os pôneis resistiam mal ao frio, e alimentá-los era uma tarefa complexa, que exigia volumes imensos de feno (os cães de Amundsen eram alimentados com carne de foca). Isso e os problemas mecânicos nos trenós atrasaram a partida de Scott para o polo em 1911. Como resultado, em 5 de dezembro, uma semana e meia antes de Amundsen chegar ao polo, Scott ainda estava na barreira de Ross, aos pés da geleira que dava acesso ao platô polar.

Em 17 de janeiro de 1912, mais de um mês depois de Amundsen, Scott viu uma das bandeiras negras usadas pelo rival para demarcar o polo. Depois encontrou sua barraca, com a bandeira da Noruega e uma carta de Amundsen, pedindo a Scott que relatasse sua conquista ao rei Haakon VII caso ele não sobrevivesse no caminho de volta. O coração do britânico afunda: "O polo! Sim, finalmente o polo. Mas em circunstâncias bem diferentes das que esperávamos. [...] Deus do céu, este é um lugar horrível, e pior ainda para nós, que lutamos tanto para chegar até aqui sem a recompensa da prioridade".

Foram Scott e seus quatro companheiros, Ted Evans, Titus Oates, Henry Bowers e Edward Wilson, que não sobreviveram. Em 31 de março, exaustos, enregelados, famintos e com sede, Scott, Wilson e Bowers morreram, depois de perderem Oates e Evans nas semanas anteriores. Os três estavam a menos de noventa quilômetros do depósito de provisões que possivelmente lhes salvaria a vida.

De todos os exploradores da era heroica, porém, o mais merecidamente celebrado foi um que jamais conseguiu cumprir nenhum de seus objetivos na Antártida: o irlandês Ernest Shackleton. Ele viajou quatro vezes à região; fracassou em três expedições e morreu na última. Em 1902, como membro da tripulação do *Discovery*, teve um ataque de escorbuto na Barreira de Ross e precisou ser carregado por Scott num trenó, inválido; em 1909, comandando sua própria expedição, no *Nimrod*, encontrou o caminho para o polo, mas foi forçado a voltar, a 150 quilômetros de seu destino. Em 1915 e 1916, viveu a maior aventura antártica de todos os tempos.

Depois da morte de Scott, Shackleton se tornou o principal depositário do orgulho colonial tardio dos britânicos. Ele organizou uma viagem para realizar o que seria o último grande objetivo de exploração da Antártida: a travessia do continente. Para isso, sairia da Europa a bordo de um dos melhores navios disponíveis então, o *Endurance*, aportaria no litoral do mar de Weddell, passaria pelo polo e seria resgatado por outro navio, o *Aurora*, no mar de Ross.

Por pouco Shackleton não ficou. Quatro dias antes de o *Endurance* deixar a Inglaterra, em 8 de agosto de 1914, eclodiu a Primeira Guerra Mundial. Em dezembro, o navio atinge o mar de Weddell, mas encontra-o congelado. Em janeiro de 1915, o *Endurance* é aprisionado pelo gelo e finalmente afunda em novembro. Shackleton e seus 27 homens estão completamente abandonados, apenas com três botes e as provisões resgatadas do navio. Sua "casa" derreterá em alguns meses ou semanas. O comandante sabe que a melhor chance de sobrevivência é atingir a porção de terra firme mais próxima, a ilha Paulet, a 640 quilômetros do local do naufrágio. Tem início ali uma travessia apavorante do mar congelado, que durou seis meses. Segundo Shackleton, dormir era sempre difícil, porque a qualquer momento a camada de gelo de um metro de espessura poderia se abrir sob sua cabeça (o que de fato aconteceu) ou uma orca poderia romper a *floe* por baixo em busca de uma refeição (o que também aconteceu). A ilha Paulet foi perdida devido às condições ruins do gelo. Desesperado, o grupo entra nos botes e navega pelo mar aberto até a ilha Elefante, a norte da ponta da península Antártica.

Mas o pior estava por vir: com homens fracos e doentes na ilha, o britânico resolve ir buscar ajuda numa estação baleeira norueguesa na Geórgia do Sul. Ele e cinco homens partem para uma viagem de 1,5 mil quilômetros pela Passagem de Drake, o pior mar do mundo, num bote de madeira sem motor. O momento mais dramático da travessia é narrado por Shackleton:

> À meia-noite eu estava na coberta e de repente notei uma nesga de céu aberto entre o sul e o sudeste. Chamei os homens para avisar que o céu estava limpando, e então, um momento mais tarde, dei-me conta de que o que eu tinha visto não era uma fenda nas nuvens, mas a crista alva de uma onda gigante. Eu gritei: "Por Deus, segurem-se! Ela nos pegou!". E então sobreveio um momento de suspense que pareceu durar horas.[9]

A Geórgia do Sul seria atingida em duas semanas, mas do lado errado. Os seis britânicos ainda teriam de atravessá-la a pé antes de chegar ao socorro. Shackleton ainda precisou navegar até Punta Arenas e negociar um navio chileno para resgatar os homens em Elefante. Todos sobreviveram.

O início da era dos heróis também coincide com a volta dos matadores à Antártida. Enquanto homens destemidos e um tanto sem noção faziam avançar o conhecimento geográfico e científico, outros homens igualmente destemidos cuidavam de interesses mais mundanos e iniciavam no oceano Austral a carnificina de baleias testemunhada até hoje pelos ossos na enseada Mackellar. Em pelo menos um caso, esses dois grupos se confundem: no de Carl Anton Larsen, o norueguês que iniciou a indústria baleeira

Imagem do Endurance, *navio de Ernest Shackleton, que foi aprisionado e esmagado pelo gelo do mar de Weddell. Seus 28 tripulantes protagonizaram a maior aventura polar de todos os tempos e sobreviveram para contar a história.*

na Antártida. Larsen comandou navios de exploração que fizeram descobertas importantes. A plataforma de gelo que se esfarelou em 2002, por exemplo, foi encontrada por ele no fim do século XIX e batizada com seu nome. Foi Larsen quem, em 1904, matou a primeira baleia na região. A primeira de centenas de milhares.

Os noruegueses estavam de olho na Antártida desde 1880, quando os estoques de baleias no Ártico e na Islândia começavam a se esgotar. Eles possuíam duas tecnologias novas: o arpão de ponta explosiva, inventado por eles, e o barco a motor. A conjugação de ambas possibilitava perseguir e matar baleias que nadam rápido, como a minke e a azul.

Larsen morou um tempo em Buenos Aires, onde se associou a empresários locais para fundar a Companhia Argentina de Pesca, a primeira empresa baleeira moderna no oceano Austral. A operação começaria no ano seguinte na Geórgia do Sul, na estação de Grytviken. Era o início da indústria baleeira moderna, com uma estação de processamento em terra e navios-fábrica para aumentar a velocidade do processo.

Outros interesses também seriam despertados pela empreitada. Em 1906-7, a Sociedade Baleeira de Magallanes, fundada em Punta Arenas pelo imigrante norueguês Adolfo Andresen, ocupa a ilha Deception, a gigantesca caldeira de um vulcão ativo na ponta sul do arquipélago das Shetlands. Ali, abrigada dos ventos antárticos, começa uma operação de caça que redundaria também em pretensões territoriais chilenas sobre a região. O tom da lápide de Andresen, no cemitério de Punta Arenas, é marcialmente explícito: "*Al capitán Adolfo Andresen, 1863-1940, que hizo flamear en la isla Deceptión la bandera chilena en señal de soberania afianzando los derechos de Chile a la Antarctica, prolongación histórica y geográfica de la República. Honor a su memoria!*".

A prosperidade de chilenos, argentinos e noruegueses lembrou aos britânicos que a Geórgia do Sul, as Shetlands do Sul e a península Antártica eram descobertas inglesas e, como tais, já haviam sido clamadas pela Coroa como território britânico. O governo de Sua Majestade resolveu, então, repetir a medida fútil já adotada no século XIX nas Malvinas e cobrar uma taxa de licenciamento da atividade baleeira na região.

O movimento foi o início daquilo que o historiador Robert Headland chama de "questão do ABC": argentinos, britânicos e chilenos. Todos eles decretaram a posse mais ou menos do mesmo setor, que compreende as ilhas e a península Antártica. Havia o Território Antártico Britânico, a Antártica Argentina e a 12ª Região chilena, com capital em Punta Arenas, que compreende até hoje, nos mapas, os territórios de "Magallanes y de la Antártica". E os noruegueses, que até então só queriam levantar um trocado, sentiram-se compelidos a reivindicar para si um imenso território a leste da península. A Antártida havia virado um lugar quente.

    Os ingleses passaram a instalar bases militares na região a partir da Segunda Guerra Mundial. O pretexto oficial era vigiar os alemães, que poderiam precisar das baleias da Antártida caso os aliados cortassem seu fornecimento de glicerina (extraída dos cetáceos) para fabricar bombas. Mas o conceito da operação militar, batizada Tabarin, incluía manter argentinos e chilenos afastados, retirando os marcos territoriais postos por esses países na região.[10] As bases inglesas foram espalhadas pelas ilhas e nomeadas em código. Com a depressão econômica do pós-guerra, muitas dessas bases foram doadas a outros países. A chamada base G, na baía do Almirantado, por exemplo, foi transferida ao Brasil — é o sítio onde foi construída a estação Comandante Ferraz.

    Argentinos e chilenos têm mantido presença militar constante e ostensiva no local. O Chile mandou em 1947 seu presidente, Gabriel González, inaugurar uma expedição antártica de caráter fortemente militar, em resposta à Operação Tabarin. Há instalações ocupadas durante o ano todo por militares e suas famílias, como a Vila das Estrelas, vizinha à base aérea Marsh, em Rei George, usada pelo Programa Antártico Brasileiro. Na vila há um hospital onde nascem chilenos "antárticos" e uma escola. O mesmo acontece na estação argentina de Esperanza, na ponta norte da península. Ambos os países consideram que têm direitos de origem sobre a Antártida, assegurados desde o Tratado de Tordesilhas.

    As tensões entre os países do ABC chegaram quase à explosão em 1952, quando os tripulantes de um navio britânico foram recebidos por um destacamento militar argentino a tiros de metralhadora e impedidos de desembarcar na península. Em 1982, as reivindicações territoriais argentinas com os britânicos chegaram às vias de fato: depois de anos de um regime militar sangrento e com popularidade em baixa, o general Leopoldo Galtieri, servindo seu turno como presidente da Argentina, decidiu tomar de volta as "*islas disputadas*", assegurando a soberania argentina sobre as Malvinas, a Geórgia do Sul e as Sandwich do Sul.

Uma das questões envolvidas era o território antártico: garantir a posse definitiva das ilhas significava também assegurar a península Antártica. O domínio de toda essa região da Passagem de Drake até o continente austral é estratégico, não só por causa da rota de navegação do cabo Horn, mas também pelos recursos pesqueiros e eventuais recursos minerais exploráveis no futuro, como petróleo. A junta militar argentina também buscava se legitimar com a guerra, reacendendo o patriotismo nos cidadãos.

O resultado é conhecido: aos desembarques argentinos nas Sandwich do Sul, na Geórgia do Sul e nas Malvinas seguiu-se uma reação britânica que deixou 649 soldados argentinos, 255 britânicos e três civis mortos. A guerra ajudou a acelerar o fim da ditadura argentina e catalisou a reeleição da conservadora britânica Margaret Thatcher.

As ilhas, agora chamadas de Falklands, continuam formalmente ligadas ao Reino Unido, e seus cerca de 3 mil habitantes são britânicos.

Planos britânicos de explorar petróleo no mar das Malvinas/Falklands na década de 2000 reacenderam a polêmica — afinal, trata-se de território britânico em plena plataforma continental argentina. Pela lei internacional, os argentinos têm exclusividade econômica sobre tudo o que está no mar, ou embaixo dele, numa faixa de duzentas a 350 milhas de sua costa. As Malvinas estão no meio do caminho. No entanto, a chamada ZEE (zona econômica exclusiva) não pode ser definida formalmente pelas Nações Unidas em caso de disputa territorial. E vice-versa. Qualquer tentativa de delimitação de ZEE pelo Reino Unido não seria considerada pela Argentina, tendo em vista que a própria autoridade para estabelecer essa ZEE é questionada pela Argentina. A quem pertencem os recursos do mar? Essa história ainda não acabou.

Já a história das baleias acabou. E, como se sabe, em tragédia. Durante grande parte do século XIX e início do XX, as baleias foram o petróleo do planeta. Seu óleo iluminou as ruas de Nova York, Londres e Rio de Janeiro; seu couro era usado em roupas e sapatos; seus ossos integravam eixos de carruagens, e as barbatanas de sua boca eram usadas em sombrinhas e espartilhos. De margarina a óleo de motor, passando por ração animal e pela glicerina das bombas das duas guerras mundiais, tudo o que movia a civilização vinha dos gigantes do mar. Não foi para menos que Hermann Göring, chanceler de Hitler e segundo em comando na Alemanha nazista, mandou uma missão à Antártida em 1938-9 para tentar reivindicar terras para a indústria baleeira alemã operar sem restrições.

Com tanta importância para a humanidade, era óbvio que as baleias acabariam como acaba qualquer recurso vital: usadas sem critério e até o fim. Entre 1904 e 1979, morreram na Antártida 1 475 579 baleias. "A contabilidade é surpreendentemente precisa", diz Headland. Isso se deve à regulamentação da atividade baleeira. As baleias-azuis foram praticamente extintas do oceano Austral — 341 830 foram mortas —,[11] e hoje a população do maior animal da Terra equivale a cerca de 3% a 11% do tamanho do começo do século XX (no máximo 25 mil animais no mundo inteiro). Na década de 1960, a caça da baleia-azul foi encerrada na Antártida por falta do que caçar. Os baleeiros ficaram desesperados e partiram em 1963 para a caça das pequenas e velozes baleias minke, às quais só foi dado sossego em 1987, 110 366 minkes mortas depois, com a moratória internacional à caça comercial iniciada no ano anterior e em vigor até hoje. O Japão, porém, aproveitou uma brecha na moratória e criou um programa de "pesquisa científica letal" com baleias no oceano Austral. A caça japonesa, que na prática era comercial, só seria suspensa em 2014, por uma ordem da Corte Internacional de Justiça. Em 2015, o país anunciou a intenção de retomá-la.

No período entreguerras, com a Europa ocupada em se reconstruir, a exploração do interior do continente praticamente cessou. As únicas viagens de relevância nesse período foram feitas por americanos — Richard Evelyn Byrd voou sobre o polo Sul em 1929, invernou sozinho (e quase morreu) na Barreira de Ross em 1934, e Lincoln Ellsworth atravessou o continente num avião em 1935. Ellsworth tinha ordens secretas do presidente Franklin Roosevelt para reivindicar território na Antártida. O almirante Byrd fez o mesmo em suas expedições. Um segundo Ano Polar Internacional foi realizado em 1932, mas teve poucos resultados.

A Segunda Guerra Mundial arrefeceu as iniciativas territoriais, mas o pós-guerra fez com que elas recrudescessem: agora a União Soviética também começava a questionar as soberanias alheias sobre o continente, alegando ser a Rússia a real descobridora da Antártida. Os soviéticos passaram a defender a internacionalização do continente. Os aliados dos Estados Unidos entraram em pânico ao antecipar o avanço comunista sobre a região. Ao mesmo tempo, a Índia, embalada pela descolonização, também começou a contestar o elo entre descoberta e posse de um território. O tema foi parar na agenda da ONU.

De forma independente, os cientistas também passaram a planejar seu regresso à Antártida. Eles queriam impedir que a região se tornasse mais um palco da Guerra Fria (mesmo assim, os Estados Unidos fizeram três testes secretos da bomba de hidrogênio no oceano Austral em 1958) e aproveitaram um pico de atividade solar previsto para 1957-8 para realizar um terceiro Ano Polar, ampliado depois para Ano Geofísico Internacional. Sob auspícios do ICSU (Conselho Internacional para a Ciência, na sigla em inglês), o evento foi um sucesso: cinquenta estações científicas foram construídas e mais de 5 mil pessoas visitaram a Antártida. O cume do esforço logístico foi a construção da base americana Amundsen-Scott, no polo Sul, e da base russa Vostok, no chamado Polo da Inacessibilidade, no alto do platô polar.

Em dezembro de 1959, os doze países participantes do terceiro IPY assinaram em Washington um tratado internacional convertendo a cooperação científica em cooperação política. Em seu primeiro artigo, o Tratado da Antártida estabelece que "a Antártida deverá ser usada apenas para fins pacíficos". O sexto continente, prevê o acordo, será administrado em condomínio. Qualquer país pode participar do clube, desde que realize pesquisa científica na Antártida. Todas as reivindicações territoriais foram congeladas. De doze, o conjunto de membros consultivos cresceu para 29, incluindo o Brasil. "Para um tratado internacional, esse está indo bastante bem", afirma Headland. Por enquanto.

Existe sempre no horizonte a possibilidade de que o degelo nas próximas décadas aumente a quantidade de solo e rochas expostos e ative a cobiça de empresas de mineração, num momento em que os recursos mais acessíveis em outras áreas estiverem esgotados. Isso poderia trazer de volta com força total tanto o problema do ABC quanto as reivindicações territoriais de Austrália, França, Nova Zelândia e Noruega, além da dos Estados Unidos. "Os Estados Unidos nunca fizeram formalmente uma reivindicação de território, já que isso teria de passar pelo Congresso. Mas o presidente da República fez, duas vezes, lançando a base para uma reivindicação", diz Bob Headland. "E eles nunca repudiaram isso formalmente."

Principais estações de pesquisa da Antártida

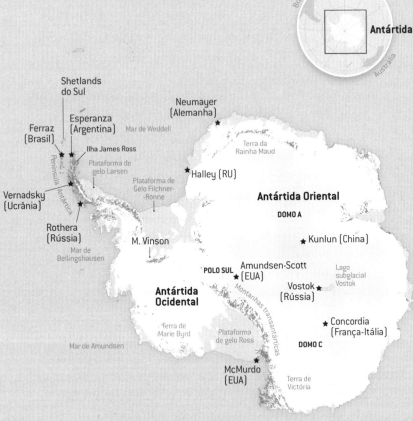

★ Estações de pesquisa
Rocha exposta
Plataforma de gelo

500 km

Até mesmo o Brasil já flertou com a ideia de clamar direitos sobre o sexto continente. Nos anos 1950, antes da criação do Programa Antártico Brasileiro, a geógrafa Terezinha Castro apresentou uma proposta de reivindicação de soberania, baseada na chamada "defrontação", uma projeção do território brasileiro — o país é o sétimo do mundo mais próximo da Antártida — sobre o continente. Funcionaria mais ou menos assim: linhas paralelas seriam traçadas entre os pontos do território nacional que cairiam sobre a Antártida sem passar por nenhum outro país. A projeção incluiria, portanto, a costa do Brasil do Chuí à ilha de Martim Vaz, o que nos daria "direito", se a tese fizesse sentido, a todo o setor do mar de Weddell — também reivindicado por Argentina e Reino Unido. "Era uma proposta ridícula", define o meteorologista Rubens Junqueira Villela, professor aposentado da USP e pioneiro do programa antártico. "Terezinha se baseou no princípio de projeção de território usado nos países do Ártico, mas se esqueceu de que no Ártico você tem território contíguo; são as próprias áreas de cada país."

A proposta chegou a emplacar em atlas escolares distribuídos na década de 1960 e foi apresentada pelo deputado Eurípedes Cardoso de Menezes ao Congresso Nacional da década seguinte, mas nunca foi levada a sério pelo Itamaraty. Pelo sim, pelo não, a viagem inaugural do primeiro navio polar brasileiro, o *Barão de Teffé*, em 1982, foi para a costa da Princesa Martha, no mar de Weddell — justamente o setor paquerado pelo Brasil.

No limite, as pretensões territoriais poderiam provocar a rescisão do Tratado da Antártida. É uma possibilidade ainda remota, já que qualquer exploração mineral está congelada até 2048 pelo Protocolo de Madri, um instrumento jurídico de implementação do tratado que consagrou a Antártida à preservação ambiental e à pesquisa científica por cinquenta anos. Ocorre que, segundo alguns analistas, a própria aprovação do protocolo evidencia que o sistema do tratado, baseado em decisões por consenso, tem fragilidades. O protocolo foi aprovado em 1991, em substituição a uma convenção dos anos 1980 que regularia a mineração antártica, depois de pressões domésticas em alguns países-membros.

Desde os anos 1970, empresas de mineração vinham se interessando pelo potencial das terras austrais. Isso porque a geologia da Antártida é parecida com a de outros ex-membros do supercontinente austral Gondwana, como a África do Sul e a Austrália, ricos em minérios. Ali há jazidas de uma série de minerais de interesse comercial, de ferro a platina, de nódulos de manganês no fundo do mar a diamantes, ouro, carvão e — claro — petróleo. Um estudo britânico dos anos 1970, que causou estardalhaço ao ser vazado para a imprensa em pleno choque do petróleo, estimou em 45 bilhões de barris o potencial dos mares de Weddell e Ross.[12] Naquela mesma década, cientes da fragilidade extrema do ambiente antártico, os membros do tratado decidiram impor uma moratória à mineração. Na década seguinte, começaram a negociar um acordo para garantir que a atividade mineral, se fosse feita algum dia, teria controles rigorosos. Esse acordo, a Cramra (sigla em inglês para Convenção sobre a Regulação de Atividades Minerais na Antártida), foi adotado em 1988.

É aí que entra em cena o Greenpeace. A ONG, como parte de uma coalizão de mais de trinta entidades em defesa do meio ambiente antártico, decidiu criar uma campanha para levar adiante uma proposta neozelandesa, jamais perseguida pelos membros do tratado, de transformar a Antártida numa espécie de parque mundial. O grupo ambientalista chegou a instalar uma estação no cabo Evans — local de onde partiu a expedição de Scott —, que ficou ativa por quatro anos. A estação World Park foi a primeira instalação não governamental na região. A campanha também consistia em sair visitando estações antárticas e dando "notas" para a sustentabilidade de cada uma (a brasileira Comandante Ferraz ganhou elogios, algo que o pessoal da Marinha faz questão de frisar até hoje, na única referência positiva que os militares fazem aos ambientalistas).

A pressão ambientalista surtiu efeito no mundo dos anos 1980, horrorizado pela chuva ácida, pela descoberta do buraco na camada de ozônio e pelas primeiras trombetas do apocalipse do aquecimento global. Austrália e França decidiram rejeitar a Cramra em 1989, seguidas em 1990 por Bélgica, Nova Zelândia e Itália. Juntos, esses países decidiram substituir a convenção por um protocolo de proteção ambiental, aprovado em 1991.

"A ideia de não fazer nada lá por cinquenta anos foi muito satisfatória para o Greenpeace e outras organizações da sociedade civil, e razoavelmente satisfatórias para o setor mineral, porque eles não esperavam mesmo fazer nada lá antes disso", pondera Headland.

Tal situação tende a mudar no futuro, diz o britânico. Em parte devido à experiência adquirida no Ártico, os controles de poluição e de outros impactos ambientais têm melhorado e tendem a melhorar ainda mais na indústria. A necessidade de minérios como a platina ainda se justifica do próprio ponto de vista ambiental, já que os catalisadores de veículos levam esses elementos em sua composição. "Eu não vejo razão para que as jazidas da Antártida não venham a ser usadas à medida que as do resto do mundo se esgotem", prossegue o historiador da Universidade de Cambridge.

O problema é que as áreas mais acessíveis e de maior interesse comercial são justamente aquelas onde a maior parte das reivindicações territoriais estão. Para piorar, nas últimas décadas a Austrália incluiu um setor do oceano Austral no levantamento de sua plataforma continental, submetido às Nações Unidas — embora tenha dito que isso não significa uma ampliação de suas reivindicações territoriais polares e tenha pedido à comissão da ONU responsável por delimitar a ZEE que nem examinasse esse pedaço da submissão. O Reino Unido fez o mesmo com a Geórgia do Sul e as Sandwich do Sul, despertando a ira da Argentina.

Isso significa que as duas nações consideram em tese trechos do mar antártico como suas zonas potenciais econômicas exclusivas. Num primeiro momento, isso teria impacto sobre a pesca: hoje a captura de krill, de lulas e da feia porém deliciosa merluza negra, um peixe de carne branca e tenra popular em restaurantes caros dos Estados Unidos, é internacional — não depende de licenças domésticas, só de autorização dos países do tratado. Num segundo momento, porém, petróleo e gás offshore poderiam ser

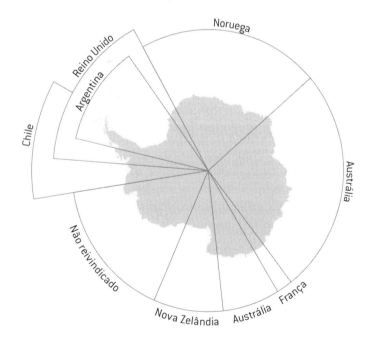

Reivindicações territoriais sobre a Antártida

afetados. Por enquanto, mesmo esses países reconhecem que a Antártida está submetida a regras diferentes de limites e que a autoridade sobre o assunto é o tratado. No entanto, essas e outras incursões soberanistas podem abalar o grande condomínio internacional que é a Antártida. Mas não no curto prazo.

"Quase nenhuma rocha está exposta, o gelo é grosso em toda parte, as temperaturas são extremas, o tempo é medonho, a maioria do continente fica no escuro por seis meses ao ano, ele é cercado por um cinturão de gelo marinho de mil quilômetros de largura, há poucos portos seguros e, no verão, o mar fica coalhado de icebergs maciços que tornam a navegação e a instalação de plataformas de petróleo no mar arriscadas", enumerou o pesquisador britânico Colin Summerhayes, ex-presidente do Scar (sigla em inglês para Comitê Científico de Pesquisa Antártica).[13]

"A maior proteção à Antártida não são tratados e pedaços de papel; são o gelo e o oceano Austral", concorda Robert Headland. "É claro que não podemos nos fiar completamente neles."

11. Não acorde o gigante

O americano Terence Hughes, 77, leva em seu currículo duas honrarias de caráter duvidoso: ter conhecido Brasília em 1967, quando a cidade consistia "quase somente de uns poucos prédios do governo", e ter sido, duas décadas depois, o primeiro ser humano a desembarcar na geleira da ilha Pine, na Antártida. Ambas mudaram bastante de lá para cá.

A cidade cresceu para muito além dos prédios públicos e das duas avenidas que os brasilienses gostam de pensar que formam o desenho de um avião, mas que Hughes achou mais parecidas com um arco e flecha. Já a geleira está encolhendo e, justamente por essa razão, tornou-se relevante para a humanidade: hoje ela é, dentre todos os glaciares da Terra, a que mais contribui para o aumento do nível do mar no mundo. Alguns cientistas creem que seu colapso já começou e levará a uma elevação potencialmente catastrófica dos oceanos.

O glaciar da ilha Pine é um rio congelado de dimensões colossais. Em sua foz, no mar de Amundsen, região oeste da Antártida, ele tem cerca de cinquenta quilômetros de largura. Um motorista que saísse de carro do centro de São Paulo e não parasse no trânsito chegaria a Campos do Jordão antes que um navio pudesse navegar de um lado ao outro da geleira. Sua área total de drenagem é maior do que o estado do Amapá. O setor do continente em que ela se encontra contém quase 10% de toda a água doce do planeta, armazenada em forma de gelo.

As dimensões da ilha Pine ficam mais simples de entender se comparadas às de uma das maiores geleiras do hemisfério Norte: Jakobshavn, na Groenlândia, sobre a qual se falou no capítulo 1. Em sua foz, o glacier groenlandês tem doze quilômetros no ponto mais largo, e toda a ilha de Manhattan caberia com folga nele. Em 2013, um único iceberg desprendido da geleira da ilha Pine mediu oito vezes a área de Manhattan — meia cidade de São Paulo.

A entrada da ilha Pine na lista dos pesadelos dos climatologistas aconteceu graças a Terry Hughes, num processo que, de certa forma, tem a ver com as razões de sua vinda ao Brasil nos anos 1960. Naquela época, aos trinta anos de idade, Hughes havia acabado de concluir o doutorado em metalurgia e tinha um dinheiro guardado. "Resolvi dar uma volta ao mundo, começando pelo Alasca", conta. Foram dois meses atravessando a União Soviética de trem e ônibus, depois a Europa, o Oriente Médio, depois cinco meses na África recém-descolonizada; de lá a América do Sul, incluindo uma viagem do Rio ao Pará pela recém-inaugurada rodovia Belém-Brasília; e, enfim, o regresso aos Estados Unidos por terra, pela estrada Pan-Americana. No total, Hughes percorreu 56 países e gastou, para a inveja dos mochileiros modernos, meros 5 mil dólares — o equivalente a quase 36 mil em dólares de hoje. "Fiquei viciado em viagens", relembra.

De volta, poucos anos depois, trabalhando na Universidade de Ohio, o jovem viu um anúncio que lhe chamou a atenção: um grupo de pesquisas da universidade precisava de gente com doutorado e alguma massa muscular para um trabalho de campo na

Antártida. Estava aí, afinal, um lugar do mundo que ele ainda não conhecia. "Achei que podia ser uma boa ideia", relembra Hughes. "O sujeito que coordenava a expedição não tinha passado no exame físico, então eles precisavam de alguém para fazer o trabalho de perfuração em geleiras. Eu não sabia absolutamente nada sobre perfuração ou geleiras, mas tinha um ph.D." Deu certo.

Na década de 1970, o pesquisador se envolveu num projeto que consistia em estimar o tamanho do manto de gelo da Antártida durante a era glacial, usando informações geológicas e alguns dos primeiros modelos climáticos em computador já feitos. Foi quando outra coisa chamou sua atenção: a região do mar de Amundsen — onde ficam a geleira da ilha Pine e outra corrente glacial gigante, a geleira Thwaites — não seguia uma regra geográfica que parecia se aplicar a toda a Antártida.

No continente, onde quer que haja geleiras desembocando numa concavidade do litoral, formam-se plataformas de gelo flutuante, em função da viscosidade do gelo e da inclinação. O conceito de plataforma de gelo é um tanto alienígena, mas você pode simular uma fazendo uma geleira em casa: basta ter um tanto de areia e uma garrafa PET cortada ao meio no sentido do comprimento. Incline o meio tubo apoiando-o num pedaço de papelão, por exemplo, e ponha a areia para escorrer nele: você verá que ela faz um montículo em formato de "leque" na base, que oferece resistência ao escoamento do restante da areia, reduzindo sua velocidade.

"Essas plataformas funcionam como um freio, impedindo o manto de colapsar", explica o pesquisador. As maiores são as de Filchner-Ronne e de Ross, que têm o tamanho de alguns países europeus, mas plataformas menores existem por todo o litoral. Menos na concavidade do mar de Amundsen.

"Eu estava olhando para o perfil de um manto de gelo que, cedo ou tarde, iria ruir", recorda-se o cientista. "Ele já havia ruído no passado, junto com os mantos de gelo da Europa e da América do Norte? Ou foi um processo que havia começado e ainda não terminara?" Em 1981, Hughes chamou a região de "calcanhar de aquiles" do manto de gelo da Antártida Ocidental.[1] Se a Antártida fosse derreter devido a alterações no clima, raciocinou, o colapso começaria ali, às margens do mar de Amundsen. "Você tinha duas correntes de gelo, as mais rápidas da Antártida, sem uma plataforma para freá-las. Então me pareceu que aquele seria o lugar para onde olhar se você quisesse ver o que aconteceria no futuro."

Hughes fez sua previsão no início da era dos satélites e antes dos supercomputadores que permitem modelagens complexas de clima. Não tinha nada além de informações geológicas, um mapa e um palpite. Mas acertou na mosca.

Em 1998, o francês Eric Rignot, pesquisador da Nasa, reuniu dados de satélite que mostravam que a base da geleira da ilha Pine estava em acelerado encolhimento: ela havia recuado mais de cinco quilômetros entre 1992 e 1996. Estava também ficando três metros mais fina a cada ano. "Se a retração rápida continuar, ela poderia disparar a desintegração em maior escala do manto de gelo do Oeste Antártico", escreveu.

O estudo de Rignot, publicado com estardalhaço midiático no periódico *Science*, ecoava também previsões feitas nos anos 1960 e 1970 por John Mercer, um ex-colega de Hughes na Universidade de Ohio. Mercer havia estudado as dimensões do manto de gelo no passado e concluído que, há cerca de 120 mil anos, no último período interglacial, o Eemiano, o Oeste Antártico havia perdido todo ou quase todo o seu gelo. Isso ocorreu devido a um aquecimento local de cinco a sete graus, iniciado por uma oscilação natural da órbita da Terra. O nível do mar teria subido pelo menos cinco metros em consequência dessa desintegração (na época ainda não estava clara a contribuição da Groenlândia para o aumento do nível do mar no Eemiano).

Uma elevação da temperatura dessa magnitude na Antártida

no futuro causaria o rompimento das plataformas de Ross e Ronne, fazendo os 2,3 milhões de quilômetros quadrados de gelo do Oeste Antártico, em sua maior parte freados por essas plataformas, escorregarem para dentro do oceano.

Tal aquecimento, prosseguiu o cientista, já estava encomendado, por assim dizer: a queima de combustíveis fósseis em ritmo desbragado como o visto nos anos 1970 faria a concentração de dióxido de carbono na atmosfera dobrar em cinquenta anos, elevando a temperatura global em 1,5 grau a três graus, segundo os modelos disponíveis na época. Como o aquecimento é amplificado em altas latitudes, raciocinou Mercer, a Antártida poderia esperar que o termômetro subisse até dez graus localmente — um nível mais do que suficiente para disparar o rápido colapso das plataformas gigantes e do manto de gelo, e uma elevação do nível do mar quase instantânea, que alagaria cidades litorâneas em todo o mundo.

Em 1978, num texto que se revelaria profético, Mercer descreveu quando saberíamos que o começo do fim dos tempos teria chegado: "Um sinal de que uma tendência de aquecimento perigoso está começando na Antártida será o rompimento das plataformas de gelo em ambas as costas da península Antártica, começando na parte mais ao norte e se estendendo gradualmente para o sul".[2]

Como frequentemente acontece em ciência, tanto John Mercer quanto Terry Hughes anteciparam o *Zeitgeist* antes que houvesse ferramentas adequadas para verificar suas proposições. De certa forma, porém, os dois atiraram no que viram e acertaram o que não viram.

Hughes estava correto ao apontar a região do mar de Amundsen como "calcanhar de aquiles" da Antártida, mas ele jamais imaginou que o processo de colapso estivesse em curso àquela velocidade.

O glaciologista, hoje professor aposentado da Universidade do Maine, não tinha nem de longe o aquecimento global em mente quando elaborou sua teoria, mas sim os ciclos naturais de glaciação e deglaciação. "Esse é um processo que vem acontecendo há milhares de anos. Se alguma coisa já aconteceu, ela pode acontecer novamente."

Já Mercer foi clarividente ao recomendar que se ficasse de olho no rompimento das plataformas de gelo da península Antártica — de fato, elas já estão se rompendo, e na exata sequência adivinhada pelo americano —, mas possivelmente exagerou no prognóstico de aquecimento e na desestabilização das barreiras de gelo gigantes de Ronne e Ross. Pelo menos por enquanto, a maioria dos modelos de computador prevê que as duas seguirão firmes e fortes nas próximas décadas. (Por outro lado, Mercer ainda pode ser vingado em sua previsão de que por volta de 2030 a humanidade dobrará a quantidade de CO_2 na atmosfera em relação à era pré-industrial.)

O estudo de Eric Rignot sobre a ilha Pine surpreendeu porque, apesar dos alertas originais, a Antártida vinha dando sinais contraditórios de resposta à mudança do clima. Ao contrário do Ártico, onde as temperaturas normalmente são mais altas — um mesmo lugar na Antártida pode ser até quarenta graus mais frio do que na latitude norte equivalente —, no continente austral havia muito pouco degelo no verão. Tirando a península Antártica, onde os termômetros realmente subiram, possivelmente com um empurrãozinho do buraco na camada de ozônio, o sexto continente não esquentou na superfície; ao contrário, seu interior esfriou, possivelmente também sob influência da falta de ozônio. Ou seja, seria difícil ver por ali o gelo derretendo de cima para baixo, como picolé derrete na praia. O restante da Antártida é tão frio, ponderavam os cientistas, que o principal efeito do aquecimento global ali seria um aparente paradoxo: um aumento do manto de gelo. Afinal, mais calor significa mais água evaporada dos oceanos e disponível para cair como neve. Como não esquenta o bastante para a neve derreter, o ganho por precipitação seria maior do que a perda por derretimento.

A consequência lógica seria que, em vez de "emagrecer", as geleiras antárticas deveriam "engordar". Havia sinais de que isso estivesse acontecendo com glaciares tanto do Leste quanto do Oeste Antártico — a própria ilha Pine parecia estar caminhando nessa direção e ganhando massa, segundo alguns estudos. O que estava acontecendo?

O problema era basicamente a falta de tecnologias adequadas para investigar as regiões polares. "Até 1990, ninguém tinha como medir a Antártida e a Groenlândia com regularidade", diz Ian Joughin, glaciologista da Universidade de Washington em Seattle, Estados Unidos. "Era uma geleira aqui e outra ali." Mesmo os cientistas que se preocupavam com o degelo e a elevação do nível do mar achavam que isso fosse acontecer muito lentamente, ao longo de séculos ou milênios. Apenas a partir daquela década os satélites começaram a permitir medições mais amplas do balanço de massa polar e a registrar grandes mudanças. "Foi um choque", conta Joughin, um dos primeiros cientistas a notar a aceleração da Groenlândia nos dados de sensoriamento remoto.

Tanto no Ártico quanto na Antártida, a chave dessas mudanças parece estar no oceano: a água aquecida penetra por baixo das porções das geleiras que estão em contato com o mar, derretendo-as e afinando-as. Isso faz com que a velocidade de escoamento do glaciar aumente. Pense em seu glaciar doméstico de areia: se algum engraçadinho fizesse um furo no papelão bem no ponto em que ele toca a garrafa PET, a areia que está empilhada ali freando a areia retida no tubo escorreria, desestabilizando o sistema. Em instantes sua garrafa estaria vazia.

O mar mais quente faz as vezes desse "furo". Ainda que as

temperaturas do ar não tenham variado quase nada na região do mar de Amundsen, perturbações no oceano Austral são capazes de causar mudanças dinâmicas nas geleiras. Como se verá adiante, essas perturbações não precisam ser de vários graus Celsius: variações discretas de temperatura têm bastado para disparar o problema.

Segundo o IPCC, o comitê de cientistas do clima reunido pela ONU para avaliar as evidências do aquecimento da Terra, a geleira da ilha Pine dobrou sua velocidade em trinta anos e hoje perde 40% mais gelo para o mar na forma de icebergs do que ganha por precipitação de neve em suas cabeceiras. Seu balanço de massa está negativo em 46 bilhões de toneladas por ano (contra 25 bilhões a 33 bilhões na groenlandesa Jakobshavn). Depois da expansão de volume por causa do aquecimento da água, que responde sozinha por um terço da elevação do nível do mar atual, a geleira da ilha Pine é o maior fator individual de subida. O derretimento das geleiras continentais responde por outro terço da elevação total vista hoje.

A perda de gelo na Antártida quintuplicou no período 2002-11 em comparação com a década anterior: de 30 bilhões para 147 bilhões de toneladas por ano. Quase toda ela está concentrada na região do mar de Amundsen. Como consequência, a Antártida e a Groenlândia contribuem, respectivamente, com 0,27 milímetro e 0,33 milímetro por ano para a elevação do nível do mar observada entre 1993 e 2010,[3] somando também cerca de um terço do total. A Groenlândia aporta mais água porque é bem mais quente e sofre o efeito combinado da perda dinâmica e do derretimento. A Antártida é um gigante que apenas começou a despertar. Até onde ela pode chegar em sua contribuição é algo que dependerá de nossas emissões de CO_2, do papel do oceano, da topografia local — e do imponderável.

Para entender a fragilidade do continente antártico diante das mudanças climáticas, é preciso antes saber de qual Antártida se fala. Porque não existe uma Antártida só, mas três. Todas elas são frias e têm muito gelo, porém em escalas bastante distintas. Nem todas estão expostas da mesma forma ao aquecimento do planeta, e isso tende a causar uma confusão imensa na cabeça do público consumidor de notícias. Confesso que eu mesmo possivelmente já ajudei a disseminar essa confusão, em reportagens que ora diziam que o continente está ganhando massa, ora que está perdendo; ora que o aquecimento ali está fora de controle, ora que até aqui está tudo bem. Todas essas notícias estão corretas — dependendo, claro, de qual Antártida se está falando.

A Antártida é grande, para começo de conversa. São 13,8 milhões de quilômetros quadrados, mais do que uma vez e meia o território do Brasil. Todos os anos, o sexto continente mais do que dobra de tamanho no inverno, quando a área de gelo marinho atinge 18 milhões de quilômetros quadrados.

O público brasileiro conhece como "Antártida" a região da península Antártica e suas ilhas. É o setor mais acessível do continente, onde o Brasil realiza a maioria de suas pesquisas. Às vezes é chamado pelos cientistas americanos de "cinturão das bananas", devido a sua relativa tepidez. Boa parte dessa região se situa acima do Círculo Polar Antártico: a estação Comandante Ferraz está na latitude 62° sul, mais longe do polo Sul do que Reikjavik está do polo Norte. O glaciologista brasileiro Jefferson Cardia Simões, da Universidade Federal do Rio Grande do Sul, costuma dizer que Ferraz está tão longe do polo Sul quanto do Rio Grande do Sul, e Porto Alegre está mais perto de Ferraz do que do Amapá.

Na ilha onde fica a estação brasileira, as temperaturas costumam ser positivas no verão, ao redor de um a três graus. Mas a

As três Antártidas

O continente austral não é só uma massa de gelo eterno. Ele tem grandes regiões com graus distintos de vulnerabilidade à mudança do clima

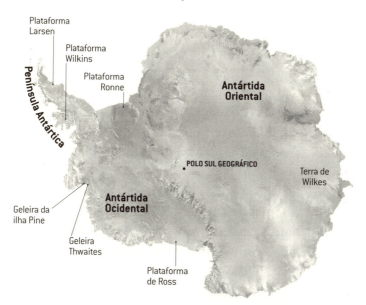

	Península Antártica	Antártida Ocidental	Antártida Oriental
Área (em milhões de km²)	1,4	2,3	10,1
Espessura do manto de gelo (em m)	500	1200	2200
Nível do mar equivalente em gelo (em m)	0,5	5	55

Na maior parte da Antártida Ocidental e em vastas porções da Antártida Oriental, o manto de gelo está assentado abaixo do nível do mar. Isso significa que, se o gelo fosse removido, parte do continente seria na verdade um arquipélago.

Rocha sob o manto de gelo

primeira coisa que você aprende ao chegar lá é que não se pode confiar demais no termômetro: quem dá as cartas de verdade ali é o vento. Sem muito aviso, ele pode soprar com força de setenta quilômetros por hora e transformar um dia agradável de sol a um grau numa sensação térmica de bater o queixo de oito graus negativos. Isso acontece porque o corpo produz calor permanentemente e o vento "rouba" mais esse calor quanto mais rápido ele estiver. Em dias de sol e sem vento, é possível andar de camiseta tranquilamente em Ferraz e arredores, mesmo com temperaturas próximas de zero. Mas espere a primeira brisa e você entrará automaticamente em risco de hipotermia ou coisa pior.

É verdade que há certo exagero por parte dos militares do Programa Antártico Brasileiro quanto aos perigos daquele "ambiente extremo" de "baixíssimas temperaturas". Quem visitou Nova York ou Estocolmo no inverno já encarou frios bem mais frios. No entanto, a extrema secura do ar antártico, as frentes frias que se sucedem rapidamente e a possibilidade sempre presente de uma nevasca sem anúncio trazer um *whiteout* — situação de branco total, na qual não é possível enxergar absolutamente nada e a desorientação pode matar — recomendam cautela, hidratação constante e, claro, roupas quentes.

A península é separada da América do Sul por cerca de novecentos quilômetros de ondas gigantes e vômito na Passagem de Drake, o mar mais tempestuoso do planeta. Dizem que na Amazônia as distâncias são contadas em dias de barco ou horas de voo; no Drake, elas se medem em doses do remédio para enjoo que o viajante tenha à mão.

Todos os militares, cientistas e jornalistas que participaram das operações antárticas brasileiras têm uma história para contar sobre a travessia de navio "do" Drake, como os militares gostam de chamá-lo. As mais incríveis começam com o adjetivo "tranquilo", já que passagens sem nenhum problema, com "mar de almirante", como dizem na Marinha, são raras. As histórias mais comuns começam com "não me lembro": é usual que todos que não tenham trabalho a desempenhar na navegação passem os três dias de viagem recolhidos e dopados nos camarotes, levantando-se apenas para comer e tentando convencer o próprio cérebro de que a melhor maneira de domar o enjoo é manter o estômago sempre cheio. Às vezes, para matar o tédio, num momento de coragem — ou sandice —, um ou outro passageiro sobe ao passadiço e tenta ficar em pé, assistindo ao navio mergulhar de proa como se não fosse mais sair, com as ondas explodindo no casco e espalhando água gelada até a altura da janela da ponte de comando. É uma cena e tanto para quem tem estômago forte, em mais de um sentido.

O Drake pode ser apenas desagradável, mas às vezes é verdadeiramente apavorante. Cientistas já me relataram ondas de dez metros ali, a TV voando pela sala de estar do navio e a própria embarcação adernando quarenta graus — o limite para virar é 45 graus. Minha primeira incursão naquelas águas, numa curta travessia noturna de menos de 250 quilômetros entre as ilhas Rei George e Elefante, foi admitidamente menos radical. Mas não menos assustadora.

O navio de apoio oceanográfico *Ary Rongel*, uma das duas embarcações do programa antártico, é um buque de dimensões respeitáveis: 75 metros de comprimento por treze de largura. Naquela madrugada, porém, ele parecia uma casca de noz ao entrar no Drake: ora caturrava, quicando entre as ondas que alagavam o convés, ora adernava, ameaçando virar. Na cabine que eu dividia com o repórter fotográfico Toni Pires e dois militares, nada ficou no lugar. Malas e cadeiras voavam de um lado para o outro, exoneradas por um instante da lei da gravidade, e quem não quisesse ter a mesma sorte precisava se agarrar com força ao beliche. Da cozinha, contígua à cabine, ouvia-se um barulho sinistro de vidro quebrado sendo arrastado pela água. A impressão que dava era a de que o deque havia alagado e que a enxurrada iria invadir o camarote a qualquer momento. Algum tempo depois as ondas arrefeceram e, pela manhã, na cozinha, os taifeiros trabalhavam como se nada tivesse acontecido. Até hoje acho que eles escondiam alguma coisa.

O que torna o Drake tão mal-humorado é a própria rotação da Terra. O oceano Austral, que banha a Antártida e se comunica com o Atlântico, o Pacífico e o Índico, é a única massa de água que dá a volta ao mundo desimpedida, sem esbarrar num continente. Essa circulação produz a maior de todas as correntes marinhas, a Corrente Circumpolar Antártica, cujo fluxo médio é de 134 milhões de metros cúbicos por segundo. Imagine 550 rios Amazonas correndo juntos em sua foz na época da cheia e você terá ideia do volume de água transportado por essa corrente, que influencia o clima em todo o planeta.

A mesma circulação provoca os famigerados ventos de oeste para leste que sopram no oceano Austral numa sucessão constante de tempestades ciclônicas. Ambos, mar e vento, ganham velocidade ao atravessar aquela passagem estreita, num efeito análogo ao de pôr o dedo numa mangueira para aumentar o alcance de um jato de água.

A Passagem de Drake se abriu há cerca de 34 milhões de anos, durante a separação entre a América do Sul e a Antártida (nesse sentido, os chilenos estão certos ao chamar a Antártida de "prolongamento da pátria", mas os nigerianos poderiam dizer a mesma coisa de Pernambuco, já que os dois territórios também estiveram unidos há dezenas de milhões de anos). Ao isolar climaticamente a Antártida do resto do mundo, o Drake selou o destino do continente: a região, que outrora abrigara extensas florestas, rios e animais, foi se tornando prisioneira do frio à medida que o centro da massa continental migrava mais e mais para o polo Sul, arrastado pelo movimento das placas tectônicas e, ao mesmo tempo, apartado dos processos climáticos sul-americanos pelo mar e pela corrente circumpolar. Pouco a pouco esse isolamento foi impedindo que a neve do inverno derretesse no verão seguinte. Assim, foi se formando o manto de gelo que hoje cobre 99,7% do território antártico. O historiador grego Heródoto dizia que o Egito era uma dádiva do Nilo; a Antártida é uma dádiva do Drake.

A península Antártica é estreita e montanhosa; é permanentemente coberta de nuvens, devido à influência da circulação e dos ventos de oeste, que criam zonas de baixa pressão atmosférica, ou seja, tempestades, ao redor do continente; e muito, muito branca, com geleiras e capas de gelo que dominam a paisagem, eventualmente quebrada por picos de montanhas e *nunataks*. Todo o gelo ali contido, porém, corresponde a mísero 0,5% do que existe na Antártida. Se derretesse inteiro, ele seria capaz de causar uma elevação de meio metro no nível médio do mar no planeta.

Não parece muita coisa. Só que, para quem mora em cidades litorâneas, como o Rio de Janeiro e Nova York, cinquenta centímetros podem ser um drama. Até porque a elevação não é uniforme em todo o mundo; há lugares que ficarão com bem mais do que isso, outros com bem menos. Na Groenlândia, por exemplo, o degelo tem o efeito paradoxal de *rebaixar* o nível do mar: com o alívio do peso do gelo perdido, o terreno se eleva. Na cidade de Upernavik, essa elevação média hoje é de um centímetro por ano, mais do que compensando o aumento do nível do mar. Segundo o glaciologista paquistanês Shfaqat Abbas Khan, a ilha inteira pode ficar alguns metros mais alta em um século.

Lugares como Nova York e Rio, porém, não têm essa sorte. Ambas as cidades — e a maior parte do litoral brasileiro — estão em terrenos que afundam progressivamente, então o efeito de uma elevação da lâmina d'água tende a se somar ao do afundamento. Esse vetor fica perigoso durante extremos climáticos.

Há dois jeitos de medir o dano causado pela elevação do nível médio do mar. O primeiro é o alagamento permanente, dado pelo aumento da lâmina d'água. Este depende de condições do terreno, claro, mas um parâmetro muito grosseiro determinado em experimentos, chamado Regra de Brunn, é: em locais absolutamente planos, uma elevação vertical de um centímetro na lâmina d'água equivale a um metro de inundação. Nos países-ilhas do Pacífico, territórios muito pequenos e muito planos situados poucos metros acima do nível do mar, os alagamentos já têm sido dramáticos, a ponto de motivar discussões sobre mover populações inteiras para o continente. Em cidades como as da costa do Brasil, meio metro de elevação do oceano dificilmente equivaleria a quinhentos metros de alagamento na maior parte dos lugares. Mas especialistas em gerenciamento costeiro têm proposto que uma faixa de cinquenta metros a duzentos metros de distância da praia seja deixada livre de construções, como medida de segurança.[4]

Ocorre que o alagamento permanente conta apenas parte da história. Como qualquer veranista sabe, o nível do mar varia todos os dias no mundo todo a cada seis horas, com os ciclos de cheia e vazante da maré. E, como os surfistas também sabem, há um período no mês no qual a maré cheia — a chamada máxima preamar — é duas vezes mais alta do que a maré normal. "Com apenas trinta centímetros de elevação do nível do mar, a maré alta iria para 1,90 metro", compara Vitor Zanetti, pesquisador do ITA (Instituto Tecnológico de Aeronáutica) que desenvolveu um índice de vulnerabilidade de cidades do litoral brasileiro à elevação dos oceanos.

Durante ressacas esse efeito se potencializa, pois os ventos fortes e as ondas já são naturalmente mais destrutivos. Ressacas no pico da maré cheia podem atingir locais a grandes distâncias da costa. Como esse tipo de evento tende a ficar mais intenso e mais frequente à medida que o efeito estufa aumenta a quantidade de vapor d'água e de energia na atmosfera, está criada a tempestade perfeita — literalmente.

Veja o que aconteceu, por exemplo, durante a supertempestade Sandy, que alagou as partes baixas de Nova York e Nova Jersey em 2012, causando 67 bilhões de dólares em prejuízos. Sandy deu no que deu com apenas vinte centímetros de elevação média do nível do mar no globo. A projeção do IPCC para Nova York, no cenário otimista de emissões e sem contar com um degelo antártico fora de controle, é setenta centímetros de elevação local — acima dos 62 centímetros previstos nesse mesmo cenário para o mundo todo.[5]

A península Antártica talvez seja o lugar do planeta que mais esquentou no último século — mais de três graus desde 1950 —, devido possivelmente a uma combinação entre o buraco na camada de ozônio, que altera todo o regime de ventos local, e a "importação" de ar mais quente da América do Sul pelas tempestades ciclônicas que se sucedem no Drake. Isso tem dado aos cientistas uma concretização assustadora da profecia de John Mercer.

Em 2002, a plataforma de gelo Larsen B, um pedaço da grande barreira descoberta pelo baleeiro norueguês Carl Larsen no século XIX no nordeste da península, rompeu-se em dois meses diante dos olhos do mundo. Em 2009, foi a vez do quase rompimento da plataforma Wilkins, no sudoeste, citada nominalmente por Mercer como área sensível. O esfacelamento da Larsen B foi provavelmente acelerado por poças de água de degelo que se formaram no topo da plataforma. A mecânica é análoga à dos *moulins*, os buracos por onde a água escorre até a base do manto de gelo da Groenlândia. A plataforma vira um queijo suíço e acaba esfarelando.

O rompimento de barreiras flutuantes de gelo, sozinho, não significa nada para o nível do mar: elas já estavam flutuando, afinal. Pelo princípio de Arquimedes, já deslocaram toda a água que deveriam deslocar. Pense no proverbial copo de uísque: se você

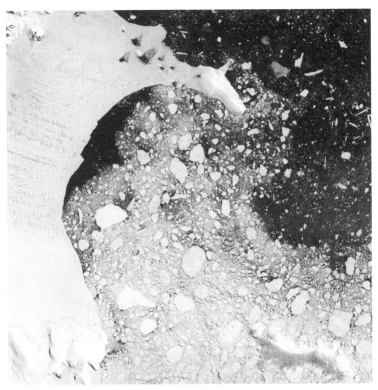

Imagem de satélite mostra o esfacelamento da plataforma de gelo Larsen B, em 2002. Repare nas poças de degelo (pontos escuros no gelo, à esquerda na imagem), que os cientistas acreditam ter sido a origem do rompimento.

não bebê-lo, o nível do líquido no copo permanecerá o mesmo depois que o gelo derreter.

O problema é o que está em cima: as geleiras que alimentavam a plataforma, assentadas em terra firme, aceleraram de duas a oito vezes depois do colapso, provando que Mercer e Terry Hughes estavam certos sobre o efeito de "freio" das plataformas de gelo. Para sorte da humanidade, pelo menos dessa vez, a península Antártica, devido à sua geografia, não tem nenhuma geleira com as dimensões da ilha Pine.

* * *

Em franco contraste com a fragilidade da península está o leste da Antártida. Esse é o "lugar horrível" descrito por Robert Scott; a porção mais fria, seca e ventosa da Terra. É o maior deserto do mundo: com 10,1 milhões de quilômetros quadrados, ele equivale a quase duas vezes a área da Amazônia e ultrapassa a do Saara. A precipitação média ali equivale à das zonas mais áridas do deserto africano, algo em torno de trinta milímetros por ano ou menos. É por isso que o gelo daquela região é um arquivo climático tão eficiente: ele permite o empilhamento de várias camadas anuais em poucos centímetros.

A Antártida Oriental é fria de verdade: no platô onde fica o polo Sul a temperatura média anual é de cinquenta graus negativos (compare-se aos três graus negativos da ilha Rei George). Isso se deve tanto à latitude quanto à altitude: o polo está a 2835 metros acima do nível do mar. Há, porém, algumas elevações no manto, conhecidas como domos de gelo, nas quais os termômetros caem a níveis difíceis de imaginar. Na estação russa Vostok, nos anos 1980, foi registrada a menor temperatura já medida por seres humanos: 89,2 graus negativos. Vostok fica numa dessas elevações do manto, o Polo da Inacessibilidade, a 3488 metros. Mais alto e mais frio ainda é o chamado Domo A, onde os chineses construíram a estação de verão Kunlun: 4090 metros. Ali, os satélites registraram em 2010 a temperatura mais baixa já observada na superfície da Terra: 94,7 graus negativos. E, se você se assusta com a sensação térmica produzida por ventos de setenta quilômetros por hora com o termômetro positivo na península, imagine o que faria um vento de 327 quilômetros por hora, como o que já foi registrado no litoral do Leste Antártico, com a temperatura absoluta a algumas dezenas de graus abaixo de zero. Na verdade, só dá mesmo para imaginar: a tabela de sensação térmica afixada em navios e bases de pesquisa vai apenas até trinta graus negativos com ventos de sessenta nós (111 quilômetros por hora). Nesse caso, ela cai para 55 graus negativos, nível considerado "extremamente perigoso", em que qualquer parte exposta do corpo congela em menos de um minuto.

O tempo no deserto polar é estável por conta da pressão atmosférica elevada, que mantém o ar frio na superfície. Os dias são claros e as noites são longas — na verdade, "a" noite, que dura seis meses —, razão pela qual o polo Sul é um dos melhores lugares do mundo para fazer astronomia. A única forma de vida complexa que habita essa região é o *Homo sapiens*, ainda assim por curtos períodos.

O manto de gelo na Antártida Oriental tem espessura média de 2,2 mil metros, máxima de 4,7 mil metros e está assentado em sua maior parte acima do nível do mar. Se fosse possível arrancá-lo, o que se veria por baixo seriam as rochas e os solos do que fora o continente antártico antes de seu exílio congelante. Mas você não iria querer arrancar o gelo dali: 60% da água doce da Terra está retida nessa calota de gelo. Se derretida ou lançada no oceano por alguma estupenda (e estúpida) força alienígena, ela elevaria o nível do mar no planeta em mais de cinquenta metros.

Hoje o risco de que o Leste Antártico derreta de forma catastrófica é baixo, devido à combinação entre altitude e temperatura. É tão alto e tão frio que o degelo superficial, como o que ocorre na Groenlândia e o que formou as poças que levaram a plataforma Larsen B ao colapso, quase não ocorre ali (com uma exceção importante, como se verá). E a maior parte do manto está abrigada de influências diretas do oceano. Em seu relatório de 2013, o IPCC afirmou que, ao contrário, há uma chance de mais de 50% de que a região esteja ganhando massa.

O problema é que o maior deserto do mundo também é uma das regiões mais desconhecidas do planeta. As dificuldades de acesso, o custo de qualquer trabalho de campo e as limitações do uso de satélites — além do simples tamanho da região — têm impedido a coleta de séries de dados que possam elucidar, por exemplo, como o clima tem variado por ali e como a região está respondendo ou não ao aumento da temperatura da Terra. Uma estimativa realizada por uma força-tarefa dos melhores glaciologistas do mundo concluiu que o Leste Antártico está ganhando 14 bilhões de toneladas de gelo por ano... com uma incerteza de 43 bilhões de toneladas para mais ou para menos! "A incerteza é maior do que o sinal, então preferimos dizer que ele está em equilíbrio ou perto disso", afirma Chris Stokes, professor de geografia da Universidade de Durham, no Reino Unido, um dos cientistas que se dedicam ao monitoramento do gelo no maior deserto do planeta.

O Leste Antártico é tão misterioso que foi preciso esperar até 2007 para que fosse feita (de novo, graças aos satélites) a principal descoberta científica do século XXI na Antártida: a de que existe um "encanamento" por baixo do manto de gelo, com rios de água líquida que conectam centenas de lagos subglaciais como o Vostok, presentes por todo o continente. Esses lagos são capazes de encher e esvaziar rapidamente. Mas o que isso significa para a estabilidade do manto de gelo? Os rios subglaciais estão ligados ao mar? Que idade eles têm? Ninguém sabe.

Além disso, como veremos, a maior massa de gelo da Terra também pode ter seu calcanhar de aquiles.

A terceira Antártida, e a que por enquanto mais deve preocupar a humanidade, é o manto de gelo do Oeste, ou Antártida Ocidental. Essa região é separada do Leste pelos montes Transantárticos, uma cordilheira que atravessa o continente de um lado ao outro, passando pelo platô polar. Limitada pelos mares de Weddell, Ross e Amundsen, essa porção do continente é bem menor do que a do Leste, mas ainda assim maior do que a Groenlândia: tem 2,3 milhões de quilômetros quadrados.

Foi do Oeste Antártico que partiram as grandes expedições

de conquista do polo Sul no século XX. Sobre a plataforma de Ross morreram Robert Falcon Scott e seus homens. As cabanas construídas por Scott nas expedições do *Discovery* e do *Terra Nova* e por Ernest Shackleton em sua tentativa de chegar ao polo até hoje estão lá, na região da ilha de Ross, mais ou menos do jeito como foram deixadas, inclusive com mantimentos e equipamentos. Em 2007, por exemplo, durante um trabalho de restauração da cabana de Shackleton, funcionários do BAS (sigla em inglês para Serviço Antártico Britânico) encontraram três caixas de uísque enterradas pelo explorador irlandês sob o piso, provavelmente em 1908, e preservadas no *permafrost*. A destilaria Mackinlay&Co, fabricante da bebida, não perdeu a chance de faturar em cima da descoberta: recriou o malte a partir do original e passou a produzir em série uma réplica do uísque polar, batizada "The Journey". Qualquer pessoa que tiver cem libras esterlinas sobrando pode saboreá-lo hoje.

É também na Antártida Ocidental que está a maior estação de pesquisas do continente, a americana McMurdo. Ocupada o ano inteiro, a base chega a ter uma população de mais de 1200 pessoas no verão. Conta com três pistas de pouso no gelo marinho, que ali é permanente, fornecimento de água e esgoto, correio e até um jornal, o *Antarctic Sun* — seus residentes costumam chamá-la de "McTown" ("McCidade"). Desde 2009 é ligada ao polo Sul por uma estrada de 1,6 mil quilômetros feita de neve compactada.

O Brasil é um dos mais recentes ocupantes do Oeste Antártico. Em 2009, uma equipe de pesquisadores liderada por Jefferson Simões, da UFRGS, acampou pela primeira vez no manto de gelo ocidental, nos montes Patriot, perto da plataforma de gelo Ronne — rota pretendida por Shackleton para a travessia continental que nunca realizou, na expedição do *Endurance* de 1914. Num sinal de que os tempos heroicos ficaram definitivamente no passado, qualquer turista com espírito de aventura e 20 mil dólares no bolso pode visitar o mesmo local, comprando um pacote de uma empresa americana que voa desde Punta Arenas, no Chile. Como ocorre hoje na Groenlândia, onde cientistas de vários países contratam logística privada para fazer pesquisas de campo, os brasileiros usam os serviços dessa empresa de turismo para avançar além da região onde as Forças Armadas operam.

No Oeste Antártico, o manto é bem mais fino do que no Leste: sua espessura média é de cerca de 1,2 mil metros. A região é mais baixa do que o Leste, apesar de abrigar o ponto culminante da Antártida, o maciço Vinson (4892 metros). É também mais tépida do que o Leste, com médias anuais variando entre quinze e quarenta graus negativos. De todo modo, não é exatamente um lugar para curtir um inverno romântico a dois com vinho e fondue: o almirante americano Richard Byrd registrou na Barreira de Ross na década de 1930 escorchantes 82 graus negativos;[6] o grupo da expedição de Scott que fez em 1911 a primeira caminhada no inverno antártico, para coletar ovos de pinguim imperador, enfrentou 77,5 graus abaixo de zero numa região não muito distante do litoral do mar de Ross, o cabo Crozier. Segundo o relato de Apsley Cherry-Garrard em seu livro *A pior viagem do mundo* (1921), um dia o líder do grupo, Ed Wilson (que morreria com Scott em 1912), saiu da barraca e levantou a cabeça para olhar o céu e não conseguiu mais abaixá-la: o suor havia congelado no capuz do casaco, transformando-o numa armadura.

Muitas vezes acontecem nevascas ali sem que haja neve de verdade caindo do céu; simplesmente o vento levanta a neve do chão e a espalha por toda parte, num fenômeno chamado de *drift* ("flutuação"), comparável às tempestades de areia dos desertos.

Antes de satélites e altímetros a laser serem usados para medir a espessura do gelo, estudos sísmicos já haviam indicado que, na Antártida Ocidental, a maior parte do manto está assentada abaixo do nível do mar. Remova a capa glacial e o que você verá ali não será um continente, mas um grande arquipélago. Apenas 25% do gelo está sobre as "ilhas" desse arquipélago, acima do nível do mar.

A Antártida Ocidental é o que os cientistas chamam de manto de gelo marítimo (não confundir com gelo marinho, que é só mar congelado). Algumas de suas geleiras tocam o solo a profundidades maiores do que 2,5 mil metros. Isso torna essas geleiras altamente influenciáveis pelo relevo submarino e por tudo o que vem do oceano. E, ultimamente, o que anda vindo do oceano não é boa coisa.

Um manto de gelo, como uma pilha de areia ou um monte de purê de batata, escorre sob o próprio peso. Ele é freado nesse escorrimento pela fricção entre o gelo e o leito (no caso da geleira doméstica de nosso experimento mental, pelo atrito da areia com a garrafa PET) e pelas plataformas de gelo (o montinho de areia em forma de leque na base de papelão).

No Oeste Antártico, as grandes correntes de gelo ganham massa por precipitação de neve e perdem massa por meio da formação de icebergs e por algum degelo causado pela água naturalmente mais quente no verão, no ponto em que a terminação da geleira começa a flutuar no mar. Esse processo de ganho e perda é constante em geleiras saudáveis: no geral, o que some na foz é compensado pelo que entra na cabeceira. Se o clima esfria, o ponto em que a frente da geleira passa a flutuar, a chamada linha de ancoragem ou linha de encalhe, avança em direção ao oceano. A geleira ganha massa e fica mais "gorda". Se o clima esquenta, a geleira derrete e a linha de encalhe se retrai. O resultado é um afinamento, já que o atrito que estava segurando a massa de gelo na base diminuiu, aumentando a velocidade de escoamento (veja o infográfico a seguir).

Compromisso com o degelo
Como funciona a instabilidade do manto de gelo marítimo

1 O manto de gelo da Antártida Ocidental está assentado, em sua maior parte, abaixo do nível do mar. Suas geleiras ganham massa por acúmulo de neve e perdem por degelo nas plataformas flutuantes e por formação de icebergs.

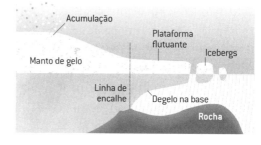

2 Numa situação de equilíbrio, o que se ganha por precipitação, se perde por degelo. Dessa forma, a média do nível do mar não muda.

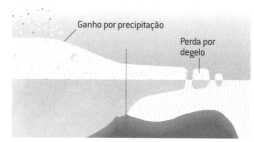

3 O aquecimento global, porém, faz água mais quente chegar às plataformas de gelo, o que aumenta o derretimento e faz a geleira afinar e recuar, elevando o nível do oceano.

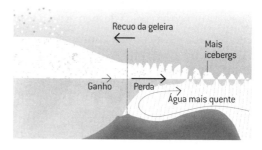

4 O processo pode se tornar autossustentado pelo formato do leito marinho sob o manto, que fica mais profundo na direção do continente, resultando em mais água sob a geleira. Há indícios de que esse fenômeno esteja em curso no oeste antártico.

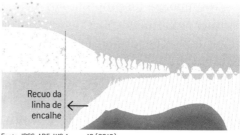

Fonte: IPCC, AR5, WG 1, cap. 13 (2013).

Quando a linha de encalhe está abaixo do nível do mar, como é o caso nos mantos de gelo marítimos, o processo de afinamento e retração é controlado por um fator fundamental: a topografia do leito da geleira. Em alguns casos, o leito se aprofunda em direção ao interior a partir da linha de encalhe. Isso ocorre porque a geleira, durante sua vida, escava naturalmente o terreno, empurrando rochas e sedimentos para a frente e deixando uma concavidade no solo atrás da linha de ancoragem. Isso pode ser fatal.

Imagine agora o que aconteceria caso um fluxo de água quente penetrasse por baixo de uma geleira dessas e começasse a derretê-la, empurrando a linha de encalhe cada vez mais para o interior. O glaciar teria de se equilibrar num ponto cada vez mais profundo. Num dado momento, a geleira "perde o pé", por assim dizer: a própria linha de encalhe some nesse abismo. Mal comparando, é como pôr uma pilha de livros sobre uma tábua em cima de uma mesa e ir aos poucos empurrando a ponta da tábua para fora. Em algum momento haverá um desequilíbrio e tudo o que está em cima desmorona. Com a geleira é a mesma coisa: tudo o que está em cima (gelo) despenca no oceano. O glaciar entra num colapso autossustentado, com mais perda de massa e mais retração até que a linha de ancoragem encontre um novo ponto de equilíbrio numa zona de leito mais raso, que se inclina em direção ao oceano.

Esse colapso autossustentado é chamado pelos cientistas de Misi, sigla em inglês para "instabilidade do manto de gelo marítimo". A hipótese foi proposta nos anos 1970 pelos americanos Johannes Weertman e John Mercer, com base em pura física teórica. Mas só pôde ser posta à prova depois que os cientistas passaram a contar com imagens de satélite e radares para analisar tanto o balanço de massa quanto a topografia submarina.

O estudo de Eric Rignot sobre a ilha Pine em 1998 pôs o debate sobre a instabilidade do manto de gelo da Antártida Ocidental na ordem do dia. O francês sugeriu que o colapso poderia estar em curso devido à presença de água relativamente quente do mar corroendo a geleira da ilha Pine por baixo e empurrando a linha de ancoragem para trás. Todas as geleiras gigantes que desembocam no mar de Amundsen (além da Pine, as geleiras Smith, Thwaites e Haynes) parecem estar sofrendo o mesmo ataque.

Somente a geleira da ilha Pine drena 20% do manto de gelo ocidental, ou seja, seu colapso equivaleria a 2% da água doce do planeta lançada sobre o oceano. Se toda a porção marinha sujeita a colapso do manto descongelasse, o mar subiria 3,3 metros no mundo todo, segundo o IPCC. A cifra é um pouco mais otimista do que os cinco metros calculados inicialmente por Mercer, mas, mesmo assim, seria um drama para a humanidade se isso acontecesse ainda durante o século XXI, já que o prazo para adaptação é curto.

Adaptar-se a uma elevação de 3,3 metros no oceano (e veja que estamos falando só de Antártida; não se esqueça de que a Groenlândia também está derretendo e seu manto contém outros cinco metros de nível do mar equivalente; além disso, lembre-se de que o mar continua subindo por expansão térmica e que as geleiras continentais, como as dos Alpes, dos Andes e do Canadá, seguem derretendo) exigiria deslocar toda a população das nações das ilhas do Pacífico e abandonar ou transformar radicalmente as partes baixas de metrópoles como Rio, Nova York, Recife, Santos, Bangcoc e Shanghai. "Somente no Brasil, 25% da população habita o litoral, e 18% está em regiões metropolitanas, que, devido à densidade da ocupação, são de cara mais vulneráveis à elevação do nível do mar", afirma Márcia Oliveira, coordenadora de gerenciamento costeiro do Ministério do Meio Ambiente.

A causa do degelo é um fenômeno que Terry Hughes não previu em 1981, mas do qual já havia indicações desde os anos 1970: a injeção maciça da chamada água profunda circumpolar na bacia da ilha Pine. Essa água deriva de correntes submarinas que migram do Atlântico Norte e se misturam com outras massas de água no caminho para o oceano Austral, mergulhando por baixo da Corrente Circumpolar Antártica, a profundidades de trezentos metros a setecentos metros. Essas águas importadas do resto do planeta são naturalmente mais quentes do que a água superficial antártica, que está um pouco acima do ponto de congelamento. Elas também sofrem o efeito do aquecimento em latitudes mais baixas e "teletransportam" essa energia adicional para a fria Antártida.

"À medida que o aquecimento global vai acontecendo, a maior parte desse aquecimento vai para o oceano, de início para as camadas superficiais, depois, mais lentamente, por revolvimento e mistura, para as camadas mais profundas", afirma o oceanógrafo Stanley Jacobs, do Observatório Lamont-Doherty, da Universidade Columbia, nos Estados Unidos. Um dos mais respeitados oceanógrafos antárticos — ele tem uma península no mar de Ross batizada com seu nome —, Jacobs calculou em 0,2 grau o aquecimento total da água circumpolar de fundo que atinge a região da ilha Pine. Parece pouco, e é. Mas o efeito desse pequeno desequilíbrio no oceano aparentemente é capaz de causar uma resposta grande do gelo antártico.

Além de haver água mais quente, existe também mais água chegando à base das geleiras. E a culpa, aqui, aparentemente é dos ventos mais fortes em volta da Antártida, por sua vez reforçados pelo buraco na camada de ozônio. Segundo Jacobs, ventos mais fortes empurram a água de superfície, mais fria, para o norte, para longe da costa da Antártida. Para compensar a perda dessa água fria, a água circumpolar de fundo, mais quente, acaba subindo à superfície no litoral — justamente onde estão as geleiras. A combinação de água mais quente e de mais água quente está derretendo a Antártida. No entanto, os cientistas advertem que o mecanismo ainda é em grande parte misterioso: "Mais água circumpolar profunda pode estar chegando à bacia da ilha Pine nas últimas décadas, mas o registro lá é curto e muito variável, e os mecanismos que governam seu acesso à plataforma continental ainda não são plenamente conhecidos", acautela-se o pesquisador americano. Pode ser, inclusive, que esse aquecimento seja causado por alguma oscilação climática natural com décadas de duração, até agora desconhecida, que pode igualmente desaparecer em alguns anos, voltando a resfriar as águas profundas do oceano Austral.

É uma hipótese na qual Jacobs não apostaria seu cachorro. "Variabilidade e mudanças a intervalos mais curtos poderiam também ser induzidas por eventos naturais e não naturais, como vulcanismo ou uma guerra nuclear", diz. "Tirando esses acontecimentos, a projeção é que o aquecimento seja a perspectiva mais provável para o oceano nos próximos séculos, mesmo assumindo esforços razoáveis para controlar emissões de gases de efeito estufa. Para os mantos de gelo antárticos, a questão volta a ser quão eficientemente esse calor será transportado para a plataforma continental e para as linhas de encalhe das plataformas de gelo."

Nas plataformas de Ross e Filchner-Ronne, por enquanto, a penetração de água profunda mais quente tem sido inibida pelo gelo marinho e pelo próprio ambiente de água fria ao redor, assegurado pela dimensão das barreiras glaciais — ou seja, a água é fria porque há muito gelo e há muito gelo porque a água é fria. Surpresas, porém, podem acontecer, já que ninguém conhece direito ainda o comportamento das geleiras que alimentam essas plataformas.

Parte dessa lacuna está sendo atacada pelo chileno Ricardo Jaña, do Inach (Instituto Antártico Chileno), e pelo brasileiro Jorge Arigony, da Furg (Universidade Federal do Rio Grande). Desde 2011 eles monitoram o comportamento da geleira Union, um rio glacial relativamente pequeno (sua bacia de drenagem tem "apenas" a área de uma São Paulo e meia) que desemboca na plataforma Filchner-Ronne e que pode ser facilmente atingido a partir de uma base chilena recém-construída em sua vizinhança. Arigony explica que a região é tão desconhecida que parte do trabalho consiste em simplesmente cartografá-la. Também começaram a comparar imagens de satélite adquiridas ao longo do trabalho para estimar a velocidade de escoamento. "Queremos saber qual é a linha de base para entender como ela vai reagir se acontecer algo com a plataforma Ronne", conta o glaciologista gaúcho. Do conhecimento da geleira Union será possível extrapolar o comportamento dos outros glaciares que desembocam ali.

No mar de Amundsen, porém, a instabilidade provavelmente já foi disparada, e a questão passa a ser se o colapso previsto por Terry Hughes e a elevação catastrófica do nível do mar em consequência dele serão coisa de décadas ou séculos.

Em seu quinto relatório, publicado entre 2013 e 2014, o IPCC reconheceu a fragilidade do Oeste Antártico. Previu que, no pior cenário de emissões, o nível do mar no século XXI terminaria o século com uma elevação de 52 centímetros a 98 centímetros no máximo. Devido às incertezas que rondam a Antártida, o painel acrescentou uma nota de cautela sobre a Misi: "Somente o colapso das porções marinhas do manto de gelo antártico, se iniciado, poderia fazer o nível médio do mar no mundo subir além do intervalo provável durante o século XXI" — mas que essa contribuição não passaria de "várias dezenas de centímetros" até 2100.

Como já aconteceu com o quarto relatório do IPCC, o dado foi contestado por alguns pesquisadores por ser possivelmente modesto demais e impreciso demais para embasar a tomada de decisão sobre adaptação. Isso porque os modelos computacionais usados pelo painel do clima ainda não conseguem reproduzir com fidelidade a elevação observada. O mar no mundo real ainda sobe mais depressa do que nos modelos do IPCC, mesmo quando o degelo dinâmico é incluído.

Existem dois tipos de modelo para avaliar a elevação dos oceanos: os chamados modelos de processo e os semiempíricos. Um modelo de processo olha cada um dos componentes que contribuem para o nível do mar — a expansão térmica, as geleiras continentais, os mantos de gelo da Antártida e da Groenlândia e a mudança no regime dos rios, que joga mais água doce no oceano — e estima como eles evoluirão no futuro, dadas as emissões projetadas. Os semiempíricos observam a variação de todo o clima, a velocidade de variação atual do nível do mar e projetam isso no futuro. De acordo com esses modelos, o nível do mar em 2100 poderá chegar a 1,5 metro ou 1,7 metro no cenário de emissões altas.

Muitos especialistas do IPCC torcem o nariz para os modelos semiempíricos, porque eles assumem que os fatores que levam à elevação atual do oceano não mudarão no futuro. Por outro lado, os modelos de processo, usados pelo IPCC, ainda são incapazes de reproduzir a elevação do nível do mar observada nas últimas décadas. Esse tipo de teste é crucial para validar um modelo e dar confiança em sua capacidade preditiva. Mas, no oceano real, o todo ainda é maior do que a soma das partes. Já os modelos semiempíricos conseguem reproduzir na mosca o comportamento do mar até os dias de hoje.

Segundo o pesquisador alemão Stefan Rahmstorf, que em 2007 foi o primeiro a alertar para a projeção excessivamente baixa de nível do mar do quarto relatório do painel do clima, o IPCC incorreu numa espécie de autocensura no quinto relatório ao excluir os modelos semiempíricos de suas projeções.[7] Essa tendência conservadora já foi observada em outros casos, como nas projeções de derretimento do gelo marinho do Ártico, e é atribuída pelos sociólogos da ciência à tentativa dos cientistas de evitar alarmismo. A pequena psicopatologia do painel do clima ganhou o apelido de "erro pelo lado do menor drama".

Depois da publicação do relatório do IPCC, o americano Ian Joughin acendeu a luz amarela na comunidade científica com um estudo que não foi publicado a tempo de entrar na avaliação, mas que apontava que, independentemente do que acontecesse com o clima da Terra de agora em diante, a geleira Thwaites, vizinha da da ilha Pine, já havia entrado no temido "modo Misi". Embora ele diga que esse colapso não muda muito as previsões mais pessimistas do IPCC para este século, a diferença entre menos de um metro de nível do mar e "algumas dezenas de centímetros" a mais importa para as cidades costeiras. "Boston viraria algo como Veneza", compara.

Joughin e seus colegas construíram um modelo de computador do comportamento da geleira, incluindo nele tudo o que se sabe sobre sua topografia, sobre suas taxas atuais de degelo e sobre o atrito existente entre as margens do glacier e o terreno em volta.

O modelo foi primeiro testado para simular a perda de gelo verificada em Thwaites entre 1992 e 1996. Quando os parâmetros conhecidos eram incluídos, o computador reproduzia de forma bastante fidedigna o derretimento passado. O modelo foi, em seguida, posto para rodar simulando o futuro, para saber até onde a geleira poderia ir caso o ritmo atual de perda fosse mantido.

Vários cenários de taxa de degelo foram incluídos na simulação. No mais otimista, a velocidade do glacier se mantinha constante com a retração, algo que se sabe que não acontece: a velocidade sempre aumenta quando a geleira retrai. Os cenários mais pessimistas, nos quais a velocidade de escoamento aumentava à medida que a geleira ia recuando, foram os que mais perto ficaram de simular a taxa observada no passado.

O estudo apontou que, no caso do glacier Thwaites, o que separa a humanidade da catástrofe climática são oitenta quilômetros. Essa é a distância que a geleira ainda precisa recuar para atingir um abismo de 1,2 mil metros de profundidade em seu leito e "perder o pé". Ao chegar a esse limiar, a elevação do nível do mar causada apenas por aquela geleira poderia ultrapassar um milímetro por ano (lembre-se de que hoje toda a Antártida responde por 0,27 milímetro por ano), e uma desintegração rápida ocorreria.[8]

"O resumo da ópera é que a geleira da ilha Pine e a Thwaites parecem estar fazendo a mesma coisa, e você não pode mexer nelas duas sem afetar todo o manto de gelo da Antártida Ocidental", diz Joughin. Isso significaria uma elevação de 3,3 metros no nível do mar no futuro só pelo degelo da Antártida Ocidental.

O estudo traz uma boa notícia e duas más. A boa é que nenhuma das simulações projeta que a barreira dos oitenta quilômetros será atingida tão logo. O cenário otimista, de baixo degelo, prevê o colapso de Thwaites em novecentos anos, tempo em tese suficiente para que a sociedade e alguns ecossistemas se adaptem à inevitável subida do nível do mar. O cenário pessimista diz que o desmoronamento levará duzentos anos para acontecer. É prazo suficiente, em tese, para uma desocupação planejada de zonas costeiras mundo afora, ao mesmo tempo que se cortam emissões para evitar o agravamento de outros impactos do clima.

A má notícia são duas. Primeiro, Joughin não inseriu em seu modelo nenhuma influência climática externa: ou seja, seus cálculos não levam em conta o aquecimento previsto da Terra nos próximos anos, nem o quanto ele pode esquentar a água profunda circumpolar, nem como ele pode influenciar os ventos que hoje empurram essa água para a costa da Antártida — apenas as "forçantes", ou fatores de instabilidade, que já estão em operação atualmente. A única concessão que o modelo fez ao agravamento do aquecimento global foi inserir nas simulações a esperada elevação na quantidade de neve que cai sobre a Antártida. Em tese, a precipitação adicional deveria contrabalançar o efeito do degelo.

Mas o grupo americano mostrou que ela simplesmente retarda em uma década o período de colapso da geleira.

A outra má notícia é que existe uma incerteza enorme no tempo de esfacelamento, em parte por limitações na maneira como os computadores simulam o degelo. Isso faz com que, nas palavras do americano David Archer, "geleiras de verdade sejam mais sensíveis ao clima do que os modelos computacionais de geleiras".

Isso fica evidente, segundo o pesquisador da Universidade de Chicago, quando se olha para o passado. No período Eemiano, há 125 mil ou 120 mil anos, quando parte do Oeste Antártico e parte da Groenlândia derreteram, o nível do mar no mundo subiu de cinco metros a dez metros. As temperaturas nos polos subiram bastante — algo em torno de oito graus acima da média atual na Groenlândia, por exemplo. Mas a temperatura média global naquele período não passou de dois graus acima da média pré-industrial, ou mais ou menos um grau acima das temperaturas atuais. A previsão do IPCC para 2100 é de um aquecimento superior a dois graus, possivelmente duas vezes maior do que isso, caso a humanidade não entre num regime brutal de corte de emissões de CO_2 e sequestro ativo de carbono ao longo da primeira metade do século XXI. Na verdade, aponta Archer, nossa trajetória atual de emissões nos deixa mais perto do aquecimento observado no Plioceno, há 3,3 milhões de anos, quando a média global era três graus mais alta do que na era pré-industrial. Naquele período geológico, o nível do mar era até vinte metros mais alto do que hoje. A regra, argumenta, parece ser de dez metros a vinte metros de elevação do nível do mar por grau Celsius a mais na temperatura média do planeta, com a amplificação polar fazendo o trabalho sujo de encontrar maneiras criativas e inesperadas de derreter gelo — como as poças d'água que levaram a plataforma Larsen B a se estilhaçar e cuja formação ninguém havia previsto.

O problema da modelagem de computador é que, em nome

da eficiência computacional, ela precisa simplificar excessivamente o comportamento de uma geleira para poder fazer simulações mil anos no futuro. Como resultado dessas simplificações, os mecanismos de estresse e escoamento observados hoje na Antártida não são bem reproduzidos: às vezes os computadores acabam por apontar ganho de massa na Antártida no século XXI, quando o que os cientistas estão observando em campo e nas imagens de satélite é uma perda. Para serem honestos, os autores do IPCC precisam relatar todos os resultados de modelagem no relatório, e isso causa um resultado aparentemente esquizofrênico: a Antártida causa uma redução do nível do mar numa ponta da projeção e um aumento na outra. Joughin usa três analogias para explicar essa limitação.

A primeira é um baralho. Imagine uma pilha de cartas sobre a qual você passa a mão, fazendo o baralho deslizar. É mais ou menos assim que os modelos computacionais mais antigos representam uma geleira: eles assumem que o gelo só se move deslizando sobre o leito e que o deslizamento é proporcional às forças que fazem o gelo se mover, a inclinação e a espessura.

Agora imagine um pedaço de chiclete que você gruda numa mesa e puxa. Ele é afetado mesmo longe do ponto em que está sendo puxado — esse é o estresse longitudinal. Agora, tente fazê-lo passar por uma fenda qualquer: ele vai grudar nas paredes dessa fenda. São os estresses laterais. Modelos que simulam esses dois estresses são os mais usados hoje para simular o fluxo de glaciares e tentar estimar o nível do mar.

Acontece que simulações realistas de fato usam um terceiro modelo, chamado Stokes completo, que o pesquisador americano compara a mascar um chiclete: "Você tem estresses de todos os lados". E aí entra o problema computacional, diz Joughin: nos modelos intermediários, uma simulação de mil anos do comportamento da geleira leva uma semana para rodar, enquanto no modelo Stokes completo ela levaria cem semanas, ou exigiria cem vezes mais capacidade de processamento dos supercomputadores usados em simulações de clima. "Sempre dá para fazer experimentações com um modelo mais simples, mas com menos precisão", conclui. Daí a enorme incerteza em relação ao tempo de colapso das geleiras do mar de Amundsen. E daí o IPCC não poder prever, mas tampouco descartar, um cenário de instabilidade de manto de gelo marítimo na Antártida Ocidental.

"Eu diria que há definitivamente motivo para preocupação, mas provavelmente não para pânico", afirma o glaciologista da Universidade de Washington em Seattle.

No entanto, Joughin não suaviza sobre sua conclusão principal: "O ponto importante é que o afinamento começou e, uma vez começado, ele não pode ser detido. É irreversível", sentencia. "E vamos começar a ver os efeitos dele em nosso tempo de vida."

Mesmo os resultados assustadores das pesquisas de Ian Joughin podem estar subestimados. Quem diz é James Hansen, um físico aposentado do Instituto Goddard de Estudos Espaciais, da Nasa, que em 1988 pôs o aquecimento global na agenda da opinião pública.

No verão daquele ano, temperaturas muito acima do normal nos Estados Unidos levaram o então senador Al Gore a convocar uma audiência pública sobre mudanças climáticas no Capitólio. Hansen e colegas haviam acabado de publicar um artigo científico com dados de modelagem no qual previam um aumento de dois a cinco graus na temperatura da Terra caso o nível de CO_2 no ar duplicasse em relação à era pré-industrial, e um aumento de meio grau a um grau em 2019 comparado a 1960. Hansen também dizia que estava 99% certo de que os seres humanos causariam mudanças perigosas no clima.

O depoimento foi parar na primeira página do *The New York Times*, e o cientista virou primeiro uma celebridade, depois um militante, depois um perseguido político: durante o governo conservador de George W. Bush (2001-8), Hansen afirmou ter sido vítima de uma tentativa de mordaça. Alguns de seus colegas climatologistas chamam-no de *doomsday scientist* (literalmente, "cientista do juízo final", ou alarmista). Mas Hansen, gostem dele ou não, tem publicado uma série de estudos seminais sobre o clima e o balanço de energia da Terra. Convém ouvi-lo.

Em 2015, ele propôs, juntamente com Eric Rignot, Valérie Masson-Delmotte e outros especialistas em degelo polar, que o planeta tem meios de produzir um colapso rápido da Antártida Ocidental ainda no século XXI, com uma elevação do nível do mar resultante de vários metros. Isso aconteceria com uma elevação de dois graus em relação à era pré-industrial, por meio de mecanismos complicados de retroalimentação que envolvem o oceano Austral e a interrupção da formação da água de fundo da Antártida por meio do aporte de água doce vinda do degelo, que impediria o afundamento da água salgada e densa que forma as correntes submarinas polares que alimentam os outros oceanos. A interrupção desse ciclo aumentaria a incidência de água circumpolar quente na base das geleiras. Hansen e seus colegas dizem ter simulado em computador esses mecanismos, que produziram em poucas décadas condições similares às vistas no Eemiano, há 125 mil anos, quando o mar subiu mais de cinco metros (possivelmente o dobro disso). A conclusão do grupo é que o limite de dois graus já é altamente perigoso e não deve ser aceito como padrão internacional de segurança climática.

Um estudo da OCDE (Organização para a Cooperação e o Desenvolvimento Econômico) estimou que, em 2005, 40 milhões de pessoas em 136 cidades portuárias já estavam expostas no mundo a eventos extremos decorrentes de ressacas e tempestades. Em

2070, esse número poderia saltar para 150 milhões, com prejuízos potenciais de 35 trilhões de dólares — 9% do PIB global projetado. O Brasil seria um dos quinze países mais vulneráveis, devido à população residente no litoral e aos problemas urbanísticos que já existem em regiões metropolitanas como Rio de Janeiro, Salvador e Recife. Dimensionar os impactos, porém, tem sido uma tarefa complicada. Não há muitos estudos sobre a vulnerabilidade da costa, em parte devido a um problema aparentemente prosaico: as bases de dados de batimetria, da Marinha, e de altimetria, do IBGE (Instituto Brasileiro de Geografia e Estatística), usam referenciais distintos. É como se eles enxergassem o planeta de formas diferentes. Como ambas as medidas são cruciais para determinar a elevação do oceano e as duas não são comparáveis entre si, todas as projeções para o litoral brasileiro têm um erro sistemático, que os cientistas não conseguem nem sequer quantificar.

Mesmo assim, os dados disponíveis possibilitam antever danos extensivos especialmente em ressacas, que têm ficado mais frequentes — o vento "empilha" a água e o efeito da maré alta se multiplica. Com um metro a mais de elevação, ondas de dois metros de altura viram ondas de quatro metros, e assim por diante.

Uma das poucas projeções detalhadas de impactos de uma subida do nível do mar no Brasil foi coordenada pelo engenheiro Wilson Cabral de Sousa Júnior, do Instituto Tecnológico de Aeronáutica. Ele e seus colegas tentaram estimar o que aconteceria nos municípios de Santos e do Rio de Janeiro e em vários portos brasileiros em meados do século caso o mar subisse nos níveis previstos pelo IPCC.

"Todos os portos terão problemas", resume Cabral. As complicações vão desde a redução do espaço que precisa ser deixado seco entre o cais e a máxima da maré, a chamada borda livre, até estragos por ondas às estruturas de proteção e assoreamento por alagamento de manguezais. O custo estimado de obras de adaptação é de 8 bilhões de reais — quase três vezes mais do que tudo o que o Programa de Aceleração do Crescimento previu para reformas dos portos brasileiros.

O grupo tentou mapear as zonas mais expostas de ambos os municípios e ordená-las por grau de vulnerabilidade. Eles concluíram que, em 2040, o mar pode subir de trinta centímetros a 38 centímetros nas duas cidades, ameaçando o sistema de transportes — o VLT do Rio de Janeiro, por exemplo, está todo numa zona de alta vulnerabilidade —, os hospitais e as estações de tratamento de água. Os efeitos do alagamento se fariam sentir até em lugares distantes do oceano, como a Linha Vermelha e a avenida Brasil, no Rio de Janeiro: "Com marés mais altas, os canais que cortam aquela região deixam de drenar, porque o mar passa a funcionar como uma barragem", afirma Vitor Zanetti, aluno de Cabral que desenvolveu o índice de vulnerabilidade.

Zanetti fez uma estimativa grosseira dos valores do patrimônio imobiliário em zonas de alta vulnerabilidade no município. No pior cenário do IPCC, o prejuízo potencial chega a 124 bilhões de reais em 2040, considerando apenas o preço médio do metro quadrado.

Em Santos, a situação é ainda mais dramática: 60% da área da cidade está a uma elevação média de cinco metros, em zonas de alta vulnerabilidade. O porto — o maior do país — e suas adjacências estão em zona de vulnerabilidade "muito alta". Devido aos riscos apontados pelo estudo, a prefeitura da cidade aceitou rever o código de obras que determina que geradores de eletricidade — em hospitais, inclusive — sejam instalados em porões e garagens subterrâneas.

O estudo não projetou o que aconteceria em 2100 com uma elevação de um metro em Santos. Zanetti se limitou a dar uma risada nervosa. "Santos é um problema muito sério", diz. "É como uma banheira: se uma região inunda, as outras inundam junto."

* * *

E tudo isso, claro, se a Antártida Oriental também não começar a dar dor de cabeça. Os sinais que vêm dessa região, que concentra a maior parte do gelo da Terra — e, por tabela, do potencial de elevação do nível do mar —, são ainda preliminares enquanto escrevo, mas inquietantes.

Apesar de ser enorme, de ter a maior parte do seu gelo acima do nível do mar e de ter provavelmente resfriado nas últimas décadas, o Leste Antártico tem seu próprio calcanhar de aquiles, como mencionado antes. Trata-se de uma vasta região, a leste do mar de Ross, na qual o litoral se aproxima do Círculo Polar Antártico, e chega mesmo a ultrapassá-lo. Em 2013, cientistas liderados pelo britânico Chris Stokes, da Universidade de Durham (sem relação com o modelo Stokes), identificaram esse ponto fraco ao analisar mais de trezentas imagens de satélite do litoral antártico de 1963 a 2012 e mapear a posição de 175 geleiras.[9] O grupo descobriu que, em 5,8 mil quilômetros de costa, as geleiras respondiam muito rapidamente a variações de temperatura — a maioria delas avançou da década de 1970 para cá, com o resfriamento de alguns setores. No entanto, na região mais ao norte, o chamado setor do Pacífico Sul, que toca o Círculo Polar, há um padrão consistente de recuo. Não só isso: também foram identificadas poças de degelo superficial, como as que ocorrem na Groenlândia e as que provocaram a explosão da plataforma Larsen B. O achado foi uma surpresa, já que esse padrão de degelo não foi visto no Oeste Antártico, bem mais sensível.

"Se você olhar um atlas, verá que a Antártida Ocidental está em sua maior parte abaixo dos 75 graus de latitude sul, mas partes do manto oriental se estendem muito mais ao norte. Surpreendentemente, ninguém relatou esse degelo antes, mas ele deveria ser esperado, uma vez que partes da margem ficam bem acima de zero grau no verão", afirma Stokes. Mais ainda: esse setor quente, conhecido como Terra de Wilkes, está sujeito às mesmas influências oceânicas que o Oeste Antártico, e a água mais quente ali também tem atacado as plataformas de gelo. E ainda mais: boa parte dele também está assentada abaixo do nível do mar. Como é muito difícil obter dados oceanográficos na região, só recentemente os cientistas começaram a olhar para ela.

Stokes diz que ainda não é possível estimar o tamanho da perda de gelo ou a contribuição para o nível do mar, mas que as geleiras estudadas drenam cerca de 25% a 30% do manto — até três vezes mais do que toda a água contida no Oeste Antártico. "O ponto importante é que as geleiras respondem rapidamente ao clima: quando esquenta, elas retraem, e quando esfria, elas avançam. Isso é importante porque o paradigma tem sido que nós não precisamos nos preocupar com a Antártida Oriental, porque é frio demais."

O trabalho de Stokes e outros que começaram a ser feitos sobre a região também levanta uma questão preocupante: o que acontecerá quando o buraco na camada de ozônio fechar, algo previsto para ocorrer por volta de 2050? Como visto, a falta de ozônio tem reforçado o vórtice polar, "engarrafando" o frio sobre o Leste Antártico. Isso mascara o efeito do aquecimento global sobre a maior parte da Antártida, e possivelmente é uma das razões para o avanço das geleiras. "À medida que o ozônio se recupere e as emissões de gases-estufa subam, provavelmente essa região vai esquentar", diz o britânico. Ele faz questão de ressaltar que não vê nenhuma ameaça iminente. Mas, com 65% da água doce do mundo congelada ali, não parece uma boa ideia manter o aquecedor ligado.

12. Tempestade perfeita

Tutto è connesso
Papa Francisco, encíclica *Laudato Si'*

Antônio Carlos Cassol nunca viu uma seca como aquela em seus 49 anos de vida. Produtor de soja e trigo no município de Jiruá, a 480 quilômetros a noroeste de Porto Alegre, o gaúcho sabe que o clima da região das Missões tem lá seus caprichos. Às vezes os invernos são frios demais, às vezes são quentes demais, e às vezes a chuva que vem em fevereiro para garantir o sucesso da safra de verão atrasa. Às vezes ela atrasa muito — e causa prejuízos. Foi assim em 1989, 1990, 1991 e 1999. "Estiagens são normais, duram de trinta a quarenta dias", diz Cassol. Faz parte dos riscos da profissão.

Mas o ano de 2004 quebrou todos os recordes e quebrou também a agricultura dos municípios do Noroeste gaúcho. A chuva prevista para fevereiro só chegou em meados de abril. Na propriedade da família Cassol, de 1,1 mil hectares de área cultivada, o rendimento da soja naquele ano caiu de 50 mil sacas para 15 mil. E quando os produtores acharam que já estava ruim o bastante, veio uma nova estiagem em 2005. Com pouca umidade no solo, por efeito da seca anterior, a lavoura não resistiu. Naquele verão, a fazenda dos Cassol produziu apenas 10 mil sacas — um quinto do que costuma colher todos os anos.

A quebra da safra de soja foi generalizada e arrasou os produtores. Todos eles haviam investido em maquinário e preparação de solos. Havia, além disso, um otimismo com a expectativa de um El Niño em 2005. Quando esse fenômeno ocorre, geralmente o Rio Grande do Sul fica mais chuvoso. A expectativa se traduziu em empréstimos que agora os fazendeiros não poderiam pagar. "Os agricultores ficaram devendo uma safra e meia", estima Cassol. Isso teve um efeito cascata sobre toda a economia da região. No comércio, conta, muitas empresas fecharam porque ficaram com dívidas. Cerealistas venderam para agricultores e receberam de volta apenas 15% do valor dos produtos. "Foi uma corrente que começou no produtor e terminou na indústria."

O fazendeiro calcula o próprio prejuízo em 1 milhão a 1,5 milhão de reais em valores de hoje. E diz que deu sorte de possuir 2,5 mil cabeças de gado das quais pôde se desfazer para quitar os débitos. "Tenho amigos que ainda pagavam a dívida da seca de 2004-5 dez anos depois."

Um relatório de 2009 do Ministério da Agricultura estima em quase 80% a quebra da safra de soja, 60% a de milho e 30% a de trigo em 2004-5 em comparação com o biênio 2002-3 no Rio Grande do Sul.[1] O prejuízo total causado por secas no estado entre 1999-2000 e 2008-9 foi estimado em 19,4 bilhões de reais em sete estiagens fortes no período. Em 2005, a perda da agricultura foi tão grande que o PIB do estado fechou no negativo — os gaúchos amargaram uma recessão.

A provável causa do problema de Antônio Carlos Cassol e de

milhares de outros produtores está bem longe do pampa. As secas de 2004 e 2005 podem ter se originado de uma anomalia nos ventos que trazem as frentes frias ao Sul do Brasil. Esses ventos vêm da Antártida e, por uma série de interações complexas, têm se alterado devido às mudanças ambientais no continente nas últimas décadas. Isso, por sua vez, tem causado no clima do sul da América do Sul um efeito que, aparentemente, foge da definição intuitiva de "aquecimento global": alguns invernos estão mais frios, alguns outonos estão mais quentes e algumas secas estão mais secas. Embora, na média, o Sul do país tenha tido um aquecimento razoável desde a década de 1960 — de 0,6 grau a 0,7 grau, contra 0,85 grau da média global em mais de um século —, o clima ali está mais variável, com mais extremos de calor e frio.

Os agricultores, claro, odeiam variabilidade. Seu pão depende da constância das estações e da sucessão previsível de secas e chuvas. Essa previsibilidade anda faltando tanto aos gaúchos que, segundo o produtor de Jiruá, variedades de soja de ciclo longo, que tradicionalmente eram plantadas na região das Missões, têm caído em desuso. Os produtores andam preferindo as sementes que levam menos tempo para crescer e dependem menos de uma longa estação chuvosa, ainda que seu rendimento seja menor.

A ligação entre alterações climáticas na Antártida e o clima no Sul do Brasil é um quadro que só recentemente começou a ser entendido pelos cientistas. Primeiro, porque se trata de um efeito que ocorre a longas distâncias, o que os cientistas chamam de "teleconexão" — uma ligação quase telepática entre eventos locais na Antártida e em Jiruá, a mais de 3 mil quilômetros de distância. Segundo, porque enxergar um padrão no clima cada vez mais imprevisível do Sul do Brasil já é, por si só, uma tarefa complexa, e atribuir ao polo a causa dessa imprevisibilidade é uma ousadia acadêmica.

Descobrir as provas desse crime e outras conexões entre o

clima da Antártida e o do Brasil tem sido a tarefa de um grupo cada vez maior de pesquisadores espalhados sobretudo por Rio Grande do Sul, São Paulo e Rio de Janeiro. Eles trabalham sob a coordenação do gaúcho Jefferson Cardia Simões, o primeiro glaciologista brasileiro — e possivelmente o primeiro glaciologista no mundo a ter entrado na profissão sem nunca ter visto um floco de neve sequer.

Simões me busca no hotel numa manhã escaldante de setembro em Porto Alegre e me leva até a sede do Centro Polar e Climático da Universidade Federal do Rio Grande do Sul. O centro ocupa um conjunto de salas recém-reformadas do departamento de geografia da universidade. A decoração do local contrasta com o ambiente subtropical de árvores, flores e insetos do exterior do prédio. Logo na entrada, o visitante é saudado por um pinguim imperador inflável sobre um armário de metal. Num canto há um manequim vestido com roupas polares, quase uma piada de mau gosto para quem instantes atrás encarava o calor de trinta graus do começo da primavera gaúcha. As paredes são adornadas com fotos de expedições do grupo e réplicas de pinturas europeias da época da Pequena Idade do Gelo, período em que os vikings abandonaram a Groenlândia e durante o qual o rio Tâmisa congelava no inverno — segundo Simões, uma lembrança de que o clima na Terra está sempre mudando.

Uma parede inteira é ocupada por um adorno especial: um mapa da Antártida em escala de um para 3 milhões, com marcas numeradas nos locais visitados pelo grupo de cientistas e hachuras feitas com pincel atômico vermelho sobre os locais onde há perda acentuada de gelo. A península Antártica está quase toda hachurada, uma visualização chocante da profecia de John Mercer sobre a região.

Jefferson Simões é um homem alto, calvo, bem articulado e sem muita propensão para a modéstia. Orgulha-se do próprio pioneirismo e de fazer "pesquisa de ponta" e "de interesse para a sociedade" dentro do Programa Antártico Brasileiro, cuja tradição científica tem sido, em geral, modesta. Organizou e obteve financiamento para o INCT (Instituto Nacional de Ciência e Tecnologia) da Criosfera, ligado ao Ministério da Ciência, Tecnologia e Inovação, que reúne quase uma centena de doutores de vinte instituições.

Foi o grande responsável pelo avanço da pesquisa brasileira para dentro do continente antártico: em 2008-9, durante o Ano Polar Internacional, liderou a primeira expedição brasileira para o manto de gelo da Antártida Ocidental, viagem que seria a ponta de lança para a instalação, nos anos seguintes, do módulo automatizado Criosfera I, que coleta dados climáticos e que tinha um "irmão" sendo montado, o Criosfera II. Segundo ele, operar dentro do continente usando logística privada é o próximo passo lógico da ciência polar brasileira. E é fundamental que isso aconteça, porque, como gosta de dizer, tentar entender a Antártida a partir da ilha Rei George "é como tentar entender a América do Sul a partir de Fernando de Noronha".

Apesar de fazer questão de dizer que é "filho do Proantar", ao qual se juntou em seus primórdios, na década de 1980, Simões não economiza nas críticas ao programa. Segundo ele, a pesquisa antártica brasileira ainda é muito descritiva e pouco explicativa; é excessivamente presa à região das Shetlands do Sul, em grande parte por limitações logísticas da Marinha, e ao que ele chama de "mitos das décadas de 1950 e 1960" sobre os riscos de operar no "ambiente agressivo" polar.

"Um mito velho que temos de derrubar é o de que o cientista antártico brasileiro, só por estar na Antártida, já está fazendo algo diferente", diz. "Se você vai a um lugar sem equipamento adequado, sem conhecimento do ambiente e sem remuneração adequada, pode realmente dizer que é coisa de abnegados e sacrificados cientistas. Mas isso implica a seguinte palavra: a-ma-do-ris-mo!", exclama, separando as sílabas e gesticulando. "Depois de trinta anos, o cientista antártico brasileiro tem de entender que é um profissional, que precisa de estrutura e de metas definidas, e que está lá para executar um trabalho, não para alimentar fantasias."

Seu estilo, seu bom trânsito com a mídia e sua falta de papas na língua lhe renderam desafetos no programa, civis e militares. Ele não liga: "Meu interesse não é num pedacinho de gelo na Antártida, é no papel da Antártida no meio ambiente e na sociedade. O cientista não pode se isolar e dizer que vai fazer ciência pela ciência, que é uma visão do século XIX na qual alguns colegas persistem".

Quando visitei o centro, Simões dividia seu tempo entre planejar a próxima expedição ao polo e desbravar outro "ambiente agressivo": o da burocracia acadêmica. A licitação para construir o prédio que sediaria o INCT havia sido cancelada porque a verba carimbada para o instituto não podia ser usada em obras, e a UFRGS demorara demais para autorizar o uso de outro recurso do governo federal, que acabou se perdendo. Os equipamentos da rede tiveram de ser espalhados por contêineres metálicos cedidos pela reitoria. Numa visão de pura dissonância cognitiva, motos de neve e trenós aguardavam dentro dos caixotes brancos de ferro, assando sob o calor de Porto Alegre, até o momento de ser despachados de novo para seu elemento. Diante da falta de uma câmara fria, testemunhos de gelo da expedição de 2009 precisavam ser mantidos com carcaças de boi num frigorífico comercial. A maioria deles, porém, era guardada bem longe de Porto Alegre, no laboratório de glaciologia da Universidade do Maine, nos Estados Unidos, com o qual o grupo de Simões mantém colaboração. Frascos trazidos dos Estados Unidos com água para outras análises, mantidos em freezers num porão do departamento, precisavam ser vigiados constantemente — às vezes faltava energia e era preciso transferir as amostras às pressas para outro laboratório, a fim de evitar o esquenta-esfria que favorece a propagação de fungos que tornam a amostra imprestável. E o chefe do laboratório ainda precisava encarar o que ele chama de "crime de lesa-pátria": a aplicação da Lei de Licitações para a compra de equipamentos científicos.

Um dos casos é emblemático: durante um pedido para compra de roupas polares, Simões recebeu uma carta malcriada do despachante da universidade. Ele perguntava por que havia a necessidade de importar meias especiais — já que, raciocinou, meias eram algo que se comprava em qualquer esquina. "Escaneei uma foto de um pé com *frostbite*, todo preto, e mandei para ele, sem dizer mais nada: por isso."

O glaciologista chegou ao Proantar em 1982, num golpe de sorte. Recém-formado em geologia, tentava um emprego na Petrobras ou no quadro complementar da Marinha, mas o país começava a viver a crise da dívida externa, que paralisou investimentos em petróleo e mineração; pouca gente estava contratando geólogos. Foi então que saiu o primeiro edital do recém-constituído Programa Antártico Brasileiro.

O Brasil havia aderido ao Tratado da Antártida em 1975, mas, para ascender à categoria de membro pleno, com direito a voz sobre o futuro do continente, precisaria desenvolver um programa científico. No verão de 1982 foi feita a primeira Operação Antártica, com dois navios: o navio polar *Barão de Teffé*, recém-adquirido pela Marinha, que navegou até a costa da Princesa Martha, no Leste Antártico (perto da região onde Thaddeus Bellingshausen avistou o continente pela primeira vez), e o pequeno e frágil *Professor Wladimir Besnard*, da Universidade de São Paulo. Diante da carência de pesquisadores polares, o Proantar abriu uma chamada para pós-graduação. "Vão precisar de um glaciólogo", raciocinou Simões. Em 1983, foram concedidas vinte bolsas do CNPq para os primeiros especialistas em Antártida, e Simões estava entre eles.

O jovem acabou aceito no Instituto Polar Scott, em Cambridge, Reino Unido. Foi só depois que se mudou para a Europa, numa viagem aos Alpes, que o homem que seria o primeiro especialista em gelo no Brasil viu neve pela primeira vez. O mestrado acabaria evoluindo para um doutorado sobre mudanças ambientais gravadas em testemunhos de gelo em Svalbard, no Ártico.

De volta ao Brasil, já no início do governo Collor, o cientista se estabeleceu em Porto Alegre e finalmente pôde conhecer a Antártida. Foram mais de vinte expedições desde então, inclusive uma travessia até o polo Sul num comboio chileno. O trabalho com análise de testemunhos de gelo, porém, precisaria esperar 22 anos até começar a ser feito por seu grupo. Sem recursos para montar um laboratório de química glacial, Simões e seus alunos recorreram a imagens de satélite para estudar como a ilha Rei George e o restante das Shetlands do Sul vinham respondendo ao aumento da temperatura média na península Antártica. "Na península, o sinal está claro: tu vê as geleiras recuando, tem eventos de chuva mais frequentes. O gelo marinho não congela com a mesma frequência, algumas espécies mudam de lugar, tu começa a observar derretimento de neve na superfície a 1,2 mil metros de altitude, e isso é uma coisa que não existe no testemunho de gelo. São coisas que tu sente", conta, em bom gauchês. "Mas tu vai para o interior da Antártida e não tem nada passando. Está estável."

Simões e seus colegas chegaram ao continente gelado convencidos de duas coisas: primeiro, de que a Antártida rege o clima do Brasil e é tão importante quanto a Amazônia para explicar como varia a meteorologia por aqui. Segundo, de que essa é uma via de mão dupla: o que se faz na América do Sul se paga também na região polar. Suspeitava-se da intimidade dessa relação havia muito — a importância das massas de ar da região antártica para a agricultura do Brasil foi uma das justificativas para a adesão ao Tratado da Antártida e o estabelecimento do Proantar, para começo de conversa. Mas alguns segredos de alcova entre os dois continentes só começaram a ser revelados nos últimos anos.

O isolamento climático da Antártida é apenas relativo. O continente troca energia com o resto do planeta tanto pela circulação atmosférica quanto pela oceânica. A radiação solar que atinge a zona equatorial em cheio esquenta a superfície e faz o ar subir por convecção e se deslocar na direção dos polos, impulsionado pelo efeito da rotação da Terra e pelo gradiente de temperatura entre o equador e os polos. Isso põe em marcha o motor do clima global — e ainda bem que é assim: em períodos sem gelo na história da Terra, com o enfraquecimento desse mecanismo de convecção conhecido como circulação de Hadley, as temperaturas médias eram até quinze graus mais altas na região tropical. Graças ao imenso radiador que é a Antártida, o hemisfério Sul é em média mais frio do que o hemisfério Norte.

O oceano Austral também ajuda a desempenhar esse papel, já que é ali que se conecta toda a circulação oceânica do planeta. Ele recebe a água quente originada no Atlântico Norte, parte do mecanismo da esteira global de circulação. E também é responsável por equilibrar a temperatura dos oceanos ao mandar para o Atlântico, o Pacífico e o Índico correntes submarinas geladas, a chamada água antártica de fundo. Ela se produz de dois jeitos: o primeiro é pela formação do gelo marinho no inverno. A maior parte do sal da água do mar é expulsa durante o congelamento, formando uma salmoura densa que afunda e é "exportada" pelo fundo do mar para o resto do planeta. Os cientistas acreditam que essas águas de fundo ajudem a controlar a variabilidade do clima na Terra na escala de décadas. Ramificações da Corrente Circumpolar Antártica também trafegam pela superfície do oceano, penetrando na costa do Pacífico sul-americano e no Atlântico africano. Sua água gelada evapora pouco, impedindo o ar de ficar úmido e criando os desertos e zonas áridas no Atacama e no Kalahari.

O oceano Austral ajuda a controlar o ciclo de carbono. Devido à ressurgência, ou seja, à subida para a superfície de águas carregadas de nutrientes vindas dos trópicos, ali a proliferação de plâncton é altíssima, sequestrando carbono por fotossíntese e produzindo oxigênio. Ao morrerem, esses microrganismos são depositados no fundo do mar. O mar antártico também armazena grandes quantidades de CO_2 simplesmente por ser mais frio — lembre-se do experimento mental da garrafa de refrigerante quente. Acredita-se que ele tenha desempenhado um papel crucial nos aumentos radicais de temperatura da Terra vistos nos períodos interglaciais, ao esquentar e liberar para a atmosfera esse CO_2 dissolvido na água.

A Antártida também controla a meteorologia regional e nosso cotidiano, não apenas nas escalas globais e de longo prazo. Se você mora no Sudeste ou no Sul do Brasil, por exemplo, deve agradecer ao continente austral pelas chuvas. A precipitação nessas regiões é em parte controlada pelo ar frio que vem principalmente da região antártica e se encontra com a umidade da Amazônia e do Atlântico Sul tropical, organizando um cinturão sazonal de chuvas no Centro-Sul do Brasil.

O transporte de ar polar para as regiões subtropical e tropical é feito por imensos ciclones extratropicais, tempestades formadas, de preferência, em torno da Antártida. Girando no sentido horário, esses sistemas exportam ar frio para as latitudes menores, em seu flanco oeste, e importam ar quente para a região polar em seu flanco leste. As frentes frias que se sucedem com frequência semanal no inverno brasileiro — e às vezes sobem até a Amazônia, causando o fenômeno da friagem e derrubando as temperaturas no Acre para vinte graus (acredite, no Acre isso é frio) — se originam no mar de Bellingshausen e no sudoeste do Pacífico. "É errado falar em massas de ar polar, porque elas se formam no oceano Austral", precisa Jefferson Simões.

Esses padrões de circulação de sul para norte e de norte para sul são regidos por um negócio difícil de entender e mais difícil ainda de explicar chamado modo anular do hemisfério Sul, conhecido pela sigla em inglês SAM (de Southern Annular Mode). O SAM é uma entidade invisível que define a posição do cinturão de ventos que sopram de oeste para leste no oceano Austral, em resposta à diferença de pressão atmosférica entre o subtrópico e a região antártica, e que molda o tipo e o tamanho dos ciclones extratropicais que ligam o ar antártico com o ar tropical. Em climatologuês, chama-se isso de "modo de variabilidade". Mas também dá para pensar nele como um escorregador gigante.

No equador, a superfície terrestre está sempre aquecida, portanto o ar esquenta e tende sempre a subir. A fronteira entre a troposfera, a camada inferior da atmosfera, e a estratosfera, a superior, está a cerca de dezesseis quilômetros de altura. No polo, o ar é permanentemente frio e tende a descer. O limite entre as duas camadas, ali, está em torno de seis quilômetros de altitude. Essa diferença faz com que a circulação atmosférica tenda sempre a descer a ladeira, escorregando na direção do polo. A corrente de jato do hemisfério Sul, o campo de ventos de oeste para leste que sopra em volta da Antártida e marca a fronteira entre o ar polar e o ar tropical tem sua intensidade e sua posição determinadas por esse gradiente de pressão, que é variável: quando a diferença de pressão é maior, diz-se que o SAM está mais positivo. A corrente de jato migra para mais perto da Antártida. Como num escorregador, maior inclinação significa maior velocidade: toda a circulação fica mais intensa. Quando é menor, o SAM fica negativo, e o campo de ventos se expande para mais perto das regiões Sul e Sudeste do Brasil. A circulação fica menos intensa. Devido à presença do oceano Austral e do continente na região polar, esse campo de ventos tem a forma de um anel em volta da Antártida — daí ele ser chamado de "modo anular".

Mudanças no SAM nas últimas décadas aparentemente têm alguma responsabilidade pelo prejuízo tomado por Antônio Carlos Cassol e centenas de outros produtores na seca gaúcha de 2005. Mas também parecem estar implicadas na rara nevasca que atingiu a região Sul em 2013 e cobriu até o Morro da Igreja, na região metropolitana de Florianópolis. De forma mais oblíqua, é possível que elas também tenham ligação com a estiagem de 2013 e 2014, que levou o Brasil a racionar energia e a cidade de São Paulo a racionar água.

Desvendar essa ligação foi um trabalho de detetive que tomou sete anos e parte da sanidade mental de um ex-aluno de Jefferson Simões, o geógrafo Francisco Eliseu Aquino, mais conhecido na comunidade científica brasileira por seu apelido: Chico Geleira.

A obsessão do gaúcho Aquino por padrões talvez venha de berço. Em sua família, até mesmo os batismos seguem uma norma rigorosa: os homens se chamam Francisco ou Fernando. A tradição do clã é que um Francisco batize seu primeiro filho como Fernando, que por sua vez dará ao próprio filho o nome de Francisco, e assim por diante. Aquino acabou fazendo as duas coisas: "ganhou" por casamento um Fernando, filho de uma união anterior de sua mulher. Mantendo a lógica familiar, deu o nome de Francisco ao filho nascido em 2012.

Francisco Aquino virou Chico Geleira na década de 1990, quando ele e Simões organizaram as primeiras expedições brasileiras ao alto da pequena capa glacial que cobre a ilha Rei George. A piada no Proantar, contada com certa reverência, era que o jovem cientista conseguia contar toda a história de uma geleira apenas mastigando um pedaço de gelo.

Seus primeiros estudos foram registros de mudanças ambientais na região: a retração das geleiras da península onde fica a estação Comandante Ferraz, o monitoramento por satélite da perda de gelo generalizada na ilha e a compilação de séries de temperatura, juntamente com um grupo de meteorologistas do Inpe. Nesse trabalho, que incluía o monitoramento meteorológico por imagens de satélite, ficou clara para ele a relação entre as massas de ar despachadas pelos ciclones extratropicais do mar de Bellingshausen para o Sul e o Sudeste. E uma pergunta lhe ocorreu: os cientistas estavam vendo in loco como mudanças globais afetam a Antártida. E estavam vendo como a circulação atmosférica da Antártida chega até o Brasil. Mas de que maneira as mudanças globais na Antártida afetam o Brasil? "Fiz a pergunta ao contrário", conta o pesquisador. "Se tudo afeta as regiões polares ou a periferia das regiões polares, isso deve mudar também o padrão de interação com a América do Sul, a Austrália e o sul da África."

Duas observações embasaram o raciocínio de Aquino: primeiro, a detecção de um padrão de circulação que até então não havia sido relatado pelos cientistas: de tempos em tempos, por razões que ainda não estão claras, os ciclones extratropicais mudavam de lugar e lançavam, sobre o Brasil, ar não do setor do Pacífico do oceano Austral, mas do mar de Weddell. Aquela região é bem mais fria do que o mar de Bellingshausen, por influência da plataforma gigante Filchner-Ronne e do gelo marinho permanente — lembre-se da perda do navio de Ernest Shackleton, exatamente ali. O ar soprado de Weddell derrubava as temperaturas médias no Sul do Brasil muito além do esperado, fazendo-as descer a até cinco graus negativos, e causava os episódios de queda de neve que fazem a alegria dos turistas nas serras catarinense e gaúcha.

O pesquisador também observou que, nesses mesmos anos nos quais o mar de Weddell dava o ar da graça na região Sul no inverno, o verão anterior era precedido de bloqueios atmosféricos: as frentes frias antárticas faltavam e os termômetros no Brasil disparavam. O calor ficava até três graus acima do esperado e as estiagens se prolongavam no Sul e no Sudeste. Os mesmos ciclones que trazem ar gelado do mar de Weddell para o Brasil levam na bagagem no caminho de volta ar quente da América do Sul para a península Antártica. Nos períodos em que a neve caía e o termômetro idem em Gramado e São Joaquim, a temperatura local na península Antártica subia também além do normal, até quatro graus a mais. Ou seja, o aquecimento da América do Sul tropical está se somando ao efeito da perda de ozônio e de "aprisionamento" do ar frio sobre o polo para esquentar a península Antártica e derreter as plataformas de gelo. Num sentido bem real, portanto, o rompimento da plataforma Larsen B foi também causado por ar quente da América do Sul.

Outro pesquisador associado ao INCT da Criosfera, Heitor Evangelista, da Uerj (Universidade do Estado do Rio de Janeiro), identificou no gelo da região dos montes Patriot, a cerca de mil quilômetros do polo Sul, sinais de queimadas ocorridas no Brasil central e na Amazônia. A fumaça foi transportada provavelmente nos flancos dos ciclones que trazem o ar frio e suas partículas foram depositadas no interior do continente.

Os cientistas já sabiam que a América do Sul era a maior fonte de material particulado para a Antártida, por uma questão de proximidade. Durante o período glacial, quando os desertos sul-americanos eram três ou quatro vezes mais extensos, os testemunhos de gelo registram picos na quantidade de poeira. "A ideia que a gente faz é que a Antártida exporta ar frio para a América do Sul, mas é um processo de mão dupla", afirma Evangelista.

O pesquisador perfurou o gelo para tentar descobrir se havia ali carbono negro, material da fuligem das queimadas, e se esse carbono poderia de alguma forma aumentar o degelo ao reduzir o albedo ("brancura") da superfície do manto antártico ocidental. Isso aparentemente está acontecendo no Ártico, onde a poluição

Travessuras do menino SAM
Como as mudanças no modo anular do hemisfério Sul podem afetar o clima no Brasil

1 A circulação do ar entre os trópicos e o polo funciona como um escorregador: o ar da região tropical sobe e circula até a Antártida, onde o frio o faz descer. Essa diferença de pressão rege a variabilidade natural do clima e é chamada de modo anular do hemisfério Sul (SAM).

2 No último século, com os trópicos mais quentes por causa do aquecimento global e o polo mais frio por causa da destruição da camada de ozônio, o escorregador atmosférico está cada vez mais inclinado, resultando no chamado "SAM positivo".

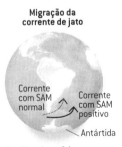

3 Um dos efeitos do SAM positivo é a mudança do padrão de vento ao redor da Antártida. A corrente de jato, ventos fortes e em altitude, fica mais forte e mais próxima da Antártida.

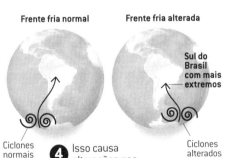

4 Isso causa alterações nas frentes frias que chegam à América do Sul vindas da Antártida, que regulam as chuvas. O resultado é um clima com mais extremos no Sul do Brasil.

por material particulado se soma ao CO_2 para aumentar a velocidade do degelo. Na Antártida, os traços de fuligem foram identificados juntamente com levoglucosano, um tipo de açúcar produzido pela combustão de matéria vegetal. Esse aporte confirma, por um lado, que o gelo antártico guarda um registro fiel do que acontece com a atmosfera na América do Sul e pode ser usado para entender a história climática do Brasil — até a redução do uso de chumbo na gasolina brasileira, principal fonte desse metal pesado no ar sul-americano, pôde ser percebida no gelo antártico. Por outro lado, e ainda bem, o efeito dessa fuligem sobre a redução do albedo da península Antártica é desprezível.

Em sua tese de doutorado, iniciada em 2005 e só concluída em 2012, Chico Geleira se propôs a investigar as anomalias de circulação entre Antártida e América do Sul no passado recente e tentar prognosticar o clima no futuro. Olhando para uma base de dados que cobria de 1961 até a primeira década do século XXI,[2] ele verificou que o tempo está ficando progressivamente mais imprevisível no Sul e no Sudeste do Brasil. "Essas anomalias mais intensas de Weddell ou os bloqueios de ar quente estão com tendência maior de acontecer e são responsáveis pela variabilidade aumentada no Sul do Brasil", conta. "Nas últimas décadas, a tendência é diminuir a precipitação de São Paulo para o Sul. Mas repare o nó: as chuvas estão ficando mais intensas."

Essa amplificação dos extremos no Brasil e os ciclones fora de rota coincidiam com uma intensificação da chamada "fase positiva" do SAM nas últimas décadas. Segundo Aquino e vários outros pesquisadores, isso tem alterado a posição da corrente de jato, o campo de ventos que existe permanentemente sobre o oceano Austral e que bota ordem na bagunça da formação dos ciclones extratropicais. Numa analogia muito grosseira, é como se a alta atmosfera na Antártida fosse uma rua na frente de uma boate concorrida num sábado à noite, cheia de carros passando e procurando um lugar para parar; a mudança na corrente de jato equivaleria à súbita abertura de uma vaga de estacionamento sobre a região de Weddell para a formação de tempestades ciclônicas.

Segundo Chico Geleira, dois atores estão por trás dessa intensificação, e ambos têm origem antrópica: o aquecimento progressivo da Terra e o buraco na camada de ozônio. Juntos, eles estão deixando mais acentuada a inclinação do escorregador atmosférico entre trópicos e polo.

Quanto mais a região tropical esquenta sob influência do aumento dos níveis de CO_2, mais o ar tenderá a subir: a maior temperatura aumenta a energia cinética das moléculas de um gás, causando sua expansão. O ar equatorial está ascendendo como nunca, devido aos gases que prendem a radiação infravermelha na atmosfera.

No interior da Antártida, a falta de ozônio está causando o efeito oposto: o ar está mais frio. Com isso, a coluna de ar acaba pesando mais sobre si mesma e a atmosfera despenca. O resultado é que o escorregador atmosférico entre a América do Sul e a Antártida fica ainda mais inclinado, com ventos mais fortes na periferia do continente austral.

Segundo Aquino, esse rearranjo da circulação nos anos de SAM muito positivo — o que tem sido a regra no período estudado — facilita tanto a formação quanto a entrada no Brasil dos ciclones gelados do mar de Weddell. Essas massas de ar não viajam sobre a Argentina, como as frentes frias "amenas" com ar da península Antártica (formado no mar de Bellingshausen), mas se deslocam sobre o Atlântico Sul para se abater diretamente sobre o Uruguai e o Rio Grande do Sul. "Esses ciclones puxam o ar de 85 graus de latitude sul e, em dois ou três dias, estão em cima do Rio Grande do Sul", afirma o pesquisador da UFRGS. Nas últimas quatro décadas, esse movimento tem ficado mais intenso, e os episódios de frio extremo, mais frequentes.

Ao mesmo tempo, e de forma paradoxal, o SAM positivo também deixa o tempo mais seco e mais quente no Sul e no Sudeste. Isso acontece por causa da célula de circulação de Hadley. O ar que escorrega entre o equador e o polo, também por convecção, tende a descer em latitudes intermediárias, criando uma zona de alta pressão. Sob efeito da rotação da Terra, nessa região o vento sopra predominantemente de oeste para leste — o contrário do sentido tomado no oceano Austral. Forma-se o chamado anticiclone tropical, que causa os ventos alísios que trazem umidade ao litoral do Brasil.

Quanto mais intensa essa zona de alta pressão sobre o trópico, maior é também a possibilidade de bloqueios atmosféricos que deixam o tempo estável — quente ensolarado — e inibem as chuvas. "A tendência é dificultar as chuvas e trazer ar mais quente do norte", diz Aquino. "Ou o ar mais frio é canalizado para outro lugar, ou as nuvens de chuva não conseguem crescer em cima dele." Foi essa a configuração observada no Rio Grande do Sul em 2004 e 2005, e foi isso também que se verificou no Sudeste do Brasil em 2013 e 2014, anos em que estiagens anormais no verão secaram os reservatórios e deixaram a cidade de São Paulo sem água e as usinas hidrelétricas sem energia.

Um outro elemento entra nessa equação para reforçá-la: o gelo marinho. Como foi dito, ninguém tem certeza da razão pela qual a Antártida tem batido recordes de formação de gelo marinho, mas a hipótese mais provável é a de que a falta de ozônio, ao aumentar os ventos no litoral, ajude a empurrar a banquisa mais para o norte, abrindo uma faixa de mar na costa. Esta congela imediatamente, aumentando a banquisa. Esse mecanismo é possivelmente reforçado pelos ventos mais intensos que despencam do interior do continente. Como o platô polar é muito alto, há uma tendência natural do ar frio a descer (literalmente, rolar manto de gelo abaixo) para a costa. São os chamados ventos catabáticos.

Com mais frio no polo causado pela ausência de ozônio, os catabáticos tendem a ficar mais fortes.

O aumento do gelo marinho amplia ainda mais a inclinação da ladeira atmosférica, deixando a região polar mais fria e com a corrente de jato mais próxima da Antártida. Ainda segundo Francisco Aquino, esse quadro pode ter atuado na estiagem recorde de 2014 no Sudeste. Naquele ano, um dos mais quentes da história, o gelo marinho antártico bateu o recorde de extensão.

A influência da banquisa antártica sobre o clima no Brasil tem virado objeto de estudo de vários climatologistas. Paulo Nobre, do Inpe (Instituto Nacional de Pesquisas Espaciais), incluiu a variação do gelo marinho austral no primeiro modelo climático computacional feito no Brasil, o BESM. Uma ex-aluna de Chico Geleira, Camila Carpenedo, da USP, mostrou que a variação no gelo marinho deslocava toda a circulação de Hadley para o sul ou para o norte, facilitando ou não as chuvas em várias regiões do país.

Além das consequências climatológicas de grande escala, que afetam a maior parte da população brasileira, a intensificação das fases positivas do SAM tem impactos mais sutis e igualmente surpreendentes também para a biodiversidade. Um grupo de pesquisadores liderado por Heitor Evangelista mostrou que a falta de ozônio na Antártida afeta até mesmo o crescimento dos recifes de coral no litoral da Bahia.[3]

Os cientistas extraíram testemunhos de corais (cilindros de material perfurados de forma análoga ao que é feito com sedimentos e testemunhos de gelo) na costa do Parque Nacional Marinho de Abrolhos para verificar a relação entre temperatura do mar e crescimento. Os corais perfurados vinham crescendo lentamente desde o século XIX. A cada ano ou dois, a colônia vai se multiplicando e acumulando aragonita, um mineral calcário que forma os exoesqueletos desses animais. Assim como troncos de árvore, os anéis de crescimento dos corais podem ser contados e medidos, e dão pistas preciosas sobre a variação do clima no passado.

As amostras de coral revelaram que, desde a década de 1970, as colônias de Abrolhos estão crescendo mais devagar. Isso se deve ao fato de as temperaturas da superfície do mar estarem em média um grau mais elevadas nesse período na região, o que está acima do ideal para os corais. O calor excessivo dificulta a deposição de aragonita, formada pelos bichos a partir de sais dissolvidos na água do mar.

Tal elevação, por sua vez, se deve a uma mudança no padrão dos ventos alísios: eles estão mais intensos por conta do aumento da pressão atmosférica, causado, por sua vez, pela inclinação maior da ladeira de circulação atmosférica equador-polo (veja acima). Os ventos mais fortes estão literalmente empilhando mais água quente da zona equatorial sobre latitudes mais altas nos trópicos, em áreas como a Bahia.

O fator ozônio/SAM constitui uma ameaça até então desconhecida aos recifes de coral, que são as áreas mais biodiversas da Terra. Os cientistas já sabiam que o aumento da temperatura do mar causado pela elevação da concentração de gases-estufa poderia afetar até 95% dos corais do planeta em 2050, mas ninguém imaginava a conexão com o buraco de ozônio antártico. As mudanças na circulação amplificadas por ele têm o potencial de acelerar, de maneiras que apenas começam a ser investigadas, a elevação da temperatura oceânica em vários bancos de coral importantes do hemisfério Sul, inclusive na Grande Barreira australiana, o maior conjunto de recifes do planeta.

Quando Evangelista e seus colegas computaram esse fator nos modelos de clima que preveem a redução na taxa de crescimento dos corais apenas considerando o efeito estufa, viram que a velocidade de crescimento dos corais caía 50% além do previsto.

No pior cenário de emissões de carbono, os corais de Abrolhos poderiam parar completamente de crescer em 2100. Isso teria consequências para a pesca no país, já que os recifes de coral são fundamentais para a manutenção dos estoques de peixe.

O efeito do ozônio antártico sobre os corais de Abrolhos é um exemplo de "teleconexão", ou seja, um evento climatológico originado a milhares de quilômetros de distância e causando impactos inesperados. A possibilidade de teleconexões reforçarem alguns dos efeitos do aquecimento global e piorarem ainda mais a situação da humanidade é uma preocupação constante dos cientistas e uma razão pela qual vários deles, como James Hansen, da Nasa, e Michael Mann, da Universidade da Pensilvânia, nos Estados Unidos, assumiram uma posição de militância contra as emissões de gases-estufa.

"Antigamente, se alguém perguntasse qual era a implicação climática do ozônio, os cientistas responderiam: 'nenhuma'", conta Heitor Evangelista. Em menos de duas décadas de pesquisas, o ozônio se mostrou um ator tão importante no clima que o grupo de Susan Solomon no MIT chegou a propor, em 2014, que os níveis desse gás sobre a Antártida na primavera poderiam ser usados para prever as secas do verão seguinte na Austrália.[4] A relação entre a redução do gelo no oceano Ártico, a neve na Sibéria e os invernos tenebrosos nos Estados Unidos também entra na conta dessas conexões. Um papel análogo do gelo marinho sobre a variação do tempo no hemisfério Sul começa a ser desvendado pela brasileira Camila Carpenedo.

Há casos, claro, em que fatores de bagunça no clima acabam atuando no sentido oposto — o de amenizar o aquecimento. Os cientistas chamam esses efeitos de "feedbacks negativos", e infelizmente eles não dominam as previsões para este século. Um exemplo, citado por Chico Geleira, é o SAM positivo forçando as correntes profundas a virem à tona na Antártida. Esse fenômeno, conhecido como ressurgência, traz nutrientes do fundo do mar para a superfície. Isso, por sua vez, estimula a proliferação de algas, que sequestram gás carbônico do ar. O potencial de sequestro de carbono por algas no oceano Austral é tão grande que, nas últimas décadas, alguns cientistas-barra-empresários têm proposto fertilizar as águas da Antártida com ferro (elemento determinante para nutrir o plâncton, mas que não existe com abundância na região). A ideia desperta controvérsias desde o final do século XX, já que ninguém tem certeza de que outras interações no ecossistema podem acontecer caso alguém resolva fertilizar o mar polar em larga escala com ferro.

O problema de estudar teleconexões, diz Evangelista, é que isso gera certa ansiedade na sociedade por resultados e respostas — e muitos deles só vêm depois de décadas de observações. "Existe certo pragmatismo nas pessoas com o qual é difícil lidar. O Proantar sofre muito esse tipo de cobrança da sociedade", afirma.

A "tempestade perfeita" do buraco na camada de ozônio e os gases-estufa reforçando um ao outro para bagunçar as colheitas dos gaúchos e ameaçar a pesca dos baianos em tese tem data para acabar: estima-se que por volta de 2050, graças ao Protocolo de Montreal, o ozônio antártico esteja praticamente recuperado. Seu efeito sobre o vórtice polar e as correntes de jato, portanto, tende a desaparecer.

O problema aí são dois: o primeiro é que o buraco no ozônio tem atuado até aqui de forma a mascarar os efeitos mais amplos do aquecimento global sobre a Antártida, como discutido nos capítulos anteriores. Com a camada de ozônio de volta à ativa, por assim dizer, parte do aquecimento que estava impedido de chegar ao interior do continente estará livre para fazê-lo.

Depois, segundo Francisco Aquino, nada garante que o escorregador atmosférico equador-polo vá ficar menos inclinado, já que a humanidade continua emitindo gases-estufa sem controle. "A emissão de gases-estufa vai cumprir o papel do ozônio faltante", afirma. "O pessoal tende a dizer: 'Como é que minha atividade, aqui, na minha casa, no meu pátio, vai mudar o clima na Antártida?'. As pessoas têm dificuldade de encarar isso. Mas já temos um exemplo de experimento atmosférico global, que foi o ozônio. Agora estamos fazendo outro experimento global, com os gases-estufa. Os modelos estão indicando que, mesmo que você resolva o ozônio, esse efeito do aquecimento global, os gases já emitidos e os que vão continuar sendo emitidos podem até intensificar isso."

Pior ainda: sem o efeito do ozônio, o aquecimento poderá também afetar o gelo marinho, que hoje está em expansão. "Em dez a vinte anos, o pessoal espera que o gelo marinho vá começar a retroceder. Aí você vai ter um feedback igual ao do Ártico. A gente induziu o caminho oposto."

O que quer que aconteça com a Antártida nas próximas décadas, terá como vítima colateral o Centro-Sul do Brasil.

13. A faina e a fagulha

> *Truth is after all a moving target*
> *Hairs to split, and pieces that don't fit*
> *How can anybody be enlightened?*
> *Truth is after all so poorly lit.*
>
> Neil Peart

Qual é o sentido de um país em desenvolvimento como o Brasil manter um programa de pesquisas na Antártida que consome milhões de reais por ano e que nunca estará ombro a ombro com os das grandes potências? Essa pergunta provavelmente ecoou na cabeça de muita gente no dia 25 de fevereiro de 2012.

Por volta de onze horas da manhã daquele sábado, eu estava na rua quando o celular tocou. Era Fran Jordão, chefe de reportagem da sucursal de Brasília da *Folha de S.Paulo*. "Teve um incêndio na base brasileira na Antártida", anunciou. "Venha pra cá."

Naquele momento ainda não tínhamos muita informação no Brasil sobre o ocorrido, exceto que havia vítimas fatais. A Marinha, responsável pela logística do Programa Antártico Brasileiro e pela EACF (Estação Antártica Comandante Ferraz), havia soltado uma nota confirmando as mortes de dois militares, mas sem muito mais detalhes do que aquilo. Resolvi telefonar para alguém que certamente teria mais a dizer: o então ministro da Ciência e Tecnologia, Marco Antônio Raupp. Afinal, o Proantar é ligado ao ministério, e havia dezenas de cientistas na estação na hora do incêndio, que já deveriam ter passado relatos aos colegas no Brasil. A Marinha, raciocinei, mesmo sem querer falar com a imprensa, também deveria ter repassado a informação às autoridades civis que dividiam com ela o programa. Em vez de ouvir notícias do ministro, porém, acabei lhe dando uma: Raupp, que na véspera completara apenas um mês empossado, não sabia de nada ainda. "Que incêndio?"

Ao longo do sábado, o quadro foi se completando, ainda sem declarações do comandante da Marinha: o fogo começara na noite de sexta-feira na chamada praça de máquinas, que abrigava os geradores de energia da estação. Dois militares, o primeiro-sargento Roberto Lopes dos Santos e o suboficial Carlos Alberto Vieira Figueiredo, haviam morrido na tentativa de combatê-lo. Um terceiro, o sargento Luciano Gomes Medeiros, ficara ferido e precisara ser removido com urgência para a base chilena Presidente Eduardo Frei para passar por atendimento médico, num resgate que depois se revelaria épico. As chamas haviam arrasado completamente os 2,6 mil metros quadrados da área contígua do complexo — no total, 70% da instalação. Salvaram-se apenas os módulos independentes e refúgios isolados, espalhados ao longo da península Keller. Laboratórios, camarotes, biblioteca, depósitos e equipamentos haviam se perdido, além de todas as amostras e dados de pesquisa coletados por vários grupos na temporada de 2011-2. Na tarde do dia 25, quando peritos chilenos chegaram a Ferraz para remover os corpos dos dois marinheiros, o edifício que por 28 anos marcara a presença brasileira na Antártida era uma pilha ainda fumegante de novecentas toneladas de ferro retorcido.

Por coincidência, o sábado já começara com um constrangimento à Marinha. Naquele dia, o jornal *O Estado de S. Paulo* revelou em sua capa que uma balsa com 2 mil litros de óleo diesel para abastecer os geradores de Ferraz estava afundada na baía do Almirantado desde dezembro, e a força naval escondera o episódio. Um vazamento do combustível num dos ecossistemas marinhos mais frágeis do mundo seria um mico para o Brasil, que se orgulhava de ter um sistema de controle ambiental exemplar na região. Para completar, o *Ary Rongel*, um dos dois navios usados pelo Brasil na Antártida, estava fora de circulação devido a uma de suas constantes panes e se encontrava parado no Chile para um longo conserto de motor.

Além de ter de se explicar sobre a balsa, agora a Secirm (Secretaria da Comissão Interministerial para os Recursos do Mar), braço da Marinha responsável pelo programa antártico, precisaria descobrir o que aconteceu em Ferraz e fazer o que as Forças Armadas geralmente fazem pior: comunicar-se com o público, por meio de uma imprensa altamente desconfiada dos militares e em busca de culpados.

A cereja do bolo das relações públicas veio nos relatos que alguns dos 35 cientistas presentes no momento do incêndio começaram a mandar ao Brasil assim que foram resgatados e levados à base chilena, na manhã de sábado: houve uma festa na noite de sexta-feira. Como as investigações mostraram, a confraternização de fato foi a causa próxima do incêndio. Mas a causa última, como costuma ser em tragédias desse tipo, foi uma sequência de erros: humanos, de projeto e de infraestrutura. Além de um tremendo azar.

Ilha Rei George

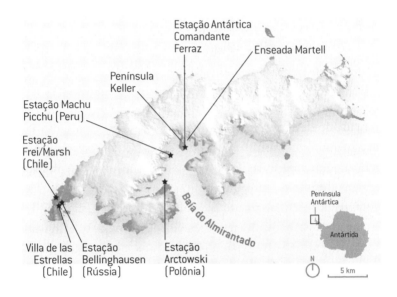

Os militares da Marinha têm um jeito próprio de conversar, e várias expressões desse quase dialeto acabaram incorporadas ao programa antártico. Nessa língua, "faina" significa trabalho; "faxina", uma faina particularmente pesada; "onça" é uma dificuldade qualquer; "safo" é o.k.; "safar a onça" é quebrar um galho; e "DG" significa "de graça", ou seja, é a ocasião em que bebidas alcoólicas, cujo consumo é vetado em dias de serviço, são liberadas gratuitamente para a tripulação.

Como tudo o mais que envolve militares, na Marinha até a esbórnia tem método. As festas são literalmente previstas em regulamento, a NPA (Norma-Padrão de Ação) 14-A, folhas 446 a 449. Esse código de conduta dos militares brasileiros na Antártida considera as atividades recreativas e sociais "de grande importância para favorecer os laços de camaradagem" e para fornecer "uma válvula de escape para o estresse acumulado devido às atividades extenuantes, ao isolamento, afastamento dos familiares e confinamento".

A NPA 14-A é levada a sério: os DGs, nas instalações polares, são executados religiosamente e têm dia e horário para começar e acabar. Alguns comandantes levam o manual a sério demais, porém. Uma vez, o desembarque de um experimento de balanço de massa de geleiras conduzido pelo Observatório Nacional, que consumira seis meses em preparação, foi cancelado porque o capitão do *Ary Rongel* se recusou a adiar um DG num domingo de sol e o tempo virou no dia seguinte — como sói acontecer na península Antártica. O *Ary* precisou dar meia-volta, e o cientista ficou, com o perdão do trocadilho, a ver navio.

Em Ferraz, as confraternizações ocorriam em geral às sextas-feiras, quando se comemoravam também aniversários. Algumas festas eram temáticas. A daquela noite era um "baile da saudade", uma homenagem quase jocosa à veterana de Proantar Theresinha Absher, uma bióloga com mais de sessenta anos de carreira científica e a primeira mulher a invernar em Ferraz, na década de 1980. A trilha musical da noite consistia em sucessos de Ray Conniff e da Orquestra Tabajara. Segundo me relataram vários membros do Proantar, DGs em Ferraz podem ser animados, como fora o de Carnaval, poucas semanas antes. Não era o caso daquele. "A festa estava bem caída, na verdade", contou-me uma pesquisadora que participou da confraternização e que não quis ser identificada.

A própria homenageada sairia cedo no sábado para uma coleta de moluscos a bordo da Skua, a velha lancha vermelha do Proantar, usada em trabalhos de baixa complexidade nas águas protegidas da baía do Almirantado. Além disso, naquela sexta, a "faina" dos militares do grupo-base se estendera além do horário normal de expediente. Já à noite, Ferraz recebeu a visita do navio argentino *Puerto Deseado*, que entre as sete e as nove desembarcou um robô-submarino que seria utilizado num projeto de pesquisa de um grupo do Instituto de Química da USP.

Muitos dos trinta pesquisadores, quinze militares do grupo-base e doze servidores do arsenal da Marinha que faziam serviços gerais de manutenção na EACF já haviam se recolhido em seus camarotes quando a confraternização começou, por volta das dez da noite. O subchefe da estação, o capitão de corveta Guilherme D'Ângelo, era um dos que foram deitar com as galinhas (ou com os pinguins, no caso), recolhendo-se antes do pôr do sol. O oceanógrafo paulista Caio Cipro tomou uma cerveja com os companheiros, foi até a área dos laboratórios conferir as "marfinites", caixotes de plástico que seriam embarcados num trabalho de campo no dia seguinte, depois foi até a garagem ver um tapete de nós que um orgulhoso militar havia feito para proteger a proa do bote, e então foi deitar. O biólogo carioca José Eduardo Arruda Gonçalves, o Zé Bola, malhava na sala de ginástica de Ferraz, com outros pesquisadores. Para a academia também foi o chefe da estação, o capitão de fragata Fernando Coimbra, depois de se despedir dos argentinos.

A noite, após as onze horas, trouxe uma surpresa agradável para os tripulantes de Ferraz: uma rara ocasião de céu limpo, sem nuvens e muito estrelado. "A noite estava muito bonita", recorda-se o meteorologista paulista Caio Ruman, que estava na Antártida pela primeira vez, coletando dados sobre trocas de energia locais entre terra, oceano e atmosfera para sua tese de mestrado. "Algumas pessoas saíram para ver as estrelas."

E que estrelas: ver os braços da galáxia é um privilégio que os habitantes das grandes cidades brasileiras perderam há muito tempo, com a eletrificação e a iluminação urbana. Vê-los com nitidez é algo que só se consegue hoje em lugares de ar seco e distantes de fontes de poluição atmosférica e luminosa. Poucos no mundo preenchem esses requisitos tão bem quanto a Antártida, mas o mau tempo constante na ponta da península costuma estragar o prazer dos amantes da astronomia. Aquela era, de fato, uma noite especial.

Ruman era um dos que estavam na frente da estação depois de escurecer. O frio era suportável devido à ausência de vento: dois graus negativos, medidos por ele próprio. "É o último dado de minha tese de mestrado", recorda-se, com um sorriso de resignação.

Na chamada praça-d'armas, a sala de estar da estação, cientistas e militares conversavam sobre os acontecimentos do dia e bebericavam ao som das orquestras dos anos 1950. Quem chegava da academia ia se juntando ao grupo. No chamado pedágio, uma antessala que separava a praça-d'armas da escaldante sala de secagem — a entrada principal de Ferraz, onde botas e casacos cheios de neve derretida eram pendurados para secar —, uma rodinha de militares se formou, perto de meia-noite. A composição do grupo provavelmente variou de acordo com o horário e a memória dos presentes, mas estiveram ali o chefe, Coimbra, e os sargentos Roberto dos Santos, Luciano Medeiros, José Bezerra e Adelson Policarpo.

Além de discotecagem temática, vinho e cerveja, os DGs em Ferraz também contavam com efeitos especiais. Uma máquina de fumaça dessas de show, que queimam aquele óleo de cheiro adocicado, era presença obrigatória. Portátil, o dispositivo era usado em simulações de incêndio e fazia uma ponta nas festas para dar à sóbria praça-d'armas uma atmosfera de salão de baile. O aparelho ficava sob a guarda de um dos militares do grupo-base, o suboficial João Cláudio Cavati. A máquina estava na praça-d'armas no dia 24 de fevereiro de 2012, mas os relatos também são contraditórios sobre se ela estava em funcionamento ou não. "Essa história da máquina é lenda", assegurou-me um dos pesquisadores que participaram da festa e que também pediu para não ser identificado. Esse homem afirma que tirou fotos do evento e que não havia fumaça. Uma colega do cientista, porém, me disse que a máquina havia, sim, funcionado naquela sexta-feira. Esse é um ponto-chave da investigação — que nunca foi esclarecido.

A festa acabou em algum momento por volta de 0h40 (1h40 da manhã em Brasília). "Eu estava lavando um copo na cozinha, me preparando para tomar banho e dormir", conta Caio Ruman. A energia na estação oscilou por um minuto. Depois Ferraz ficou às escuras por alguns instantes, mas a luz voltou logo em seguida. Para quem conhecia o sistema de energia da estação, aquele era um sinal de que o gerador principal havia parado de funcionar e que o gerador auxiliar havia entrado em linha. Algum tempo depois, a luz caiu de vez. A segunda queda de energia, como ficaria claro durante aquela noite, significava que o gerador de emergência, que ficava numa garagem, separado dos três geradores principais, havia "engasgado" com a fumaça que àquela altura já tomava completamente tanto a praça de máquinas quanto a garagem. O fogo já estava fora de controle.

Os relatos das 59 pessoas presentes (além de 57 cientistas e membros da Marinha, havia um alpinista e uma funcionária do Ministério do Meio Ambiente) são contraditórios a partir daí — cheios de "filigranas e peças que não se encaixam", como diz a canção. Portanto, é difícil reconstruir com precisão as horas de drama, terror e morte que se seguiram à pane elétrica. Mas, a partir de depoimentos de alguns tripulantes da estação no inquérito instaurado pela Marinha e de informações da perícia, é possível montar uma sequência aproximada dos acontecimentos.

Luciano Medeiros foi o primeiro a ver o fogo. Segundo o sargento declarou em depoimento, isso ocorreu quando ele se preparava para ir dormir, antes da oscilação de energia, e fazia uma inspeção de rotina na área dos aquários. Essa região da esta-

Manhã de 25 de fevereiro de 2012: labaredas consomem a Estação Antártica Comandante Ferraz, num incêndio que deixou dois mortos e um trauma na ciência polar brasileira.

ção ficava à direita de quem entrava pela sala de secagem, num longo corredor que abrigava os compartimentos "de serviço" de Ferraz: laboratórios, posto médico, incinerador de lixo, praça de máquinas e garagens de veículos, os "garajões". À esquerda de quem entrava ficavam os módulos de habitação: cozinha, praça-d'armas, camarotes, academia e biblioteca.

Os aquários, na verdade tanques plásticos com água do mar onde eram mantidos os espécimes vivos coletados pelas pesquisas biológicas, ficavam no começo desse corredor, antes da carpintaria e da praça de máquinas. Ao chegar à carpintaria, ainda com luz na estação, segundo ele, Medeiros teria avistado as labaredas e tentado soar o alarme de incêndio — mas a luz caiu. Correu, apanhou um extintor de incêndio e tentou entrar na sala dos geradores para combater o fogo, porém as chamas estavam altas demais e se alastrando para fora da sala. Àquela altura, o fogo já começara a atingir as motos de neve estacionadas no "garajão". Medeiros descarregou o extintor sobre as motos e saiu para a praia pela porta da garagem. Foi só ali, ao encontrar os companheiros, que se deu conta de que estava com queimaduras nas mãos, nas costas e no rosto.

O pandemônio já estava instalado. Segundo o relato do chefe Fernando Coimbra, ele estava conversando com duas pesquisadoras no momento da primeira queda da energia. Instantes depois, foi abordado pelo sargento Policarpo, que lhe puxou num canto para comunicar do incêndio. "A luz apagou e alguém do grupo-base foi ver o que era, voltou e falou alguma coisa no ouvido do chefe, que estava na sala com todo mundo", confirma Caio Ruman. "Ele ficou assustado e chamou os outros militares, e eles foram na direção do gerador."

Antes que os pesquisadores recebessem o alerta dos militares, o biólogo gaúcho César Santos, que estava na praia fotografando as estrelas no momento da queda da energia, viu as chamas do outro lado do edifício e correu para dentro para avisar os companheiros. "O fogo estava bem alto, uns três andares", estima Caio Cipro. Como é o procedimento-padrão, os tripulantes foram reunidos na praça-d'armas e uma chamada foi feita. Alguns cientistas e militares foram escalados para percorrer os camarotes e convocar quem já estava dormindo. Enquanto isso, do outro lado da estação, desenrolava-se um drama sem precedentes nos trinta anos de história do Programa Antártico Brasileiro.

O sargento Adelson Policarpo dá uma versão diferente da história contada por Medeiros. Em seu depoimento, ele disse que estava na internet falando com sua mulher no momento da oscilação de energia. Correu para a sala de estar e fez menção de ir até o gerador, mas foi detido por um colega: "O Medeiros já foi verificar". Como a luz não voltou com a mesma intensidade, Policarpo correu até a praça de máquinas, onde viu o colega tentando combater o fogo, àquela altura já muito "intenso", como contou. Voltou correndo em direção ao pedágio, dando o alerta aos outros militares: "Incêndio na praça de máquinas!". Na sala, avisou o chefe. Todo o grupo-base saiu para combater o fogo. Sinais de socorro foram enviados à base chilena Frei e à polonesa Arctowski, a mais próxima de Ferraz, do outro lado da baía.

Dentre todas as paranoias de militares da Marinha, nenhuma mobiliza tanto quanto o fogo. Incêndios em navios em alto-mar são mais perigosos do que qualquer outra coisa, e todos a bordo são treinados a combatê-los imediatamente. Na estação antártica não era diferente: os treinamentos contra incêndio eram rotineiros, e o último havia sido realizado poucos dias antes. Todos os militares do grupo-base já sabiam o que fazer depois da primeira queda de força: ficaram de prontidão para iniciar o combate.

Cada um tinha uma tarefa específica: um grupo era responsável pelo chamado "ataque", o combate rápido às chamas quando estão no início e o fogo ainda está confinado; o segundo grupo era o de "incêndio", o conjunto de técnicas de combate que consiste em tentar isolar o fogo, evitando que ele migre para outros lugares. Em Ferraz havia dois experts nessa fase avançada de contenção: o sargento Santos, o Santinho, e o suboficial Carlos Alberto, o Bahia. "Eu estava conversando com o Santinho, e ele saiu imediatamente para o combate", recorda-se Theresinha Absher.

Quando os militares viram a tentativa frustrada de Medeiros de entrar na praça de máquinas, souberam que o "ataque" já seria impossível. Nos primeiros minutos o fogo já havia atingido uma proporção tamanha que um rio de chamas se alastrava do piso da praça de máquinas até a praia, do lado de fora.

A primeira linha de defesa da estação estava, de cara, descartada: as duas bombas de água que ficavam justamente na praça de máquinas, local onde o fogo começara. No "garajão", Santos e Policarpo tentaram usar a água disponível na mangueira de incêndio, mas não havia pressão suficiente. Uma outra bomba, portátil, ficava ao lado da praça de máquinas; Santos tentou ir até lá, porém foi contido pelos colegas, que avisaram que não havia acesso possível. Os militares, então, recorreram à bomba de água do mar que alimentava os aquários. Em vão: com a maré baixa, o cano por onde a água era captada estava no seco em plena praia, e amarrado a um cabo de aço para não ser arrastado pelos blocos de gelo que se acumulavam na beira da água e que a maré levava de um lado para o outro. Com um machado, um dos militares cortou o cabo para mergulhar o cano na água, mas também em vão: o gerador auxiliar havia pifado e já não havia energia para ligar a bomba.

Policarpo se jogou no mar com uma segunda bomba a diesel portátil, mergulhando-a várias vezes na água a fim de encher o compartimento e dar a partida no motor. Funcionou. Uma mangueira foi conectada, mas não havia pressão suficiente para combater o incêndio: a água congelara na mangueira. E o próprio sargento também começou a congelar, depois de vários minutos imerso no oceano Austral só com a roupa do corpo. Sem sentir as pernas, Policarpo foi tirado do mar pelo biólogo Bruno Masi, especialista em mergulho glacial, e levado ao heliponto, com hipotermia. Foi atendido pelo médico e aquecido pelos pesquisadores.

Quando as primeiras tentativas de usar a mangueira começaram a dar errado, o suboficial Carlos Alberto entrou em pânico: havia risco de explosão num dos "garajões", que abrigava um gerador a etanol. O gerador estava sendo testado em Ferraz, num convênio com a Petrobras para o uso de biocombustíveis, que emitem menos CO_2, na Antártida. Caso o etanol desse certo em baixas temperaturas, o poluente, malcheiroso e importado óleo diesel poderia ser eventualmente substituído.

O gerador não estava funcionando naquele dia – estava desligado havia algumas semanas. Mesmo assim, Carlos Alberto provavelmente raciocinou que se o fogo atingisse o tanque de etanol, poderia ocorrer uma catástrofe. O abastecimento daquele gerador era automático, o que significava que a válvula entre o tanque de álcool e o equipamento tinha de ficar permanentemente aberta. Daí sua insistência em entrar no galpão para fechá-la. Depoimentos de outros militares que conversaram com o suboficial na ocasião sugerem que houve tentativas de dissuadi-lo, já que a conexão entre o gerador e o tanque poderia, do lado de fora da estação, ser cortada com um machado. "Tem que fechar a válvula do etanol", disse. Era preciso entrar.

Com a ajuda de Coimbra, Santinho se equipou para entrar no "garajão". Ele usava uma roupa especial antifogo, máscara e cilindro de oxigênio. Carlos Alberto também se equipou e entrou com máscara e cilindro, mas sem roupa especial — apenas com o macacão de serviço azul da Marinha. Na saída da secagem, andando por fora da estação para chegar à entrada da garagem, Santinho deu um rolo de corda ao subchefe de Ferraz, o capitão D'Ângelo, pedindo que a amarrasse ao cilindro de ar comprimido de Carlos Alberto. A corda seria usada como "linha de vida", um guia por onde os militares poderiam voltar caso se perdessem no meio da fumaça. O suboficial Cavati cruzou com a dupla do lado de fora da estação e também tentou dissuadi-los. "Pelo amor de Deus, onde vocês pensam que vão entrar? O garajão 1 também está pegando fogo! Já foram desconectar o mangote [duto] do etanol!", relatou Cavati em depoimento.

A dupla entrou. Os militares que estavam na praia começaram a gritar para que eles voltassem. Cavati conta que, assim que chegou à entrada da garagem e viu o fogo nos veículos estacionados lá dentro, pediu ao subchefe para mandar alguém entrar e trazer os dois de volta. A ordem foi dada ao sargento José Bezerra para se equipar com máscara e cilindro de oxigênio.

O sargento entrou na garagem agarrado à linha de vida dos colegas. Era impossível achá-los: a fumaça era tão intensa que Bezerra não enxergava nada à sua frente. Tateando pelo cabo esticado, começou a ouvir pelo rádio os pedidos de socorro de Santos: "Me oriente! Pisque a lanterna!". Sem ter ideia de onde estavam os companheiros no galpão, Bezerra piscava a lanterna freneticamente, em todas as direções. Encontrou a linha de vida presa perto da entrada do compartimento do gerador de emergência: não seria possível seguir os companheiros por ela. Soltou o cabo e, contando os passos, avançou até o gerador de etanol. Nada de Santinho e Bahia.

Foi então que ouviu um chiado bem distinto acima de sua cabeça: algum fluido, possivelmente um gás quente, vazava das tubulações do teto, consumidas pelo fogo. Começou a andar agachado. Tentou chegar ao compartimento do gerador de emergência, em cujo acesso o pedaço da linha de vida estava preso. O ar comprimido do cilindro estava se esgotando rápido, pela respiração acelerada do sargento no calor insuportável do galpão. Chamou os colegas pelo rádio para avisar que estava dentro da estação. Santos e Carlos Alberto não responderam. Provavelmente estavam inconscientes ou mortos àquela altura.

Foi então que Bezerra percebeu que teria o mesmo destino se não saísse imediatamente dali. O alarme de seu equipamento de proteção respiratória começou a apitar, sinal de que o ar estava "na reserva": havia apenas o equivalente a sete minutos de uso no cilindro. Lá fora, na praia, onde o restante do grupo-base aguardava, o alarme soou no rádio como uma sentença.

Completamente no escuro, o sargento começou a fazer o caminho de volta até a corda que lhe salvaria a vida. Eram cinco passos. Não havia como errar. Apenas cinco. Um, dois, três, quatro, cinco — e "pam!". Bateu numa coluna de metal. Tinha ido longe demais. Calculou que estivesse além da passagem entre o "garajão 1", onde ele estava e onde ficava o gerador a etanol adjacente ao epicentro do incêndio, e o "garajão 2", o finalzinho da estação, onde estava a porta de saída. Bezerra tentou não se desesperar. Contou os passos de volta até onde estava e regressou. Cinco passos novamente. Mais para a esquerda dessa vez. Foi ajudado pelo piso: a garagem 1, mais antiga, tinha seu pavimento de bloquetes de concreto. A sala do gerador era de chapa metálica. E a garagem 2, parte mais recente da estação, ainda preservava o chão de cascalho da península Keller. Tudo o que Bezerra precisava fazer era encontrar o cabo, o cascalho e a saída. Só mais cinco passos. Não tão depressa.

O sargento ficou preso em alguma coisa que ele não conseguiu definir, mas que parecia uma estrutura de metal. Deitou no chão e rastejou para trás. Livrou-se. Um pouco mais para a esquerda. Era o fim da reserva de ar. Tateou a escuridão novamente. Ali, a um metro do chão, estava o cabo. Bezerra agarrou a linha de vida e correu preso a ela. Encontrou o cascalho. O ar acabou. Prendendo a respiração, o sargento disparou para a porta.

Quando Bezerra emergiu no meio da fumaça e arrancou a máscara para respirar ar fresco, os homens do grupo-base sentiram um misto de alívio e desespero. Um homem sobrevivera, mas dois ainda estavam lá dentro, talvez mortos. O suboficial Miguel Gimenes Sufia começou a se arrastar para dentro do "garajão"; foi puxado pelas pernas pelos companheiros. O subchefe quis entrar; foi contido por outro oficial. O grupo resolveu forçar a entrada pelos fundos da estação, usando um trator para romper a parede externa de Ferraz e chegar até onde se acreditava que estivessem os dois militares. Mas o trator atolou. Outra tentativa, com outro trator, foi feita pela lateral. Porém uma chapa dupla de aço não se rompe facilmente. Àquela altura, não havia mais a menor chance de resgatar Santinho e Carlos Alberto com vida. E o fogo começava a se espalhar na direção dos alojamentos.

Do outro lado do complexo, no laboratório de química, havia mais um problema: o que fazer com o sargento Medeiros, que tinha queimaduras graves nas mãos, no rosto e nas costas. Os poloneses vieram em dois botes, respondendo ao pedido de socorro, com mantimentos e cobertores para as vítimas do incêndio. A travessia de quase uma hora de Arctowski a Ferraz, completamente no escuro, foi descrita como heroica: "Havia muito gelo no mar, e a qualquer momento uma batida num bloco de gelo poderia rasgar os botes", conta Caio Cipro. "Eles vinham com dois em cada bote, um pilotando e um com metade do corpo para fora, empurrando os blocos de gelo com um remo." Ao chegarem, pediram um voluntário que falasse inglês e espanhol para acompanhar o resgate do ferido. Cipro se ofereceu. A travessia de volta foi feita por volta das quatro da manhã, na penumbra do nascer do sol antártico e, portanto, com menos risco de uma colisão fatal. Mas as condições do mar não permitiam parar o bote na praia para desembarcar o ferido. "O piloto polonês não teve dúvida: pulou na água, que estava na altura do peito, e puxou o bote no braço até a praia", recorda-se o oceanógrafo.

Da estação polonesa, o sargento foi removido num helicóptero chileno para a Vila das Estrelas, um complexo residencial militar próximo à estação Frei. Ali recebeu tratamento para hipotermia. Depois foi removido para a estação russa Bellingshausen, ao lado da base chilena, onde foi operado por médicos russos, chilenos e uruguaios.

Em Ferraz, os chilenos também chegaram de helicóptero para ajudar a combater o incêndio. Com a bomba portátil trazida por eles, teve início mais uma série de tentativas frustradas de debelar as chamas, primeiro com água do lago de água doce que existe atrás da estação brasileira, depois com água do mar. Só depois das três da manhã, com o dia clareando e a ajuda do navio argentino *Puerto Deseado*, que havia voltado a Ferraz após ouvir o pedido de socorro, foi que o combate ganhou eficácia. Àquela altura, porém, o fogo já havia chegado aos alojamentos, espalhando-se pelo forro do teto contínuo da base. A altíssima temperatura das chamas, que ultrapassou os mil graus — um sexto da temperatura da superfície do Sol —, garantiu a disseminação no sentido dos alojamentos. Ao atingir a praça-d'armas, onde havia mais material combustível, o calor produziu um fenômeno conhecido como *flash over*, ou queima total, mesmo de materiais que normalmente não pegariam fogo. A Estação Antártica Comandante Ferraz seria inteira perdida.

Os pesquisadores se abrigaram entre os módulos de pesquisa de química, mais próximo à praia, contíguo ao heliponto, e de meteorologia, mais para dentro da península. Só às seis da manhã chegaria mais um helicóptero chileno para resgatá-los e levar todos a Frei, de onde embarcariam num C-130 Hércules da Força Aérea de volta ao Chile e ao Rio de Janeiro.

Recolhido com mais alguns colegas ao módulo da meteorologia, onde havia um beliche, Caio Ruman dormiu.

No próprio dia 25, a Marinha abriu um inquérito policial militar para apurar as causas da tragédia. Duas coisas chamaram a atenção dos investigadores, e ambas apontavam para a confraternização como origem do acidente: a extrema intensidade do fogo na praça de máquinas e a ausência completa do disparo do alarme contra incêndio.

Dizer que o alarme contra fogo de Ferraz era sensível não chega nem perto de descrevê-lo. Pesquisadores que passaram longos períodos na estação antártica contam que ele era sensível até demais: disparava com pipoca no micro-ondas, com gente passando desodorante no banheiro, com água fervendo na cozinha. Tudo era motivo. Algumas "fainas", como solda, trabalhos na carpintaria e até mesmo algumas manobras de veículos nos "garajões" causavam o disparo do alarme. Uma semana antes da tragédia, houve um alarme falso de incêndio na carpintaria.

Havia um bom motivo para tanta sensibilidade: o principal inimigo de qualquer estação polar é o fogo. Parece contra-intuitivo, mas o ar na Antártida é muito seco e o vento é muito forte. Esses dois fatores, mais a secura obrigatória que os sistemas de calefação criam nos ambientes internos e a grande quantidade de material inflamável nas bases, tornam os incêndios uma preocupação constante. "Quem trabalha na logística não tem medo do frio, tem medo do fogo", diz a arquiteta Cristina Engel, da Universidade Federal do Espírito Santo. Ela projetou as expansões de Ferraz e, nas reformas mais recentes, determinou a troca dos lambris de madeira usados como isolante térmico por lã de rocha, um material antifogo.

Incêndios em bases antárticas são instantâneos e devastadores. A estação australiana Mawson pegou fogo duas vezes, em dois anos seguidos,[1] na década de 1950; em 2008, um prédio inteiro da base russa Progress queimou, matando uma pessoa e ferindo gravemente duas (não há nenhum registro público de quantas bases russas queimaram no total desde o período soviético, mas oficiais russos presentes no sítio de Ferraz depois do incêndio relataram a brasileiros que foram cinco); em 2001, os britânicos perderam o laboratório principal da base Rothera, na península Antártica. A causa do fogo foi uma faísca gerada por um fio que ficava na parte externa, atrás de uma porta, e acabou ficando desencapado depois de levar sucessivas pancadas toda vez que a porta era aberta.

Nos quase trinta anos de história da estação brasileira houve diversos princípios de incêndio, evitados pelo zelo extremo do grupo-base. Numa das ocasiões, em que faltou água na estação, um dos vários pesquisadores gaúchos que frequentam a Antártida esqueceu ligado num balde cheio de neve um "rabo-quente", uma dessas resistências portáteis que garantem a mobilidade dos gaúchos ao permitirem esquentar água para chimarrão em qualquer lugar. O balde derreteu e começou a queimar. Como resultado, todos os rabos-quentes foram confiscados. Um secador de cabelo superaquecido também causou um princípio de fogo certa vez. Uma das pesquisadoras com quem conversei contou ter ouvido, dez dias antes do incêndio, que houve um princípio de incêndio na praça de máquinas em janeiro de 2012. De fato, a perícia feita pela Polícia Federal depois da tragédia apontou que havia um problema crônico de superaquecimento num dos geradores — não está claro se era esse o gerador que estava ligado no dia da destruição da base. O transtorno de ter um alarme de incêndio irritadiço parecia um preço razoável a pagar pela segurança. Por isso as autoridades ficaram com uma pulga atrás da orelha quando todas as testemunhas ouvidas relataram que o alarme não disparou com o fogo na praça de máquinas.

Algumas ocasiões exigiam a desabilitação do alarme. Trabalhos de solda e algumas manobras de veículos, por exemplo. E o uso da máquina de fumaça nas confraternizações. Em tese, nada disso punha a segurança de Ferraz em risco, já que o alarme era todo setorizado: era possível desligar apenas o setor onde a fumaça fosse ser produzida — onde, é claro, um princípio de fogo seria rapidamente visto e debelado, já que haveria gente no local.

Esse sistema setorizado, porém, tinha problemas. Primeiro, um dos circuitos, da área externa da estação, estava em más condições: chegou a emitir oitenta alarmes de falha num único dia. Na época do incêndio, o sistema estava sendo consertado pelo pessoal do arsenal da Marinha. Depois, havia uma pegadinha: os circuitos elétricos do alarme eram divididos em "laços" de acordo com o setor da estação. E a praça-d'armas compartilhava o mesmo "laço" que a praça de máquinas. Desligue um setor e o outro também ficará desguarnecido.

O procedimento-padrão nas confraternizações com uso da máquina de fumaça era desligar o setor da sala de estar. Quem fazia isso era o suboficial José Cláudio Cavati, com autorização do chefe Coimbra. Cavati era o único que tinha todas as senhas para o desligamento do alarme. O suboficial negou que tenha desligado as sirenes para o uso da máquina no DG de 24 de fevereiro. Mas várias testemunhas afirmaram que a máquina estava na praça-d'armas, portanto, seria inusitado que o circuito de alarme não tivesse sido desligado justamente naquela ocasião.

A perícia não conseguiu provar se o alarme estava desligado — as provas literalmente viraram fumaça —, mas concluiu que, até o dia do incêndio, o sistema estava funcionando normalmente. Concluiu também que, embora não fosse certo que ela estivesse funcionando ou não (já que o DG daquela noite não estava muito animado), o alarme deveria estar desabilitado. Mesmo sem a prova final, o inquérito concluiu pelo indiciamento de José Cláudio Cavati e do chefe da estação, Fernando Coimbra.

O possível desligamento do alarme explicaria por que o fogo foi detectado tarde demais, mas não por que ele começou. É aqui que entra em cena mais um personagem — justamente a primeira vítima do incêndio, o sargento Luciano Medeiros.

Cerca de uma hora antes de o fogo começar, ele havia estado na praça de máquinas. Ali executou, sozinho e sem avisar a ninguém, uma incomum manobra de reabastecimento do gerador principal da estação.

Preocupado em não deixar Ferraz sem energia no dia seguinte, já que estaria o dia todo na Skua com Theresinha Absher e seu grupo, Medeiros resolveu fazer algo que nenhum encarregado dos geradores jamais fazia, por questão de segurança: acionar o conjunto de painéis eletrônicos e válvulas manuais que traziam o diesel especial usado na Antártida (chamado, vá entender, de diesel ártico) dos tanques de armazenamento de 300 mil litros que ficavam do lado de fora da EACF para os chamados tanques de serviço, internos. Os geradores eram abastecidos diretamente por esses dois tanques, de 5 mil litros cada um. O consumo de diesel em Ferraz era baixo e os tanques ainda estavam pela metade, mas o sargento quis deixá-los na capacidade máxima. Medeiros saiu do happy hour, entrou na sala dos geradores, iniciou o procedimento de abastecimento e voltou para a reunião.

Em seu depoimento, o sargento afirma que passou 25 minutos na confraternização, voltou à praça de máquinas e viu que os tanques ainda não estavam cheios. Esperou que enchessem, desligou a bomba que fazia a transferência do diesel dos tanques, fechou as válvulas e voltou para o happy hour. Só depois, quando fazia sua inspeção de rotina antes de dormir, é que Medeiros teria visto o fogo.

Duas testemunhas, porém, afirmam ter estado com o sargento no "pedágio" o tempo todo até o momento da variação de energia. Isso é corroborado pelo sargento Policarpo, que afirmou ter sido detido pelos colegas quando a luz oscilou e ele tentou correr até a praça de máquinas. "O Medeiros já foi verificar", teriam dito os outros. Isso sugere que, em vez de ter descoberto o fogo casualmente em sua ronda final, Medeiros foi na direção da praça de máquinas justamente no momento da oscilação de energia.

A investigação concluiu que Medeiros acionou o abastecimento e voltou para a festa enquanto o diesel era transferido para os tanques de serviço. Esta seria uma dupla falha de procedimento: iniciar a "faina" dos geradores à noite sem necessidade — já que ainda havia uma boa quantidade de combustível para gerar energia para a EACF — e se ausentar durante o procedimento. A bomba era muito potente e enchia os tanques em menos de meia hora. Os peritos da Polícia Federal estimaram, com base na capacidade do equipamento e nas dimensões do incêndio, que os tanques transbordaram durante a ausência de Luciano Medeiros. Mais de 2 mil litros de óleo diesel escorreram pelo piso da praça de máquinas. E aqui entra mais uma coincidência infeliz que contribuiu para a tragédia: o design da estação.

O piso da praça de máquinas era uma treliça de metal. Abaixo dele corria a tubulação de exaustão dos geradores, onde gases aquecidos a centenas de graus Celsius eram despachados para o setor de caixa-d'água de Ferraz. A medida até fazia sentido, como forma de economizar energia: a exaustão funcionava como uma serpentina em volta do reservatório, impedindo que a água do complexo congelasse. O problema era que o piso dos geradores não era o melhor lugar por onde despachar gases superaquecidos. Quando 2 mil litros de óleo quente escorreram do ladrão no teto dos tanques para a treliça de metal, numa sala de máquinas com um gerador propenso a superaquecimento, e de lá vazaram para o solo abaixo da estação, encontraram no caminho a tubulação ultraquente. Nessas condições, o próprio isolante térmico dos tubos vira uma "tocha" ao ser saturado de diesel. Mesmo que o simples contato do combustível com a tubulação não fosse suficiente para iniciar o fogo (os peritos consideraram que isso seria possível), qualquer fagulha emitida por qualquer um dos vários equipamentos elétricos do local poderia ter iniciado a queima. Estava montado o cenário para um incêndio de grandes proporções logo de saída.

O escoamento do óleo pelo piso também explicaria o "rio de fogo" visto pelos pesquisadores na praia no momento do incêndio. O diesel provavelmente vazou em tamanho volume que escorreu para fora da estação, por um duto natural no cascalho sob o complexo por onde escorria água de degelo do alto da península Keller para o mar no verão. Outras hipóteses também foram aventadas, como vazamento no próprio gerador, mas, segundo a auditoria, nenhuma delas explica tão bem a configuração do acidente quanto o transbordamento do óleo diesel pelo ladrão dos tanques de serviço. Nenhuma delas, porém, pôde ser completamente descartada, uma vez que a perícia só chegou ao local doze dias depois do incêndio e a destruição era total. De vítima, Luciano Medeiros virava vilão da história: acabou indiciado juntamente com o chefe da estação e o colega responsável pela máquina de fumaça.

No entanto, quando o inquérito foi para o Ministério Público Militar para oferecimento de denúncia à Justiça, Coimbra e Cavati ficaram de fora. O único acusado formalmente pelo incêndio que deixou dois mortos, 24 milhões de reais em prejuízo material e um trauma no programa antártico foi o sargento Luciano Medeiros.

Numa sala sem ar-condicionado de um prédio comercial no centro do Rio de Janeiro, o capitão de mar e guerra reformado Jorge Ferreira Vianna acende um cigarro atrás do outro e reclama de seus antigos colegas de farda. "Foram três indiciados, mas a denúncia só pegou o Medeiros." Para ele, a acusação procurou responsabilizar o sargento para liquidar logo o caso e evitar expor outras fragilidades do programa.

Vianna, 68 anos, formou-se advogado enquanto servia como tenente da Marinha, nos anos 1960, e depois de sua baixa abriu um escritório de advocacia "para não ficar à toa enchendo a paciência da mulher". Conhecedor dos meandros das Forças Armadas, especializou-se em defender militares encrencados. Em 2014, num lance que revoltou o MPM (Ministério Público Militar) e muita gente no programa antártico, conseguiu que seu cliente, o sargento Luciano Medeiros, fosse absolvido das acusações de incêndio culposo seguido de morte e dano a instalação militar.

Vianna diz que o MPM "não tinha nada" contra Medeiros, e apresentou uma denúncia fraca. Questionou o fato de todas as testemunhas de acusação serem praças e de a procuradoria ter excluído da denúncia o chefe da estação, um capitão de fragata (o equivalente na Marinha à patente de major). Segundo ele, Coimbra ficou fora do gancho por causa da patente elevada.

Sua peça de defesa se ancorava em algumas teses: primeiro, a de que a perícia não foi conclusiva quanto às causas do incêndio. Segundo, que Ferraz não estava equipada para combater um fogo daquelas proporções. Terceiro, Santinho e Carlos Alberto entraram na garagem incendiada num ato de bravura e contra as recomendações dos colegas. Quarto, o alarme não tocou. A tese convenceu. De uma turma de cinco juízes, apenas um não votou pela absolvição de Medeiros. O MPM recorreu da sentença. No momento em que escrevo, ainda não há previsão para o julgamento do sargento em segunda instância.

Segundo a peça de defesa, Medeiros era especialista no abastecimento dos geradores, portanto não precisava pedir autorização para realizar a "faina" e podia executá-la no horário que bem entendesse. Perguntei por que, se ele era tão acostumado com a tarefa, deixou o tanque transbordar. "Ele é meu cliente e disse para mim que fechou a válvula", disse o ex-comandante. "Cabe ao Ministério Público provar que não fechou."

O almirante Marcos Silva Rodrigues, secretário da Secirm e chefe da logística do Programa Antártico Brasileiro, nega a insinuação do advogado de que a Marinha tenha tentado buscar um bode expiatório para encerrar o caso. "A Marinha não tem nada a ver com o Ministério Público. Ao contrário, a parte que nos cabia, que era o inquérito, foi até mais rigorosa do que a denúncia, porque levamos em conta a cultura da Marinha de que o comandante é sempre responsável por tudo."

Um oficial da Marinha que teve acesso à investigação e que não quis se identificar afirmou que o incêndio foi causado única e exclusivamente por falha humana, do sargento Luciano Medeiros. "Ele fez uma tremenda cagada", disse. Segundo esse militar, devido à quantidade de óleo que vazou, o incêndio já começou fora de controle. A questão do alarme, sob essa ótica, torna-se desimportante. "Mesmo se o alarme tivesse tocado, as chamas já estariam intensas demais no momento inicial para serem combatidas."

A outra questão era se Ferraz estava ou não equipada para lidar com aquele tipo de incêndio e se a forma como a estação foi construída influenciou na tragédia. A julgar pelas modificações feitas no projeto da nova estação antártica em relação ao da antiga, a resposta à primeira pergunta é "não" e à segunda, "sim". Silva Rodrigues nega que tenha havido falhas na estação ou faltado dinheiro para implementar itens essenciais de segurança. Mas faz uma ressalva: "A estação era um prédio da década de 1980. Você não pode exigir que ele tenha o mesmo grau de sofisticação de um prédio da década de 2010".

A arquiteta Cristina Engel é a maior especialista brasileira em construções polares. A professora da Universidade Federal do Espírito Santo começou no Proantar apenas dois anos depois do início da construção da estação. Fez mais de vinte viagens à Antártida e participou de uma das perícias no complexo incendiado. Projetou a reforma de Ferraz a partir de 2001 e sabe, mais do que ninguém, que o complexo polar brasileiro era um grande "puxadinho": construído inicialmente com oito contêineres emendados, cresceu para a área de 2,6 mil metros que incendiou. As sucessivas expansões não contaram exatamente com o estado da arte da tecnologia, e o que acabou sendo criado foi um Frankenstein — confortável, razoavelmente funcional, mas um conjunto de remendos mesmo assim. "Tente entender: o programa sempre funcionou no soluço. Às vezes não tinha dinheiro, às vezes tinha dinheiro para construir uma parte nova, mas não para reformar uma velha. Até 2006 não havia um plano diretor, então as decisões [construtivas] iam muito da cabeça de cada chefe."

Os problemas eram vários: a estrutura contígua, feita para economizar energia, mas que poderia facilitar (como facilitou) um incêndio; o fato de a estação ser feita em sua maior parte ao rés do chão, o que exigia muita energia para mantê-la aquecida; as portas que, por essa mesma razão, abriam para dentro, algo não recomendado para caso de fogo; e a ocupação de lugares como o entorno da praça de máquinas, que deveriam estar desimpedidos, com equipamentos que, no final, serviram de combustível para o fogo.

"O fato de o circuito de incêndio depender de energia elétrica do gerador é o fim da picada", diz Caio Cipro.

"É preciso admitir que o que era um puxadinho tinha virado um puxadão", diz Jefferson Simões. "A vida dela já havia chegado ao fim e já discutíamos uma nova estação."

Todos esses pontos foram atacados no projeto arquitetônico da nova estação, vencido num concurso internacional por um escritório de Curitiba. O projeto consiste de uma estação sobre pilotis, com módulos que podem ser separados em caso de incêndio. No total, são 4,5 mil metros quadrados contra 2,6 mil da estrutura antiga, com capacidade para 65 pessoas e camarotes com banheiros individuais, no lugar dos coletivos da estrutura antiga. Parte da energia é gerada com turbinas eólicas e cogeração — aproveitamento do calor dos geradores para produzir energia —, o que reduz a quantidade de diesel e, por tabela, o risco de incêndio. Até detalhes como sinalização de emergência no piso, dessas existentes em cinemas para orientar a saída em caso de pane elétrica, foram incluídos no projeto. "É o estado da arte em estações antárticas", orgulha-se o almirante Silva Rodrigues, da Secirm. Valor da licitação: 110 milhões de dólares, o equivalente, em dólares de 2015, quando a licitação foi fechada, a dez vezes o que o Proantar gasta por ano com logística.

A necessidade de reconstruir a base brasileira não foi questionada em momento algum no período que se sucedeu à perda de Ferraz. Cientistas e militares, que vivem às turras no programa, uniram-se em armas para contar o prejuízo, enterrar os mortos e fazer lobby no Congresso por dinheiro para a reconstrução. Segundo alguns oficiais possivelmente confessam aos seus travesseiros, para o Proantar o incêndio acabou tendo um lado bom, já que chamou a atenção "da sociedade" (leia-se, de quem decide sobre verbas em Brasília) para a existência do programa.

Houve um debate sobre qual seria o lugar mais apropriado para a reconstrução: a opinião de muitos na academia é que a baía do Almirantado está obsoleta do ponto de vista da ciência. A pesquisa antártica brasileira ficou maior do que a EACF e, hoje, cerca de 70% dela é realizada fora da base.

Como vimos, essa área não é a mais importante para o clima do Brasil: os setores do oceano Índico, do mar de Weddell e dos mares de Bellingshausen e Amundsen são os verdadeiros regentes da orquestra meteorológica do país.

A centenas de quilômetros do manto de gelo antártico e a milhares de quilômetros do polo Sul, a região da EACF tampouco serve para estudos de glaciologia ou de paleoclimatologia. Estes vêm sendo feitos com apoio de outros países ou com o uso de logística privada.

A própria biologia marinha tem questões relevantes a atacar fora da baía: qual é o destino das populações de krill e das salpas? Quem vencerá essa luta? Qual é o papel do derretimento das plataformas de gelo e da perda do gelo marinho no ecossistema antártico? E como isso influencia a produção de oxigênio pelas algas e o sequestro de carbono pela "bomba biológica" do oceano Austral? Os cientistas brasileiros estão empenhados em responder a essas questões, mas as pesquisas que buscam essas respostas são feitas a bordo do navio polar *Almirante Maximiano*, a primeira embarcação do Proantar dedicada à ciência, que fez sua expedição inaugural em 2009-10.

O custo da nova Ferraz também foi objeto de questionamento. Algumas pessoas, inclusive dentro do Ministério da Ciência,

Tecnologia e Inovação, achavam que torrar 110 milhões de dólares numa espécie de hotel cinco estrelas na periferia da Antártida era um pouco excessivo se se imaginasse o que daria para fazer com um pedaço dessa verba.

Com 6 milhões de dólares, a Marinha montou no ano seguinte ao incêndio uma espécie de acampamento de luxo no local: os chamados MAE (Módulos Antárticos Emergenciais), um conjunto de contêineres adaptados — mais ou menos como a antiga estação — capazes de abrigar um número menor de pessoas, mas, mesmo assim, bons o bastante para garantir a continuidade das pesquisas. Os MAE são fabricados pela empresa canadense Weatherheaven, especializada em edificações provisórias, como hospitais de campanha e tendas climatizadas para eventos. Há construções do mesmo tipo sendo usadas por mineradoras no Ártico e até pelo programa polar canadense. Eles duram de cinco a dez anos, tempo suficiente para pagar o investimento.

Com cerca de 100 milhões de dólares na mão, seria possível comprar um navio para substituir o velho *Ary Rongel*, ou construir uma segunda estação num lugar cientificamente mais interessante que a península Keller ou, quem sabe, aposentar os Hércules da década de 1960 que servem o Proantar.

Os velhos cargueiros da FAB são uma fonte constante de dor de cabeça para o programa. Em 2008, uma pane num Hércules deixou um grupo de parlamentares preso em Frei por uma semana. Antes disso, já houve um princípio de incêndio em um motor logo depois da decolagem, o que obrigou a um regresso de emergência à base chilena. Em minha segunda viagem à Antártida, em 2014, o Hércules no qual eu havia voado na véspera para tentar chegar à Antártida, que precisou voltar ao Chile depois de passar mais de uma hora sobrevoando Frei e não encontrar teto para descer, teve uma pane num dos motores no aeroporto de Punta Arenas, na hora da decolagem. Foi preciso trazer um segundo

Hércules do Brasil, dois dias depois, com um motor sobressalente para a aeronave avariada. Voamos nesse avião para a Antártida; mas quebrou um freio auxiliar na volta e não conseguimos voltar ao Brasil nele. Ao todo, foram sete dias encalhados em Punta Arenas e metade da frota de C-130 Hércules da FAB que ainda voava quebrada na pista de pouso da base aérea chilena.

E isso foi sorte: no fim daquele ano, um Hércules caiu em Frei depois de uma arremetida, perdeu o trem de pouso, bateu uma asa no chão e perdeu um motor. Ninguém a bordo se machucou, mas, se não fosse a pancada da asa, que fez o avião dar um cavalo de pau e parar, a aeronave provavelmente teria deslizado pela pista — que acaba num despenhadeiro. Enquanto não forem substituídos pelos novos jatos KC-390, da Embraer (que custam 50 milhões de dólares cada um), os Hércules, como a estação antiga, serão mais uma tragédia pronta para acontecer no Programa Antártico Brasileiro.

Em favor de reconstruir a estação no mesmo local em vez de gastar o dinheiro com aviões, outro navio ou outra base pesaram dois argumentos. Um deles é de ordem logística: a facilidade de transporte aéreo até a pista de pouso chilena na ilha Rei George, a proteção que a baía do Almirantado oferece contra as tempestades, a ausência de gelo marinho no verão e o conhecimento que a Marinha acumulou sobre o local depois de três décadas. O outro é de ordem geopolítica: as Forças Armadas não pretendem abrir mão de um sítio que desde 1984 tem ocupação contínua por brasileiros o ano inteiro.

O Brasil chegou à baía do Almirantado na primeira Operação Antártica, em 5 de janeiro de 1983. No ano anterior, a Marinha havia comprado o navio polar *Tala Dan* dos dinamarqueses, rebatizado a embarcação como *Barão de Teffé* e organizado uma viagem que pareceria uma ousadia extrema aos olhos dos militares de hoje: o barco saiu do Rio de Janeiro e foi até o Leste Antártico, entrando no congelado mar de Weddell e atracando perto da estação alemã Von Neumayer, na costa da Princesa Martha (a mesma região que Hitler ensaiara ocupar na década de 1930).

A iniciativa, que daria ao Brasil o cacife para aderir como membro pleno ao Tratado da Antártida, era resultante de uma ideia plantada em 1972 no Clube de Engenharia, no Rio de Janeiro. O clube vinha pensando em organizar uma expedição brasileira à Antártida no embalo de viagens anteriores, como a expedição americana ao polo Sul em 1961 que contara com a participação de um brasileiro, o meteorologista paulista Rubens Junqueira Villela. O então chefe do Departamento de Cultura do clube, João Aristides Wiltgen, chamou militares para participar da iniciativa. No entanto, como na mesma época estavam sendo negociadas com a Argentina e o Paraguai as cotas de Itaipu, o então presidente Emílio Médici vetou a expedição, já que a proposta estava repercutindo mal nos jornais argentinos — e a Argentina, também governada por militares, considera até hoje a Antártida parte de seu território. A primeira expedição só sairia uma década depois da proposta inicial, quando o país já entrara em sua abertura "lenta, gradual e segura". A Marinha, então, tomara conta do projeto, escanteando o Clube de Engenharia.

Juntamente com o *Teffé*, partiu para a Antártida o diminuto e inseguro barco de pesquisas do Instituto Oceanográfico da USP, o *Professor Wladimir Besnard*, com uma tripulação formada pelo pessoal da marinha mercante. Villela foi convocado como meteorologista de bordo, com equipamento de recepção de sinal emprestado pela polícia civil e um radioamador cego de nascença recebendo os dados que seriam transformados em boletins.

As duas viagens, para dois setores diferentes da Antártida, se revelariam uma aventura. Em pleno mar de Weddell, a sessenta quilômetros do círculo polar, uma pane no motor auxiliar anteciparia o conturbado futuro do *Teffé*. O navio ficou à deriva durante dezessete horas, percorrendo cerca de trinta quilômetros sem controle. O episódio vazou para a imprensa e a Marinha tentou desmentir, mas foi obrigada a confirmar o fato.[2] O defeito foi consertado por um alpinista alemão, mas outras panes se seguiram até o navio ser substituído pelo *Ary Rongel*, em 1994.

O *Besnard* foi cercado por gelo, sem possibilidade de manobra, e por pouco não bateu. "Havia gelo na altura do convés", recorda-se Villela. Qualquer choque seria mortal para o navio da USP, cujo casco tinha apenas oito milímetros de espessura e chapa simples, contra a chapa dupla de navios de classe polar. Depois, no cabo Horn, foi apanhado por uma tempestade que durou 24 horas, com ondas de sete metros e vento duas vezes mais forte do que o previsto pela meteorologia. "O pessoal ficava esperando os boletins e eu vomitando a bordo", recorda-se Villela, com uma risada.

Na primeira fase da Operação Antártica I, antes de se encontrar com o *Besnard* em Punta Arenas e antes de fazer a ousada travessia para o mar de Weddell, o *Teffé* aportou na baía do Almirantado. A primeira vez que a bandeira brasileira seria hasteada no continente austral foi em frente à estação polonesa Arctowski. Ali os brasileiros receberam uma dica que não passaria despercebida: no fundo da baía havia uma antiga estação baleeira abandonada pelos ingleses, com dois lagos de água doce próximos e que permaneciam descongelados no verão. Era o ponto G, ou melhor, a base G, da Operação Tabarin (veja o capítulo 10). Ali os brasileiros começariam a construir a Estação Antártica Comandante Ferraz, batizada em homenagem ao hidrógrafo da Marinha Luís Antônio Ferraz, morto de infarto durante um congresso no Canadá em 1982.

Para a Marinha, reconstruir a base no mesmo local nunca foi uma questão. Por um imperativo estratégico, a força naval alega precisar manter Rei George ocupada, compondo uma linha de ilhas no Atlântico Sul que abarca Fernando de Noronha, Trindade e Martim Vaz e o arquipélago de São Pedro e São Paulo. Os militares afirmam que as ilhas são componentes importantes de defesa e que, por meio delas, podem proteger o litoral brasileiro em caso de conflito, controlando a navegação.

Os britânicos também têm uma linha de ilhas que se estende das Malvinas até a Geórgia do Sul e as Órcadas do Sul, e que são estratégicas para controlar a navegação no cabo Horn. Mantendo Rei George ocupada, mesmo sem clamar território, o Brasil e outros países sul-americanos "quebram a linha dos ingleses", nas palavras do almirante Silva Rodrigues.

Além disso, o almirante aposta que, depois de 2048, quando expirar o Protocolo de Madri e a moratória à exploração econômica, haverá uma corrida mundial aos recursos antárticos. "Não sejamos ingênuos: há 178 minerais raros na Antártida, uma reserva de gás para três séculos e a maior reserva de água doce do mundo", enumera Silva Rodrigues. "Você acha que isso não será explorado no futuro?" Quando Silva Rodrigues e seus colegas afirmam que Ferraz, mais do que uma estação de pesquisas, é a "casa do Brasil na Antártida", eles têm em mente uma concepção de programa muito diferente da dos pesquisadores. "Nós somos o meio; o fim é a presença do Estado brasileiro para decidir o futuro de um continente que é importantíssimo para o Brasil."

As visões diferentes de militares e cientistas sobre o papel do programa costumam gerar faíscas e criar ressentimentos de parte a parte. Os pesquisadores dizem que os militares se comportam como donos do pedaço e interferem excessivamente nas atividades de pesquisa — geralmente impedindo-as —, por razões de "segurança" que nem sempre são reais. Os militares, por sua vez, queixam-se de ingratidão e incompreensão, já que gastam 35 milhões de reais por ano com a logística do programa e chegaram a bancar as atividades de pesquisa durante os anos bicudos do governo FHC, quando o CNPq (Conselho Nacional de Desenvolvimento Científico e Tecnológico) não tinha um centavo para investir e a ciência não podia parar.

Como em toda boa guerra, ambos os lados têm razão.

Os cientistas, especialmente os mais jovens, de fato não são lá muito sensíveis às limitações da logística. Eles cobram autonomia dos militares, mas, ao mesmo tempo, também esperam que estes resolvam todos os seus problemas — inclusive durante a escala obrigatória em Punta Arenas ou Ushuaia, quando precisam se virar com as diárias magérrimas pagas pelas universidades para hospedagem e alimentação.

Do outro lado, a logística do programa de fato tem restrições. Esse espírito inicialmente foi resumido na frase de um dos comandantes da primeira Operação Antártica: "Vamos dar um passo curto, para não escorregar". Mas o passo maior não chegou a ser dado, mesmo com condições técnicas e financeiras. O Brasil só avançaria para o interior do continente em 2008, graças ao dinheiro do Ano Polar Internacional, que permitiu a alguns grupos de pesquisa contratar uma empresa privada para levar os brasileiros ao manto de gelo. Nunca houve interesse em treinar pilotos da FAB para pousar nas chamadas pistas de gelo azul, onde é possível aterrissar um Hércules sem necessidade de esquis. Mesmo com dois navios aptos a navegar em campos de gelo, incursões acima do círculo polar ou no mar de Weddell são raras. Embora o país tenha adquirido autonomia na Antártida como não adquiriu em outros programas estratégicos que envolvem segurança nacional e orçamento elevado, como o espacial, Villela define essa autonomia como "atrofiada".

Ao envolver o serviço no programa no plano de carreira militar, a Marinha criou uma espécie de incentivo perverso: primeiro, as tripulações se alternam a cada dois ou três anos. Cada comandante de navio ou chefe de estação sai quando começa a entender o ambiente e é substituído por um novato. O sucesso ou fracasso de uma temporada de pesquisas depende muito da personalidade do comandante e de suas relações com os cientistas. "A gente nunca sabe quem são os interlocutores no programa brasileiro, porque eles mudam a cada reunião", disse-me uma vez um representante do Serviço Antártico Britânico.

O pessoal da Marinha ganha generosas diárias em dólar enquanto está na Antártida. Essa é uma forma que a força naval encontrou de premiar os praças, por exemplo — especialmente os do grupo-base, que acabam fazendo um pé-de-meia durante o ano que passam na estação sem gastar um centavo. Alguns praças e oficiais se adaptam ao esquema e buscam voltar sempre que têm chance. Era o caso de Santinho, a quem conheci em Ferraz em 2001 e que voltou outras vezes ao GB, até morrer no incêndio. De forma geral, no entanto, o Proantar é apenas mais uma etapa na carreira de um oficial de Marinha. Uma etapa em que ele tem um aumento considerável de remuneração, seu trabalho é vigiado de perto pelo comando e da qual dependerão suas promoções futuras.

O resultado disso é que muitos comandantes adotam uma cultura de risco zero: se acontecer alguma coisa com o navio, a estação, um bote ou um helicóptero, adeus promoção. A lógica adotada por esses oficiais é: se o mar não estiver "de almirante", ou seja, perfeitamente calmo, ninguém sai com os botes; se o céu não estiver "de brigadeiro", nada de voar com helicópteros para lançar acampamentos. Para a pesquisa, isso pode ser ruim. "Na Antártida é o seguinte: é preciso ter cautela, mas sem um pouco de ousadia você não faz nada", diz o pioneiro Rubens Villela, que se aposentou em 2000 depois de mais de vinte viagens ao continente austral.

O almirante Silva Rodrigues, da Secirm, diz que "é uma mentira muito grande" que o método de trabalho da Marinha crie amarras ao programa. Ao contrário, raciocina, é prejudicial deixar funcionários muito tempo num lugar só, porque eles "criam vícios". "A Marinha trabalha com rotatividade", diz o almirante. "Se isso fosse ruim, nossos navios não funcionariam."

Programas antárticos como o americano resolveram o conflito insolúvel entre civis e militares com um choque de capitalismo: trabalham com logística privada ou subcontratando as Forças Armadas para operar sob coordenação civil. "Não funcionaria. Sairia caríssimo", contesta Silva Rodrigues, lembrando, com razão, que o salário dos militares envolvidos na operação é diluído no orçamento na Marinha, sem entrar na conta do Proantar.

A falta de previsibilidade de verbas foi um problema crônico do programa durante grande parte de sua história, em especial para a pesquisa. Entre 1983 e 2005, por exemplo, toda a ciência antártica somada custou ao país risíveis 25 milhões de reais.[3]

Isso impactou o tamanho e a ambição das pesquisas polares. Em 2002, por exemplo, ano em que a Antártida entrou em evidência no mundo devido ao colapso da plataforma Larsen B, não havia dinheiro do CNPq para o edital de pesquisa antártica. O programa foi socorrido pelo Ministério do Meio Ambiente, que botou 2,8 milhões de reais na montagem de redes de pesquisa para estudar impactos ambientais locais e mudanças do clima.

O aperto só acabou em 2008, com cerca de 14 milhões de reais para pesquisas do Quarto Ano Polar Internacional, um esforço de dois anos que envolveu 5 mil cientistas de sessenta países. Naquele mesmo ano, formou-se no Congresso uma frente parlamentar de apoio ao Proantar, na qual os deputados faziam emendas para destinar recursos à pesquisa e, em troca, ganhavam uma viagem ao continente para conhecer as instalações brasileiras. Mesmo assim, tudo o que se gastou em pesquisa em três décadas de programa brasileiro — 85,8 milhões de reais — é menos de 6% do que se enterrou no Estádio Nacional de Brasília, uma das obras mais inúteis da Copa do Mundo de 2014. Mesmo quando se põe na conta os 35 milhões de reais anuais de gastos com logística e os

70 milhões de reais da compra do *Almirante Maximiano*, o Programa Antártico Brasileiro é um anão comparado ao de outro país em desenvolvimento, a China — que, como você viu, tem nos polos o duplo interesse de aumentar seu prestígio internacional e explorar novas rotas de navegação no Ártico e gasta cerca de 100 milhões de dólares por ano estudando essas regiões.

"Não dá para pensar num programa maior do que a capacidade do Brasil", pondera o almirante Marcos Silva Rodrigues. Ele dá um exemplo, justificando por que a Defesa nunca se interessou por treinar pilotos de Hércules para pousar no interior do continente. "O que você vai priorizar: o Hércules arriscar lá ou ir para a Amazônia para atender um flagelo?"

Durante o primeiro governo Dilma Rousseff, embalada por um período de vacas gordas na década anterior, no qual foram montados os Institutos Nacionais de Ciência e Tecnologia e comprado o navio polar *Almirante Maximiano*, a comunidade científica se permitiu sonhar. Um plano de ação foi montado para o período até 2022,[4] organizando a pesquisa em cinco grandes temas (basicamente os mesmos nos quais os brasileiros já faziam estudos): glaciologia, biologia, oceanografia física, geologia e meteorologia. Também propõe pela primeira vez estudar conexões com o Ártico e promete tornar a ciência antártica brasileira mais relevante para o contribuinte — que não tem ideia de onde fica o mar de Weddell, mas que come todo dia o pão produzido com o trigo plantado nas regiões sob influência direta do gelo marinho de lá; que não sabe por que ursos-polares não comem pinguins, mas que usa energia produzida pelas chuvas que caem no Sudeste sob influência de massas de ar antártico.

Sobre as limitações da logística, Jefferson Simões, da UFRGS, parece ter jogado a toalha: num futuro previsível, o Brasil não vai entrar para o clube das nações com capacidade operacional no interior do continente, algo que China e Coreia do Sul desenvolveram em pouco tempo, mas com muitos recursos. "O cenário ideal para a comunidade científica é Ferraz montada, com equipamentos que permitam fazer análise in situ, o resto do pessoal no navio, fazendo pesquisa e diferentes pernadas dedicadas à oceanografia, os acampamentos, curtos, e o pessoal que vai para dentro do continente em missões rápidas, de um ou dois meses. Hoje em dia ninguém quer ficar muito tempo lá, o pessoal quer ir à praia."

Na parte científica, porém, o plano de ação é ambicioso, e se propôs a tornar o Brasil "um dos líderes nas investigações sobre o papel dos processos polares no hemisfério Sul". Já não era sem tempo: como as pesquisas vêm mostrando, há muito mais coisas entre os polos e as baixas latitudes do que sonhava nossa vã ciência até poucos anos atrás. Com as regiões polares mudando mais rápido do que todo o restante do planeta, parece improvável que os efeitos dessas mudanças não se façam sentir aqui — se é que já não estão sendo sentidos.

É fundamental entender a velocidade desses processos, saber como eles poderão impactar o Brasil e que atitudes deveremos tomar nas próximas décadas para nos adaptarmos a uma nova e nada simpática realidade de clima. Mais do que nunca, um programa antártico que saiba fazer as perguntas certas e esteja equipado para encontrar as respostas não é um delírio de grandeza ou um surto de paranoia militar, mas sim uma questão-chave para o desenvolvimento do país. Seu Antônio Cassol, o agricultor endividado de Jiruá, Rio Grande do Sul, agradece.

Epílogo
Meio-dia em Paris

> *Alors, vous l'avez fait!*
> François Hollande, presidente da França, aos delegados no encerramento da Conferência do Clima de Paris

Não faltou emoção naquele 12 de dezembro de 2015 no Parque de Exposições de Le Bourget, nos arredores de Paris. Às 19h26, o chanceler francês Laurent Fabius bateu o martelo da adoção do primeiro acordo universal de combate às mudanças climáticas, negociado intensamente nos doze dias anteriores durante a 21ª Conferência das Partes da Convenção do Clima das Nações Unidas, a COP21. O imenso pavilhão construído pelos franceses para abrigar aquele que foi o maior encontro de chefes de Estado da história explodiu em palmas, abraços e lágrimas, que se estenderam por toda a noite de sábado. Todos ali — negociadores de 196 nações, membros da sociedade civil, jornalistas — sabíamos estar testemunhando um feito histórico: após vinte anos de negociações frequentemente frustrantes, dúvidas e derrotas, a humanidade enfim se dava conta de que a era das emissões de gases de efeito estufa precisava chegar ao fim. E esse fim começava ali, em Paris.

"Então, vocês conseguiram!", cumprimentou o presidente da França, François Hollande, em seu discurso aos delegados na plenária de encerramento. "Um dia, quando nos perguntarem sobre o sentido de nossas vidas e sobre o que nós conseguimos fazer, poderemos lembrar muitos feitos e contar muitas histórias, mas uma se destacará. Vocês poderão dizer: 'Em 12 de dezembro estivemos em Paris para o acordo do clima', e poderão ter orgulho diante de seus filhos e netos."

Quem chegou a Le Bourget naquela manhã já sabia que o dia terminaria com um acordo aprovado. Os conflitos insolúveis sobre os mesmos temas entre países do Norte e do Sul e as ameaças de implosão do processo inteiro, temas constantes em conferências do clima, deram lugar, em Paris, a acomodação e flexibilidade. Parcerias inusitadas se formaram, como uma coalizão que uniu as pequenas ilhas e os Estados Unidos, respectivamente as maiores vítimas e o maior vilão do aquecimento global. Ao apresentar o texto final do acordo aos diplomatas e ministros, por volta do meio-dia, Fabius se emocionou em seu discurso. Na sequência, Hollande levou às lágrimas até mesmo a intérprete que fazia a tradução simultânea de sua fala para o inglês, ao dizer que "é raro ter em uma vida a oportunidade de mudar o mundo, e vocês a têm". Jornalistas acostumados a escrever ano após ano a mesma manchete ("Conferência do clima termina em fiasco em...") foram obrigados a deixar o cinismo de lado e dar uma boa notícia. Todos adoraram poder fazê-lo.

Como ressaltou Fabius, os planetas estavam alinhados em Paris. O clima não lembrava em nada aquele visto seis anos antes, na fracassada conferência de Copenhague, em 2009, quando os interesses individuais de Estados Unidos e China somaram-se à inépcia diplomática dinamarquesa para não apenas minar a chance de um acordo, mas até mesmo para evitar que a fraca declaração produzida pelo encontro fosse formalmente reconhecida pela ONU.

Paris produziu um pacote de decisões de 31 páginas, contendo um acordo de doze páginas, o Acordo de Paris, e uma decisão de dezenove páginas detalhando sua implementação. Trata-se de um minimanual de reorientação da economia global, que estabelece o objetivo de longo prazo de estabilizar a temperatura em "bem menos de dois graus Celsius", discorre em linhas muito gerais sobre como esse objetivo será financiado e convida os países a aumentar a ambição das próprias metas de corte de emissão a cada cinco anos a partir de 2023. Reconhecendo que já não cabe adaptação a algumas das consequências do aquecimento da Terra sobre determinadas populações, entre elas eventos de início lento como a elevação do nível do mar, o texto estabelece também um mecanismo de perdas e danos, para facilitar a cooperação internacional e a obtenção de recursos pelos países mais pobres vítimas de extremos climáticos.

O acordo, em si, é fraco, protela decisões fundamentais sobre o aumento das metas e sobre dinheiro e deixa a cargo da consciência de cada país aportar o que considere ser seu quinhão justo de esforço. Mas sua importância não reside no texto, e sim em sua própria existência. É a sinalização dada em Paris de que o mundo começou a levar a sério o combate à mudança do clima que poderá fazer as empresas se moverem na direção da necessária transição energética e do fim do desmatamento. Tudo dependerá da maneira como o novo regime de proteção do clima for implementado nos próximos anos. Nas palavras do ambientalista americano Bill McKibben, Paris não salvou o mundo, mas pode ter salvado a chance de salvá-lo.

Durante a década e meia em que acompanhei a questão climática como jornalista, jamais vi tanto consenso quanto o que se formou no caminho até o Acordo de Paris. Pela primeira vez, os tomadores de decisão política falaram em estabelecer uma visão de longo prazo para atacar o problema. Estados Unidos e China, os maiores poluidores do planeta, abandonaram sua postura usual de bloquear os avanços e começaram a enxergar oportunidades econômicas em energias limpas. E o Brasil, depois de enfrentar o flagelo da seca em pleno Sudeste e a insegurança energética, voltou a pensar em energias renováveis.

Para os que achavam que só uma intervenção divina poderia salvar as negociações internacionais, nem isso faltou: o papa Francisco foi canonizado em vida pela comunidade científica ao editar a primeira encíclica ambiental dos 2 mil anos de história da Igreja católica, chamando a atenção para a obrigação moral dos cristãos e de "todas as pessoas de boa vontade" de combater a contaminação do que ele denominou "nossa casa comum".

O negacionismo das mudanças climáticas, que durante anos foi eficaz em plantar a dúvida na cabeça do público, especialmente nos Estados Unidos, perdeu força política. Como já comentei ao longo deste livro, o consenso sobre o papel da humanidade nas alterações do clima é de tal natureza que é reforçado, e não enfraquecido, por novas evidências. Por mais que o prazo e a magnitude dos impactos ainda sejam discutíveis, a origem do problema, suas potenciais consequências e a maneira de mitigá-lo estão, para efeito prático, além de qualquer dúvida razoável.

A própria marcha da ciência e o próprio método científico trataram de silenciar os autoproclamados "céticos", depurando pesquisas mal-ajambradas, inconclusivas ou abertamente distorcidas. Por definição, o conhecimento científico é provisório e se expressa por meio de estatísticas — níveis sigma, probabilidades, intervalos de confiança. Assim, o público está permanentemente condenado a se frustrar ao inquirir os cientistas do clima atrás de previsões certeiras, como as de um oráculo. Daí não decorre, porém, que a hipótese do aquecimento global seja menos válida ou menos forte; ao contrário, sua provisoriedade é um sinal de força, de que ela está sujeita aos testes de estresse do falseamento e do *peer-review* (revisão pelos pares) e vem resistindo. Nisso a ciência do clima difere dos dogmas professados por parte dos ditos "céticos".

Outro elemento determinante — possivelmente *o* elemento determinante — da virada política do clima foi a disseminação de novas tecnologias de energia. Nos Estados Unidos, a chamada revolução do gás de folhelho, um combustível fóssil barato, abundante e bem menos poluente, deu ao presidente Barack Obama margem de manobra para regular as emissões de termelétricas a carvão, o que pode ter sido o começo do fim desse combustível no país. As campanhas de relações públicas movidas pelo lobby carvoeiro em resposta ao governo, que mostraram o carvão como peça-chave do combate à pobreza na Ásia, ao fornecer energia barata, foram uma demonstração de que a indústria sentiu o golpe.

Ao mesmo tempo, no mundo inteiro, a energia solar fotovoltaica despencou de preço e começou a ganhar escala, a ponto de os chineses planejarem atingir cem gigawatts de eletricidade solar (o equivalente a dois terços da matriz elétrica brasileira) em 2018. Cortar emissões, algo que era visto como um custo e uma trava à competitividade, passou a ser um jeito de ganhar dinheiro e gerar empregos. Quem pode ser contra isso?

Seria bom se a história pudesse acabar aí, com os ministros brindando em Paris com vinho orgânico à redenção da Terra. Infelizmente não acaba: só os próximos anos dirão se o consenso sobre a necessidade de eliminar as emissões de carbono se formou a tempo de deter a espiral da morte.

O quadro até aqui não parece muito animador. Embora os cenários de apocalipse tenham sido afastados (mas não descartados), os polos seguem sua marcha inexorável de degelo. Isso se deve à inércia do sistema climático e à lentidão com que o oceano absorve calor. Mal comparando, é como empurrar um caminhão em ponto morto para uma ladeira: é preciso um esforço enorme para chegar lá, mas, uma vez embalado, o veículo é muito difícil de ser detido.

Existe um débito energético no oceano, dos gases-estufa que já foram emitidos — e que permanecerão por milênios no ar — e do calor que ainda não foi transferido às camadas mais profundas do mar. Essa conta será cobrada do sistema climático sem desconto nos próximos séculos, mesmo que paremos de emitir CO_2 hoje.

O calor adicional fará o oceano se dilatar, como a água numa chaleira se expande quando esquenta. Da mesma forma, os mantos de gelo da Groenlândia e da Antártida Ocidental continuarão despejando bilhões de toneladas de água doce no oceano neste século e nos próximos. Como você viu no primeiro capítulo, o ponto de não retorno para um degelo acelerado de toda a Groenlândia pode ser um aquecimento adicional tão pequeno quanto um grau. O fator limitante da velocidade da elevação do mar provocada pelo degelo da ilha passaria a ser a geografia: como a Groenlândia tem menos área de geleiras em contato direto com o mar do que a Antártida, o colapso ali seria mais lento.

O quadro para a Antártida é mais cheio de incertezas, mas os modelos indicam que, uma vez iniciado, nada poderá reverter o colapso das geleiras Pine e Thwaites, que pode arrastar para dentro do oceano a maior parte do gelo do Oeste Antártico. Só resta sentar, assistir e torcer para que isso ocorra em séculos ou milênios em vez de décadas. Quem viver verá.

Há um risco adicional, que deriva de nossa ignorância: simplesmente não sabemos o bastante sobre o funcionamento do clima, então as coisas podem se provar bem menos graves do que aparentam hoje, mas também podem ser bem piores. O consenso político colocou o indefinido limite de "bem abaixo" de dois graus acima da média pré-industrial como a "dose segura" de aquecimento global, por assim dizer. No entanto, devido aos múltiplos mecanismos de retroalimentação e às várias interações entre as componentes do sistema climático, esse valor pode estar superestimado ou subestimado. Mesmo que se prove uma subestimativa — ou seja, que a resiliência da Terra seja maior —, é preciso olhar para a realidade do controle de emissões: as promessas feitas pelos países antes do Acordo de Paris (cada uma delas chamada de "justa e ambiciosa" pelo governo proponente) põem o mundo no rumo de esquentar de 2,7 a 3,5 graus Celsius. Cada vez mais cientistas do clima têm saído do "armário" dos dois graus e declarado que já não é possível atingir a meta, a menos que uma tecnologia milagrosa e barata para retirar carbono do ar apareça e ganhe escala nos próximos quinze anos.

Durante os três anos que passei pesquisando e escrevendo este livro, frequentemente fui surpreendido por novos estudos sobre o clima nos polos. Por mais de uma vez precisei refazer ou ampliar capítulos que já estavam sendo escritos, ou revisitar capítulos já fechados, porque um artigo científico recém-publicado acabava de acrescentar uma nova evidência a este ou àquele ponto. Na maior parte das vezes essas evidências mostravam que a realidade era pior do que a que eu vinha pintando, embora dois ou três estudos tenham apontado na direção contrária. Assim, enquanto eu entrevistava especialistas para entender o que estava acontecendo no Oeste da Antártida, um novo estudo mostrava que o Leste também perde gelo — provavelmente há anos, só que as pessoas simplesmente nunca haviam olhado para aquela região. Depois de eu terminar o capítulo que falava das plataformas de gelo antárticas, um novo trabalho na revista *Science* mostrou que elas perderam 18% de sua espessura em menos de vinte anos na região do mar de Amundsen e que, em todo o continente, a perda de água por degelo das plataformas decuplicou na primeira década do século XXI: de 25 quilômetros cúbicos entre 1994 e 2003, passou para 310 quilômetros cúbicos entre 2003 e 2012. O próprio entendimento de cientistas como os franceses Valérie Masson-Delmotte e Eric Rignot sobre o risco de um degelo descontrolado da Antártida mudou enquanto este livro era escrito: alguns estudos têm mostrado que o degelo superficial é capaz de produzir fraturas no manto e fazer colapsar também vastas porções do Leste Antártico, tendo sido provavelmente a causa de elevações do nível do mar de quase vinte metros no passado — com climas semelhantes àquele para o qual rumamos agora.

Quando entrevistei Wallace Broecker, que teorizou o mecanismo da esteira de circulação do Atlântico Norte, ele me disse que achava improvável que um desligamento abrupto dessa circulação por causa do degelo polar estivesse prestes a ocorrer. O IPCC, em seu quinto relatório, afastou a hipótese de um enfraquecimento ou um desligamento neste século. Meses depois, um artigo no periódico *Nature Climate Change* afirmava que a corrente do Golfo já estava mais fraca e que isso era a provável causa de um resfriamento local no Atlântico Norte.

Quando a americana Jennifer Francis teorizou que a perda de gelo marinho no Ártico e da cobertura de neve na Sibéria estava por trás dos invernos gelados e dos verões escaldantes da América do Norte e da Rússia, recebeu críticas de vários colegas pelo teor especulativo da proposta. Pois bem: a brasileira Camila Carpenedo, da USP, descobriu o mesmo mecanismo em ação no hemisfério Sul, e contou que quase caiu para trás quando se deparou com o estudo dos americanos — achou que perderia a prioridade da descoberta. Se a mesma relação entre gelo marinho e padrões meteorológicos foi detectada de forma independente em dois hemisférios, a chance de que ela seja coincidência cai dramaticamente.

A civilização industrial deixará, assim, uma herança ambígua para as gerações futuras: nunca antes na história a humanidade gozou de níveis tão altos de bem-estar, e nunca antes ela foi capaz de trabalhar em conjunto para solucionar um problema planetário. O Acordo de Paris permanecerá para sempre como um testemunho dessa ação coletiva – um ponto de virada na história.

Por outro lado, independentemente do que façamos de agora em diante para mitigar esse problema, o nível do mar ainda subirá durante séculos, reconfigurando a paisagem da Terra de uma forma como apenas as majestosas forças naturais do Sol e da deriva continental haviam sido capazes de fazer. Tornamo-nos agentes modificadores do planeta e, num ato de narcisismo resignado, marcamos nossa ação batizando um novo período geológico, o Antropoceno. Sua duração é incerta, mas ele será tão mais longo quanto mais tardarmos em zerar nossas emissões e começarmos a retirar ativamente carbono da atmosfera. Várias das consequências do Antropoceno já estão matando, desabrigando e empobrecendo pessoas mundo afora. Como me relatou um diplomata do Mali depois de uma das reuniões preparatórias para a conferência de Paris, para os países africanos a mudança climática não é um desafio futuro, nem uma oportunidade econômica: "Para nós é um ônus hoje".

Outras consequências baterão à nossa porta e farão parte de nosso cotidiano nas próximas décadas. Outras, ainda, ficarão como herança aos nossos filhos e netos.

Aposto como eles não vão se orgulhar disso.

Notas

1. TREMENDO DE CALOR [pp. 23-56]

1. J. Jouzel; C. Lorius; D. Raynaud, *The White Planet: The Evolution and Future of our Frozen World*. Princeton: Princeton University Press, 2013.
2. J. Diamond, *Colapso: Como as sociedades escolhem o fracasso ou o sucesso*. Rio de Janeiro: Record, 2005, p. 259.
3. J. Jouzel; C. Lorius; D. Raynaud, op. cit.
4. A. Khan et al., "Recurring Dynamically Induced Thinning During 1985 to 2010 on Upernavik Isstrøm, West Greenland". *Journal of Geophysical Research: Earth Surface*, v. 118, pp. 111-21, 2013.
5. A. Khan et al., "Elastic Uplift in Southeast Greenland Due to Rapid Ice Mass Loss". Earth Science Faculty Scholarship, Paper 30, 2007. Disponível em: <http://digitalcommons.library.umaine.edu/ers_facpub/30>.
6. G. Ekström et al., "Seasonality and Increasing Frequency of Greenland Glacial Earthquakes". *Science* 311, p. 1756, 2006.
7. I. M. Howat et al., "Mass Balance of Greenland's Three Largest Outlet Glaciers, 2000-2010". *Geophysical Research Letters*, v. 38, 2011. Disponível em: <http://www.staff.science.uu.nl/~lenae101/pubs/Howat2011.pdf>.
8. C. Angelo, "No Ártico com a Nasa". *Folha de S.Paulo*, 24 abr. 2011.
9. M. Bevis et al., "Spread of Ice Mass Loss into Northwest Greenland Observed by GRACE and GPS". *Geophysical Research Letters*, v. 37, 2010. Disponível em:

<ftp://soest.hawaii.edu/coastal/Climate%20Articles/Greenland%20melting%20acceleration%20Bevis%202010.pdf>.

10. IPCC, *Climate Change 2007: The Physical Science Basis — Working Group I Contribution to the Fourth Assessment Report of the Intergovernmental Panel on Climate Change. Summary for Policymakers.* Disponível em: <www.ipcc.ch>.

11. IPCC, AR5, WGI, SPM.

12. M. Tedesco et al., "Evidence and Analysis of 2012 Greenland Records from Spaceborne Observations, a Regional Climate Model and Reanalysis Data". *The Cryosphere*, 30 nov. 2012. Disponível em: <http://www.the-cryosphere-discuss.net/6/4939/2012/tcd-6-4939-2012.pdf>.

13. H. J. Zawally et al., "Surface Melt-Induced Acceleration of Greenland Ice Sheet Flow". *Science*, pp. 218-22, 12 jul. 2002.

14. S. B. Das et al., "Fracture Propagation to the Base of the Greenland Ice Sheet During Supraglacial Lake Drainage". *Science*, 18 abr. 2008. Disponível em: <https://darchive.mblwhoilibrary.org/bitstream/handle/1912/2506/DasetalScience2008_revised.pdf>.

15. Disponível em: <http://nsidc.org/greenland-today/2013/02/greenland-melting-2012-in-review/>.

16. Disponível em: <http://nsidc.org/greenland-today/>.

17. A. Khan et al., "Sustained Mass Loss of the Northeast Greenland Ice Sheet Triggered by Regional Warming". *Nature Climate Change*, pp. 292-9, 16 mar. 2014.

2. É TUDO CULPA SUA [pp. 57-85]

1. A metáfora de Twain é lindamente explorada pelo paleontólogo Stephen Jay Gould no primeiro capítulo de seu livro *Vida maravilhosa*.

2. S. Weart, *The Discovery of Global Warming.* American Institute of Physics. Disponível em: <http://www.aip.org/history/climate/co2.htm>.

3. Ibid.

4. S. Arrhenius, "On the Influence of Carbonic Acid in the Air Upon the Temperature of the Ground". *Philosophical Magazine and Journal of Science.* Série 5, v. 41, pp. 237-76, abr. 1896. Disponível em: <http://www.globalwarmingart.com/images/1/18/Arrhenius.pdf>.

5. IPCC, *Climate Change 2013: The Physical Science Basis. Summary for Policymakers.*

6. IPCC 2013, *Technical Summary.*

7. IPCC, *Climate Change 2007: The Physical Science Basis. Technical Summary.*

8. Há controvérsia sobre quando a pequena era do gelo começou. Alguns cientistas atribuem seu início ao século XII; Jouzel, Lorius e Raynaud (n. 10) situam-no no século XV. Ver também C. Angelo, *Folha explica: O aquecimento global*. Publifolha, 2008.

9. C. Angelo, op. cit.

10. IPCC 2013, op. cit.

11. D. Archer, *The Long Thaw: How Humans are Changing the Next 100,000 Years of Earth's Climate*. Princeton: Princeton University Press, 2008. (E-book)indle.

12. PNUMA, *Emissions Gap Report 2013*. Disponível em: <http://www.unep.org/pdf/UNEPEmissionsGapReport2013.pdf>.

13. IPCC 2013, op. cit.

14. J. Jouzel; C. Lorius; D. Raynaud, op. cit.

15. IPCC 2013, op. cit.

16. J. Houghton, "Meetings that Changed the World: Madrid, 1995. Diagnosing Climate Change". *Nature*, v. 455, 9 out. 2008. Disponível em: <http://www.environmentportal.in/files/Madrid%201995.pdf>.

17. IPCC, op. cit.

18. D. Archer, op. cit.

3. A ESPIRAL DA MORTE [pp. 86-128]

1. Segundo informações prestadas ao autor pelo Serviço de Gelo Canadense.

2. Philip F. Alexander, *The North-West and North-East Passages, 1576--1611*. Cambridge: Cambridge Univertisy Press, 1915. Disponível em: <https://archive.org/stream/northwestnorthea00alexrich#page/n7/mode/2up>.

3. U. Capozoli, *Antártida: A última terra*. São Paulo: Edusp, 1991, p. 149.

4. D. House; M. Lloyd; P. Toomey et al., *The Ice Navigation Manual*, 2010.

5. M. C. Serreze et al., "Observational Evidence of Recent Change in the Northern High-Latitude Environment". *Climatic Change* 46, pp. 159-207, 2000.

6. IPCC, *Climate Change 2007: The Physical Science Basis*.

7. S. Earle, *The World is Blue*. Washington, DC: National Geographic, 2009, p. 187.

8. Arctic Climate Impacts Assessment, 2004.

9. IPCC, op. cit.

10. Ibid.

11. S. Arrhenius, op. cit.

12. M. A. Balmaseda; K. E. Trenberth; E. Källén, "Distinctive Climate Sig-

nals in Reanalysis of Global Ocean Heat Content". *Geophysical Research Letters*, v. 40, pp. 1754-9, 10 maio 2013.

13. D. Archer, op. cit.

14. O dado pode ser encontrado na Ação Civil Pública movida em 2009 pelo Ministério Público de São Paulo contra a Petrobras, que deu origem ao acordo do diesel. Disponível em: <http://www.mpsp.mp.br/portal/page/portal/noticias/publicacao_noticias/2009/mar09/ACPoDiesel.pdf>.

15. Disponível em: <http://nsidc.org/arcticseaicenews/2012/09/>.

16. IPCC, *Climate Change 2013, The Physical Science Basis, Technical Summary*.

17. Biografia de Nansen na Fundação Nobel. Disponível em: <http://www.nobelprize.org/nobel_prizes/peace/laureates/1922/nansen-bio.html>.

18. F. Nansen, *Farthest North: Being the Record of a Voyage of Exploration of the Ship Fram, 1893-1896*. (E-book).

19. Disponível em: <http://psc.apl.washington.edu/wordpress/wp-content/uploads/schweiger/ice_volume/BPIOMASIceVolumeAnomalyCurrentV2_CY.png>.

20. M. O. Jeffries; J. E. Overland; D. K. Perovitch, "The Arctic Shifts to a New Normal". *Physics Today*, out. 2013. Disponível em: <http://scitation.aip.org/content/aip/magazine/physicstoday/article/66/10/10.1063/PT.3.2147#c2>.

21. J. A. Maslanik et al., "A Younger, Thinner Arctic Ice Cover: Increased Potential for Rapid, Extensive Sea-Ice Loss". *Geophysical Research Letters*, v. 34, L24501, 2007.

22. S. W. Laxon et al., "CryoSat-2 Estimates of Arctic Sea Ice Thickness and Volume". *Geophysical Research Letters*, 2013.

23. "Declassified U.S. Navy Submarine Data Aids in Arctic Ice Study". *Eos*, v. 79, n. 9, 3 mar. 1998.

24. D. A. Rothrock; Y. Yu; G. A. Maykut, "Thinning of Arctic Sea-Ice Cover". *Geophysical Research Letters*, v. 26, n. 23, pp. 3469-72, 1º dez. 1999.

25. J. Overland; M. Wang, "When Will the Summer Arctic be Nearly Ice-free?" *Geophysical Research Letters*, v. 40, pp. 2097-101, maio 2013.

26. *Arctic Opening: Opportunity and Risk in the High North.* Lloyd's/Chatham House, 2012. Disponível em: <http://www.chathamhouse.org/sites/default/files/public/Research/Energy,%20Environment%20and%20Development/0412arctic.pdf>.

27. Q. Tang; X. Zhang; J. A. Francis, "Extreme Summer Weather in Northern Mid-Latitudes Linked to a Vanishing Cryosphere". *Nature Climate Change*, publicação on-line avançada, 8 dez. 2013.

28. Disponível em: <http://www1.folha.uol.com.br/fsp/mercado/me 0601201118.htm>.
29. WMO, *WMO Statement on the Status of the Global Climate in 2012*. Disponível em: <https://www.wmo.int/pages/mediacentre/press_releases/documents/WMO_1108_EN_web_000.pdf>.
30. WMO, op. cit.
31. D. Archer, op. cit., cap. 6.
32. G. Whiteman; C. Hope; P. Wadhams, "Vast Costs of Arctic Change". *Nature*, v. 499, 25 jul. 2013.

4. A CRISE É UMA OPORTUNIDADE [pp. 129-49]

1. Disponível em: <http://www.stat.gl/dialog/main.asp?lang=en&version=201007&sc=SA&subthemecode=o10&colcode=o>.
2. Os números foram mencionados pela premiê da Groenlândia, Aleqa Hammond, num discurso no começo de 2014.
3. B. Fagan, *O aquecimento global: A influência do clima no apogeu e declínio das civilizações*. São Paulo: Larousse, 2008, p. 33.
4. J. Diamond, *Colapso: Como as sociedades escolhem o fracasso ou o sucesso*. Rio de Janeiro: Record, 2005. cap. 7.
5. C. Angelo, "O dilema da Groenlândia". *Folha de S.Paulo*, 8 maio 2011.
6. *Greenland Statistical Yearbook 2010*. Disponível em: <www.stat.gl>.
7. Voltaire, *Candide ou L'Optimisme*. Paris: Librarie Générale Française, 1983, p. 97.
8. *Greenland: A Key Player in the Arctic*. Nuuk: Employers Association of Greenland, 2013.
9. Disponível em: <http://pt.slideshare.net/Tehama/usgs-the-future-of-rare-earth-elements>.
10. M. Klare, *The Race for What's Left: The Global Scramble for the World's Last Resources*. Nova York: Metropolitan Books, 2012, cap. 6. (E-book).
11. M. Klare, op. cit., cap. 3.
12. Disponível em: <http://www.greenpeace.org/international/en/press/releases/Activists-Deported-from-Greenland/>.
13. *Greenland Statistical Yearbook 2010*, op. cit.
14. A. Hammond, *Greenland's Way Forward*. Discurso proferido na Arctic Frontiers Conference, Tromsø, 21 jan. 2014. Disponível em: <www.nanoq.gl>.

5. OS HOMENS QUE ENCARAVAM URSOS-POLARES [pp. 150-72]

1. F. Nansen, *Farthest North: Being the Record of a Voyage of Exploration of the Ship "Fram"*, 1983-1986. Londres, 1897. Edição Kindle.
2. I. Stirling; A. E. Derocher, "Effects of Climate Warming on Polar Bears: a Review of the Evidence". *Global Change Biol.*, v. 18, pp. 2694-706, 2012.
3. *Arctic Climate Impact Assessment*, 2004.
4. Id.
5. C. Monnett; P. Gleason, "Observations of Mortality Associated with Extended Open-water Swimming by Polar Bears in the Alaskan Beaufort Sea". *Polar Biology*, 2006.
6. B. Lomborg, *Cool It: Muita calma nessa hora! O guia de um ambientalista cético sobre o aquecimento global*. São Paulo: Campus, 2008.
7. S. C. Amstrup; B. G. Marcot; D. C. Douglas, "A Bayesian Network Approach to Forecasting the 21st Century Worldwide Status of Polar Bears". In: E. T. DeWeaver; C. M. Bitz; L. B. Tremblay (Orgs.). *Arctic Sea Ice Decline: Observations, Projections, Mechanisms, and Implications. Geophysical Monograph Series*. Washington DC: American Geophysical Union, 2008, pp. 213-68.
8. Disponível em: <http://www.scientificamerican.com/article.cfm?id=polar-bears-threatened>.
9. Três anos depois da decisão de aumentar o status de proteção dos ursos-polares nos Estados Unidos, Charles Monnett voltaria a ganhar manchetes. Ele foi afastado por seis semanas pelo Departamento do Interior, numa investigação de má conduta científica. Órgãos de imprensa da direita americana, como a Fox News, ligaram o episódio à pesquisa de Monnett sobre os ursos-polares, comemorando uma derrota do "movimento do aquecimento global". A investigação, encerrada em 2012, não encontrou nenhuma evidência de má conduta, e Monnett foi restituído ao posto. Disponível em: <http://www.foxnews.com/scitech/2011/07/29/polar-bear-researcher-under-investigation-for-integrity-issues/>.
10. I. Stirling; C. Parkinson, "Possible Effects of Climate Warming on Selected Populations of Polar Bears (*Ursus maritimus*) in the Canadian Arctic". *ARCTIC*, v. 59, n. 3, pp. 261-75, set. 2006.
11. Disponível em: <http://pbsg.npolar.no/en/news/archive/2013/CITES-PBSG-2013.html>.
12. A. E. Derocher et al., "Rapid Ecosystem Change and Polar Bear Conservation". *Conservation Letters*, fev. 2013.
13. Ibid.

6. FALTOU COMBINAR COM OS RUSSOS [pp. 173-202]

1. Disponível em: <https://www.itlos.org/fileadmin/itlos/documents/press_releases_english/PR_205_E.pdf>.

2. M. Klare, op. cit., cap. 3.

3. A. Moe, "Arctic Oil and Gas Development: What are Realistic Expectations?". In: O. Young; J. D. Kim; Y. H. Kim (Orgs.), *The Arctic in World Affairs: A North Pacific Dialogue on Arctic Marine Issues*. Seoul; Honolulu: Korea Maritime Institute; East-West Center, 2013, pp. 227-50.

4. L. Maugeri, *Oil, The Next Revolution*. Cambridge, MA: Belfer Center for International Affairs, Harvard Kennedy School, jun. 2012. Disponível em: <http://belfercenter.ksg.harvard.edu/publication/22144/oil.html>.

5. D. Yergin, *The Prize: The Epic Quest for Oil, Money & Power*. Londres: Simon & Schuster, 2012, p. 770.

6. M. Klare, op. cit.

7. Disponível em: <http://www.euronews.com/2013/09/11/chinese-cargo-ship-reaches-rotterdam-via-arctic-route>.

8. M. Klare, op. cit.

9. S. Wezeman, *Military Capabilities in the Arctic*. Sipri Background Paper, 2012.

10. W. Dansgaard, *Frozen Annals: Greenland Ice Sheet Research*. Copenhague: Niels Bohr Institute, 2004.

11. L. Jakobson, "China Prepares for an Ice-Free Arctic". *Sipri Insights on Peace and Security*, mar. 2010.

12. C. Campbell, *U.S.-China Economic and Security Review Commission Staff Research Report, China and the Arctic: Objectives and Obstacles*, 12 abr. 2012.

13. Disponível em: <http://barentsobserver.com/en/energy/2013/09/chinese-money-russian-arctic-12-09>.

14. S. Wezeman, op. cit.

15. Lloyd, *Arctic Opening: Opportunity and Risk in the High North*. Chatam House, 1º abr. 2012.

16. Disponível em: <http://barentsobserver.com/en/energy/2014/03/russia-ready-work-shelf-ten-years-19-03>.

7. A GELADEIRA DO PROFESSOR INVERNO [pp. 205-38]

1. R. Rhodes, *The Making of the Atomic Bomb*. Nova York: Simon & Schuster, 1986.

2. J. Jouzel; C. Lorius; D. Raynaud, *The White Planet: The Evolution and Future of our Frozen World*. Princeton: Princeton University Press, 2012. (E-book).

3. W. Dansgaard, *Frozen Annals: Greenland Ice Sheet Research*. Copenhague: Niels Bohr Institute, 2004.

4. R. Alley, *The Two-Mile Time Machine: Ice Cores, Abrupt Climate Change, and our Future*. Princeton: Princeton University Press, 2000. (E-book).

5. J. Jouzel; C. Lorius; D. Raynaud, op. cit.

6. W. Dansgaard, op. cit., p. 81.

7. Disponível em: <http://south.aari.nw.ru/stations/vostok/vostok_en.html>.

8. Id., p. 4.

9. J. Jouzel, "A Brief History of Ice Core Science over the Last 50 yr". *Climate of the Past*, v. 9, 2013. Disponível em: <http://www.clim-past.net/9/2525/2013/cp-9-2525-2013.pdf>

10. D. Archer, op. cit.

11. J. R. Petit et al., "Climate and Atmospheric History of the Past 420,000 Years from the Vostok Ice Core, Antarctica". *Nature*, v. 399, pp. 429-36, 3 jun. 1999.

12. Epica, "Eight Glacial Cycles from an Antarctic Ice Core". *Nature*, v. 429, pp. 623-8, 10 jun. 2004.

13. Disponível em: <http://www.realclimate.org/index.php?p=94> e <https://www.skepticalscience.com/ice-age-predictions-in-1970s.htm>.

14. U. Siegenthaler et al., "Stable Carbon Cycle-Climate. Relationship During the Late Pleistocene". *Science*, v. 310, pp. 1313-7, 25 nov. 2005.

15. D. Archer, op. cit., p. 138. Ver também IPCC, AR5, WG I, SPM.

8. DO ÁRTICO, COM CARINHO [pp. 239-70]

1. R. Alley, *The Two-Mile Time Machine: Ice Cores, Abrupt Climate Change, and Our Future*. Princeton: Princeton University Press, 2014. (E-book).

2. W. Dansgaard, *Frozen Annals: Greenland Ice Sheet Research*. Copenhague: The Aage V. Jensen Foundation, 2004, p. 59.

3. S. Weart, "Rapid Climate Change". In: *The Discovery of Global Warming*. Disponível em: <http://www.aip.org/history/climate/rapid.htm#S6S>.

4. J. P. Steffensen et al., "High-Resolution Greenland Ice Core Data Show Abrupt Climate Change Happens in Few Years". *Science*, v. 321, pp. 680-4, 1º ago. 2008.

5. D. Archer, op. cit.

6. T. Stocker, "Hans Oeschger". In: *New Dictionary of Scientific Biography*. Nova York: Charles Scribner & Sons, 2007.

7. D. Archer, op. cit.

8. W. Broecker, "Climatic Change: Are We on the Brink of a Pronounced Global Warming?". *Science*, v. 189, n. 4201, pp. 460-3, 8 ago. 1975.

9. R. Alley, op. cit., cap. 14.

10. A vazão do Amazonas na foz é de 240 mil metros cúbicos por segundo. Disponível em: <www.oceanica.ufrj.br/costeira/projetos/amazonas/Paginas/Apresentacao.html>.

11. W. Broecker, "The Carbon Cycle: Memoirs of My 60 Years in Science". *Geochemical Perspectives*, v. 1, n. 2, cap. 19, abr. 2012.

12. J. Jouzel; C. Lorius; D. Raynaud, *The White Planet: The Evolution and Future of our Frozen World*. Princeton: Princeton University Press, 2013.

13. Wang et al., "Wet Periods in Northeastern Brazil Linked to Distant Climate Anomalies". *Nature*, n. 432, pp. 740-3, 9 dez. 2004.

14. F. W. Cruz et al., "Orbital and Millenial-Scale Precipitation Changes in Brazil from Speleothem Records". In: F. Vimeux; F. Sylvestre; M. Khodri (Orgs.), *Past Climate Variability in South America and Surrounding Regions*. Vol. 14. Springer, 2009.

15. N. Strikis et al., "Abrupt Variations in South American Monsoon Rainfall During the Holocene Based on a Speleothem Record from Central-eastern Brazil". *Geology*, pp. 1075-8, nov. 2011.

16. IPCC, *Climate Change 2013 — The Physical Science Basis — Summary for Policymakers*.

17. NEEM Consortium, "Eemian Interglacial Reconstructed from a Folded Greenland Ice Core". *Nature*, v. 493, pp. 489-94, 24 jan. 2013.

18. E. Galaasen et al., "Rapid Reductions in North Atlantic Deep Water During the Peak of the Last Interglacial Period". *Sciencexpress*, 20 fev. 2014.

19. S. Rahmstorf et al., "Exceptional Twentieth-Century Slowdown in Atlantic Ocean Overturning Circulation". *Nature Climate Change*, v. 5, pp. 475-80, maio 2015.

20. J. Robson et al. "Atlantic Overturning in Decline?". *Nature Geoscience*, n. 7, pp. 2-3, 2014.

9. AO PERDEDOR, AS SKUAS [pp. 273-94]

1. Scientific Committee on Antarctic Research, *Antarctic Climate Change And The Environment*, p. 199, nov. 2009; J. Simões, p. 37.

2. C. Angelo, *O aquecimento global*. São Paulo: Publifolha, 2008, p. 9.

3. J. C. Simões, "O papel do gelo antártico no sistema climático". In: *An-*

tártica e as mudanças globais: um desafio para a humanidade. São Paulo: Blucher, 2011, p. 74.

4. Ibid.

5. E. S. Costa; M. A. S. Alves, "Climatic Changes, Glacial Retraction and the Skuas (*Catharacta sp. Stercorariidae*) in Hennequin Point (King George Island, Antarctic Peninsula)". *Pesquisa Antártica Brasileira*, v. 5, pp. 163-70, 2012.

6. D. W. J. Thompson; S. Solomon, "Interpretation of Recent Southern Hemisphere Climate Change". *Science*, 296, pp. 895-9, 2002.

7. W. Trivelpiece et al., "Variability in Krill Biomass Links Harvesting and Climate Warming to Penguin Population Changes in Antarctica". *PNAS*, v. 108, n. 18, pp. 7625-8, 3 maio 2011.

10. MATADORES E CIENTISTAS [pp. 295-331]

1. A. Gurney, *Abaixo da convergência: Expedições à Antártica, 1699-1839*. São Paulo: Companhia das Letras, 1997, p. 142.

2. J. C. Simões, "O papel do gelo antártico no sistema climático". In: *Antártica e as mudanças globais: Um desafio para a humanidade*. São Paulo: Blucher, 2011.

3. D. Walton, "Discovering the Unknown Continent". In: *Antarctica: Global Science in a Frozen Continent*. Cambridge: Cambridge University Press, 2013.

4. A. Gurney, op. cit., pp. 248-9.

5. Ibid.

6. G. A. Corby, *The First International Polar Year (1882/83)*.

7. U. Capozoli, *Antártida, a última terra*. São Paulo: Edusp, 1991, p. 23.

8. R. Huntford, *O último lugar da terra*. São Paulo: Companhia das Letras, 2002, p. 77.

9. E. Shackleton, *South: The Story of Shackleton's Last Expedition, 1914--1917*.

10. Felipe R. Gomes Ferreira, *O sistema do Tratado da Antártica: Evolução do regime e seu impacto na política externa brasileira*. Brasília: Funag, 2009. Disponível em: <http://funag.gov.br/loja/download/609-Sistema_do_tratado_da_Antartica_O.pdf>.

11. Segundo dados da IUCN: <http://www.iucnredlist.org/details/2477/0>.

12. Felipe R. Gomes Ferreira, op. cit.

13. "No coração da Antártida". *Folha de S.Paulo*, 22 mar. 2009, p. 33.

11. NÃO ACORDE O GIGANTE [pp. 332-71]

1. A expressão original é *weak underbelly*, difícil de traduzir para o português. Ver T. J. Hughes, "The Weak Underbelly of the West Antarctic Ice Sheet". *Journal of Glaciology*, pp. 518-25, 1º jan. 1981.
2. J. H. Mercer, "West Antarctic Ice Sheet and CO_2 Greenhouse Effect: A Threat of Disaster". *Nature*, v. 271, pp. 321-5, 26 jan. 1978.
3. IPCC, AR5, WGI, SPM. Disponível em: <http://www.ipcc.ch/pdf/assessment-report/ar5/wg1/WGIAR5_SPM_brochure_en.pdf>.
4. Ministério do Meio Ambiente — Projeto Orla, e Decreto 5.300/2004. Disponível em: <http://mma.gov.br/publicacoes/gestao-territorial/category/81--gestao-costeira-g-projeto-orla?download=181:projeto-orla-implementacao--em-territorios-com-urbanizacao-consolidada>.
5. Disponível em: <http://www.realclimate.org/index.php/archives/2013/10/sea-level-in-the-5th-ipcc-report/?wpmp_switcher=desktop>.
6. R. E. Byrd, *Alone* [1938]. Nova York: Island Press, 2003. (E-book).
7. K. Brysse et al., "Climate Prediction: Erring on the Side of Least Drama?". *Global Environmental Change*, v. 23, 1. ed., fev. 2013.
8. I. Joughin; B. E. Smith; B. Medley, "Marine Ice Sheet Collapse Potentially Under Way for the Thwaites Glacier Basin, West Antarctica". *Science*, v. 344, pp. 735-8, 16 maio 2014.
9. B. W. J. Miles et al., "Rapid, Climate-Driven Changes in Outlet Glaciers on the Pacific Coast of East Antarctica". *Nature*, v. 500, pp. 563-7, 29 ago. 2013.

12. TEMPESTADE PERFEITA [pp. 372-94]

1. Ministério da Agricultura, *Diagnóstico, medidas de mitigação, ajustes de políticas públicas e ações de reconversões referentes a atividades agropecuárias nas regiões afetadas pela reincidência de estiagens nos últimos anos nas unidades federativas do Rio Grande do Sul, Santa Catarina, Paraná e Mato Grosso do Sul com importantes perdas para a produção agropecuária e a economia da região*, 2009. (Relatório interno).
2. F. E. Aquino, *Conexão climática entre o modo anular do hemisfério Sul com a península Antártica e o Sul do Brasil*. Porto Alegre: UFRGS, 2012. Tese de doutorado.
3. H. Evangelista et al., "Southwestern Tropical Atlantic Coral Growth Response to Atmospheric Circulation Changes Induced by Ozone Depletion in Antarctica". *Biogeosciences Discussion*, n. 12, pp. 13193-213, 17 ago. 2015.

4. J. Bandoro et al., "Influences of the Antarctic Ozone Hole on Southern Hemispheric Summer Climate Change". *Journal of Climate*, pp. 6245-64, 15 ago. 2014.

13. A FAINA E A FAGULHA [pp. 395-431]

1. Z. Xin, *Be Careful, Here is Antarctica: The Statistics and Analysis of Grave Accidents in Antarctica*. Nova Zelândia: Universidade de Canterbury. Disponível em: <http://www.anta.canterbury.ac.nz/documents/PCAS%2012%20Reports/Xin%20Zhang%20Antarctic%20accidents.pdf>.
2. P. Azambuja, *O sonho do Aurora Austral: Como o Brasil chegou à Antártida*. Camboriú: Magna Quies, 2005.
3. E. Geraque, "Ciência antártica custou R$ 25 mi ao Brasil". *Folha de S.Paulo*, 3 fev. 2007. Disponível em: <http://www1.folha.uol.com.br/ciencia/2007/10/333434-ciencia-antartica-custou-r-25-mi-ao-brasil.shtml>.
4. "Ciência Antártica para o Brasil. Um plano de ação para o período 2013-22". Disponível em: <http://www.mct.gov.br/upd_blob/0231/231154.pdf>.

Agradecimentos

Este livro deve sua existência a três mulheres. Marta Garcia foi a primeira pessoa a ler o projeto e me incentivou a submetê-lo para publicação. Espero não tê-la decepcionado na aposta. Rehana Dada, a um oceano de distância, gerenciou várias de minhas crises de autoestima durante três anos de escrita e apuração e me ajudou a manter a bola rolando. Cristina Amorim, em casa, me inspirou e desafiou o tempo todo. Ela me ajudou a achar caminhos quando a narrativa se perdeu e a simplificar passagens confusas. Com franqueza insuportável, me fez mais de uma vez reiniciar capítulos já bem avançados ao sentenciar: "Está chato!". Mais do que tudo, porém, Cris muitas vezes me deu o melhor conselho que alguém pode receber durante a produção de um livro: "Sente e escreva!", mesmo que isso, para ela, tenha frequentemente significado ficar sem marido por uns tempos. Obrigado, amor.

Ao longo de todo esse período, tive o privilégio de conversar e conviver com dezenas de cientistas. Sou grato a todos pelo conhecimento que aceitaram dividir comigo, em geral mais do que um jornalista consegue assimilar. Alguns merecem agradecimento especial não apenas pelo tempo gasto, mas por terem se mostrado dispostos a me atender em dias e horários malucos e a ler trechos do livro em busca de erros e imprecisões. Muito obrigado a Erli Costa, Francisco Aquino, Francisco Cruz e Jefferson Simões; *thank you* a Andy Derocher, Ian Joughin e Mark Serreze; *tusind tak* a Bo Vinther, Jørgen Peder Steffensen e Shfaqat Abbas Khan; *merci beaucoup* a Valérie Masson-Delmotte e Françoise Vimeux.

Sou grato aos amigos Rafael Garcia e Luciana Coelho, pelas leituras críticas de dois capítulos e pelos pitacos essenciais; a Guilherme Carvalho e Bia Santos, pela metáfora de jazz e pelas acolhidas; a Tine Lund-Bretlau, pelas fontes; a Bernardo Esteves e a Roberto Takata.

Mônica Neiva, da Embaixada Real da Noruega, viabilizou minha viagem a Svalbard; Janice Trotte-Duhá persuadiu a Marinha a me embarcar no Hércules para a segunda viagem à Antártida. Tenho dívida eterna com ambas.

Agradeço também às pessoas que me ajudaram a cultivar meu interesse pelos polos: Marcos César Santos, Ulisses Capozoli, Rubens Junqueira Villela, Toni Pires e Marcelo Leite, mestre dos mestres.

Obrigado também a Antônio Flávio Ulberti Costa e aos sargentos Cláudio e Clóvis, meus companheiros de quarto nas férias forçadas em Punta Arenas; a Cátia Domingues e João Paulo Barbosa, pelas dicas de leitura; a Jorge Ferreira Vianna e Wilson Cabral, pelas conversas iluminadoras; a meus pais, Sandra e David, e minha irmã Flávia, pelo suporte incansável; aos amigos que vieram ao resgate nos piores momentos: Cristiane Fontes, César Neves, Jairo Zapata e Marco Antônio Cunha. *Qujanaq* a Finn Pedersen, pelas lindas fotos e pelas interpretações em Upernavik; e a André e equipe pela paciência na edição.

Glossário de siglas e nomes esquisitos

AIE: Agência Internacional de Energia.

AMO: Oscilação Multidecadal do Atlântico. Modo de variabilidade natural do clima que causa aumento cíclico de temperaturas no oceano.

Antártica/Antártida: grafias diferentes, ambas corretas, para o nome do continente austral. Este livro optou por Antártida, mais comum nos meios de comunicação.

AR4: Quarto Relatório de Avaliação do IPCC.

AR5: Quinto Relatório de Avaliação do IPCC.

ATM: Airborne Topographic Mapper, ou Mapeador Topográfico Aerotransportado. Laser usado para medir altitude com grande precisão.

Banquisa: veja *pack ice*.

BAS: British Antarctic Survey, ou Serviço Antártico Britânico.

Calota de gelo (*ice cap*): geralmente é um manto de gelo pequeno, formado por exemplo sobre uma ilha. Neste livro, o termo é usado mais amplamente também para designar os grandes mantos de gelo.

CFCS: clorofluorcarbonos. Gases sintetizados em indústrias, que reagem com o ozônio estratosférico em nuvens polares, destruindo a camada de ozônio da Terra. Também causam o efeito estufa.

CH_4: metano, importante gás de efeito estufa.

CO_2: dióxido de carbono ou gás carbônico, gás de efeito estufa.

COP: Conferência das Partes da Convenção do Clima. Nome dado às reuniões anuais que visam construir e implementar acordos climáticos globais (ver UNFCCC).

Corrente de gelo: uma geleira comprida, que pode terminar num delta, com múltiplas desembocaduras.

Cramra: Convenção sobre a Regulação de Atividades Minerais na Antártida.

Criosfera: nome dado às porções congeladas do mundo (altas montanhas, polos, geleiras e regiões cobertas de neve).

Crista de pressão: monte de gelo formado pelo choque entre placas de gelo marinho.

CryoSat: satélite europeu usado para monitorar a criosfera.

EACF: Estação Antártica Comandante Ferraz. Principal instalação brasileira na Antártida.

El Niño – Oscilação do Sul (ENSO): oscilação natural causada pelo aquecimento das águas do Pacífico na costa da América do Sul, que produz perturbações climáticas no mundo todo.

Epica: European Project for Ice Coring in Antarctica, ou Projeto Europeu para Testemunhagem de Gelo na Antártica: Nome do programa de pesquisa que produziu a série de dados climáticos em gelo mais longa até hoje, na região do Domo C, Leste Antártico.

Espeleotema: estalagmite analisada quimicamente para determinação do clima no passado.

Eventos D-O (Dansgaard-Oeschger): saltos abruptos do clima da Terra durante as eras glaciais.

Eventos H (Heinrich): nome dado aos episódios de esfacelamento do manto de gelo do hemisfério Norte em alguns períodos das eras glaciais, que causavam alterações no clima do mundo todo ao despejar quantidades colossais de gelo sobre o Atlântico Norte.

Fapesp: Fundação de Amparo à Pesquisa do Estado de São Paulo.

Fiorde: braço de mar escavado por uma geleira.

Firn: neve compactada, na transição entre neve e gelo.

Geleira: rio de gelo, que desemboca no mar, lago, outro rio ou em terra firme. Geleiras drenam mantos de gelo e alimentam rios em regiões montanhosas.

Gelo marinho: gelo formado pelo congelamento do mar. Não confundir com geleira.

Gisp: Greenland Icesheet Project, ou Projeto Manto de Gelo da Groenlândia. Esforço de pesquisa americano e europeu para a produção de um testemunho de gelo profundo, no sul da Groenlândia, que confirmou os dados sobre viradas climáticas repentinas no passado.

Grace: Gravity Recovery and Climate Experiment. Dupla de satélites gêmeos lançada pela Nasa em 2002, que mede, entre outras coisas, a perda de gelo por meio de alterações no campo gravitacional.

Grip: Greenland Ice Core Project, ou Projeto de Testemunho de Gelo da Groenlândia. Programa europeu de perfuração de gelo para estudos climáticos no manto groenlandês, iniciado em meados dos anos 1980.

Growler: pequeno bloco de gelo que se desprende de uma geleira. Uma espécie de iceberg em miniatura.

HDO: variante de molécula de água com um átomo de hidrogênio e um de deutério (hidrogênio pesado); é usada como indicador de temperatura em amostras de gelo antigo.

Iceberg: parte de uma geleira ou plataforma de gelo que se rompe e flutua no mar. Podem ser do tamanho de cidades.

Ice floe: placa de gelo marinho.

ICESat: Ice, Cloud and Elevation Satellite. Satélite americano usado para monitorar a criosfera. Deixou de funcionar em 2009.

ICSU: Conselho Internacional para a Ciência.

IPCC: Painel Intergovernamental sobre Mudanças Climáticas. Organismo instituído pela Organização Meteorológica Mundial e pelo ICSU em 1988 para produzir atualizações periódicas do estado do conhecimento sobre as mudanças do clima.

IPY (API): Ano Polar Internacional.

IUCN: União Internacional para a conservação da Natureza.

Jet stream: corrente de jato. Ventos em altitude que circundam a Terra em latitudes elevadas nos dois hemisférios.

Manto de gelo (*ice sheet*): nome dado às grandes extensões de gelo que cobrem a Groenlândia e a Antártida.

Moulin: buraco no manto de gelo por onde a água do derretimento superficial escorre até o leito.

MYAS: iate motorizado *Arctic Sunrise*. Navio quebra-gelo da organização ambientalista Greenpeace.

Nasa: Agência Espacial Norte-Americana.

Noaa: Administração Nacional de Oceanos e Atmosfera dos Estados Unidos.

NSIDC: National Snow and Ice Data Center, ou Centro Nacional de Dados de Gelo e Neve dos Estados Unidos.

Nunatak: porção de terra firme ou rocha cercada de gelo por todos os lados.

Pack ice ou *ice pack*: extensão de mar congelado, também chamada em português de banquisa.

Pancake ice: gelo marinho no estágio inicial de formação. O sal é expulso para as bordas, formando placas arredondadas que lembram panquecas.

Plataforma de gelo: porção terminal de uma geleira que flutua sobre o mar. Também pode ser formada pela desembocadura de várias geleiras, como é o caso das plataformas Filchner e Ross, na Antártida, que têm o tamanho de países.

Proantar: Programa Antártico Brasileiro.

Protocolo de Kyoto: acordo internacional firmado em 1997 pelo qual os países industrializados se comprometiam a reduzir suas emissões de gases de efeito estufa em 5,2% em relação a 1990 no período entre 2008 e 2012; foi o primeiro tratado climático internacional, de sucesso limitado.

Secirm: Secretaria da Comissão Interministerial para os Recursos do Mar. Divisão da Marinha responsável pelo Programa Antártico Brasileiro (Proantar).

Sipri: Instituto Internacional de Pesquisas sobre a Paz de Estocolmo.

Testemunho de gelo: cilindro escavado por meio de uma broca de um manto de gelo ou de uma calota glacial para estudo do clima no passado.

Unclos: Convenção das Nações Unidas sobre o Direito do Mar.

UNFCCC: Convenção-Quadro das Nações Unidas sobre Mudança do Clima, ou Convenção do Clima.

ZEE: Zona Econômica Exclusiva.

Créditos das imagens

pp. 29, 135 e 164: Finn Pedersen

pp. 35, 104 e 297: Arquivo pessoal do autor

p. 43: Cortesia da NASA/ Goddard Space Flight Center Scientific Visualization Studio — Histórico da localização das quebras de geleira, cortesia de Anker Weidick e Ole Bennike, Geological Survey of Denmark and Greenland

p. 52: Ian Joughin/Universidade de Washington

p. 102: Cortesia da NASA

p. 143: © Denis Sinyakov/ Greenpeace

p. 176: © Steve Morgan/ Greenpeace

p. 214: Lowell Georgia/ *The Denver Post* via Getty Images

p. 223: P. Astakhov/ *RIA Novosti*/ Glow Images

p. 232: © CNRS Photothèque — AUGUSTIN Laurent

p. 319: Frank Hurley/Scott Polar Research Institute, Universidade de Cambridge/Getty Images

p. 348: Landsat Science Team/ NASA/ GSFC/ Newscom/ Glow Images

p. 403: Armada de Chile/AP Photo/ Glow Images

Índice remissivo

Aars, Jan, 166-8, 170, 172
abalos sísmicos, 30; *ver também* terremotos
Abbas Khan, Shfaqat, 32-6, 44-5, 50, 54-6, 345
ABC, países do *ver* "questão do ABC" (argentinos, britânicos e chilenos) sobre a posse da Antártida
Abrolhos, corais de (Brasil), 390-2
Absher, Theresinha, 277, 399, 405, 414
Abu Dhabi, 47
Academia Real de Ciências (França), 59
"ácido carbônico", 61-3; *ver também* CO_2
ácido sulfúrico, 99
Acordo de Paris (2015), 16, 19, 82-3, 198, 432-6, 438, 440
Acre, 381
adélia, pinguim de, 282-3, 287-8, 292-3, 309; *ver também* pinguins
Administração Estatal dos Oceanos (China), 191
Adventure (navio britânico), 303

aerossóis, 66, 71, 99-100, 246, 285
Afeganistão, 189
África, 58, 179, 201, 228, 249, 333, 384, 440
África do Sul, 328
Agência Espacial Europeia, 88, 114
agentes climáticos, seres humanos como, 11, 19, 46, 50, 58, 64, 71-3, 75, 76, 77, 79, 92, 99, 124, 159, 228, 242, 276, 284, 288, 366, 435, 440
agricultores, 372-4
agricultura, 12, 71, 106, 123, 130-2, 227, 249, 276, 372-3, 379
agropecuária, 70, 74, 131
água doce, 11, 26, 28, 36, 256-8, 266, 269, 290, 333, 350, 357, 361, 367, 371, 410, 425-6, 437
águas polares, 114, 190, 276, 288
AIE (Agência Internacional de Energia), 200-1, 455
Air Greenland, 24, 33, 139
alarmismo, 47, 77, 362, 367

461

Alasca, 10, 45, 91, 137, 144, 160, 179-80, 183-4, 187, 190, 197, 199, 333
albedo, 66, 96-7, 100, 108, 385
Alemanha, 208, 301, 323
Alexandre I, czar da Rússia, 306
Alfheim, Lars Erik, 157-8
algas, 283, 289-91, 296, 393, 421
alimentos, 19, 90, 123, 314
Alley, Richard, 246
almirantado britânico, 300, 303, 314
Almirantado, baía do (Antártida), 273, 277-80, 293, 321, 397, 399, 421, 423, 425
Almirante Maximiano (navio brasileiro), 421, 430
Alpes, 45, 118, 357, 379
alterações no clima *ver* mudanças climáticas
altimetria, dados de, 44, 116, 368
altímetros a laser *ver* ATM
Altiplano andino, 268
Amapá, 333, 340
Amazonas, estado do, 301
Amazonas, rio, 255, 344
Amazônia, 81, 90, 111, 120, 123, 192, 247, 258, 266, 342, 349, 379, 381, 385, 430
ambientalistas, 12, 103, 115, 120, 144-5, 148, 151, 153, 161, 163, 174, *176*, 177, 184, 197, 200, 328, 329, 434, 459
Amerásia, 187
América do Norte, 26, 28, 99, 122, 182, 248, 258, 334, 439
América do Sul, 88, 239, 259, 261, 263-4, 266, 276, 299, 311, 333, 342, 344, 347, 374, 376, 379, 384-5, 387-8, 457
América Latina, 179

América, descoberta pelos vikings, 131
American Enterprise Institute, 77
AMO (Oscilação Multidecadal do Atlântico), 50, 455
amplificação ártica, 11, 96-7, 103, 108, 114, 122, 127, 258; *ver também* "espiral da morte"; retroalimentação positiva
Amundsen, mar de (Antártida), 332, 334-6, 339, 351, 357, 360, 366, 421, 438
Amundsen, Roald, 88, 90, 155, 290, 313-6
Amundsen-Scott, estação (base dos EUA no polo Sul), 222, 325
análises químicas, 14
Andersen, Flemming, 134, 136
Anderson, Kevin, 83
Andes, 45, 118, 357
Andresen, Adolfo, 320
anéis de árvore, 215-7, 390-1
Ano Geofísico Internacional/Terceiro Ano Polar Internacional (1957-8), 222, 297, 325
Antarctic Sun (jornal), 352
Antártida, 10-2, 14-5, 18, 26, 31, 39, 42, 45-7, 50, 65, 73-4, 79, 81, 90, 92-3, 108, 118, 127, 186, 208, 222, *223*, *226-7*, 228, 230-1, 234-5, 237-8, 255, 264, 273-5, *278*, 279-84, *285*, 286-90, 293-8, 300-2, 304, 307-19, 321, 323-5, *326*, 327-9, *330*, 331-2, 334-40, *341*, 344-5, 349-54, 356-8, 360-1, 363, 365-7, 370-1, 374-82, 384-5, 387-90, 392-5, 397-8, 400, 406, 412, 414, 419, 422, 424, 426-9, 437-8, 455-7, 459-60; *ver também* Círculo Polar Antártico
Antropoceno, Período, 440

anular do hemisfério sul, modo *ver* SAM
Apollo (programa espacial), 114
Aptenodytes forsteri (pinguim imperador), 281; *ver também* pinguins
Aqua (satélite da Nasa), 276
aquecimento global, 9, 11, 13, 15, 31, 33, 35, 37, 46-7, 54, 58, 63, 73-4, 76, 80, 84, 91-2, 96-8, 103, 125, 127, 129, 137, 144, 148, 153, 161-2, 170, 184, 191, 231, 237, 240, 252, 257, 267-8, 284, *285*, 287, 289, 293-4, 329, 337, *355*, 358, 363, 366, 371, 374, 392-4, 433, 436-8; *ver também* mudanças climáticas
Aquino, Francisco Eliseu ("Chico Geleira"), 383-4, 387-90, 392-3
ar equatorial, ascensão do, 266, 388
AR4 (Relatório de Avaliação do IPCC), 46-7, 95, 97, 360-1, 455
AR5 (Relatório de Avaliação do IPCC), 63, 79, 82, 102, 360-1, 439, 455
Arábia Saudita, 200
Archer, David, 16, 57, 84, 228, 364
Arctic (periódico científico), 165
Arctic Sunrise (navio do Greenpeace), 103, 105-9, 111-2, 114, 150-1, 155, 173-5, *176*, 177, 185, 458
Arctocephalus gazella (lobo-marinho), 304
Arctowski (estação polonesa na Antártida), 279, 314, 405, 410, 425
Arctowski, Henrik, 313-4
arenitos, 198
Argentina, 311, 320, 322, 327, 330, 388, 424
Arigony, Jorge, 359-60
arquivos glaciais *ver* testemunhos de gelo

Arrhenius, Svante, 61-4, 79, 97, 221-2, 234, 237
arroz, cultivo de, 70, 124
Ártico, 10-1, 15, 25, 31, 33-4, 37-8, 41, 78, 80-1, 85, 87, 89, 91-5, 97, 101, *102*, 105-6, 109, 111, 113-6, *117*, 118, 120-4, 127, 137, 141, 144-50, 152-3, 160, 162, 167-8, *169*, 170, 172-4, *176*, 177-8, 180, *181*, 182-7, *188*, 189-202, 208, 211, 237, 239-40, 250, 256, 264, 267, 269, 284, 286, 299, 305, 310, 312, 319, 327, 329, 337-8, 361, 379, 385, 394, 422, 430, 439; *ver também* Círculo Polar Ártico; oceano Ártico
Arviat (Canadá), 171
árvores, 18, 72, 123, 216-7, 375, 390-1
Ary Rongel (navio brasileiro), 343, 397, 399, 422, 425
Ásia, 88-9, 134, 179, 182, 199, 249, 436
Associação dos Empregadores da Groenlândia, 139, 141
Astrolabe (corveta francesa), 309
astronomia, 302, 350, 401
astrônomos, 64, 67, 78, 300, 302, 312
Atacama, deserto do (Chile), 380
atentados terroristas de 11 de setembro (Nova York — 2001), 241, 261
Atlântico, 23, 28, 36, 48, 87, 91, 123, 136, 248, 253, 255-8, 263-4, 266-9, 300, 302, 316, 344, 358, 380-1, 388, 426, 439, 455, 457
ATM (Mapeador Topográfico Aerotransportado), 39-40, 42, 455
atmosfera, 12, 16, 58-9, *60*, 62-6, 70-4, 77-8, 81, 84, 96-9, 101, 125, 207, 217, 221, 228, 230-1, 235, 237, 250-2, 255, 264, 284, 336-7, 346, 381-2, 387-8, 400-1, 440

463

Auler, Augusto, 261-3
Austral, oceano, 12, 229, 277, 282-3, 286-90, 302, 304-7, 311, 318, 320, 323-4, 329, 331, 339, 344, 358-9, 367, 380-2, 384, 387, 389, 393, 406, 421
Austrália, 103, 176, 303, 325, 328-9, 384, 392
Avaliação de Impacto Climático do Ártico, 167
Avaliação dos Recursos Circumpolares Árticos, 178

B-29 (aviões), 121
bacalhaus, 136
bacia do Ártico, 112, 116, 180, 182, 187
Bacon, Francis, 299
Bader, Henri, 213
Baffin, baía de (Canadá), 142, 145-6, 165-6, 168
Bahia, 24, 262, 264, 390-1
baleeiros, 306, 318, 320, 323, 347, 425
baleias, 23, 33, 37, 89-90, 94, 129, 136, 145, 160, 164, 174, 288-9, 295-6, *297*, 298, 304, 312-3, 318-9, 321, 323
baleias-azuis, 288, 323
baleias-piloto, 136
Banco da Inglaterra, 198
Banco Mundial, 110
Bangcoc, 12, 357
banquisa antártica, 283-4, 289, 389-90
banquisa ártica, 104, 112-3, 118, 160, 284
Barão de Teffé (navio brasileiro), 108, 327, 378, 424
barbicha, pinguim de, 282-3, 287-8, 292-4; *ver também* pinguins
Barents, mar de (Ártico), 101, 156, 167, 173, 178, 180, 182, 187, 196-7, 199

Barents, Willem, 89, 107, 180
Barreira de Ross *ver* Ross, plataforma de (Antártida)
Barrow (Estados Unidos), 94
BAS (Serviço Antártico Britânico), 352, 428, 455
Base Aérea de Kangerlussuaq (Groenlândia), 138
Base Aérea de Thule (Groenlândia), 24, *27*, 138, 190, 213
base G (Antártida), 321, 425
batimetria, dados de, 368
Batista, Antônio, 278
Beagle, HMS (navio britânico), 308
Beauchamp, Jonathan, 107
Beaufort, mar de, 187
Beaufoy (navio britânico), 308
bebidas alcoólicas, controle na Groenlândia, 130
Bélgica, 308, 329
Belgica (navio), 313-4
Bellingshausen (estação russa na Antártida), 410
Bellingshausen, mar de (Antártida), 290, 307, 381, 384, 388, 421
Bellingshausen, Thaddeus, 223, 307, 378
Bengtsson, Frida, 106-7
Bergh, Kristofer, 185, 189-90, 192-5
Berkeley (Califórnia), 261
BESM (modelo climático computacional feito no Brasil), 390
Bezerra, José, sargento, 401, 407-9
"*Big Chill, The*" (artigo de Broecker), 257
Biomass (Investigações Biológicas dos Sistemas e Estoques Marinhos Antárticos), 288-9
biomassa, 71, 293

Birô de Administração Mineral dos Estados Unidos, 160
Birô de Minas e Petróleo da Groenlândia, 142
biscoito, rações de, 303
Boa Esperança, cabo da (África), 300
Bohr, Niels, 207-9, 211
Bolin, Bert, 77
bomba atômica, 126, 208, 262
"bomba de metano", possibilidade teórica da, 124-5
Bombosch, Annette, 291
Borchgrevnik, Carsten, 312
bóson de Higgs, 79
Boston, 362
Botuverá, gruta de (Santa Catarina), 241, 260-1, 263
Boulder (Colorado), 86
Bowers, Henry, 316
BP (British Petroleum), 142, 144-5, 179-80, 183
Bransfield, Edward, 305-6
Branson, Richard, 185
Brasil, 12, 15, 29-30, 65, 74, 82, 84-5, 105-6, 111-2, 120, 123, 139-40, 142, 179, 208, 222, 238, 240, 255, 261-2, 264, 266, 268, 288, 292, 296-8, 312, 314, 321, 325, 327, 333, 340, 346, 352, 357, 368-9, 374-5, 378-9, 381-5, *386*, 387-90, 394-5, 397, 421, 423-4, 426-7, 430-1, 435; *ver também* EACF (Estação Antártica Comandante Ferraz); Programa Antártico Brasileiro (Proantar)
Brasília, 62, 66, 105, 332-3, 395, 402, 421, 429
brilho da Lua, 61-2
Broecker, Wallace ("Wally"), 13, 251-3, 255-8, 267-70, 439

bromo, 70
Brugseni (rede varejista de Nuuk), 130
Budapeste, 67
Buenos Aires, 12, 319
Burns, Stephen, 262
Bush, George W., 162, 367
bússolas, 153, 300
Byrd, Richard Evelyn, 324, 353

Cabral, Pedro Álvares, 248
caça, 135-8, 160-1, *164*, 165, 168, 170, 183, 249, 262, 288, 305, 307, 310, 320, 323
cachorros, 135, 137, 154, 163, 315
cadeia alimentar, 148, 288, 291
Cairn Energy, 142-5, 147, 180, 182
Califórnia, 115, 261
Callendar, Guy Stewart, 58, 242
"calor obscuro", 59, 62, 66; *ver também* radiação infravermelha
camada de ozônio, 70, 73, 276, 284, *285*, 287, 289-90, 294, 314, 329, 337, 347, 358, 371, 388, 393, 456; *ver também* ozônio
camarão, 36, 48, 132-3, 136, 282, 289
Camp Century (base militar dos EUA na Groenlândia), *27*, 213, *214*, 215-6, 219, 244, *245*, 246
Campinas, 28
Campos do Jordão, 333
Canadá, 10, 45, 87, 91, 119, 132, 136, 138-9, 159, 165-6, 171, 187-9, 193, 248, 253, 258, 269, 357, 425
canal do Panamá, 88, 90
câncer de pele (por raios UV), 286
Canudos, movimento messiânico de, 266
capitalismo, 138, 195, 298, 429
carbono, emissões de *ver* emissões de CO_2

carbono-14, medições de, 209, 211, 221, 243, 251
Cardoso, Fernando Henrique, 179, 427
Caribe, 12
Caribou (botas de neve), 275
carne de carneiro, 131
carne de foca, 164, 314, 316
carne de pinguim, 314
carne seca, rações de, 303
Carpenedo, Camila, 390, 392, 439
carvão mineral, 63, 70, 77, 84, 99-100, 124, 158, 161, 198, 328, 436
Cassol, Antônio Carlos, 372-3, 383, 431
Castro, Terezinha, 327
catabáticos, ventos, 34, 389-90
Catharacta sp. (skua antártica), 276; *ver também* skuas
Cavati, João Cláudio, suboficial, 401, 407, 413-4, 417
cavernas, 238-40, 247, 258-62, 264
Centro de Ciência Polar (Universidade de Washington), 116
Centro Goddard de Voo Espacial (Nasa), 40
Centro Nacional de Dados de Gelo e Neve (Estados Unidos) *ver* NSIDC
Centro-Sul do Brasil, clima no (relacionado a alterações na Antártida), 314, 381, 394
cério, 139
Cern (Organização Europeia de Pesquisa Nuclear), 79
ceticismo, 17, 19, 45, 58, 65, 145
"céticos do clima", 18, 44, 77, 98, 127, 161-2, 435-6; *ver também* negacionismo
CFCS (clorofluorcarbonos), 70, 73, 285-6, 455

Challenger, HMS (navio britânico), 311
Chapple, Horatio, 157, 168
Chávez, Hugo, 179
Cherry-Garrard, Apsley, 280, 353
"Chico Bill" *ver* Cruz, Francisco William da
"Chico Geleira" *ver* Aquino, Francisco Eliseu
Chile, 286, 289, 309, 311, 320-1, 344, 353, 397, 411, 422
China, 89, 100, 120, 140-1, 191-2, 194-5, 199-201, 228, 241, 304, 430-1, 434-5
chinstrap (pinguim de barbicha), 282
Christianssen, Bendt, 145
Chuí (Rio Grande do Sul), 327
Chukchi, mar de (Ártico), 180, 197
chumbo, 141, 387
Churchill, Winston, 208, 211
chuva ácida, 99-100, 220, 329
chuvas, 28, 54, 62, 66, 73, 206, 209-11, *212*, 216, 222, 240, 249, 259-60, 264, *265*, 266, 268, 292, 372, 374, 379, 381, 387, 389-90, 430
ciclones, 381-2, 384-5, *386*, 387-8
ciclos astronômicos, 69
ciclos glaciais, 233, 237
Cingapura, 194
Cinturão da Bíblia (Estados Unidos), 251
"cinturão das bananas" (região tépida da Antártida), 340
Cipro, Caio, 400, 404, 410, 420
circulação atmosférica, 247, 249, 380, 382, 384, 391
circulação oceânica, 11, 240, 250, *254*, 264, 267, 380; *ver também* esteira oceânica (circulação termoalina)

Círculo Polar Antártico, 303, 306, 340, 370
Círculo Polar Ártico, 10, 28, 30, 92, 94, 178, 201
Cites (Convenção sobre o Comércio de Espécies Ameaçadas), 168
civilização ocidental, 103
Claes, Dag Harald, 147, 178, 187, 193, 196, 199
clatratos, 124-6
Clean Air Act (Estados Unidos — 1970), 100
clima da Terra, 11-6, 46, 57, 64, 66, 73, 75, 84, 97, 205-6, 208, 226, *227*, 230, *232*, 233, 240, 250, 267, 362, 380, 457
clima e tempo, distinção entre, 65
clima, alterações no *ver* mudanças climáticas
"Climagate", episódio do (2009), 78
climatologia, 58, 63, 78, 240, 253, 312
climatologistas, 16, 98, 231, 241, 257, 267, 285, 307, 333, 367, 390
cloro, 70
clorofluorcarbonos *ver* CFCs
Clube de Engenharia (Rio de Janeiro), 424
CNPC (estatal chinesa), 195
CNPq (Conselho Nacional de Desenvolvimento Científico e Tecnológico), 378, 427, 429
CO_2, 16, 18, 31, 58, 61-5, 70-3, 77-8, 81-4, 97, 99, 124-7, 221, 228-31, 234-8, 242, 246, 250-1, 255-6, 337, 339, 364, 381, 387, 393, 406, 437, 456
cobre, 103, 109, 139
Coelho, Paulo, 41
Cofre Global de Sementes (arquipélago de Svalbard), 106

Coimbra, Fernando, capitão de fragata, 400-1, 404, 407, 413-4, 417
Colombo, Cristóvão, 248
Colorado, 86, 101
Comandante Ferraz, Estação Antártica (estação brasileira de pesquisa na Antártida) *ver* EACF (Estação Antártica Comandante Ferraz)
combustíveis fósseis, 17, 19, 58, 70-1, 83-4, 94, 99, 118-9, 124, 144, 198-200, 251-2, 276, 336; *ver também* carvão mineral; petróleo
comércio internacional, 119
Comissariado para Refugiados (Liga das Nações), 110
Companhia Argentina de Pesca, 319-20
Companhia das Índias Orientais, 300
compostos nitrogenados, 99
concentração máxima de CO_2, limites de, 81
Concordia (estação polar franco-italiana), 232-3
Conferência de Copenhague (2009), 82, 184, 433
Congresso Geográfico Internacional (Londres), 312
Congresso Nacional (Brasil), 327
Congresso Nacional Africano, 146
coníferas, 243
Conniff, Ray, 399
Conselho de Segurança Russo, 178
Conselho do Ártico, 192, 194
Conselho Internacional das Uniões Científicas, 222
Conselho Mundial de Ciências, 73
Conservation Letters (periódico), 170
Convenção das Nações Unidas sobre o Direito do Mar *ver* Unclos
Convenção do Clima *ver* UNFCCC (Con-

venção-Quadro das Nações Unidas sobre Mudança do Clima)
Convergência Antártica *ver* Frente Polar Antártica (fronteira antártica)
Cook, Frederick, 313-4
Cook, James, 302-4, 306
Cool It: Muita calma nessa hora! (Lomborg), 161-2
cop21 (21ª Conferência das Partes da Convenção do Clima das Nações Unidas), 432
Copa do Mundo (2014), 429
Copenhague, 13, 25-6, 32, 45, 147, 205, 207-9; *ver também* Conferência de Copenhague (2009)
Copérnico, Nicolau, 57
copo de uísque, metáfora do (na questão do nível do mar), 118, 347
corais, mudanças climáticas afetando, 390-2
Coreia do Sul, 194, 431
Cornelissen, Marc, 109
Corrente Circumpolar Antártica, 344-5, 358, 380
Corrente Circumpolar Ártica, 111
Corrente de Gelo de Upernavik, *27*, 32, 35-6, 38
Corrente do Golfo (Gulf Stream), 253, 255, 267, 439
correntes de jato *ver jet streams*
corrida armamentista, 208
Corte Internacional de Justiça, 324
costa da Antártida, 358, 363
Costa, Erli Schneider, 279, 283, 292-3
Cousteau, Jacques, *297*
Cramra (Convenção sobre a Regulação de Atividades Minerais na Antártida), 328-9, 456
Cretáceo, Período, 65

criosfera, 66, 86, 456, 458
Criosfera i e ii (módulos automatizados), 376
Crozier, cabo (Antártida), 353
crrel (laboratório americano de pesquisa e engenharia em regiões frias), 213
Cruls, Luís, 312
crustáceos, 282-3, 288, 291
Cruz, Francisco William da (Chico Bill), 239-41, 259-64, 266
Cryosat (satélite europeu), 44, 114, 456
Curiosity (jipe-robô da Nasa), 40
Curitiba, 105, 420

D'Ângelo, Guilherme, capitão de corveta, 400, 407
Danberg, Carsten, 53
Dansgaard, Willi, 209-11, 214, 221, 225, 244-5, 247, 249, 252, 259
Dansgaard-Oeschger, eventos *ver* D-O (eventos Dansgaard-Oeschger)
Darwin, Charles, 57, 242, 308, 310-1
Das, Sarah, 52
Davis, estreito de (Ártico), 165
Davis, John, 306
Davis, Miles, 66
Dawkins, Richard, 157
de Roo, Philip, 109
death spiral, uso da expressão, 11; *ver também* "espiral da morte"
Deception, ilha, 320
Deepwater Horizon (plataforma da bp), 144, 183
degelo polar, 11-2, 15, 18, 30-3, 38, 44-5, 48, *49*, 50-1, *52*, 53-4, 79, 81, 84, 87, 94-5, 98, 100-1, 107, 117-22, 124, 126-7, 141, 166, 170-1, 185, 195, 217, 229, 231, 237, 249-50,

257-8, 267, 269-70, 277, 290, 292, 325, 337-9, 345, 347, *348*, 350, 354, *355*, 357, 361-4, 367, 370, 379, 385, 387, 416, 421, 436-9, 459
Departamento do Interior (Estados Unidos), 162, 197
Derocher, Andy, 154, 160, 167-8, 171
desmatamento, 17, 70, 83, 111, 123, 276, 434
Desolação, ilha, 305
deutério, 210-1, 215, 458; *ver também* "paleotermômetro"
Dia depois de amanhã, O (filme), 240, 256
diamantes, 283, 328
diatomáceas, 289-90
diesel, óleo, 10, 100, 133, 397, 406, 414-6, 420
dieta inuíte, 129
Dinamarca, 25, 32, 40, 53, 132, 138-9, 187, 193, 208, 210, 244
dinamarquês, idioma, 26, 37, 130
dinossauros, 65, 242
dióxido de carbono *ver* CO_2; emissões de CO_2; níveis de CO_2
diplomacia climática, 119
direita política americana, 77
Discovery (navio britânico), 315, 317, 352
Disko, ilha/baía do (Groenlândia), *27*, 133, 143
disprósio, 139
dissociação iônica de ácidos e bases, teoria da (Arrhenius), 61
ditadura argentina, 322
D-O (eventos Dansgaard-Oeschger), 247, 249, 256-8, 263-4, 456
Domo C (Antártida), *232*, 233-5, *236*, 237-8, 457

Dr. Fantástico (filme), 190, 213
Drake, Francis, 300; *ver também* Passagem de Drake (Antártida)
drift ("flutuação" de neve por ventos), 353
Dryas octopetala (flor), 243
Dryas Superior (período geológico), 243-4, *245*, 247-8, 257
DTU (Universidade Técnica da Dinamarca), 32
Dumont D'Urville (estação antártica francesa), 221
Dumont D'Urville, Adélie, 283
Dumont D'Urville, Jules-Sébastien Cézar, 282-3, 309
Dye-3 (estação de radar na Groenlândia), *27*, 245-6

EACF (Estação Antártica Comandante Ferraz), 14-5, 18, 273, 277, 279, 281, 321, 329, 340, 342, 383, 396-7, 399-402, *403*, 405-7, 409-21, 425-6, 428, 431, 456
Earle, Sylvia, 186
economia mundial, 17, 123, 198
ecossistemas, 11, 17, 72, 74, 80, 99, 117, 229, 363, 397
Eemiano, período, 268-9, 335, 364, 367
efeito estufa, 59, *60*, 64, 67, 71, 73, 84, *236*, 237, 276, 346, 391, 456; *ver também* gases de efeito estufa
Egito, 345
eixo da Terra, 68, 92
Ekström, Göran, 30
El Niño, fenômeno do, 16, 91, 97, 120, 373, 456
Elefante, ilha (Antártida), 318
elefantes-marinhos, 304-5

eletricidade, 14, 100, 164, 221, 312, 369, 436
elétrons, 209, *212*
Ellesmere, ilha (Canadá), 187
Ellsworth, Lincoln, 324
Embraer, 423
Emirados Árabes, 47, 189
emissões de CO_2, 16-7, 81, 127, 200, 339, 364, 392, 436
Emmerich, Roland, 240
enchentes, 80-1
encíclica ambiental de 2015 (papa Francisco) ver Laudato Si' (encíclica do papa Francisco — 2015)
Endeavour (navio britânico), 302-3
Endurance (navio britânico), 317, *319*, 352
energia eólica, 111, 200, 420
energia solar, 200, 436
Engel, Cristina, 273, 412, 419
enjoo e vômito, na travessia da passagem de Drake, 342
enregelamento ver *frostbite*
enxofre, 70, 99-100, 220, 234, 252
Eoceno, Período, 65
Epica (Projeto Europeu de Testemunhagem de Gelo na Antártida), 231, 233, 238, 456
equatorial, região, 68, 240, 264, 266, 380, 382, 389, 391, 393
Era do Gelo, 10, 28, 64, 222, 230, 246-7, 249
Era Industrial, 64, 70, 82-3, 94, 234
eras glaciais, 67-8, *69*, 457
Erebus (navio britânico), 89, 309, 310
Erik, o Vermelho (descobridor islandês), 26, 131
Eriksson, Leif, 131

"erro pelo lado do menor drama" (no painel do clima), 362
erupções vulcânicas, 70, 100, 220; ver também vulcões
Erval Grande (Rio Grande do Sul), 279
escala Richter, 30
Escandinávia, 131
Escola de Sagres (Portugal), 300
escorbuto, 90, 300, 303, 307, 309, 313-4, 317
Espanha, 88, 248, 311
Esperanza (navio do Greenpeace), 146, 321
espessura do gelo nos polos, 28, 40, 93, 104, 113-5, 133, 186, 190, 217, 219, 301, 350, 353, 365, 438
"espiral da morte", 11, 86, 95, 97, 101-2, 113, 118, 436; ver também amplificação ártica; retroalimentação positiva
esquimós, 12, 24-5, 30, 33, 90, 130, 132, 134, 136-7, 149, 163, 165-6, 170, 190
estações de tratamento de água, 369
Estádio Nacional de Brasília, 429
Estado de S. Paulo, O, 397
Estados Unidos, 14, 30, 42, 47, 54, 73, 75, 79-80, 82, 97, 100, 114-5, 117, 119-23, 140-2, 144, 161-3, 178, 183-4, 187, 189-94, 199-200, 208, 211, 213, 222, 244, 251, 261-2, 297, 308, 324-5, 331, 333, 338, 358, 366, 377, 392, 433-6, 459
estalagmites (espeleotemas), 241, 259-64, 267, 456
estatais, empresas, 179-80, 195
esteira oceânica (circulação termoalina), 253, *254*, 255-8, 264, 266-70; ver também circulação oceânica

estiagem no Sudeste do Brasil (2013--14), 383, 390
Estocolmo, 185, 342, 458
estratosfera, 70, 77-9, 284, 382
Estrela Polar (polo celestial Norte), 299
éticas, questões, 119, 171
Euphasia superba (krill antártico), 288; *ver também* krill
Eurásia, 93, 187
Europa, 23-4, 26, 99, 106, 121-2, 129-34, 139, 178, 182, 192, 199, 231, 248-9, 253, 256-9, 299, 317, 324, 333-4, 379
Evangelista, Heitor, 385, 390-3
Evans, cabo (Antártida), 328
Evans, Ted, 316
evaporação da superfície oceânica, 62, 72, 80, 96, 237
eventos climáticos extremos, 80-1, 121-3, 231, 367
expansão ultramarina ibérica (séc. xv), 298
Expedição Exploratória Americana (Antártida), 308-9
expedição francesa à Antártida (1837), 309
Exxon, 179, 183

Fabius, Laurent, 432-3
Fahnestock, Mark, 37, 50, 97
Falklands, ilhas *ver* Malvinas/Falklands, ilhas
FAO (agência da ONU), 123
Fapesp (Fundação de Amparo à Pesquisa do Estado de São Paulo), 261, 456
"feedback do albedo do gelo", 96
Fernando de Noronha, arquipélago de (Brasil), 376, 426

Ferraz, Luís Antônio, 425; *ver também* EACF (Estação Antártica Comandante Ferraz)
Ferrer, Ronnie, 111
ferro, 139, 328, 377, 393, 397
festas previstas pela NPA da Marinha brasileira, 398
Figueiredo, Carlos Alberto Vieira ("Bahia"), suboficial, 396, 405-9, 418
Figueiredo, Luiz Alberto, 177
Filchner-Ronne, plataforma de (Antártida), 301, 334, 336-7, *341*, 352, 359-60, 384, 458
Filipinas, 70, 80
Fimbul, plataforma de gelo (Antártida), 307
fin, baleia, 129
Fiorde de Gelo de Ilulissat (Groenlândia), 9-10
fiordes, 9-10, 28, 37, 48, 106, 130, 132, 134, 140, 157-8, 301, 456
firn (estágio de formação do gelo), 217, *218*, 220, 229, 456
física nuclear, 207
Flora Antarctica (Hooker), 310
floresta amazônica, 95
florestas, 18, 65, 71-2, 81, 91, 94-5, 99-100, 103, 122, 124, 344
Florianópolis, 241, 260, 383
Flórida, 120, 248
flúor, 70, 289
focas, 33, 94, 109, 135, 145, 153, 159-60, 166, 171, 288, 296, 298, 304-5, 307-8
Folha de S.Paulo, 12, 395
folhelhos, combustíveis extraídos de, 198-9, 436
Força Aérea Brasileira, 273, 411, 422
Força Aérea dos Estados Unidos, 121
forçantes radiativas, 69, 71, 75

Forças Armadas do Brasil, 192, 353, 397, 417, 423, 429
Forças Armadas dos Estados Unidos, 213
Fourier, Jean-Baptiste Joseph, 59, 61, 66, 72
Foxe, baía de (Canadá), 165
fracking (técnica de extração de gás e petróleo), 198-9
Fram (navio norueguês), 110-1, 154-5, 315
Fram, estreito de, 103, *104*, 112
França, 15, 88, 308, 311, 325, 329, 432-3
Francis, Jennifer, 121-2, 439
Francisco Ferdinando, arquiduque, 67
Francisco, papa, 12, 372, 435
Franck, James, 208
Franklin, John, 89
Freddie Freeloader (Miles Davis), 66
Frei (base chilena) *ver* Presidente Eduardo Frei (base chilena na Antártida)
frente fria, 210
Frente Polar Antártica (fronteira antártica), 302
fronteiras no Ártico, 187, *188*
frostbite (enregelamento corporal), 38-9, 378
fuligem, 99-100, 385
furacões, 80
Furg (Universidade Federal de Rio Grande), 290, 359

gado, criação de, 70, 132, 138, 373
gaivotas, 109, 275, 279-80, 282
Galaasen, Eirik, 269
Galtieri, Leopoldo, general, 321
garrafa PET, experimento mental da (para compreensão do conceito de plataforma de gelo), 334, 338, 354
gás carbônico *ver* CO_2; emissões de CO_2; níveis de CO_2
gás natural, 70, 118-9, 124, 142-3, 178, 180, *181*, 198-9
gases de efeito estufa, 10, 16, 31, 37, *60*, 61-2, 70-3, 75, 77-8, 81, 91-2, 96, 98, 126-7, 161-2, 171-2, 194, 221, 228-30, 233-5, *236*, 237-8, 250, 257, 359, 371, 391-4, 433, 437, 458
Gazprom, 144, 173, 180, 182-4
Geleira 79 (Groenlândia), *27*, 28, 45, 55
geleiras, 10, 14, 18, *27*, 28-34, *35*, 36-8, 40, *43*, 44-8, *49*, 50-5, 58, 79, 97-8, 118, 134, 136, 211, 217, 274, 277, *278*, 287, 290, 295, 301, 307, 316, 332-5, 338-9, 345, 348, 354, *355*, 356-67, 370-1, 379, 383, 399, 437, 456-8, 458
gelo de primeiro ano, *104*, 112, 284
gelo marinho, 11, 15, 55, 78, 87-90, 94-5, 98, 101, *102*, 103, *104*, 108, 111-6, *117*, 119, 121, 126-7, 132, 135, 137, 152-3, 159-61, 166-8, 185, 189, 256, 258, 283-4, 287, 289-92, 308, 331, 340, 352, 354, 359, 361, 379-80, 384, 389-90, 392, 394, 421, 423, 430, 439, 456-8
geologia, 178, 193, 239, 242, 328, 378, 430
geólogos, 28, 64, 198, 213, 241, 259, 378
George IV, mar de (Antártida), 308
George IV, rei da Inglaterra, 305
Geórgia do Sul, ilha (América do Sul), 303, 305, 312, 318, 320, 322, 330, 426

Gerlache, Adrien de, 313-4
Gibraltar, estreito de, 189
Gif-sur-Yvette (Paris), 230
Gisp (Projeto Manto de Gelo da Groenlândia), 244, 457
Gjøa (navio norueguês), 88
glaciações, 61, 63-4, 67-8, 215, 225, 230, 233-4, 238, 243-4, 246-7, 250, 258, 261, 268, 337
glaciares, 28, *29*, 32-4, 36-7, 40, 43, 45, 53, 55, 143, 332-3, 338, 356, 360, 362, 365; *ver também* geleiras
glaciologia, 13, 377, 421, 430
glaciologistas, 11, 37, 41, 47, 54, 97-8, 205, 228-9, *232*, 240-1, 246, 337-8, 340, 345, 351, 360, 366, 375, 378
Gleason, Peter, 160
glicerina, 321, 323
globalização, 14, 88
gnaisse, 36
Godthåb, rebatizada como Nuuk, 138
Goiás, 259-60
Gonçalves, José Eduardo Arruda ("Zé Bola"), 400
Gondwana, 328
González, Gabriel, 321
Gore, Al, 115, 161, 192, 231, *236*, 237, 366
Gould, Stephen Jay, 442*n*
GPS (Sistema de Posicionamento Global), 31-2, 34, 37, 44, 56, 105, 280
Grace (satélites), 44, 457
gradualismo no pensamento científico, 242
grafite, 139
Gramado (Rio Grande do Sul), 385
Grande Barreira australiana (conjunto de recifes), 391
Greenpeace, 103-5, 108-9, *143*, 144-6, 150, 152, 154-5, 173-4, *176*, 182-5, 197-8, 202, 328-9, 459
Grip (Greenland Ice Core Project), 457
Groenlândia, 9-10, 12-5, 18, 24-6, *27*, 28, 30-2, 36, 38-41, 43-8, 50-1, *52*, 53-5, 74, 79, 81-2, 93, 97-8, 100-1, 103, *104*, 108, 110, 118-9, 123, 127, 129-30, 132-4, 137-9, 141-4, 146-7, 152, 163, 165, 179-80, 182, 187, 190, 206, 208, 211, 213, *214*, 217, *219*, 220, 222, 231, 238, 241, 244-8, 250, 252, 255, 258-9, 261, 264, 269-70, 277, 301, 333, 335, 338-9, 345, 347, 350-1, 353, 357, 361, 364, 370, 375, 437, 457-9
growlers (blocos de gelo), 296, 457
Grupo de Especialistas em Ursos Polares, 167, 168
Grytviken (Geórgia do Sul), 320
Guardian, The, 198
Guerra das Malvinas (1982), 322
Guerra Fria, 13, 41, 115, 138, 190, 211, *214*, 222, 297, 324
Guggenheim, Davis, 161
Gurney, Alan, 307

H, eventos (eventos Heinrich), 248-9, 256-8, 263-4, 266, 456
Haakon VII, rei da Noruega, 316
Hadley, circulação de (mecanismo de convecção), 380, 389-90
Haiyan, tufão, 80
halibute, 134, *135*, 163
Halley, Edmond, 300-3
Hamburgo, 191
Hammond, Aleqa, 138-41, 147-8, 193
Hansen, James, 71, 366-7, 392
Harper, Stephen, 188
Harry, príncipe, 157

Havaí, 64, 252
Haynes, geleira (Antártida), 357
Headland, Robert, 307, 320, 323, 325, 329, 331
Heinrich, Hartmut, 248
Hellheim, geleira (Groenlândia), *27*, 45, 50
hemisfério Norte, 10, 61, 67-8, 81, 92, 94, 96, 98, 120-1, 123, 126, 132, 215, 221, 229, 233, 236, 240-1, 243, 247, 257, 259, 263, *265*, 266, 289, 333, 380, 457; *ver também* polo Norte
hemisfério Sul, 68, 243, 255, 263, 266, 300, 311, 380, 382, *386*, 391, 431, 439; *ver também* polo Sul
Henson, Matthew, 314
Hércules (aviões cargueiros da FAB), 241, 273, 411, 422-3, 427, 430
Heródoto, 345
Hevesy, George de, 208
hidratos, 124-5
hidrelétricas, usinas, 389
hidrocarbonetos, 124, 142, *143*, 178, 182, 184, 187, 195-6
hidrogênio, 210-1, 324, 458
Hitler, Adolf, 208, 323, 424
Hogböm, Gustav, 63
Holanda, 88-9, 176, 183, 300
Holland, David, 47-8, 50
Holland, Denise, 47
Hollande, François, 432-3
Hollywood, 161, 190, 208
Holoceno, Período, 215, 226-8, 230, 233-4, 240, 243-4, *245*, 246-7, 258, 266, 269
home rule (governo próprio da Groenlândia), 138
Homem Vitruviano (Leonardo da Vinci), 103

Homo sapiens, 57, 158, 172, 350
Hoorn (navio holandês), 300
Horn, cabo (América do Sul), 90, 300, 305, 311-2, 322, 425-6
hortifrúti, nos supermercados da Groenlândia, 130
hospitais, 369, 422
Hotel Hvide Falk (Ilulissat), 47
Houghton, John, 78
HSBC (banco suíço), 198
Hudson, baía de (Canadá), 159, 161-2, 165-6, 168, 248, 253
Hughes, Terence, 18, 332-6, 348, 357, 360
Humboldt, glaciar de (Groenlândia), 28
Huxley, Aldous, 157

IBGE (Instituto Brasileiro de Geografia e Estatística), 368
ice floes (placas de gelo), 107-9, 112, 457
icebergs, 9-10, 23, 26, 28, 36-7, *49*, 50, 130, 133, 143, 180, 190, 211, 248, 256, 295-6, 301, 304, 309-10, 331, 333, 339, 354, *355*, 457
ICESat (satélite americano), 40, 114, 116, 457
ICSU (Conselho Internacional para a Ciência), 325, 457
Idade Média, 132, 299
Igreja Católica, 435
ilhas do norte do Canadá, 87
Illinois, 251
Ilulissat (Groenlândia), 9, *27*, 36-7, 47-8, 133-4, 139, 145
imagens de satélite, 11, 14, 29, 31, *43*, 47, 55, 86, 94, 103, 113, *348*, 356, 360, 365, 370, 379, 384

impactos ambientais, 141, 276, 288, 329, 429
imperador, pinguim, 275, 281-2, 353, 375; *ver também* pinguins
Império austro-húngaro, 67
Império Britânico, 306
Inach (Instituto Antártico Chileno), 359
INCT da Criosfera (Instituto Nacional de Ciência e Tecnologia), 376-7, 385
independência energética dos EUA, previsão de, 200
Índia, 100, 140, 194, 201, 298, 324
Índias, comércio com as, 88
Indonésia, 189
indústria baleeira, 318, 320, 323
indústria eletroeletrônica, 139
industrialização do Ártico, 148
inflação, questões ambientais e, 121, 123
influência humana no clima da Terra *ver* agentes climáticos, seres humanos como
infravermelho *ver* radiação infravermelha
Inglaterra, 88-9, 198, 208, 299-301, 303, 308, 317; *ver também* Reino Unido
inlandsis (manto de gelo groenlandês), 26, 33, 44, 53
Inpe (Instituto Nacional de Pesquisas Espaciais), 384, 390
insolação, 68, 72, 93, 230, 235
Instituto Alfred Wegener de Pesquisas Polares (Alemanha), 291
Instituto de Pesquisa de Impactos Climáticos de Potsdam, 46, 257
Instituto Dinamarquês de Meteorologia, 53
Instituto Nacional de Meteorologia (Brasil), 74
Instituto Niels Bohr (Copenhague), 205, 207
Instituto Pierre Simon Laplace (Paris), 230
Instituto Polar da Noruega, 166
Instituto Polar Scott (Cambridge), 307, 378
inuíte, língua, 25, 36, 138
inuítes, 35, 129, 132, 135, 139, 147, 163, 165
inverno, 10-1, 24, 34, 42, 51, 62, 66, 68, 87, 90-1, 93, 96, 104, 106, 111-2, 116, 120, 125, 132-3, 135, 137, 154, 156, 159, 171, 178, 182, 205, 215, 221, 224, 250, 266, 279-84, 289, 296, 313-5, 340, 342, 345, 353, 375, 380-1, 384
IPCA (Índice Nacional de Preços ao Consumidor Amplo), 121, 123
IPCC (Painel Intergovernamental sobre Mudanças Climáticas), 46-7, 63, 73-5, 77-9, 81-2, 84, 95, 97, 102, 117, 201, 237, 257, 267, 270, 339, 347, 350, 357, 360-2, 364-6, 368-9, 439, 455, 458
Irã, 189
Iraque, 179
Irena Arctica (navio dinamarquês), 132
isbjorn (urso-polar), 156
Islândia, 131, 136, 190, 255, 319
isótopos, 209-11, *212*, 238, 251
Israel, 200
ITA (Instituto Tecnológico de Aeronáutica), 346, 368
Itaipu, lago de, 116
Itaipu, usina de, 424

Itália, 194, 329
Itamaraty, 327
IUCN (União Internacional para a Conservação da Natureza), 167-8, 287, 457

Jacobs, Stanley, 358
Jakobshavn, fiorde de, 37, 48
Jakobshavn, geleira de (Jakobshavn Isbrae, Groenlândia), 10, *27*, 36-7, 42, *43*, 44, 48, 50-3, 55, 143, 333, 339
Jaña, Ricardo, 359
Jane (navio britânico), 308
Japão, 194, 323
jazz, metáfora do (na distinção entre tempo e clima), 66, 91
jet streams (correntes de jato), 121-2, 457
Jiruá (Rio Grande do Sul), 372, 374, 431
Johansen, Hjalmar, 155
Jordão, Fran, 395
Joughin, Ian, 47, 52-3, 338, 362-3, 365-6
"Journey, The" (uísque), 352
Jouzel, Jean, 228, 230-1, 233-5
jubarte, baleia, 23, 136, *297*
judeus da Dinamarca, 207

Kalaallit Nunaat (nome inuíte da Groenlândia), 25, 132
Kalahari, deserto do (África), 380
kamiks (botas tradicionais inuítes), 163
kanelsnegl (rosca doce dinamarquesa), 25
Kangerdlugssuaq, geleira (Groenlândia), *27*, 50
Kangerlussuaq (Groenlândia), *27*, 38, 40, 42, 50, 53-4, 138

Kangersuatsiaq (aldeia esquimó), 24-5
Karmann, Ivo, 259, 263
Katrina, furacão, 80
Keeling, Charles David, 64, 252
Keller, península (Antártida), 273, 277-8, 396, 409, 416, 422
Kempthorne, Dirk, 162
Kirshner, Robert, 78
Kiss (Centro de Apoio à Ciência de Kangerlussuaq), 40-1, 54
Klare, Michael, 195
Kleist, Kuupik, 140
Klemmensen, David, 152
Krakatoa, vulcão, 220
krill (crustáceo), 282-3, 288-93, 309, 330, 421
Kubrick, Stanley, 190
Kujalleq (Groenlândia), *27*, 130-1
Kullorsuaq (aldeia esquimó), 24
Kulluk (plataforma da Shell), 197
Kvanefjeld (Groenlândia), 140

lã de carneiro, 131
Laboratório de Ciências do Clima e Ambiente (Paris) *ver* LSCE
Laboratório Geofísico de Dinâmica de Fluidos (Estados Unidos), 97, 114
Laboratório Nacional Lawrence Livermore (Estados Unidos), 75
lagos de degelo, 33, 41, 51, *52*, 53
lâmpadas de árvore de Natal, metáfora das (no balanço de energia da Terra), 71
Langway, Chester ("Chet"), 13, 213-4, 216, 244-6
lantânio, 139
Larsen B, plataforma de gelo (Antártida), 276, 347, *348*, 350, 364, 370, 385, 429

Larsen, Carl Anton, 318-9, 347
Laudato Si' (encíclica do papa Francisco — 2015), 12, 372, 435
Laurêntida, manto de gelo, 258
lavouras, 71, 123
Lavrov, Sergei, 177
Lawless, Lucy, 184-5
Lei das Espécies Ameaçadas (Estados Unidos), 162
Lei de Licitações (Brasil), 378
Leonardo da Vinci, 103, 128
Libra, campo de (pré-sal brasileiro), 142, 195
Liga das Nações, 110
litoral brasileiro, 345-6, 368, 426
Livro Vermelho das Espécies Ameaçadas (IUCN), 287
lobos-marinhos, 304, 307
Lomborg, Bjorn, 127, 161-3, 165-6
Lomonosov, dorsal de (mar do Ártico), 187, 193
Long Thaw, The (Archer), 57, 84
Longyearbyen (arquipélago de Svalbard), 92, 105-6, 156-8
Longyearbyen, fiorde de, 106
Lorentz, Edward, 65, 73
Lorius, Claude, 221, 223
LSCE (Laboratório de Ciências do Clima e Ambiente), 230-1, 239
Lua, 61-2, 90, 114
Lundstron, Niels, 163-5
Lyell, Charles, 242

Maarmorilik, mina de (Groenlândia), 141
Machu Picchu (base peruana na Antártida), 273
Maciel, Ana Paula, 173-5, 177
Mackellar, enseada (Antártida), 273, 295-6, 318
Mackinlay&Co (destilaria), 352
Macondo, campo de (México), 145
MAE (Módulos Antárticos Emergenciais), 422
Magalhães, estreito de (América do Sul), 300
Malaca, estreito de, 189
Malásia, 140, 189
Mali, 440
Malvinas/Falklands, ilhas, 298, 304-5, 310-1, 320, 322, 426
mamutes, 106, 126
Manabe, Syukuro, 97
manchas solares, 67, 70
Mandela, Nelson, 146
manganês, 328
manguezais, 368
Manhattan, ilha de (Nova York), 333
manto de gelo, 13, 26, 31, 38, 41, 51, *52*, 82, 93, 100, 110, 127, 141, 190, *212*, 213, *214*, 215-7, *219*, 223, 241, 248-9, 258, 277, 334-6, 338, *341*, 345, 347, 350-2, 354, *355*, 356-7, 360, 363, 366, 376, 389, 421, 427, 455-8
mapas-múndi, 12, 298-9, 308
máquina de fumaça (na confraternização da EACF), 401, 413, 417
mar do Norte, 89, 142, 196, 199
Marcha dos pinguins, A (documentário), 275
marés, 312, 346, 368-9, 406
Marinha americana, 115
Marinha britânica, 89
Marinha do Brasil, 15, 108, 343, 368, 378, 395-8, 400, 402, 405, 407, 411, 417-8, 422, 424-5, 428

Mars Global Surveyor (sonda espacial), 40
Marte, 40
Martell, enseada (Antártida), 273
Martim Vaz, ilha de (Brasil), 327, 426
Masson-Delmotte, Valérie, 54, 230, 237-8, 367, 439
matança de baleias, *297*, 298, 318
matéria orgânica, 91, 124, 209, 243
Mato Grosso, 259
matriz elétrica brasileira, 436
mattak (toucinho de baleia), 129, 147
Mauna Loa, vulcão, 64
Mawson (estação australiana na Antártida), 412
McCartney, Paul, 177
McClintock, canal de, 168
McKibben, Bill, 434
McMurdo (estação norte-americana na Antártida), 352
mecânica quântica, 207
Medeiros, Luciano Gomes de, sargento, 396, 401-5, 409, 414-8
Médici, Emílio G., 424
Mediterrâneo, 189
Medvedev, Dimítri, 178
Meira Filho, Gylvan, 78
Menezes, Eurípedes Cardoso de, 327
mercantilismo, 298
Mercer, John, 335-7, 347-8, 356-7, 375
merluza negra, 330
metano, 70-1, 81-2, 124-7, 221, 228-30, 233-5, *236*, 246, 456
meteorologia, 13, 41, 58, 92, 205, 379, 381, 411, 425, 430
meteorologistas, 53, 65, 209, 278, 313, 327, 384, 400, 424
método científico, 299, 435
México, 103, 144

Milankovitch, ciclos de, 68, *69*, 226
Milankovitch, Miliutin, 67-8, 216
milho, 123, 373
mineração, 119, 139-41, 148, 158, *181*, 185-6, 195-6, 325, 328, 378
mínimo de Maunder, 67
Ministério da Agricultura (Brasil), 74, 373
Ministério da Ciência, Tecnologia e Inovação (Brasil), 376, 422
Ministério do Meio Ambiente (Brasil), 357, 402, 429
minke, baleia, 319, 323
Mir (minissubmarino russo), 185
Mirnyi (navio soviético), 306
Mirounga leonina (elefante-marinho), 304
Misi ("instabilidade do manto de gelo marítimo"), 356, 360, 362
mísseis atômicos, 213
Missões, região das (Rio Grande do Sul), 372, 374
MIT (Instituto de Tecnologia de Massachusetts), 285, 392
Mitchell, George, 198
modelo atômico, 209
modelos climáticos, *76*, 95, 97, 114, 168, 334, 390
Moe, Arild, 183, 201
Moeller, Rikka, 41
Molina, Mario, 286
Monnett, Charles, 160, 446*n*
Morro da Igreja (Florianópolis), 383
morsas, 119, 155
Moscou, 122, 177, 185, 190
moulins (túneis verticais no gelo), *49*, 51-3, 347, 457
MPM (Ministério Público Militar), 417-8

mudanças climáticas, 10, 15, 17-9, 26, 31, 44, 46, 64, 71-3, 76, 80-1, 84, 117, 128-9, 141, 149, 159-60, 165, 167, 170, 198, 201, 221, 231, 237, 240, 244, 250-1, 257, 259, 263, 267-8, 288, 293, 335, 340, 366, 432, 435, 440, 457
Murmansk (Rússia), 94, 174-5
Muro de Berlim, queda do, 190
Mustang (macacão impermeável), 277
Muthz, Frederico, 273-5
MYAS ver Arctic Sunrise

nações insulares, 12, 16, 80
Nações Unidas ver ONU
Naidoo, Kumi, 144, 146, 183-4
Nansen, Fridjtof, 14, 53, 109-11, 154-5, 183, 315
Napoleão Bonaparte, 59
narval, 129, 135, 145, 147
Nasa, 13-4, 29, 38-44, 51, 113-4, 117, 165, 276, 335, 366, 392, 457-8
Natural History (revista), 257
Nature (periódico científico), 225, 261-2
Nature Climate Change (periódico), 439
navegação, 24, 86-90, 104, 119, 133, 141, 182, 185-6, 191-2, 299-300, 307-9, 310, 315, 322, 331, 343, 426, 430
negacionismo, 19, 77-8, 162, 230, 284, 435
nenets, 182
neodímio, 139
nêutrons, 209-10, *212*
nevascas, 24, 41, 80, 342, 353, 383
neve, 10, 28, 31, 34, 51, 66, 80, 93, 96-7, 99, 113, 120-3, 131, 134, 137-8, 158, 207, *212*, 213, 215, 217, *218-9*, 220, 275, 278-80, 292, 296, 338-9, 345, 352-4, *355*, 363, 375, 377, 379, 384-5, 392, 401, 403, 412, 439, 456-7
neve ácida, 220
New York Times, The, 366
Nielsen, Vitus, 134-5
Nigéria, 344
Nimrod (navio britânico), 317
níquel, 139
nitrogênio, 58, 61, 209-10, 238
níveis de CO_2, 64, 97, 233-5, *236*, 252, 336, 366, 388
nível do mar, 12, 16, 31, 36, 38, 44, 46-7, 50-1, 55-6, 58, 64, 79, 82, 84, 98, 118-9, 127, 216, 236-7, 249, 269, 277, 332, 335-6, 338-9, *341*, 345-7, 349-50, 354, *355*, 356-7, 360-5, 367-8, 370-1, 439-40
Noaa (Administração Nacional de Oceanos e Atmosfera dos Estados Unidos), 117, 292, 458
Nobel da paz, prêmio, 110, 161
Nobel de física, prêmio, 79, 207
Nobel de química, prêmio, 61, 286
Nobre, Paulo, 390
Nordenskiöld, Adolf Erik, barão de, 90, 183
Nordenskiöld, Erland, 90
Nordeste brasileiro, seca no (1877), 266
Noruega, 92, 106, 110, 112, 119, 148, 151, 158, 166, 180, 187, 193, 196, 199, 220, 316, 325
Nova Jersey, 80, 121, 123, 347
Nova York, 12, 28, 46, 80, 88, 123, 191, 251, 261, 323, 342, 345, 347, 357
Nova Zelândia, 303, 325, 329
Novatek, 182, 195

NPA 14-A da Marinha brasileira (Norma-Padrão de Ação), 398
NSIDC (Centro Nacional de Dados de Gelo e Neve), 54, 86-7, 91, 94-5, 98, 113-4, 458
nunatak (terra no meio do gelo), 35-6, 345, 458
Nuuk (Groenlândia), 24, *27*, 130, 138-9, 147
nuvens, 41, 66, 71-2, 87, 96, 99, 237, 266, 295, 314, 318, 345, 389, 400, 456
Ny-Ålesund (arquipélago de Svalbard), 106

Oates, Titus, 316
Obama, Barack, 436
Observatório Geológico Lamont-Doherty (Nova York), 251, 358
Observatório Nacional (Brasil), 399
OCDE (Organização para a Cooperação e o Desenvolvimento Econômico), 367
Oceania, 103
oceano Ártico, 12, 86-7, 93-4, 98, 100-2, 110, 112, 116-7, 119-20, 122, 144, 178, 182, 187, 191-2, 392
oceano glacial, 11, 107, 112-4, 190
oceanógrafos, 46, 57, 84, 114, 127, 228, 257, 290, 358, 400, 410
oceanos, 11, 17, 31, 51, 66, 72, 74, 78-9, 84, 118, 126, 192, 251, 300, 302, 332, 338, 346, 361, 367, 380
Ocidental, Antártida, 31, 81, 307, 335-6, 338, *341*, 351-4, *355*, 356-7, 360, 363-4, 366-7, 370-1, 376, 385, 437-8
Ocidente, 298
ocupação nórdica da Groenlândia (Idade Média), 131-2
Oeschger, Hans, 221, 234, 245, 247, 249-50, 255-6

óleo de baleia, 89, 323
Oliveira, Márcia, 357
ondas de calor, 53, 73, 80, 121-2, 223
ondas de frio, 122
ONU, 46, 63, 73, 78, 80, 83, 95, 110, 123, 176, 193-4, 209, 322, 324, 329-30, 339, 434, 459-61
Operação Antártica (Brasil), 378, 423, 425, 427
Operação IceBridge (Nasa), 14, 39-41, 117
órbita da Terra, 67-8, 72, 226, 234-5, 248, 335
Oriental, Antártida, 307, *341*, 349-51, 370-1, 378, 424, 438-9, 457
Oriente, 298, 300
Oriente Médio, 142, 179, 189, 193, 195, 200, 228, 333
Origem das espécies, A (Darwin), 242
Ormuz, estreito de, 189
Orquestra Tabajara, 399
Oscilação do Atlântico Norte, 92
Oscilação Multidecadal do Atlântico *ver* AMO
Oslo, 92, 105, 183, 315
Ottawa, 139
ouro, 139, 141, 298-9, 328
outono, 23, 94, 121-2, 159, 171, 281
Overland, James, 117-8
óxido nitroso, 70-1, 234-5, *236*
oxigênio, 58, 61, 124, 186, 210, 212, 215, 381, 407, 421
oxigênio-18 (isótopo), 210-1, *212*, 215-6, 244, 246, 264
ozônio, 99, 284-6, 371, 392-4, 456

Pacífico, 12, 80, 82, 87, 92, 120, 255, 298, 300, 302, 305, 309, 344, 346, 357, 370, 380-1, 384, 457

pack ice (mar congelado), 100, 104, 108, 110, 458; *ver também* banquisa
Painel Intergovernamental sobre Mudanças Climáticas *ver* IPCC
países em desenvolvimento, 11, 80
países industrializados, 221, 252, 458
paleontólogos, 57, 105
"paleotermômetro", *212*, 213-5, 221, 244, 260; *ver também* deutério; oxigênio-18
Pan-Americana, estrada, 333
Pandalus borealis (camarão-do-norte), 133
pântanos, 124, 229, 243
papagaios-do-mar, 106
papua, pinguim de (ou gentio), 282
Pará, 333
Paraguai, 424
Paramore (navio britânico), 300-1
Paris, 13, 46, 230, 239, 432-4; *ver também* Acordo de Paris (2015)
Parlamento da Groenlândia, 138, 140
Parnahyba (corveta), 312
Parque de Exposições de Le Bourget (Paris), 432-3
Parque Estadual Terra Ronca (Goiás), 260
Parque Tívoli (Copenhague), 45
Passagem de Drake (Antártida), 300, 318, 322, 342-5, 347
Passagem Nordeste (rota de navegação), 89-90, 101; *ver também* Rota Marítima do Norte
Passagem Noroeste (rota de navegação), 87-91, 101, 109, 119, 189, 298, 314
Passaporte Nansen, 110
pastos, 71
Paul, Alexandre ("Po-Paul"), 151
Paulet, ilha (Antártida), 317

PDVSA (Petróleos de Venezuela SA), 179
Peacock (navio norte-americano), 309
Peart, Neil, 395
Peary, Robert, 314-5
Pechora, mar de (Sibéria), 144
Pedersen, Finn, 25-6, 29, 135-6, 163-4
Pedersen, Morten, 33-4
Pedersen, Naguimara, 13, 33
Pedro I, czar da Rússia, 307
Pedro II, d., 312
peixes, 99, 129, 132, 134, 136-7, 145, 163, 276, 281-2, 290, 330, 392
península Antártica, 10, 18, 276-7, *278*, *285*, 287-91, 305, 313, 318, 320, 322, 336-7, 340, *341*, 345, 347-8, 375, 379, 385, 387-8, 399, 412
"pequena era do gelo" (século XV ao XIX), 67, 132, 244, 375, 443*n*
Pequim, 191
período quente medieval, 26, 131, 244
períodos interglaciais, 68, 226, 228, 230, 233-5, *236*, 247, 257, 269, 335, 381
permafrost (subsolo permanentemente congelado), 81-2, 91, 105, 126, 229, 352
Pernambuco, 89, 262, 344
Peru, 299
pesca, 9, 36, 119, 133-4, *135*, 137-8, 140, 142, 163, 176, 183, 298, 330, 392-3
Petermann, geleira, *27*, 143
Petrobras, 179, 197, 378, 406
petróleo, 15, 70, 77, 89, 119, 124, 138, 142, 144-8, 173, *176*, 179-80, *181*, 183-5, 187, 189, 195, 198-201, 225, 295, 322-3, 328, 331, 378
PIB mundial, 127, 368
picos de montanhas, 345

Pinatubo, monte (Filipinas), 70
Pine, geleira da ilha (Antártida), 332-5, 337-9, *341*, 348, 356-9, 362-3, 437
pinguins, 94, 275, 280-4, 287-94, 296, 309, 314, 353, 375, 400, 430
Piomas (Sistema de Assimilação e Modelagem do Gelo Pan-Ártico), 116-7
Pior viagem do mundo, A (Cherry-Garrard), 353
pirataria, 151, 175-6
Pires, Toni, 343
plâncton, 290, 381, 393
plataformas de gelo, 10, 276, 301, 307, 310, 319, 334, 336-7, 347, *348*, 352, 354, *355*, 359, 371, 385, 421, 438, 457-8
platina, 328-9
Pleistoceno, período *ver* Era do Gelo
Plioceno, Período, 65, 236, 364
Poa annua (gramínea europeia na Antártida), 279
poeira, 215, 246-7, 385
Polar Biology (periódico científico), 160
pólen, 243
Policarpo, Adelson, sargento, 401, 404-6, 415
Polícia Federal (Brasil), 413, 415
Polo da Inacessibilidade (Antártida), 222, 325, 349
polo Norte, 10-1, 14, 23, 55, 86, 92-3, 95, 97-8, 102-3, 105, 108, 110, 113, 117, 119-20, 128, 152, 155, 157, *169*, 178, *181*, 183, 185-8, 191-4, 197-8, 253, 314-5, 340
polo Sul, 88, 93-4, 155, 222, 264, 278, 280, 285, 300, 310, 313, 315, 324-5, 340, *341*, 344, 349-50, 352, 379, 385, 421, 424
Polônia, 207
polos magnéticos, 308
poluição, 98-100, 172, 174, 220, 234, 252, 329, 385, 400
pôneis em expedição antártica, 316
Popper, Karl, 17
Porto Alegre, 13, 340, 372, 375, 377, 379
porto de Ilulissat, 133
porto de Santos, 369
Portugal, 88, 248
prata, 139, 141, 298
precessão, 68, *69*
pré-industrial, era/período, 63-5, 79, 81-2, 113, 184, 235, 237, 276, 337, 364, 366-7, 437
pré-sal brasileiro, 142, 179, 195, 198
Presidente Eduardo Frei (base chilena na Antártida), 396, 405, 410-1, 422-3
previsão do tempo, 41, 65, 206
primavera, 38, 87, 94-5, 109, 121, 159, 167, 205, 284, 289, 375, 392
Primeira Guerra Mundial, 67, 110, 216, 317, 323
primeira viagem de volta ao mundo (1520), 298
Primeiro Ano Polar Internacional (1882), 312
Princesa Martha, costa da (Antártida), 327, 378, 424
Princeton (Estados Unidos), 97
Príncipe William, estreito do (Alasca), 183
princípio de Arquimedes, 118, 347
Princípios da geologia (Lyell), 242
Prirazlomnaya (plataforma de petróleo), 173, 182, 184

Prirazlomnoye (campo de petróleo), 180, *181*
processo, modelos de (nível do mar), 361
Professor Wladimir Besnard (navio brasileiro), 378, 424-5
Programa Antártico Brasileiro (Proantar), 15, 108, 274, 278-9, 288, 293, 297, 321, 327, 342-3, 376, 378-9, 383, 393, 396-9, 404, 417-23, 428-31, 458; *ver também* EACF (Estação Antártica Comandante Ferraz)
Programa das Nações Unidas para o Meio Ambiente, 83
Programa de Aceleração do Crescimento (Brasil), 369
Protocolo de Kyoto (1997), 37, 162, 194, 458
Protocolo de Madri (1998), 274, 281, 327, 426
Protocolo de Montreal (1987), 286-7, 393
prótons, 209-10, *212*
Puerto Deseado (navio argentino), 399, 410
Punta Arenas (Chile), 286, 311-2, 318, 320, 353, 422-3, 425, 427
Pussy Riot (banda de rock russa), 177
Putin, Vladmir, 151, 175, *176*, 177-8, 189, 195
Pygoscelis adeliae (pinguim de adélia), 282
Pygoscelis antarcticus (pinguim de barbicha), 282, 293
Pygoscelis papua (pinguim de papua), 282

Qaasuitsup (Groenlândia), 24, *27*
Qannaq (Groenlândia), 138
Qiuhong Tang, 122
Quarto Ano Polar Internacional (2008-9), 376, 427, 429
"questão do ABC" (argentinos, britânicos e chilenos) sobre a posse da Antártida, 320-1, 325
Quigley, John, 103-5, 109, 111-2
Quinto Relatório de Avaliação do IPCC *ver* AR5 (Relatório de Avaliação do IPCC)

Race for What's Left, The (Klare), 195
radares, 31, 114, 241, 245, 356
radiação infravermelha, 59, *60*, 61-2, 66, 124, 388
radioativos, elementos, 140, 209, 220, 251
Rahmstorf, Stefan, 46, 257, 269-70, 361
raios cósmicos, 75
raios solares, 66-8, 70, 96, 99, 226, 229, 253, 258, 264, 380
raios ultravioleta, 73, 286
Raupp, Marco Antônio, 396
Raynaud, Dominique, 221, 223
Recife, 12, 357, 368
Regra de Brunn, 346
Rei George, ilha (Antártida), 191, 273, 275, 277-9, 295, *297*, 305, 314, 321, 343, 349, 376, 379, 383, *398*, 423, 426
Reid, Michael, 157-8
Reikjavik, 340
Reinhardtius hippoglossoides (halibute), 134
Reino Unido, 83, 114, 119, 121, 127, 157, 208, 310, 322, 327, 330, 351, 379
Reinton, Henning, 112
Renascimento, 103

repique isostático, 29
Resolute, baía (Canadá), 188-9
Resolution (navio britânico), 303
ressurgência (nutrientes do fundo do mar para a superfície), 381, 393
retroalimentação positiva, 11, 96, 116
retroalimentação, mecanismos de, 72, 96, 229, 237, 367, 438
Rignot, Eric, 335, 337, 356, 367, 439
Riis, Thorkil, 132-3, 137, 148
Rio de Janeiro, 80, 307, 323, 333, 345, 368-9, 375, 385, 411, 417, 424
Rio Grande do Sul, 12, 279, 373, 375, 388-9, 431
Rio+20, conferência (2012), 184
risco ambiental, 183
Rita, furacão, 80
Rizzotti, Daniel, 108, 111
rochas, 30, 35, 36, 84, 124, 198, 274, 325, 350, 356
Rodrigues, Marcos Silva, almirante, 418-20, 426, 428-30
Roosevelt, Franklin D., 208, 324
Rosneft, 180, 201
Ross, James Clark, 90, 309-10
Ross, mar de (Antártida), 312-3, 316-7, 328, 351, 353, 358, 370
Ross, plataforma de (Antártida), 301, 310, 315-7, 324, 334, 336-7, *341*, 352-3, 359, 458
Rossia (navio russo), 186
Rota Marítima do Norte, 101, 119, 178, 182, 191
Rothera (base britânica na Antártida), 412
Rotterdam, 183, 191
Rousseff, Dilma, 177, 430
Rowland, Sherwood, 286
Royal Arctic Line, 132-3

Royal Society (Londres), 302
Ruman, Caio, 400-2, 404, 411
Rússia, 26, 92, 108, 110, 119, 122, 140, 142, 173-4, 176-8, 180, 182, 185-8, 192-3, 195, 197, 199-202, 297, 306, 308, 324, 439; *ver também* União Soviética
Rutherford, Ernest, 209
Ruzicky, Paul, 104, 174

Sagalevitch, Anatoli, 186
salinidade dos oceanos, 253, 255-6, 290
salmonetes e salmões, 136
salpa (criatura antártica), 290-1, 421
Salvador, 368
SAM (*southern annular mode*, ou modo anular do hemisfério Sul), 314, 382-3, *386*, 387-92
San Diego, 115
Sandwich do Sul, ilhas (América do Sul), 322, 330
Sandy, supertempestade, 80, 123, 347
Santa Catarina, 240, 247, 259, 263-4, 284
Santer, Ben, 75, 77-8
Santos (SP), 357, 368-9
Santos, César, 404
Santos, Roberto Lopes dos, primeiro-sargento ("Santinho"), 396, 401, 405, 407-9, 418, 428
São Joaquim (Santa Catarina), 385
São Leopoldo, 279
São Lourenço, baía de (Canadá), 258
São Paulo, 28, 100, 116, 224, 240, 247, 261, 277, 333, 360, 375, 383, 387, 389
São Pedro e São Paulo, arquipélago de (Brasil), 426

São Petersburgo, 177
Sarajevo, 67
satélites, 40, 44, 54, 74-5, 87, 114, 276, 335, 338, 349-51, 353, 458
Scandinavian Airlines, 92
Scar (Comitê Científico de Pesquisa Antártica), 331
Scicex (programa norte-americano de pesquisas no Ártico), 115
Science (periódico científico), 46, 252, 261-2, 335, 438
Scott, Robert Falcon, 280, 315-7, 328, 349, 352-3
Sea-Gull (navio norte-americano), 309
Seattle, 114, 338, 366
secas, 12, 66, 120-3, 222, 249, 264, 266, 268, 372-4, 383, 392, 435
Secirm (Secretaria da Comissão Interministerial para os Recursos do Mar), 397, 418, 420, 428, 458
sedimentos marinhos, 216, 244, 247-8, 267, 269
Segunda Guerra Mundial, 41, 121, 138, 207, 234, 321, 323-4
Segundo Ano Polar Internacional (1932), 324
semiempíricos, modelos (nível do mar), 361
sensação térmica, 94, 295, 342, 349
sensibilidade climática, 63, 237
Sergipe, 28
Sermeq Kujalleq *ver* Jakobshavn, geleira de (Jakobshavn Isbrae, Groenlândia)
Serreze, Mark, 11, 86-7, 91-2, 95, 97, 101-2, 119
Sérvia, 67
Serviço Antártico Britânico *ver* BAS
Serviço de Gelo Canadense, 87-8

Serviço Geológico dos Estados Unidos *ver* USGS
Shackleton, Ernest, 316-8, *319*, 352, 384
Shanghai, 12, 88, 191, 357
Shell, 142, 144, 147, 179-80, 184, 197-8
Shetlands do Sul, arquipélago das (Antártida), 273, 276, 305, *306*, 307, 310, 320, 376, 379
Shishmaref (Alasca), 137
Shtokman, campo de gás de (Rússia), 180, 197, 199
Sibéria, 10, 88, 106, 110, 125-7, 144, 154, 182, 187, 247, 257, 269, 392, 439
Simões, Jefferson Cardia, 220, 340, 352, 375, 381, 383, 420, 430
Sipri (Instituto Internacional de Pesquisas sobre a Paz de Estocolmo), 185, 192, 196, 458
sistema climático, 16, 46, 71-2, 74-5, 80, 120, 436-8
Skrugard, campo de (Ártico), 196
skuas (gaivotas), 274-6, 279-80, 282-3, 288, 293-4, 296, 414
Smith, geleira (Antártida), 357
Smith, William, 305
Sociedade Baleeira de Magallanes (Punta Arenas), 320
soja, 12, 123, 372-4
Sol, 11, 59, 66-8, *69*, 70, 72, 75, 89, 92-3, 302, 410, 440
Solomon, Susan, 285, 287, 314, 392
Sonntag, John, 38-43, 51, 56
Sorensen, Arne, 108, 112
Sousa Júnior, Wilson Cabral de, 368-9
Souza, Márcio, 290
Spirit (jipe-robô da Nasa), 40

Spitsbergen, ilha de (arquipélago de Svalbard), 89, 104, 159
Statoil, 196-7, 201
Steele, Mike, 114-6, 120
Stena Don (plataforma da Cairn Energy), 143-4
Stena Forth (plataforma da Cairn Energy), 143
Stendal, Henrik, 142
Stenhouse, geleira (Antártida), 277
Stirling, Ian, 165, 167
Stocker, Thomas, 234
Stokes, Chris, 351, 370
Stokes, modelo matemático, 365-6, 370-1
Stouffer, Ronald, 97
Studinger, Michael, 42-3
submarinos, 114-6, 126, 189-90
Suécia, 63, 79, 110, 130, 192, 242-3
Suez, canal de, 183
Sufia, Miguel Gimenes, suboficial, 409
Suíça, 15, 244, 247
Sul e Sudeste do Brasil, variações climáticas no (relacionadas a alterações na Antártida), 12, 261, 374, 381-2, 384, *386*, 387, 389-90, 430, 435
sulfatos, 99
Summerhayes, Colin, 331
supermercados da Groenlândia, 24, 129-30, 132, 134
Svalbard, arquipélago de (Ártico), 89, 92, 103, *104*, 105-6, 111, 152, 155-7, 166-8, 191, 220, 379
Sysselmannen (governadoria de Svalbard), 157

Tabarin (operação militar britânica na Antártida), 321, 425

teleconexão climática, 374, 392-3
temperaturas médias da Terra, 26, 38, 53-4, 58-9, 62, 64, 74, *76*, 79, 95-7, 132, 227, *236*, *245*, 276, 280, 364, 380, 384
tempestades, 41, 73, 101, 121-3, 133, 137, 160, 197, 209, 240, 305, 344-7, 353, 367, 381, 388, 393, 423, 425
tempo e clima, distinção entre, 65
Teniente Rodolfo Marsh (base chilena na Antártida), 275, 321
térbio, 139
Terceiro Ano Polar Internacional *ver* Ano Geofísico Internacional/ Terceiro Ano Polar Internacional (1957-8)
Terceiro Mundo, 146
termelétricas, usinas, 100, 234, 436
termoalina, circulação *ver* esteira oceânica
Terra (satélite da Nasa), 276
terra australis incognita (Antártida no séc. XVI), 299-300, 303
Terra de Adélia (Antártida), 283, 309
Terra do Fogo, 299-300
Terra Nova (navio britânico), 315, 352
terras raras, mineração de, 139-41
terremotos, 25-6, 30, 106, 295
Território Antártico Britânico, 320
Terror (navio britânico), 90, 309-10
testemunhos de gelo, 206-7, 214-5, 217, *218*, 220-1, *223*, 224-5, *232*, 233, 235, 240-1, 244, 247, 260-1, 377, 379, 385, 390, 458, 458
testes nucleares soviéticos, 220
Texas, 65, 198
Thala Dan (navio dinamarquês), 108, 423
Thatcher, Margaret, 322

Thwaites, geleira (Antártida), 334, *341*, 357, 362-3, 437
Titanic (navio britânico), 37, 143
titânio, 185
Tóquio, 121
tório, 260
Torre Eiffel, metáfora da (na representação da história da Terra), 58, 72, 442*n*
Total (petroleira francesa), 182, 196
Transantárticos, montes (Antártida), 351
Tratado da Antártida (1959), 289, 297, 325, 327, 378-9, 424
Tratado de Tordesilhas (1494), 298, 300, 321
trenós, 14, 135, 137, 155, 163, 315-7, 377
Tribunal Internacional do Direito do Mar, 176
Tribunal Penal Internacional, 194
trigo, 123, 372-3, 430
Trindade, ilha da (Brasil), 426
Trivelpiece, Wayne e Susan, 292-3
Tromsø (Noruega), 94, 158, 166
trópicos, 48, 67, 70, 120, 253, 255, 260, 264, 267, 381, 388, 391
troposfera, 77-9, 382
tufões, 80
tundra, 23, 243
Turquia, 145
TV Globo, 105
Twain, Mark, 58, 442*n*
Tyndall, John, 59, 61

umidade, 28, 51, 62, 66, 80, 96, 253, 373, 381, 389
Unclos (Convenção das Nações Unidas sobre o Direito do Mar), 176, 186-7, 194, 458
UNFCCC (Convenção-Quadro das Nações Unidas sobre Mudança do Clima), 80-2, 456, 458
União Europeia, 81-2, 178
União Soviética, 99, 114, 208, 220, 222, 224, 324, 333
Unisinos (São Leopoldo), 279
Universidade Columbia, 251, 358
Universidade da Pensilvânia, 246, 392
Universidade de Alberta, 154
Universidade de Bergen, 269
Universidade de Berna, 221
Universidade de Buffalo, 213
Universidade de Cambridge, 127, 307, 329, 378-9
Universidade de Chicago, 16, 84, 364
Universidade de Copenhague, 98, 205
Universidade de Durham, 351, 370
Universidade de Manchester, 83
Universidade de Massachusetts, 262
Universidade de Minnesota, 262
Universidade de New Hampshire, 37, 97, 195
Universidade de Nova York, 47
Universidade de Ohio, 333, 335
Universidade de Oslo, 147, 178, 193, 199
Universidade de São Paulo (USP), 239, 260-3, 278, 327, 378, 390, 400, 424-5, 439
Universidade de Washington, 47, 52, 114-7, 338, 366
Universidade do Estado do Rio de Janeiro (Uerj), 385
Universidade do Maine, 337, 377
Universidade Federal do Espírito Santo, 273, 412, 419

Universidade Federal do Pampa em São Gabriel, 278
Universidade Federal do Rio Grande do Sul (UFRGS), 340, 352, 375, 377, 388, 430
Universidade Harvard, 30, 79
Universidade Rutgers, 121
Universidade Técnica da Dinamarca ver DTU
Upernavik (Groenlândia), 23-6, *27*, 28, 30, 32-3, *35*, 36-8, 45, 55, 132, 134-9, 143, 147, 163, *164*, 165-6, 345
Upernavik Seafood, 134, 136
Upernavik, glaciar de, *29*, 33, 37, 45
urânio, 139, 260
Ursa Menor, constelação da (polo celestial Norte), 299
ursos-polares, 12, 14, 105-6, 108-9, 119, 136-7, 145, 150, 152-63, *164*, 165-8, *169*, 170-2, 198, 253, 430, 446*n*
Uruguai, 388
USGS (Serviço Geológico dos Estados Unidos), 140, 142, 178, 180, 201
Ushuaia (Argentina), 427

Vale do Ribeira (São Paulo), 240
vapor d'água, 61-2, 80, 96, 99, 211, *212*, 217, 346
vegetação antártica, 278
Veneza, 362
Venezuela, 179
ventos, 11, 34, 48, 66-7, 80, 94, 101, 106, 121-2, 175, 253, 266, 273, 275, 285-7, 295-6, 320, 342, 344-7, 349, 353, 358, 363, 368, 374, 382, 387-9, 391, 401, 412, 425
Vênus, trânsito de, 302, 303, 312

verão, 11, 23, 32, 45, 48, 51-5, 62, 68, 87, 89, 91-7, 101, *102*, *104*, 108, 112-3, 116, 121, 126, 131, 133, 144, 150, 160, 171, 182, 215, 250, 266, 274, 282, 284, 302, 331, 337, 340, 345, 352, 354, 371, 384, 389, 392, 416, 423, 425
Verdade inconveniente, Uma (filme), 161, 231, *236*
Vianna, Jorge Ferreira, 417
Vida maravilhosa (Gould), 442*n*
vikings, 24, 26, 131-2, 375
Vila das Estrelas (base chilena na Antártida), 321, 410
Villela, Rubens Junqueira, 278, 327, 424-5, 427-8
Vimeux, Françoise, 239
Vinson, maciço (ponto culminante da Antártida), 353
Vinther, Bo, 98, 100, 205-7, 217, 220
Virgin, 185
vitamina C, 90, 129, 300
VLT do Rio de Janeiro, 369
volume de gelo no Ártico, 116
von Laue, Max, 208
Von Neumayer (estação alemã na Antártida), 424
vórtice polar, 284, 371, 393
Vostok (estação russa na Antártida), *223*, 224-5, *226-7*, 228, 230, 233, 235, 307, 325, 349
Vostok (navio soviético), 223, 306-7
Vostok, lago subglacial, 225, 351
vulcões, 64, 75, 100, 320

Wadhams, Peter, 127-8
Wall Street Journal, The, 77
Wang, Muyin, 117-8
Wang, Xianfeng, 262-4

Washington, D.C., 139, 190, 325
Weart, Spencer, 61
Weatherheaven, 422
Weddell, James, 307, 309
Weddell, mar de (Antártida), 301, 313, 317, *319*, 327-8, 351, 384-5, 387-8, 421, 424-5, 427, 430
Weertman, Johannes, 356
Wezeman, Simeon, 196
Wilkes, Charles, 309, 371
Wilkins, plataforma (Antártida), *341*, 347
Willcox, Peter ("Pete"), 173, 175, 177, 185
William, príncipe, 157
Williams (navio britânico), 305
Wilson, Edward ("Ed"), 316, 353
Wiltgen, João Aristides, 424
World Park (estação do Greenpeace na Antártida), 108, 328

Xi Jinping, 195
Xuelong (navio chinês), 191

Yamal, península de (Rússia), 180, 182, 195, 197
Yong Sheng (navio chinês), 183

Zanetti, Vitor, 346, 369
ZEE (zona econômica exclusiva), 186, 194, 322-3, 330, 458
Zeitgeist, 336
Zélée (corveta francesa), 309
zênite, 62
Zhou Jiping, 195
Zhang, Xuejun, 122
zinco, 141
Zokhov, ilha (Rússia), 190
zona de ablação, 51, 53
zona de acumulação, 51, 53
zonas costeiras, 31, 363
zooplâncton, 288, 291

ESTA OBRA FOI COMPOSTA PELA SPRESS EM MINION E IMPRESSA EM OFSETE
PELA LIS GRÁFICA SOBRE PAPEL PÓLEN SOFT DA SUZANO PAPEL E CELULOSE
PARA A EDITORA SCHWARCZ EM FEVEREIRO DE 2016